汉英俄蒙西里尔文对照心理学词典

ᠬᠢᠲᠠᠳ ᠠᠩᠭᠯᠢ ᠣᠷᠣᠰ ᠮᠣᠩᠭᠣᠯ ᠺᠢᠷᠢᠯ ᠰᠡᠳᠬᠢᠯ ᠰᠢᠨᠵᠢᠯᠡᠬᠦ ᠤᠬᠠᠭᠠᠨ ᠤ ᠲᠣᠯᠢ

七十三　乌云特娜◎主编

科 学 出 版 社
北 京

内 容 简 介

在心理学日益深入百姓生活、中蒙俄战略合作伙伴关系纵深发展的今天，中蒙俄心理学名词术语的统一和规范工作具有特殊的历史意义和现实意义。

本词典共收录了普通心理学、认知与实验心理学等领域的基本心理学名词术语约 3500 条，涵括了心理学基本概念、重要理论学派和重要人物等，具有统一性、科学性、简明性和权威性。此外，为了便于读者检索使用，本书不仅提供了词条的汉语拼音索引，还提供了英文、俄文、蒙古文和西里尔文索引，书末还附有中文、英文、蒙古文对照的知名外国心理学家和相关哲学家、教育学家人名。

本词典可作为中蒙俄从事心理学研究的师生的基本工具书。

图书在版编目（CIP）数据

汉英俄蒙西里尔文对照心理学词典/七十三，乌云特娜主编. —北京：科学出版社，2022.4

ISBN 978-7-03-070985-1

Ⅰ. ①汉… Ⅱ. ①七… ②乌… Ⅲ. ①心理学-词典-汉、英、俄、蒙 Ⅳ. ①B84-61

中国版本图书馆 CIP 数据核字(2021)第 264227 号

责任编辑：付 艳/责任校对：卢 森
责任印制：师艳茹/封面设计：润一文化

科 学 出 版 社 出版
北京东黄城根北街 16 号
邮政编码：100717
http://www.sciencep.com

北京汇瑞嘉合文化发展有限公司 印刷
科学出版社发行 各地新华书店经销
*
2022 年 4 月第 一 版 开本：A5(890×1240)
2022 年 4 月第一次印刷 印张：20 1/4
字数：643 000

定价：298.00 元

（如有印装质量问题，我社负责调换）

本书编委会

主　编　七十三　　乌云特娜

副主编　巴图赛罕　包呼格吉乐图　德力格尔扎布

委　员（按汉语拼音顺序排列）

巴图赛罕	包呼格吉乐图	戴留喜
德力格尔扎布	梁宏宇	刘　恒
马斯琴	牡　丹	七十三
其格其	斯日古楞	王莲花
王双喜（心理学院）	王双喜（生科院）	乌云特娜
英　雄	永　春	张金钟

序

统一和规范学科名词术语，是意义非凡的基础性工作，对于学科的发展、知识的传播与传承、不同语言学者之间的学术交流、科研成果的推广和应用，以及科学文献的编纂、出版和检索等都十分重要。

作为正在快速发展的跨学科领域，心理学涉及的学科范围越来越广泛，新的理论和概念不断涌现，规范和统一心理学名词术语的重要性更加凸显。因此，对心理学术语特别是心理学基础学科名词术语的标准化、规范化，已经成为关系心理学健康有序发展和教育现代化进一步推进的一项紧迫任务。尤其是在心理学日益深入百姓生活、中蒙俄战略合作伙伴关系纵深发展的今天，中蒙俄心理学名词术语的统一和规范工作具有特殊的历史意义和现实意义。

统一和规范心理学名词术语是一项繁重而复杂的工作。心理学名词术语的统一和规范命名既要遵循单一性、科学性、系统性、简明性原则和约定俗成的国际惯例，又要依据和发挥博大精深的多民族文化传统和各种语言特有的规律，准确地理解心理学名词术语的概念和内涵，统一、规范符合学科规律和各种语言文字结构特点的术语。所以，这是一项艰苦、细致的工作。编委会的专家、教师字斟句酌，精益求精，以高度的社会责任感和敬业精神完成了这项具有深远意义的基础性工作。应该说，该词典的问世，是广大心理学工作者长期艰苦劳作的结果，也是编委会成员共同付出的心血的结晶。该词典不但填补了心理学领域中文、英文、俄文、蒙古文、西里尔文五种文字对照专业工具书的空白，也在民族教育发展史上写下了光辉的一页。作为一名心理学工作者，我向参与该词典编纂的国内外专家、学者和其他所有参与这项工作的同志致以崇高的敬意，表示由衷的谢意，并向承担该词典出版的科学出版社表示衷心的感谢。

当今世界，包括心理学在内的新兴学科迅速发展，新的学科名词术语层出不穷，统一和规范心理学名词术语的工作任重道远。但我相信，只要社会各界人士一如既往，勇挑重担，共同努力，一定能在该领域再出硕果，再创佳绩。我也相信，这一公益性事业将继续得到政府长期的有力支持。

审定和统一心理学名词术语是为了对其进行推广应用。要使诸如该词典的这类成果得到广泛运用，需要社会各界的共同理解、支持和推动。希望专家、学者和社会各界齐心协力，共同做好这项对于民族教育、民族地区科技繁荣发展和社会进步极为重要的基础性工作。

扎　巴[①]

2019 年 6 月

① 中国著名蒙古族心理学家、教育家，《蒙古学百科全书·教育》主编，享受国务院政府特殊津贴专家，内蒙古师范大学教授。

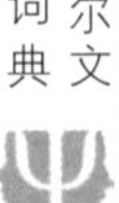

前　　言

多种文字对照的心理学名词术语的统一和规范，是一项基础研究工作。本词典的出版，对于促进心理学同行的国际交流，特别是对于中、蒙、俄心理学学者之间的学术交流、提升日常教学效果均具有重要意义。

1987 年，在内蒙古自治区成立 40 周年之际，内蒙古教育出版社曾出版了“汉蒙对照名词术语丛书”之《教育学心理学名词术语》，该书极大地促进了心理学名词术语的规范统一工作，满足了蒙古语授课学生学习教育学、心理学的需要，为心理学及相关学科知识的教学、研究与传播做出了极为重要的贡献。2005 年，内蒙古教育出版社出版了“十一五”国家重点图书出版规划项目“汉英蒙对照社会科学名词术语系列词典”之《心理学名词术语》，该书有力地推进了民族地区的心理学教学、研究及国际学术交流。

随着心理学学科的快速发展，新的理论和概念不断涌现，广大科研人员、心理学教师、翻译工作者、心理学爱好者，以及学术交流日益频繁的中蒙俄师生迫切需要一部崭新、全面、规范的中文、英文、俄文、蒙古文、西里尔文对照的心理学名词术语词典。

本词典主要以全国科学技术名词审定委员会于 2014 年出版的《心理学名词》（第二版，科学出版社）和 2003 年出版的林崇德、杨治良、黄希庭主编的《心理学大辞典》（上海教育出版社）为蓝本，共收录了普通心理学、认知与实验心理学、心理统计与测量、理论心理学、心理学史、生理心理学、发展心理学、社会心理学、人格心理学、教育心理学、医学心理学、工程心理学、法制心理学、运动心理学、文艺与美术心理学、心理咨询与心理治疗、管理心理学、军事心理学等领域的基本心理学名词术语约 3500 条，涵括了心理学基本概念、重要理论学派和重要人物等，具有统一性、科学性、简明性和权威性。此外，为了便于读者检索使用，本书不仅提供了词条的汉语拼音索引，还提供了英文、俄文、蒙古文和西里尔文索引，书末还附有中文、英文、蒙古文对照的知名外国心理学家和相关哲学家、教育学家人名。

本词典的出版得到了内蒙古自治区蒙古语名词术语委员会及内蒙古师范大学、蒙古国国立大学等有关单位及学者的大力支持与帮助，也得到了科学出版社领导及编校人员的支持。特别感谢著名蒙古族心理学家扎巴教授在百忙之中抽出宝贵的时间参加本书的内容审定工作，他提出了许多宝贵意见，并为本书作序。

心理学名词术语的统一、规范和科学命名是极其复杂而长期的工作，还需要我们继续探索和完善。真诚地希望同行专家学者和广大读者提出宝贵意见和建议，以助力我们进一步修订、完善相关内容。

编　者

2019 年 3 月

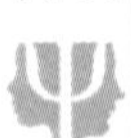

目　录

序（扎巴）
前言
凡例……1
汉语拼音检索表……3
词典正文
A……1
B……4
C……19
D……41
E……61
F……64
G……83
H……103
J……113
K……140
L……149
M……163
N……175
P……182
Q……189
R……202
S……213
T……249
W……266
X……278
Y……312
Z……338
英文索引……373
俄文索引……431
蒙古文索引……493
西里尔文索引……545
附录　外国人名译名对照……609

凡　　例

一、正文按术语的汉语拼音顺序排列。每条术语按中文、英文、俄文、蒙古文和西里尔文顺序排列。

二、以数字、符号或外文字母开头的术语，以术语中首个出现的汉字拼音顺序编排，如“β 波”以“波”的汉语拼音顺序编排。

三、当一个术语有两个或多个中文名称时，在首选词后括注其又称，如“本我（伊底）”。又称为非首选词，只在一定范围内使用。前面加*的术语为非首选词，其后括注的是首选词。

四、一个中文术语对应两个或两个以上外文术语时，用“，”分开，俄文、西里尔文同此处理，蒙古文用“᠂”分开。

五、英文、俄文术语的首字母大、小写均可时，一律小写。

六、中文术语中的“[]”表示其中的字可省略，蒙古文中的“〔 〕”表示其中的字可省略。

七、术语的中文索引排为汉语拼音检索表，英文、俄文、蒙古文和西里尔文的索引均按其字母顺序排列。

汉语拼音检索表

A

阿 1
埃 1
艾 1
爱 2
安 2
氨 2
案 3
暗 3
奥 3

B

巴 4
靶 4
白 4
百 4
半 4
伴 5
帮 5
胞 5
饱 5
保 5
抱 6
暴 6
悲 6
贝 6
备 7
背 7
倍 7
被 7
本 8
比 9
毕 10
闭 10
边 10
编 11
变 11
辨 12
辩 12
标 13
表 14
冰 15
并 15
病 16
波 16
玻 16
剥 16
博 17
补 17
不 17
布 18
部 18

C

才 19
彩 19
蔡 19
参 19
残 20
操 20
测 21
策 22
层 22
差 23
产 24
长 24
尝 24
常 25
场 25
超 25
陈 26
称 27
成 27
惩 29
程 29
澄 29
痴 29
齿 29
冲 29
重 30
抽 31
出 32
初 32
储 32
处 32
触 33
穿 33
传 34
创 34
垂 36
纯 36
词 36
磁 38
雌 38
次 38
刺 38
从 39
促 39
催 39
存 40
挫 40
错 40

D

达 41
打 41
大 41
代 43
丹 43
单 44
胆 45
弹 45
当 45
导 46
倒 46
道 46
登 47
等 47
邓 48
低 48
敌 48
底 48

地 49
递 49
第 49
癫 50
典 51
点 51
电 51
顶 51
定 52
动 52
督 55
独 55
赌 56
端 56
短 56
锻 56
队 57
对 57
钝 58
顿 58
多 58
躲 60
惰 60

E

俄 61
额 61
厄 61
儿 61
耳 62
二 62

F

发 64
法 66
反 67
犯 69
泛 72
范 72
方 72
防 73
访 73
放 73
飞 73
非 74
菲 75
费 75
分 76
丰 78
冯 78
否 78
肤 78
弗 79
服 79
符 79
辐 80
辅 80
父 80
负 80
妇 81
附 81
复 81
副 82
腹 82

G

概 83
干 85
感 85
肛 87
岗 87
高 88
睾 88
告 88
哥 88
割 89
格 89
隔 89
个 89
根 91
更 92
工 92
公 94
功 94
攻 94
巩 94
供 95
共 95
沟 96
构 96
孤 96
古 96
鼓 96
固 96
关 97
观 97
官 98
管 98
光 98
广 99
归 99
规 100
国 100
过 101

H

海 103
亥 103
好 103
航 104
合 104
核 105
黑 106
痕 106
恒 106
横 107
红 107
后 107
互 108
护 108
华 108
话 109
还 109
环 109
幻 109
唤 110
换 110
灰 110
回 110
会 111
婚 111
混 111
活 111
或 111
货 112
霍 112

J

击 113
机 113
肌 114
积 114
基 114
激 115
吉 115
即 116
极 116
急 116
集 116
嫉 117

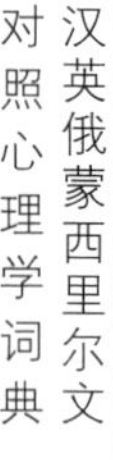
汉英俄蒙西里尔文对照心理学词典

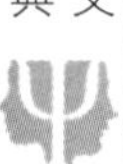

几 117
绩 117
计 117
记 118
技 120
继 120
加 120
家 121
甲 121
假 121
价 122
驾 122
间 122
缄 122
减 122
检 122
简 123
间 123
建 123
健 123
渐 124
鉴 124
奖 124
交 124
焦 126
矫 126
脚 126
教 126
阶 127
接 128
节 128
拮 128
结 129
解 129
戒 130
界 130
近 130
进 130
禁 130
经 130
惊 132
晶 132
精 132
警 133
竞 134
镜 134
酒 134
拘 134
矩 134
句 134
拒 135
具 135
距 135
聚 135
决 136
角 136
绝 137
军 138
均 139

K

卡 140
开 140
凯 140
坎 140
康 141
抗 141
考 141
科 141
可 142
渴 142
克 142
刻 142
客 143
课 143
肯 143
空 144
恐 144
控 144
口 145
扣 146
苦 146
库 146
跨 146
快 147
宽 147
旷 147
窥 148

L

拉 149
来 149
莱 149
兰 149
蓝 149
老 149
雷 150
累 150
类 150
冷 151
离 151
理 152
力 153
历 153
立 154
利 154
连 154
联 155
练 156
恋 156
链 156
良 157
两 157
亮 157
量 157
列 157
裂 158
邻 158
临 158
灵 158
零 158
领 158
流 160
留 160
漏 160
颅 160
鲁 160
陆 161
露 161
路 161
绿 161
轮 161
罗 161
逻 162
螺 162

M

马 163
迈 163
麦 163
曼 164
慢 164
芒 164
盲 165
矛 165
锚 165
冒 165
美 165
魅 166
梦 166
迷 166
米 167
觅 167
幂 167

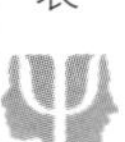

面 167
描 168
民 168
敏 170
明 170
冥 171
命 171
模 171
摩 172
陌 172
莫 172
墨 173
母 173
目 173

N

纳 175
耐 175
男 175
南 175
难 175
脑 175
内 176
能 179
拟 180
逆 180
年 181
黏 181
颞 181
拧 181
凝 181
纽 181
女 181

P

排 182
派 182
判 182
旁 182
跑 182
炮 182
胚 183
配 183
蓬 183
皮 183
匹 184
偏 184
胼 185
频 185
品 185
平 185
评 186
迫 186
破 186
浦 187
普 187
瀑 188

Q

期 189
歧 189
启 189
气 190
器 190
迁 191
前 191
潜 192
嵌 192
强 192
羟 194
亲 194
侵 194
青 194
轻 194
倾 194
清 195
情 195
丘 197
球 197
区 198
曲 198
屈 198
躯 198
趋 199
去 199
全 199
权 200
缺 200
群 200

R

染 202
热 202
人 202
认 208
任 211
日 211
容 212
荣 212
瑞 212
锐 212
弱 212

S

塞 213
赛 213
三 213
散 214
桑 214
丧 214
色 214
森 216
沙 216
闪 216
上 217
少 217
舌 218
社 218
摄 222
身 222
深 222
神 223
审 225
肾 225
升 225
生 225
声 228
胜 228
剩 228
失 228
施 230
时 230
识 230
实 230
史 232
士 232
事 232
视 233
试 235
适 235
释 236
手 236
守 237
首 237
受 237
书 238
舒 238
属 238
述 238
树 238
数 238
衰 239
双 239
水 242

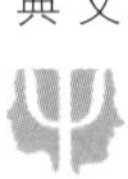

睡 242
吮 242
顺 243
瞬 243
说 243
司 244
思 244
斯 244
死 245
四 245
似 245
苏 246
诉 246
素 246
速 246
塑 246
算 247
随 247
所 248

T

他 249
胎 249
态 249
谈 249
弹 250
探 250
唐 250
糖 250
逃 250
讨 251
特 251
疼 252
提 252
体 253
替 253
天 254
填 254
条 254
调 255
听 255
通 258
同 258
童 260
统 260
痛 261
偷 261
投 262
透 262
突 262
图 262
团 263
推 264
退 264
吞 264
脱 265
拓 265

W

外 266
完 267
网 268
妄 268
危 268
威 268
微 268
韦 269
违 270
唯 270
维 270
尾 271
未 271
位 271
味 271
魏 272
温 272
文 273
问 274
喔 274
我 274
沃 275
污 275
无 275
五 277
武 277
舞 277
物 277
误 277

X

西 278
吸 278
希 278
析 278
习 278
系 279
细 280
狭 280
下 280
先 281
显 281
现 282
线 283
限 283
相 283
响 285
想 285
向 285
项 285
消 286
小 287
效 287
协 288
斜 288
心 288
欣 297
新 297
薪 298
信 298
刑 300
行 300
形 302
型 303
兴 304
杏 304
性 304
雄 305
修 305
虚 306
需 306
序 307
叙 307
嗅 307
宣 307
选 308
眩 308
学 308
血 311
训 311

Y

压 312
亚 312
延 312
言 313
颜 314
掩 315
眼 315
演 315
厌 316
验 316
养 316
痒 316
样 316
药 317

耶 317
液 317
一 317
伊 318
医 318
依 318
咿 319
移 319
遗 319
疑 320
乙 320
以 320
艺 320
异 320
抑 321
译 321
易 321
意 321
癔 322
因 322
音 324
饮 325
隐 325
印 325
英 325
婴 325
应 325
用 326
优 327
幽 327
由 327
游 327
有 327
右 328
诱 328
迂 329
愉 329
舆 329
语 329
预 332
欲 332
阈 332
元 333
原 333
远 334
愿 334
约 334
月 335
乐 335
阅 335
运 335
晕 337

Z

灾 338
再 338
早 339
噪 339
躁 339
责 339
增 339
闸 340
眨 340
詹 340
谵 340
展 340
战 340
站 342
掌 342
照 342
折 342
侦 342
真 342
枕 343
振 343
镇 343
整 343
正 344
证 345
支 345
芝 345
知 345
执 347
直 347
职 347
纸 348
指 348
质 349
秩 349
致 349
智 349
置 350
中 350
终 352
种 352
众 353
重 353
周 353
轴 353
昼 353
逐 353
主 354
注 355
抓 356
专 356
转 357
传 357
状 358
追 358
准 358
咨 358
姿 358
资 358
自 359
宗 366
综 366
总 366
纵 366
阻 366
组 367
祖 368
最 368
罪 369
左 370
作 370

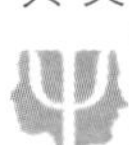

汉英俄蒙西里尔文对照心理学词典

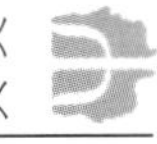

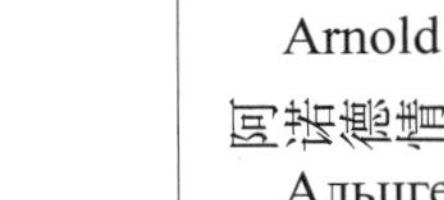

ā

阿德勒心理学
Adlerian psychology
психология Адлера
Адлерийн сэтгэл судлал

阿德勒咨询
Adlerian counseling
консультация Адлера
Адлерийн зөвлөгөө

阿尔茨海默病
Alzheimer's disease, AD
Болезнь Альцгеймера
Альцгеймерийн өвчин

阿诺德情绪评估–兴奋学说
Arnold's appraisal-excitation
theory of emotion
Познавательная теория
эмоций Арнольда
сэтгэлийн хөдөлгөөний
үнэлгээний Арнольдын
онол

阿希实验
Asch experiment
эксперимент Аша
Ашийн туршилт

āi

埃里克森八个发展阶段理论
Erikson's eight stages of
development
восемь стадий развития
Эриксона
Эриксоны хөгжлийн найман
үе шат

ài

艾宾豪斯错觉
Ebbinghaus illusion
Иллюзия Эббингауза
Эббингаузын хуурмаг үзэгдэл

艾宾豪斯遗忘曲线
Ebbinghaus Forgetting Curve
Кривая забывания Эббингауза
Эббингаузын марталтын
муруй

艾森克人格问卷

爱情三角理论

нүүр царай таних зан төрх

поведение сохранения лица

face-saving behavior

爱面子行为

Эдвардсийн жагсаалт

бие хүний эрхэмлэх зүйлийн

предпочтения Эдвардса

шкала личностного

Schedule, EPPS

Edwards Personal Preference

爱德华兹个人爱好量表

Айзенкийн бие хүний асуулга

Айзенка

личностный опросник

Questionnaire, EPQ

Eysenck Personality

безопасная привязанность

secure attachment

安全依恋

аюулгүй байдлын хэрэгцээ

потребность безопасности

safety need

安全需要

аюулгүй байдлын сэтгэл зүй

психология безопасности

safety psychology

安全心理学

ān

хайрын гурвалжны онол

треугольная теория любви

triangular theory of love

γ-aminobutyric acid, GABA

γ 氨基丁酸

бэлдмэлийн нөлөө

эмнэл зүйн үйлчлэлгүй

болезнь-эффект

placebo effect

安慰剂效应

бэлдмэлийн хяналт

эмнэл зүйн үйлчлэлгүй

плацебо-контроля

placebo control

安慰剂控制

бэлдмэл

эмнэл зүйн үйлчлэлгүй

плацебо

placebo

安慰剂

аюулгүй ээнэгшил

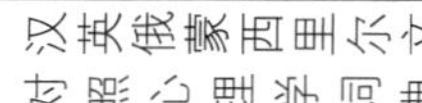

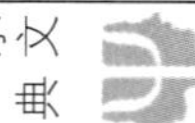

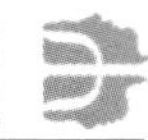

суггестивная терапия
suggestive therapy
暗示疗法
итгэл үнэмшил
внушение
suggestion
暗示
кейс судалгаа
тематическое исследование
case study
案例研究

àn

гамма-аминовюцийн хүчил
γ-
кислоты
гамма-аминомасляной

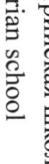

奥地利学派

ào

муруй
харанхуйд дасан зохицлын
кривая адаптация к темноте
dark adaptation curve
暗适应曲线
харанхуйд дасан зохицох
адаптация к темноте
dark adaptation
暗适应
шөнийн хараа
ночное зрение
scotopic vision
暗视觉
итгүүлэн үнэмшүүлэх засал

гаргалтын загвар
Ausubel-ийн шийдвэр
Ausubel-a
по решению проблем модели
pattern
Ausubel's problem-solving
奥苏伯尔问题解决模式
онол
шинж чанарын Олпортын
теория черта Олпорта
Allport's trait theory
奥尔波特特质论
Австрийн урсгал
Австрийская школа
Austrian school

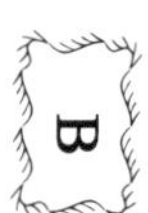

bā

巴宾斯基反射
Babinski reflex
рефлекс Бабинского
Бабинскийн рефлекс

*巴甫洛夫条件反射（经典性条件反射）
Pavlovian conditioning
Павловская кондиционирования
Павловын нөхцөлдүүлэлт

巴黎学派
Paris school
Парижская школа
Парисийн урсгал

bǎ

靶细胞
target cell
клетка - мишень
хулганы эс

bái

白板说
theory of tabula rasa
теория чистого листа
цэвэр хуудас-ны онол

白质
white matter
белое вещество
цагаан бодис

bǎi

百分等级
percentile rank
разряд процентили
хувиар гаргасан үзүүлэлтийн зэрэглэл

百分位数
percentile
процентиль
хувиар гаргасан үзүүлэлт

bàn

半规管

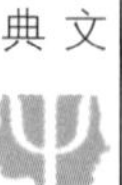

semicircular canal
полукруглый канал
хагас дугуйрсан суваг

*伴随负[电位]变化（关联性负变）
contingent negative variation, CNV
условное отрицательное изменение
болзошгүй сөрөг өөрчлөлт

bāng

帮伙暴力
gang violence
групповое насилие
бүлэглэсэн хүчирхийлэл

帮伙文化
gang culture
культура бригада
бүлгийн соёл

帮教心理学
psychology of help and education
психология помощи и образования
сэтгэл зүйн тусламж ба боловсрол

bāo

胞体
soma, cell body
тело клетки
биеийн эс (сома)

bǎo

饱和度
saturation
насыщение, насыщенность
уусалт, ханалт

保持
retention
сохранение
хадгалах

*保持曲线（遗忘曲线）
retention curve
кривое сохранение
хадгалалтын муруй

保持性复述
maintenance rehearsal
обслуживание репетиция

фокусирование
консервативное
conservative focusing
保守性聚焦
нууцлал
[illegible]
конфиденциальность
confidentiality
保密
хамгаалах саатал
[illegible]
охранительное торможение
protective inhibition
保护性抑制
хадгалахаас гарах хариу
[illegible]
ответ сохранения-вывода
response
conservation-withdrawal
保存-退缩反应
үзүүлэх үйлчилгээ
[illegible]
поведения разгула
расстройство пищевого
binge eating disorder (bulimia)
暴食症
илрүүлэх засал
[illegible]
экспозиционная терапия
exposure therapy
暴露疗法
хүсэл тэмүүллийн түвшин
[illegible]
уровень аспирации
aspiration level
抱负水平

bào

голлосон
консерватив (хуучинсаг) үзэл
[illegible]
шкалы развития младенцев
Development, BSID
Bayley Scales of Infant
贝利婴儿发展量表

bèi

гутранги үзэл
[illegible]
пессимизм
pessimism
悲观主义

bēi

тэсрэмтгий зан байдал
[illegible]
взрывная личность
explosive personality
暴躁性格
хэтрүүлэн идэх эмгэг, хэнхэг

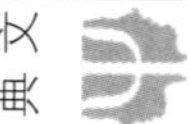

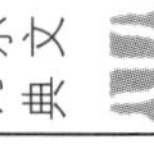

[illegible]
принцип Байеса
principle of Bayesian

贝叶斯原则
Байесийн теорем
[illegible]
теорема Байеса
Bayes’ theorem

贝叶斯定理
Бемийн асуулга
хүйсийн үүргийг тодорхойлох
[illegible]
[illegible]
Бема
роль в сексе инвентаризации
Bem Sex Role Inventory

贝姆性别角色调查表
хэмжүүр
нялхсын хөгжлийн Бейлийн
[illegible]
Бейли

сууръ шинж чанарууд
[illegible]
фоновые характеристики
background characteristic

背景特征
сууръ хувьсагчууд
[illegible]
фоновые переменные
background variable

背景变量
Нугасны урсгал
[illegible]
спинной поток
dorsal stream

背侧通道（枕颞通道）
хоёр дахь таамаглал
[illegible]
альтернативная гипотеза
alternative hypothesis

备择假设
Байесийн зарчим

[illegible]
мания преследования
delusion of persecution

被害妄想
идэвхгүй, түрэмгий бие хүн
[illegible]
[illegible]
личность
пассивно-агрессивная
passive-aggressive personality

被动攻击性人格
рефлекс, далд санаа
[illegible]
обертон
overtone

倍音
орчны нөлөө
[illegible]
эффект контекста
context effect

背景效应

мөрдөх дэмийрэл

被试变量
subject variable
субъект переменная
хувьсагч субъект

*被试间设计（组间设计）
between-subjects design
между субъектами-дизайна
загвар субъектын хооронд

*被试内设计（组内设计）
within-subjects design
впредметного дизайна
юмсын загвар

bĕn

本能
instinct
инстинкт
зөн совин

本能冲动
instinctive impulse
инстинктивный импульс
зөн билгийн долгион

本能漂移
instinct drift
инстинктивный дрейф
зөнгөөрөө хөвөх

本能说
instinct theory
инстинктивная теория
зөн билгийн онол

本能行为
instinctive behavior
инстинктивное поведение
зөн билгийн зан байдал

本体感受
proprioception
проприоцепция
далд мэдрэхүй

本体论
ontology
онтология
онтологи

本土化
indigenization
коренизация
нутагших

本土心理学
indigenous psychology
коренная психология

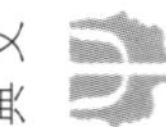

существенная собственность
essential property

本质属性
өөрийн утга
собственное значение
eigenvalue

*本征值（特征值）
төрхийн хамаарал
өөрийн болон бусдын зан
диспозиционная атрибуция
dispositional attribution

本性归因（素质归因）
ид
ид
id

本我（伊底）
сэтгэл зүй
нутгийн уугуул иргэдийн

比较心理学
харьцуулсан танин мэдэхүй
сравнительное познание
comparative cognition

比较认知

bǐ

мөн чанарын үзэл
эссенциализм
essentialism

本质主义
үндсэн зан чанар
существенный характер
essential character

本质特征
үндсэн мөн чанар

шкала интеллекта
Intelligence
Binet-Simon Scale of

比奈-西蒙智力量表
коэффициентийн харьцаа
оюун ухааны
интеллекта
соотношение коэффициент
ratio intelligence quotient

比率智商
харьцааны хэмжээс
соотношение масштаба
ratio scale

比率量表
харьцуулсан сэтгэл судлал
сравнительная психология
comparative psychology

Бине-Симона
оюун ухааны Бине-Симоны
хэмжүүр

比赛心理定向
mental orientation in
competition
умственная ориентация в
конкуренции
тэмцээний үе дэх оюун
ухааны баримжаалал

比赛型运动员
good-at-competition athlete
хороший спортсмен на
конкурсе
тэмцээнд сайн тамирчин

bì

毕生发展观
life-span perspective
продолжительность жизни в
перспективе
насан туршийн хэтийн төлөв

闭环控制
closed-loop control
управление с замкнутым
контуром
хязгаарлагдмал эргэх
холбоотой хяналт

闭锁性运动技能
closed motor skill
замкнутых двигательных
навыков
хязгаарлагдмал хөдөлгөөний
ур чадвар

biān

边际效应
marginal effect
предельный эффект
туйлын үр ашиг

边缘分布
marginal distribution
маргинальное распределение
туйлын тархалт

边缘人格
marginal personality
маргинальной личности
туйлын бие хүн

边缘系统
limbic system

编码策略
  бичих
кодчилол, нууц түлхүүртэй
[illegible]
кодирование
coding

编码
завсарын ухамсар
[illegible]
маргинальное сознание
marginal consciousness

边缘意识
бие хүний завсарын эмгэг
[illegible]
  личности
пограничное расстройство
borderline personality disorder

边缘型人格障碍
лимбийн тогтолцоо
[illegible]
лимбическая система
трансформационное
transformational leadership

变革型领导

biàn

бүтээх тест
[illegible]
испытательное строительство
test construction

编制测验
кодчиллын онцлог зарчим
[illegible]
  кодирования
принцип специфичности
encoding specificity principle

编码特异性原则
кодлох стратеги
[illegible]
стратегия кодирования
coding strategy
variation

变式
хувьсагчийн алдаа
[illegible]
переменная ошибка
variable error

变量误差
давтамжийн тархалт
[illegible]
распределение частоты
frequency distribution

*变量分布（频数分布）
хувьсагч
[illegible]
переменная
variable

变量
  манлайлал
шилжилтийн үеийн
[illegible]
  лидерство

ненормальная черта
abnormal trait

变态特质
хэвийн бус бие хүн
ненормальная личность
abnormal personality

变态人格
хэвийн бус гэмт хэрэг
ненормальное преступление
abnormal offence

变态犯罪
харшил
аллергия
allergy

变态反应
өөрчлөлт
изменение
коэффициент вариации
coefficient of variation

变异系数（相对标准差）
хазайлт
дисперсия
variance

变异数
хэвийн бус зан байдал
ненормальное поведение
abnormal behavior

变态行为
хэвийн бус сэтгэл судлал
ненормальная психология
abnormal psychology

变态心理学
хэвийн бус шинж чанар

диалектик сэтгэхүй
диалектическое мышление
dialectical thinking

辩证思维
ялгавартай сургалт
обучение
дифференцировочное
discrimination learning

辩别学习
ялгаатай хариу үйлдлийн цаг
реакции
дискриминационный время
discriminative reaction time

辨别反应时（C 反应时）
хазайлтын коэффициент

standard deviation
标准差
шалгуур заасан тест
[illegible]
тест критерий привязкой тест
criterion-referenced test
*标准参照测验（目标参照测验）
тогтолцоо-ны арга
Хясаагаар урамшуулах
[illegible]
вознаграждений»
метод «жетонная система
token economy method
标记奖励法
тэмдэглэгч хэрэгсэл, маркер
[illegible]
маркер
marker
标记

biāo

standardized test
标准化测验
стандартчилал
[illegible]
стандартизация
standardization
标准化
үнэлгээний стандарт алдаа
[illegible]
оценки
стандартное отклонение
standard error of estimate
*标准估计误差（剩余标准差）
стандарт оноо
[illegible]
стандартная оценка
standard score
标准分数（基分数，Z 分数）
стандарт хазайлт
[illegible]
стандартное отклонение

standard normal distribution
标准正态分布
прагматик стандарт загвар
[illegible]
прагматики
стандартная модель
standard model of pragmatic
标准语用模式
стандарт алдаа
[illegible]
стандартная ошибка
standard error
标准误差
нэгж
[illegible]
станайн
standard nine, stanine
标准九分
стандарт тест
[illegible]
стандартизированный тест

выразительная афазия
expressive aphasia

表达性失语症（布罗卡失语症）
гадаргын бүтэц
поверхностная структура
surface structure

表层结构
гадаргын төсөөлөл
представление поверхности
surface representation

表层表征

biǎo

стандарт хэвийн тархалт
распределение
стандартное нормальное

face validity

表面效度
гадаргын шинж чанар
поверхностная черта
surface trait

表面特质
гадаргын өнгө
поверхностный цвет
surface color

表面色
эмгэг
хэл ярианы илэрхийллийн
выражения
языковой беспорядок
expressive language disorder

表达性语言障碍
хурц афазии

дүрийн сэтгэхүй
образное мышление
representational thought

表象思维
дүрийн ой тогтоолт
вообразительная память
imaginal memory

表象记忆
сэтгэцийн дүр
ментальный образ
mental image

表象
сэтгэл санааны илэрхийлэл
эмоциональное выражение
emotional expression

表情
нүүр тохирох
валидность лица

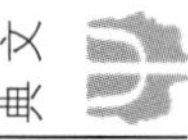

төсөөлөл
представление
representation

表征
бие хүний хийрхэх эмгэг
личности
истерическое расстройство
histrionic personality disorder

表演型人格障碍
зургийн дасгал
подготовка изображений
imagery training

表象训练
зургийн оролцоо
вмешательство изображения
imagery intervention

表象调节
хамтарсан сургалт
комбинаторное обучение
combinational learning

并列结合学习
үзэл баримтлалыг зохицуулах
координировать концепцию
coordinate concept

并列概念

bìng

мөсөн уулын хөндлөн огтлол
профиль айсберг
iceberg profile

冰山剖面图

bīng

并行搜索
зохицуулах
хоёр хэл зэрэг сурахыг
координат двуязычие
coordinate bilingualism

并列双语
зэрэгцээ боловсруулалт
параллельная обработка
parallel processing

并行加工
боловсруулах загвар
зэрэгцээ тархалтын
распределенной обработки
параллельная модель
model, PDP model
parallel distributed processing

并行分布加工模型

parallel search
параллельный поиск
зэрэгцээ хайлт

*病理性偷窃（偷窃癖）
pathological stealing
патологическое воровство
хулгайлах эмгэг

病态人格
psychopathic personality
психопатическая личность
эмгэг төрхийн бие хүн

bō

α 波
wave α
альфа волна
альфа долгион

β 波
wave β
бетта волна
бетта долгион

θ 波
θ wave
θ тета волна
тета долгион

δ 波
δ wave
δ дельта волна
дельта долгион

波幅
amplitude
амплитуда
далайц

波根多夫错觉
Poggendorff illusion
иллюзия Поггендорфа
Поггендорфийн хуурмаг
үзэгдэл

玻璃天花板
glass ceiling
стеклянный потолок
шилэн тааз

剥夺
deprivation
лишение
гачигдал

剥夺研究
deprivation study
исследование лишения
гачигдлын судалгаа

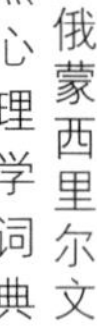

*补偿（代偿）

bǔ

мөрийтэй тоглоом

фокус играть в азартные игры

focus gambling

博弈性聚焦

тоглоомын онол

теория игры

game theory

博弈论

Боулдерийн загвар

модель Боулдера

Boulder model

博多模式

bó

нэмэлт өнгөний хууль

закон дополнительного цвета

law of complementary color

补色律

нэмэлт өнгө

дополнительный цвет

complementary color

补色

нөхөн мөрдөх

отслеживания

компенсационная

compensatory tracking

补偿追踪

тэгшитгэх, нөхөх

компенсация

compensation

不确定间距

боломжгүй зураг

невозможная фигура

impossible figure

不可能图形

нөлөө

үндэслэлийн хангалттай бус

обоснования

недостаточный эффект

insufficient justification effect

不充分理由效应

боловсроогүй бие хүн

незрелая личность

immature personality

不成熟人格

bù

Brown-Peterson paradigm

布朗-彼得森范式

зориудын анхаарал

[illegible]

непроизвольное внимание

involuntary attention

*不随意注意（无意注意）

зориудын хөдөлгөөн

[illegible]

непроизвольное движение

involuntary movement

不随意运动

зориудын зохион бодохуй

[illegible]

непроизвольное воображение

involuntary imagination

*不随意想象（无意想象）

тодорхой бус интервал

[illegible]

интервал неопределенности

interval of uncertainty

процедура частичного отчета

partial-report procedure

部分报告法

Брокийн афази

[illegible]

афазии Брока

Broca's aphasia

*布罗卡失语症（表达性失语症）

Брокийн төв

[illegible]

зона Брока

Broca's area

布罗卡区

Брунерийн сургалтын зарчим

[illegible]

обучающее принцип Брунера

Bruner's instructional principle

布鲁纳教学原则

Браун-Петерсоны парадигм

[illegible]

парадигма Брауна-Петерсона

нөлөө

хэсэгчилсэн батжуулалтын

[illegible]

подкрепления

эффект частичного

PRE

partial reinforcement effect,

部分强化效应

хэсэгчилсэн батжуулалт

[illegible]

частичное укрепление

partial reinforcement

部分强化

хэсэгчилсэн стратеги

[illegible]

частичная стратегия

partial strategy

部分策略

явч

хэсэгчилсэн тайлангийн үйл

[illegible]

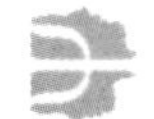

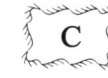

хроматик өнгө

хроматические цвета

chromatic color

彩色

cǎi

авьяас чадвар, ур чадвар

способность

aptitude

才能

cái

C

үнэлгээний хэмжүүр

параметр оценки

parameter estimation

参数估计

хэмжүүр, параметр

параметр

parameter

参数

cān

Зейгарник нөлөө

эффект Зейгарника

Zeigarnik effect

蔡加尼克效应

cài

үзэл бодлын өнцөг

точка зрения

frame of reference

参照框架

оролцоотой ажиглалт

включенное наблюдение

participant observation

参与性观察法

оролцоог хангасан удирдлага

коллективное управление

participative management

参与管理

статистик хэмжүүрийн тест

статистический тест

параметрический

parametric statistical test

参数统计检验

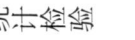

参照群体

reference group

контрольная группа

хяналтын бүлэг

cán

残障儿童

handicapped child

инвалид ребенок

хөгжлийн бэрхшээлтэй
хүүхэд, бие эрхтний
согогтой хүүхэд

cāo

操作测验

performance test

тест производительности

гүйцэтгэлийн тест

操作反射

operative reflection

оперативное отражение

үйлдлийн тусгал

操作技能

manipulative skill

манипулятивные умение

нарийн төвөгтэй арга заль
хэрэглэх чадвар

操作思维

operational thinking

оперативное мышление

үйлдлийн сэтгэхүй

操作温度

operative temperature

рабочая температура

ажиллах хэм

操作行为

operant behavior

оперантное поведение

оперант зан үйл

操作行为主义

operant behaviorism

оперантный бихевиоризм

оперант зан үйлийн
бихевиоризм

操作性定义

operational definition

рабочее определение

үйл ажиллагааны
тодорхойлолт

operant learning

操作学习
зан үйл устах
оперантное исчезновение
operant extinction

操作性消退
зан үйлийн нөхцөлдүүлэлт
кондиционирование
оперантное
operant conditioning
反射）

*操作性条件作用（操作性条件
зан үйлийн нөхцөлдүүлэлт
кондиционирование
оперантное
operant conditioning
作用）

操作性条件反射（操作性条件

измерения
стандартная ошибка
standard error of measurement

测量标准误差
худлыг илрүүлэгч
детектор лжи
lie detector

测谎仪

cè

гүйцэтгэлийн оюун ухаан
производительности
интеллект
performance intelligence

操作智力
зан үйлийн сургалт
оперантное обучение

метод теста
test method

测验法
тестийн стандартчилал
стандартизация тестирования
test standardization

测验标准化
байгуулах тест
тест конструкция
test construction

测验编制
хэмжилтийн алдаа
погрешность измерения
measurement error

测量误差
хэмжилтийн стандарт алдаа

[illegible]
тестa
испытательное отклонение
test bias

测验偏差
бэрхшээлийн тест
[illegible]
тест трудности
test difficulty

测验难度
түгшүүрийн тест
[illegible]
тест тревожности
test anxiety

测验焦虑
тестийн оноо, үнэлгээ
[illegible]
тест-оценка
test score

测验分数
тестийн арга
[illegible]
надежность теста
test reliability

测验信度
чанар
тестийн тохироц, итгэлтэй
[illegible]
валидность теста
test validity

测验效度
тестийн зүйл
[illegible]
тестовое изделие
test item

测验项目
гар тест
[illegible]
ручной тест
test manual

测验手册
тестийн алдаа, хэвийх утга
hierarchical cluster

层次聚类法

céng

стратегийн боловсруулалт
[illegible]
стратегическая обработка
strategic processing

策略加工
ажиллагааны сэтгэл зүй
зорилго чиглэлтэй үйл
[illegible]
гормическая психология
hormic psychology

策动心理学
тохироц чанар
[illegible]
валидность
validity

*测验有效性（效度）
тестийн найдвартай чанар

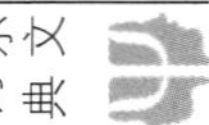

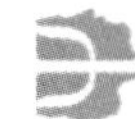

тооцоо
идэвхийн төрөлжүүлсэн
сортовой счет активации
graded activation account

层级激活说
шаталсан бүтэц
иерархическая структура
hierarchical structure

层峰结构
шаталсан сүлжээний загвар
иерархическая модель сети
hierarchical network model

层次网络模型
шаталсан бүлэглэл
иерархический кластер
measure of difference

差异量数（离散量数）
ялгах заагийг илрүүлэх арга
пороговый метод
дифференциальный
differential limen method

差别阈限法
ялгах зааг
дифференциальный порог
differential threshold

差别阈限（最小可觉差）
ялгаатай мэдрэмтгий шинж
чувствительность
дифференциальная
differential sensitivity

差别感受性

chā

өнгөний ялгаа
разница тона
difference tone

差音
ялгавартай сэтгэл судлал
психология
дифференциальная
differential psychology

差异心理学
ялгааны утга
значение разности
significance of difference

差异显著性
ялгаатай байдлын хэмжээс
мера разности

chǎn

产前期
prenatal period
предродовой период
ᠵᠢᠷᠦᠮᠰᠡᠨ ᠦ ᠬᠤᠭᠤᠴᠠᠭ᠎ᠠ
жирэмсний хугацаа

*产伤（出生创伤）
birth trauma, birth injury
родовая травма
ᠲᠥᠷᠥᠯᠬᠢ ᠶᠢᠨ ᠭᠡᠮᠲᠡᠯ
төрөлхийн гэмтэл

产生式规则
production rule
правила производства
ᠪᠦᠲᠦᠭᠡᠯ ᠦᠢᠯᠡᠳᠪᠦᠷᠢ ᠶᠢᠨ ᠳᠦᠷᠢᠮ
үйлдвэрлэлийн дүрэм

产生式系统
production system
производственная система
ᠪᠦᠲᠦᠭᠡᠯ ᠦᠢᠯᠡᠳᠪᠦᠷᠢ ᠶᠢᠨ ᠰᠢᠰᠲ᠋ᠧᠮ
үйлдвэрлэлийн тогтолцоо

cháng

长程心理治疗
long-term psychotherapy
долгосрочная психотерапия
ᠤᠷᠲᠤ ᠬᠤᠭᠤᠴᠠᠭᠠᠨ ᠤ ᠰᠡᠳᠬᠢᠯ ᠦᠨ ᠵᠠᠰᠠᠯ
урт хугацааны сэтгэл засал

长度错觉
length illusion
длина иллюзии
ᠬᠤᠤᠷᠮᠠᠭ ᠦᠵᠡᠭᠳᠡᠯ ᠦᠨ ᠤᠷᠲᠤ
хуурмаг үзэгдлийн урт

长时程增强
long-term potentiation, LTP
долгосрочное
потенцирование
ᠤᠳᠠᠭᠠᠨ ᠬᠤᠭᠤᠴᠠᠭᠠᠨ ᠤ ᠬᠦᠴᠦᠨ ᠴᠢᠳᠠᠯ
удаан хугацааны хүч чадал

长时工作记忆
long-term working memory,
LT-WM
рабочая память долгосрочная
ᠤᠳᠠᠭᠠᠨ ᠬᠤᠭᠤᠴᠠᠭᠠᠨ ᠤ ᠠᠵᠢᠯ ᠤᠨ ᠣᠶᠢ ᠲᠣᠭᠲᠠᠭᠠᠯᠲᠠ
удаан хугацааны ажлын ой
тогтоолт

长时记忆
long-term memory, LTM
долгосрочная память
ᠤᠳᠠᠭᠠᠨ ᠬᠤᠭᠤᠴᠠᠭᠠᠨ ᠤ ᠣᠶᠢ ᠲᠣᠭᠲᠠᠭᠠᠯᠲᠠ
удаан хугацааны ой тогтоолт

尝试错误（试误）
trial and error
метод проб и ошибок
ᠠᠯᠳᠠᠭ᠎ᠠ ᠣᠨᠣᠭᠠᠨ ᠤ ᠠᠷᠭ᠎ᠠ
алдаа ононы арга

尝试错误说
trial and error theory
теория проб и ошибок
ᠠᠯᠳᠠᠭ᠎ᠠ ᠣᠨᠣᠭᠠᠨ ᠤ ᠣᠨᠣᠯ
алдаа ононы онол

C

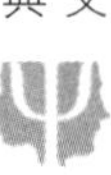

[illegible]
нормативное исследование
normative investigation

常模研究
тест
хэм хэмжээнд баримжаалсан
[illegible]
тест
нормативно-ориетированный
norm-referenced test

常模参照测验
хэм хэмжээ
[illegible]
норма
norm

常模
алдаа оноо
[illegible]
проб и ошибок
trial-and-error learning

尝试错误学习
field theory

场论
үл хамаарах талбай
[illegible]
поле независимости
field independence

场独立性

chǎng

хэвийн тархалт
[illegible]
нормальное распределение
normal distribution

常态分布
хэвийн хүүхэд
[illegible]
нормальный ребенок
normal child

常态儿童
хэм хэмжээ бүхий судалгаа
онцгой авъяастай хүүхэд
[illegible]
сверхспособностями ребенок
supernormal child

超常儿童（天才儿童）

chāo

талбайн хамаарал
[illegible]
полевая зависимость
field dependence

场依存性
талбайн сэтгэл судлал
[illegible]
поля психологии
field psychology

场论心理学
талбайн онол
[illegible]
теория поля

C

超感［官］知觉
extrasensory perception
экстрасенсорное восприятие
гадаад мэдрэхүйн хүртэхүй

超个人心理学
transpersonal psychology
трансперсональная психология
трансперсональ сэтгэл судлал

超前反映
reflection in advance
отражение заранее
урьдчилсан тусгал

超前反映系统
reflection system in advance
система отражения заранее
урьдчилсан тусгалын тогтолцоо

超我
superego
сверх-я
супер эго

超心理学
parapsychology
парапсихология
пара сэтгэл судлал

超意识
super consciousness
транс-сознание
ухамсарт бус байдал

超越需要
need for transcendence
потребность в трансцендентности
давамгайлах хэрэгцээ

chén

陈述记忆
declarative memory
декларативная память
баримтат ой тогтоолт

陈述性知识（描述性知识）
declarative knowledge
декларативное знание
баримтат мэдлэг

陈述性组织者
declarative organizer
декларативный организатор
баримттай зохион байгуулагч

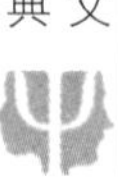

N400 бүрэлдэхүүн хэсэг
N400
компонент N400
N400 component

N400 成分
C1 бүрэлдэхүүн хэсэг
C1
компонент C1
C1 component

C1 成分

chéng

нэрлэсэн хэмжээс
номинальная шкала
nominal scale

称名量表

chēng

ориентация успеха
success orientation

成功定向
онол
оюун ухааны олон загварт
интеллекта
теория компонентной
intelligence
theory of componental

*成分智力说（智力三元论）
P300 бүрэлдэхүүн хэсэг
P300
компонент P300
P300 component

P300 成分
P3 бүрэлдэхүүн хэсэг
P3
компонент P3
P3 component

P3 成分

мотивация достижения
achievement motivation

成就动机
амжилтын тест
тест достижения
achievement test

成就测验
урдаас харсан нөлөө
предубеждение эффект
prejudice effect

成见效应
амжилттай туршлага
успешный опыт
successful experience

成功体验
амжилтын чиг баримжаа

амжилтанд хүрэх хэрэгцээ
потребность в успехе
need for achievement

成就需要
амжилтанд хамааруулах онол
достижения
теория атрибуции
theory
achievement attributional

成就归因理论
онол
амжилтын сэдэлжүүлэлтийн
достижения
теория мотивации
achievement motivation theory

成就动机理论
амжилтын сэдэлжүүлэлт
донтолт
наркомания
addiction

成瘾
боловсролт
созревание
maturation

成熟
насанд хүрсэн мэдрэмж
чувство взрослого
sense of adult

成人感
нас биед хүрэх
совершеннолетие
adulthood

成年期
өсөлтийн бүлэг
группа роста
growth group

成长团体
өсөлтийн сэдэл
мотив роста
growth motive

成长动机
донтолтын зан байдал
поведение наркомании
addiction behavior

成瘾行为
донтогч бие хүн
привыкание личность
addictive personality

成瘾人格

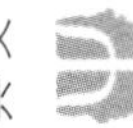

инструкция
запрограммированная
programmed instruction

程序教学
үйлдлийн ой тогтоолт
процедурная память
procedural memory

程序记忆
үйлдлийн шударга ёс
справедливости
процессуальной
procedural justice

程序公平
шийтгэгч
наказатель
punisher

惩罚物
dementia

痴呆（失智）

chī

тодруулга
осветление
clarification

澄清
журамласан мэдлэг
процедурные знания
procedural knowledge

程序性知识
үйлдлийн ой тогтоолт
процедурная память
procedural memory

程序性记忆
программчилсан заавар
impulsive aggression

冲动性攻击
мэдрэлийн долгион
импульс
impulse

冲动

chōng

атираа ховил
зубчатые извилины
dentate gyrus

齿状回

chǐ

тэнэгрэл
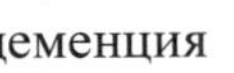
деменция

conflict

冲突

шок эмчилгээ

шоковая терапия

shock therapy

冲击疗法

өөрчлөлт

импульсийн, түлхэц

импульсивное расстройство

impulse disorder

冲动障碍

цочмог бие хүн

импульсная личность

impulse personality

冲动型人格

цочмог түрэмгийлэл

импульсивная агрессия

тестирования

надежность повторного reliability

retest reliability, test-retest

*重测信度（再测信度）

chóng

зөрчлийн онол

теория конфликта

conflict theory

冲突理论

зөрчлийн менежмент

управление конфликтами

conflict management

冲突管理

зөрчил

конфликт

重建法

ухамсарлах

нөхцөл байдлыг дахин

рефрейминг

reframing

重构

төсөл

давтан хэмжилтийн зураг

дизайн повторных измерений

repeated measures design

重复测量设计

давтах

повторять

replication

重复

чанар

дахин тестийн найдвартай

abstract concept

抽象概念
　шинжилгээний арга
хийсвэр задлан
[illegible]
метод абстрактного анализа
method of abstract analysis

抽象分析法
хийсвэрлэл
[illegible]
абстракция
abstraction

抽象

chōu

сэргээн босгох арга
[illegible]
способ реконструкции
reconstruction method

抽象推理
хийсвэр сэтгэхүй
[illegible]
абстрактное мышление
abstract thinking

抽象思维
хийсвэр-логик сэтгэхүй
[illegible]
　мышление
абстрактно-логическое
abstract-logic thinking

抽象逻辑思维
хийсвэр санаа
[illegible]
абстрактная идея
abstract idea

抽象观念
хийсвэр үзэл баримтлал
[illegible]
абстрактная концепция

抽象因素
хийсвэр сургалт
[illegible]
абстрактное обучение
abstract learning

抽象学习
хийсвэр зан байдал
[illegible]
абстрактное поведение
abstract behavior

抽象行为
хийсвэр тогтолцоо
[illegible]
абстрактная система
abstract system

抽象系统
хийсвэр бодол
[illegible]
абстрактные рассуждения
abstract reasoning

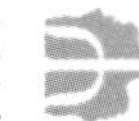

抽样调查
түүвэр
[illegible]
выборка
sampling

抽样
хийсвэр оюун ухаан
[illegible]
абстрактный интеллект
abstract intelligence

抽象智力
хийсвэр үйлдэл
[illegible]
абстрактная операция
abstract operation

抽象运算
хийсвэр хүчин зүйл
[illegible]
абстрактный фактор
abstract factor

родовые травмы
birth trauma

出生创伤（产伤）

chū

түүвэрлэлтийн алдаа
[illegible]
отклонение выборки
sampling bias

抽样偏差
түүврийн тархалт
[illegible]
выборочное распределение
sampling distribution

抽样分布
түүвэр судалгаа
[illegible]
выборочное исследование
sampling survey

处理均方
хадгалах
[illegible]
хранение
storage

储存

chǔ

анхдагч ой тогтоолт
[illegible]
первичная память
primary memory

初级记忆
сонсонгоо бодох
[illegible]
мысли вслух
thinking aloud

出声思维
төрөлхийн гэмтэл
[illegible]

touch sensation

触觉

шүргэлт мэдрэх цэг

[illegible]

сенсорное пятно

touch spot

触点

чиг заах зүүтэй лабиринт

[illegible]

лабиринт граммофоной

stylus maze

触棒迷津

chù

утга

судалгааны дундаж квадрат

[illegible]

исследования

среднеквадратичное

mean-square of treatment

багаж

хүртэх мэдрэмжийг хэмжих

[illegible]

восприятия

инструмент измерящий

aesthesiometer

触觉计

шүргэлт хүлээн авах талбай

[illegible]

прикосновении

рецептивное поле

touch receptive field

触觉感受野

хүрэлцэх хэсгийн байршил

[illegible]

тактильная локализация

tactual localization

触觉定位

шүргэх сэрэл

[illegible]

ощущение прикосновения

туршилтын тусгай аппарат

харх хулгана дээр хийх

[illegible]

челночная коробка

shuttle box

穿梭箱

chuān

шүргэлт мэдрэх үзүүлэлт

[illegible]

тактильный индикатор

tactual display

触觉显示器

чадваргүй болох

хүрэлцэх мэдрэмж таних

[illegible]

тактильная агнозия

tactile agnosia

触觉失认症

chuán

传导性失语症
conduction aphasia
проводниковая афазия
[illegible]
яриа дамжуулах чадвараа
алдах

chuāng

创伤
trauma
травма
[illegible]
гэмтэл

创伤后应激障碍
post-traumatic stress disorder,
PTSD
посттравматическое
стрессовое расстройство
[illegible]
гэмтлийн дараах стрессийн
эмгэг

chuàng

创新
innovation
инновация
[illegible]
шинэчлэл

创造
creation
создание
[illegible]
бүтээн байгуулалт

创造冲动
creative impulse
творческий импульс
[illegible]
бүтээлч долгион

创造幻想
creative fantasy
творческая фантазия
[illegible]
бүтээлч уран зөгнөл

创造力
creativity
креативность
[illegible]
бүтээлч чанар

创造思维
creative thinking
креативное мышление
[illegible]
бүтээлч сэтгэхүй

创造性
creativeness

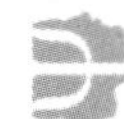

creative personality

创造性人格

бүтээлч боловсрол

ᠪᠦᠲᠦᠭᠡᠯᠴᠢ ᠰᠤᠷᠭᠠᠨ ᠬᠦᠮᠦᠵᠢᠯ

творческое образование

creative education

创造性教育

бүтээлч ой тогтоолт

ᠪᠦᠲᠦᠭᠡᠯᠴᠢ ᠴᠡᠭᠡᠵᠢᠯᠡᠬᠦᠢ

продуктивная память

productive memory

创造性记忆

бүтээсэн дүр

ᠪᠦᠲᠦᠭᠡᠯᠴᠢ ᠳᠦᠷᠰᠦ

созданный образ

created image

创造性表象

бүтээл

ᠪᠦᠲᠦᠭᠡᠯᠴᠢ ᠴᠢᠨᠠᠷ

творчество

productive imaginary,

creative imagination,

创造性想象

шийдвэрлэх

бүтээлчээр асуудал

ᠪᠦᠲᠦᠭᠡᠯᠴᠢ ᠪᠡᠷ ᠠᠰᠠᠭᠤᠳᠠᠯ ᠰᠢᠢᠳᠪᠦᠷᠢᠯᠡᠬᠦ

решению проблем

творческий подход к

creative problem-solving

创造性问题解决

сэтгэлгээ

бүтээлч сэтгэхүй, бүтээлч

ᠪᠦᠲᠦᠭᠡᠯᠴᠢ ᠰᠡᠳᠬᠢᠬᠦᠢ ᠰᠡᠳᠬᠢᠯᠭᠡ

продуктивное мышление

творческое мышление,

thinking

creative thinking, productive

创造性思维

бүтээлч бие хүн

ᠪᠦᠲᠦᠭᠡᠯᠴᠢ ᠰᠡᠳᠬᠢᠬᠦᠢ ᠪᠡᠶ᠎ᠡ ᠬᠦᠮᠦᠨ

творческая личность

creative self

创造性自我

бүтээлч тоглоом

ᠪᠦᠲᠦᠭᠡᠯᠴᠢ ᠨᠠᠭᠠᠳᠤᠭᠠᠮ

творческая игра

creative game

创造性游戏

бүтээлч сургалт

ᠪᠦᠲᠦᠭᠡᠯᠴᠢ ᠰᠤᠷᠭᠠᠯᠲᠠ

творческое обучение

creative learning

创造性学习

бүтээлтэй төсөөлөл

бүтээлтэй дүрслэл, үр

бүтээлч төсөөлөл, үр

ᠪᠦᠲᠦᠭᠡᠯᠴᠢ ᠲᠥᠰᠦᠭᠡᠯᠡᠯ

продуктивное воображение

воображаемый,

продуктивного

творческого воображения,

productive imagination

pure psychology
纯粹心理学

chún

босоо дамжуулалт
вертикальный перенос
vertical transfer
*垂直迁移（纵向迁移）
өнчин тархи
гипофиз
hypophysis
垂体

chuí

бүтээлч би
творческой самореализации

үгийн нийлэмжийн загвар
модель ассоциации слова
word association model
词汇联想模型
үгсийн сангийн дүрслэл
лексическое представление
lexical representation
词汇表征

cí

цэвэр авиа
чистый тон
pure tone
纯音
цэвэр сэтгэл судлал
чистая психология

lexical agraphia
词汇失写症
загвар
үгсийн санд тулгуурласан
лексическая ведомая модель
lexically driven model
词汇驱动理论
үгсийн хоёрдмол утга
лексической неоднозначности
lexical ambiguity
词汇歧义
нөлөө
үгсийн сангийн хэвийсэн
смещения
лексический эффект
lexical bias effect
词汇偏差效应

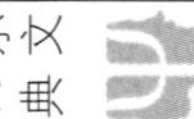

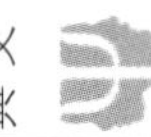

үгсийн сүлжээ
ᠦᠭᠡᠰ ᠦᠨ ᠰᠠᠩ ᠤᠨ ᠰᠦᠯᠵᠢᠶ᠎ᠡ
сеть слов
network of words

词汇网络
үгсийн адилтгалын өөрчлөлт
ᠦᠭᠡᠰ ᠦᠨ ᠰᠠᠩ ᠤᠨ ᠢ ᠢᠯᠭᠠᠨ ᠲᠠᠨᠢᠬᠤ ᠬᠤᠪᠢᠷᠠᠯᠲᠠ
сдвига
лексической идентификации
lexical identification shift

词汇识别转换
үгийн адилтгал
ᠦᠭᠡᠰ ᠦᠨ ᠰᠠᠩ ᠤᠨ ᠢ ᠢᠯᠭᠠᠨ ᠲᠠᠨᠢᠬᠤ
идентификация слово
word identification

词汇识别
өөрчлөлт
үгсийн сангийн бичгийн
ᠦᠭᠡᠰ ᠦᠨ ᠰᠠᠩ ᠤᠨ ᠪᠢᠴᠢᠭ ᠦᠨ ᠰᠠᠭᠠᠲᠠᠯ ᠡᠪᠡᠳᠴᠢᠨ
лексическая аграфия

词聋
үгийн танин мэдэхүй
ᠦᠭᠡᠰ ᠢ ᠲᠠᠨᠢᠬᠤ ᠰᠡᠳᠬᠢᠬᠦᠢ
распознавание слов
word recognition

词汇再认
үгсийн сангийн таамаглал
ᠦᠭᠡᠰ ᠦᠨ ᠰᠠᠩ ᠤᠨ ᠰᠤᠳᠤᠯᠤᠯ ᠤᠨ ᠲᠠᠭᠠᠮᠠᠭᠯᠠᠯ
лексическая гипотеза
lexical hypothesis

词汇学假设
тооцоолол
үг сонголтын өрсөлдөөний
ᠲᠣᠭᠠᠴᠠᠭ᠎ᠠ
ᠦᠭᠡᠰ ᠦᠨ ᠰᠣᠩᠭᠣᠯᠲᠠ ᠶᠢᠨ ᠦᠷᠢᠰᠤᠯᠳᠤᠭᠠᠨ ᠤ
счёт
конкурс лексического выбора
account
lexical selection by competition

词汇选择竞争说
адилтгал
үгийн утга бүхий хэсгийн
ᠮᠣᠷᠹᠧᠮ ᠦᠨ ᠢᠯᠭᠠᠨ ᠲᠠᠨᠢᠬᠤ
идентификация морфемы
morpheme identification

词素识别
үгийн утга бүхий хэсэг
ᠮᠣᠷᠹᠧᠮ
морфема
morpheme

词素
текст харалган, үг харалган
ᠦᠭᠡᠰ ᠦᠨ ᠰᠣᠬᠤᠷ
текст слепота, слово слепота
blindness
alexia, text blindness,word

词盲
үг сонсохгүй эмгэг
ᠦᠭᠡᠰ ᠦᠨ ᠳᠤᠯᠢ
слово глухота
word deafness

词形编码
word-form encoding
слово-форма кодирования
[illegible]
үгэн хэлбэрээр кодлох

词优势效应
word superiority effect
слово эффект превосходства
[illegible]
үгийн давуу нөлөө

磁共振成像
magnetic resonance imaging,
MRI
магнитно-резонансная томография
[illegible]
соронзон цуурайтлын дүрслэл

雌激素
estrogen
эстроген
[illegible]
эстроген, даавар

cì

次级记忆
secondary memory
вторичная память
[illegible]
хоёрдогч ой тогтоолт

*次数（频数）
absolute frequency
абсолютная частота
[illegible]
туйлын давтамж

*次数分布（频数分布）
frequency distribution
распределение частоты
[illegible]
давтамжийн тархалт

次要特质
secondary trait
вторичный признак
[illegible]
хоёрдогч шинж чанар

刺激变量
stimulus variable
переменная стимула
[illegible]
хувьсагч түлхэц

刺激辨别
stimulus discrimination
дискриминация стимула
[illegible]
ялгавартай цочроогч

刺激-反应理论
stimulus-response theory
теория ответа стимула
[illegible]
цочроогч-хариу үйлдлийн

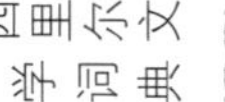

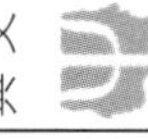

conformity

从众

хоёр хэлэнд захирагдсан

подчиненный двуязычие

subordinative bilingualism

从属双语

cóng

түлхэцийн хэмжээс

размер стимула

stimulus dimension

刺激维度

цочроогчийн баяжуулалт

обобщение стимула

stimulus generalization

刺激泛化

онол

corticotropin-releasing

促肾上腺皮质释放激素

адренокортикотропин даавар

гормон

адренокортикотропный

АСТН

adrenocorticotropic hormone,

促肾上腺皮质激素

cù

зохицох зан үйл

поведение соответствия

conformity behavior

从众行为

зохицол, нийц

соответствие

ховс судалдаг шинжлэх ухаан

гипнотизм

hypnotism

催眠术

ховс

гипноз

hypnosis

催眠

cuī

стрессийн даавар

гормон

кортикотропин-рилизинг

hormone, CRH

cún

存在心理学
existential psychology
экзистенциальная психология
экзистенциаль сэтгэл судлал

存在心理治疗
existential counseling
экзистенциальная консультация
экзистенциаль зөвлөгөө

cuò

挫折
frustration
разочарование, фрустрация
бухимдал, уур бухимдал

挫折-攻击假说
frustration-aggression hypothesis
фрустрация-агрессия гипотеза
түрэмгийллийн гаралтай бухимдлын таамаглал

挫折-攻击理论
frustration-aggression theory
теория фрустрации-агрессии
бухимдал, түрэмгийллийн онол

错觉
illusion
иллюзия
хуурмаг үзэгдэл

错误概念（迷思概念）
misconception
неправильное представление
буруу ойлголт

错误信念任务
false belief task
ложная задача вера
хуурмаг итгэлийн даалгавар

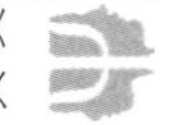

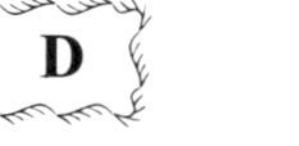

dá

*达尔文反射（抓握反射）
Darwin reflex
рефлекс Дарвина
ᠳᠠᠷᠸᠢᠨ ᠷᠧᠹᠯᠧᠺᠰ
Дарвины рефлекс

dǎ

打折扣原理
discounting principle
дисконтирование принцип
ᠬᠢᠮᠳᠤᠷᠠᠭᠤᠯᠬᠤ ᠵᠠᠷᠴᠢᠮ
хямдруулах зарчим

dà

大脑
cerebrum
головной мозг
ᠶᠡᠬᠡ ᠲᠠᠷᠢᠬᠢ
их тархи

大脑半球
cerebral hemisphere
полушария головного мозга
ᠶᠡᠬᠡ ᠲᠠᠷᠢᠬᠢᠨ ᠤ ᠬᠠᠭᠠᠰ ᠪᠥᠮᠪᠥᠯᠦᠭ
тархины тал бөмбөлөг

大脑半球优势化
cerebral dominance
церебральная доминантность
ᠶᠡᠬᠡ ᠲᠠᠷᠢᠬᠢᠨ ᠤ ᠬᠠᠭᠠᠰ ᠪᠥᠮᠪᠥᠯᠦᠭ ᠦᠨ ᠲᠡᠷᠢᠭᠦᠯᠡᠯᠲᠡ
их тархины давамгайлсан
шинж

大脑功能定位
localization of brain function
локализация функции мозга
ᠶᠡᠬᠡ ᠲᠠᠷᠢᠬᠢᠨ ᠤ ᠴᠢᠳᠠᠮᠵᠢ ᠶᠢᠨ ᠪᠠᠶᠢᠷᠢ ᠲᠣᠭᠲᠠᠭᠠᠯᠲᠠ
тархины үйл ажиллагааны
байршил

大脑功能偏侧化
lateralization of brain function
латерализация функции мозга
ᠶᠡᠬᠡ ᠲᠠᠷᠢᠬᠢᠨ ᠤ ᠴᠢᠳᠠᠮᠵᠢ ᠶᠢᠨ ᠬᠡᠲᠦᠷᠬᠡᠢᠯᠡᠯᠲᠡ
тархины ялгаварлан хөгжих
үүрэг

大脑两半球功能不对称性
functional asymmetry of
cerebral hemispheres
функциональная асимметрия
полушарий головного
мозга
ᠶᠡᠬᠡ ᠲᠠᠷᠢᠬᠢᠨ ᠤ ᠬᠣᠶᠠᠷ ᠬᠠᠭᠠᠰ ᠪᠥᠮᠪᠥᠯᠦᠭ ᠦᠨ ᠴᠢᠳᠠᠮᠵᠢ
ᠶᠢᠨ ᠲᠡᠭᠰᠢ ᠪᠤᠰᠤ ᠴᠢᠨᠠᠷ
тархины тал бөмбөлгүүдийн
үйл ажиллагааны тэгш
хэмт бус байдал

大脑皮质

Таван хүчин зүйлт бие хүний
Большая пяторка
Модель личностных черт
Big Five personality model

*大五人格模型（人格五因素模型）
тархины интеграци (цомтгол)
мозговая интеграция
cerebral integration

大脑整合作用
тархины ноёлох голомт
доминант мозга
brain dominance

大脑优势半球
тархины гадаргуу
кора головного мозга
cerebral cortex

大小恒常性
хуурмаг үзэглийн хэмжээ
размер иллюзия
size illusion

大小错觉
ариун цэврийн сургалт
туалет тренировка
toilet training

大小便训练
асуулга
Таван хүчин зүйлт бие хүний
личности
Пятифакторный опросник
Big Five Personality Inventory

大五人格问卷（NEO 人格调查表）
загвар
массовая связь
массовая коммуникация, communication
mass communication, public

*大众传播（大众沟通）
эх түүвэр
большая выборка
large sample

大样本
хэмжээг хүртэх
восприятие размера
size perception

大小知觉
байдал
их багын хэмжээний тогтмол
константа размера
size constancy

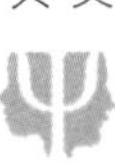

хэмнэлт хийх
лексема экономика
token economy

代币法

dài

олон нийтийн сэтгэл судлал
популярная психология
popular psychology

大众心理学
олон нийтийн харилцаа
массовая связь
массовая коммуникация, communication
mass communication, public

大众沟通（大众传播）
олон нийтийн харилцаа

代替律
цаг үе хоорондын ялгаа
разница между поколениями
generation gap

代沟
тэгшитгэх, нөхөх
компенсация
compensation

代偿（补偿 ）
сэдэн сургах аргын төлөөлөл
представительные эвристики
representative heuristics

代表性启发法
батжуулалтын тэмдэг
знак подкрепления
token reinforcer

代币强化物

Test, DDST
Denver Development Screening

发展筛选测验）

*丹佛发育筛查测验（丹佛儿童
тест
хөгжлийг шалгах Денверийн
тест Денвера
развивающее проверочный Test, DDST
Denver Development Screening

育筛查测验）

丹佛儿童发展筛选测验（丹佛发

dān

орлуулалтын хууль
закон замещения
law of substitution

单词句
нэг талт тест
[illegible]
односторонний тест
one-tailed test
*单侧检验（单尾检验）
төлөвлөгөө
нэг тохиолдолт туршилтын
[illegible]
[illegible]
единственного случая
экспериментальный план
single-case experimental design
单被试实验设计
Денверийн шалгах тест
хүүхдийн хөгжлийг үнэлэх
[illegible]
ребенка
тест оценки развития
Денверский скрининговый

单色仪
үзэл
бүх өнгийг нэг өнгө мэт харах
[illegible]
монохроматизм
monochromatism
*单色视觉（全色盲）
хагас гэр бүл
[illegible]
неполная семья
single-parent family
单亲家庭
нэг чихээр сонсох
[illegible]
монофонический слух
monaural hearing
单耳听觉
нэг үгтэй өгүүлбэр
[illegible]
однословные предложение
single-word sentence

нэг нүдний харааны гүн
[illegible]
признак
монокулярный глубинний
monocular depth cue
单眼深度线索
амтлах сэрэл
[illegible]
вкусовое ощущение
gustum
单味觉
нэг талт тест
[illegible]
односторонний тест
one-tailed test
单尾检验（单侧检验）
харагдуулагч
бүх өнгийг нэг өнгө мэт
[illegible]
монохроматор
monochromator

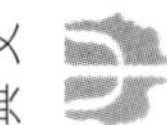

单因素方差分析

онол

хэл ярианы нэгдмэл нөөцийн

ресурсов

единая словесная теория

single verbal resource theory

单一言语资源理论

Т тестийн нэг жишээ

один образец Т-теста

one-sample t-test

单样本 t 检验

хөдөлгөөний өөрчлөлт

нэг нүдний харагдах зүйлийн

движения

монокулярный параллакс

monocular movement parallax

单眼运动视差

шинж тэмдэг

холерик зан араншин

холерик темперамент

choleric temperament

胆汁质

dǎn

нэг бүлэг зураг төсөл

одна группа дизайн

one group design

单组实验设计

дүн шинжилгээ

нэг хүчин зүйлт хазайлтын

один дисперсионный анализ

one-factor analysis of variance

клиент-центрированная

client-centered therapy

法，来访者中心疗法）

当事人中心疗法（以人为中心疗

буй тусгал

одоо цагт анхаарч төвлөрч

настоящий фокус

present-focus

当前定向

dāng

хямрал

дайнаас үүссэн сэтгэлийн

военный невроз

shell shock

*弹震症（炮弹休克）

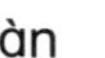

dàn

таамаглал
урвуу байрлалтай U
перевернутая гипотеза U
inverted U hypothesis

倒U形假说

dào

авсан үнэлгээ
полученная оценка
derived score

导出分数

dǎo

үйлчлүүлэгч төвтэй засал
терапия

моральная дилемма
moral dilemma

道德两难
зан суртахуун
мораль
morality

道德
эргэх үйлдэлтэй саатал
ретроактивное торможение
retroactive inhibition

倒摄抑制（倒摄干扰）
оролцоо
эргэх холбоотой хөндлөнгийн
силы
вмешательство обратной
retroactive interference

*倒摄干扰（倒摄抑制）

нравственная вера
moral belief

道德信念
зан суртахууны эргэцүүлэл
моральные рассуждения
moral reasoning

道德推理
зан суртахууны үнэлэмж
моральное суждение
moral judgement

道德判断
болох
зан суртахуун дотор бий
интернализация мораль
moral internalization

道德内化
байдал
зан суртахууны нөхцөл

isosensitivity curve

性曲线）

*等感受性曲线（接受者操作特

dĕng

хөл тавих аргын нөлөө

эффект приема в ноги дверь

foot-in-the-door effect

登门槛效应

dēng

дальтонизм

өнгө ялгахгүй болох өвчин,

дальтонизм

daltonism

*道尔顿症（色盲）

ёс суртахууны итгэл үнэмшил

хамаарлын эрэмбэлсэн цуваа

корреляции

порядок ранговой оценки

rank order correlation

等级相关

эрэмбэлэх арга

метод упорядочения

ranking method

等级[排列]法

шугам

үндсэн өнгөний тэнцүү

тона

равный контур основного

equal pitch contour

等高曲线

мэдрэмжийн муруй

чувствительность кривой

закон

эквипотенциальности,

принцип

law of equipotentiality

principle of equipotentiality,

等势原理

интервалийн хэмжээс

интервальная шкала

interval scale

等距量表

тэнцүү интервалт арга

метод равного интервала

method of equal interval

等距法

тэнцүү интервалт хувьсагч

равной переменной интервал

equal internal variable

等距变量

тест множественного

Duncan multiple-range test

邓肯多重范围检验

dèng

тэнцүү хэлбэр

эквивалентная форма

equivalent form

等值复本

шугам

тэнцвэртэй дууны хүчний

равный контур громкости

equal loudness contour

等响曲线

нэг адил чадварын хууль

нэг ижил чадварын зарчим,

эквипотенциальности

движения

передача низкого дорожного

low-road transfer

低阶迁移

дутуу ачаалал

недогрузка

underload

低负荷

оюуны хомсдолтой хүүхэд

субнормальный ребенок

subnormal child

低常儿童

dī

Данканы олон төрөлт тест

диапазона Дункан

subthalamus

底丘脑（腹侧丘脑）

dǐ

дайсагнасан түрэмгийлэл

враждебная агрессия

hostile aggression

敌意性攻击

дайсагнал

враждебность

hostility

敌对

dí

дамжуулалт

замын бага хөдөлгөөний

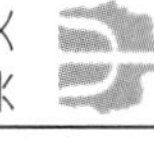

последовательность
убывающий
descending series

递减系列
рекурсив загвар
рекурсивная модель
recursive model

递归模型
давхар нөлөө
эффект пола
floor effect

地板效应

dì

харааны төвгөрийн доод хэсэг
субталамус

хоёр дахь дохионы систем
вторая сигнальная система
second signal system

第二信号系统
ногоон өнгө ялгахгүй байх
дейтеранопия
deuteranopia

*第二色盲（绿色盲）
хоёр дахь төрлийн алдаа
ошибка второго рода
error of the second kind

第二类错误
өсөх цуваа
возрастающий ряд
ascending series

递增系列
буурах цуврал

хоёр дахь хэлийг эзэмших
овладение второго языка
second language acquisition

第二语言习得
хоёр дахь хэл
второй язык
second language

第二语言
хоёрдогч хэрэгцээ
вторичная потребность
secondary need

第二需要
чанар
бэлгийн хоёрдмол шинж
вторичные половые признаки
secondary sex characteristic

第二性征

*第三色盲（蓝黄色盲）
tritanopia, blue-yellow
blindness
сине-желтый слепота,
тританопия
[illegible]
цэнхэр шар өнгө танихгүй
болох эмгэг

*第1类错误（I型错误）
error of the first kind
ошибка первого рода
[illegible]
эхний төрлийн алдаа

*第1色盲（红色盲）
red blindness
дальтонизм на красный цвет
[illegible]
улаан өнгөний хараалган

第1信号系统
first signal system
первая сигнальная система
[illegible]
дохионы нэгдүгээр систем

*第1需要（原生需要）
primary need
первостепенная потребность
[illegible]
анхан шатны хэрэгцээ

第1印象
first impression
первое впечатление
[illegible]
анхны сэтгэгдэл

第1语言（母语）
first language
первый язык
[illegible]
анхны хэл

第1语言习得
first language acquisition
первое приобретение языка
[illegible]
анхны хэлийг эзэмших

diān

癫痫
epilepsy
эпилепсия
[illegible]
унадаг татдаг өвчин

癫痫性精神障碍
mental disorder in epilepsy
психическое расстройство
при эпилепсии
[illegible]
унадаг татдаг сэтгэцийн эмгэг

癫痫性人格
epileptoid personality
эпилептоид личность
[illegible]
унадаг өвчтэй хүн

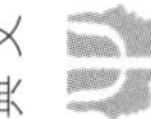

корреляция
точечно-бисериальная
point biserial correlation

点二列相关
шинжилгээ
хатуу тогтсон хамаарлын дүн
корреляционный анализ
канонический
canonical correlation analysis

典型相关分析
хувьсагч
хатуу тогтсон хамааралтай
корреляция
каноническая переменная
canonical correlation variable

典型相关变量

diǎn

electroconvulsive shock, ECK

电痉挛休克
товчилсон яриа
телеграфная речь
telegraphic speech

电报式言语
товчилсон өгүүлбэр
сокращённое предложение
telegraphic sentence

电报句

diàn

цэгэн үнэлгээ
точечная оценка
point estimate

点估计
бисериаль хамаарал
хоёр төрлийн хамаарал,

peak experience

顶峰体验（高峰体验）

dǐng

эмчилгээ
цахилгаанаар цочроох
электросудорожной терапии
electroconvulsive therapy, ECT

电休克疗法
электролитийн саатал
электролитическое поражение
electrolytic lesion

电损毁
шок
электролитийн гэмтлээс үүсэх
электролитическое поражение

вершинное переживание
ᠣᠷᠭᠢᠯ ᠤᠨ ᠲᠤᠷᠰᠢᠯᠭ᠎ᠠ
оргил туршлага

顶叶
parietal lobe
теменная доля
ᠣᠷᠣᠢ ᠶᠢᠨ ᠬᠡᠰᠡᠭ
их тархины гадрын зулайн хэсэг

dìng

定势
set
набор
ᠪᠠᠭᠴᠠ ᠪᠠᠭᠴᠠᠯᠠᠯ
багц

定势理论
set theory
теория множеств
ᠪᠠᠭᠴᠠ ᠪᠠᠭᠴᠠᠯᠠᠯ ᠤᠨ ᠣᠨᠣᠯ
багц онол

定向反应
orienting response
ориентировочная реакция
ᠴᠢᠭᠯᠡᠬᠦ ᠬᠠᠷᠢᠭᠤ
баримжаалах хариу үйлдэл

定向力
orientation
ориентация
ᠴᠢᠭᠯᠡᠬᠦ ᠴᠢᠳᠠᠯ
баримжаа, чиг хандлага

定向障碍
disorientation
дезориентация
ᠴᠢᠭᠯᠡᠬᠦ ᠰᠠᠭᠠᠳ
баримжаагүй, эмх цэгцгүй

定性研究
qualitative research
качественное исследование
ᠴᠢᠨᠠᠷ ᠤᠨ ᠰᠢᠨᠵᠢᠯᠡᠭᠡ
чанарын судалгаа

定义不良问题
ill-defined problem
плохо структурированная задача
ᠲᠣᠳᠣᠷᠬᠠᠢᠯᠠᠯ ᠳᠤᠲᠠᠭᠤ ᠲᠠᠢ ᠠᠰᠠᠭᠤᠳᠠᠯ ᠂ ᠲᠣᠳᠣᠷᠬᠠᠢᠯᠠᠯ
ᠮᠠᠭᠤ ᠠᠰᠠᠭᠤᠳᠠᠯ
тодорхой бус асуудал

定义良好问题
well-defined problem
четко определенные проблемы
ᠲᠣᠳᠣᠷᠬᠠᠢᠯᠠᠯ ᠰᠠᠢᠲᠠᠢ ᠠᠰᠠᠭᠤᠳᠠᠯ
сайн тодорхойлсон асуудал

dòng

动机
motivation
мотивация
ᠰᠡᠳᠦᠯ ᠲᠥᠷᠦᠭᠦᠯᠦᠯ
сэдэлжүүлэлт

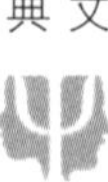

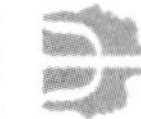

[illegible]
мотивации
гедоническая теория
hedonic theory of motivation

动机享乐说
сэдэлжүүлэлтийн дамжуулалт
[illegible]
передача мотивации
motivation transfer

动机迁移
сэдэлжүүлэлтийн зөрчил
[illegible]
мотивационный конфликт
motivational conflict

动机冲突
онол
сэдэлжүүлэлтийн зөн билгийн
[illegible]
теория инстинктов мотивации
instinct theory of motivation

动机本能说
чувство
кинестезия, мышечное
kinesthesis

动觉
стробоскоп
[illegible]
стробоскоп
stroboscope

动景器
сэдэл ба үр нөлөө
[illegible]
мотив и эффект
motive and effect

动机与效果
сэдэлжүүлсэн марталт
[illegible]
мотивированное забывание
motivated forgetting

动机性遗忘
авах онол (гедонизм)
сэдэлжүүлэлтиын таашаал
[illegible]
ощущение
кинестетическое
последовательное
kinesthetic aftereffect, KAE

动觉后效
хариу үйлдэл
булчин хөдөлгөөний эргэх
[illegible]
связь
кинестетическая обратная
kinesthetic feedback

动觉反馈
хөдөлгөөний зохион бодохуй
[illegible]
кинестетическое воображение
kinesthetic imagery

动觉表象
байрлалыг мэдрэх сэрэл
булчингийн мэдрэмж, биеийн
[illegible]

покачивание лексического
account
swinging lexical network

动态词汇网络说
хөдлөл зүйн сэтгэл судлал
динамическая психология
dynamic psychology

动力心理学
хөдөлгөөнт тогтсон хэв шинж
динамический стереотип
dynamic stereotype

动力定型
кинестезиометр
кинестезиометр
kinesthesiometer

动觉计
хөдөлгөөний сэрэл
үргэлжилсэн булчингийн
амьтны сэтгэл судлал
зоопсихология
animal psychology

动物心理学
зан
амьтдын бие биеэ халамжлах
животных
поведение ухаживания
animal courtship behavior

动物求偶行为
хөдөлгөөний хурц хараа
динамическая острота зрения
dynamic visual acuity

动态视敏度
сүлжээний бүртгэл
үгсийн сангийн хэлбэлзлийн
сетевого счета
баримжаалах үйлдэл
ориентация действия
action orientation

动作定向
боломжит үйлдэл
потенциал действия
action potential

动作电位
үйлдэл
акт
act

动作
үйлийг судалдаг салбар)
этологи (зөн билэгт зан
этология
ethology

*动物行为学（习性学）

үйлдлийн тогтвортой шинж

стабильность действия

action stability

动作稳定性

авхаалжтай үйлдэл

гавшгай хөдөлгөөн,

ловкость действия

dexterity of action

动作灵活性

хөдөлгөөн хэмнэх зарчим

принцип экономии движений

economic principle of motion

动作经济原则

хөдөлгөөний мэдрэмж

чувство движения

sense of motion

动作感觉

независимый от себя

independent construal of self

独立的自我建构

хэсгийн дүн шинжилгээ

хамааралгүй бүрэлдэхүүн

компонента

анализ независимого

analysis, ICA

independent component

独立成分分析

dú

хяналт, шалгалт

надзор, контроль

supervision

督导

dū

независимый групповой

independent group design

*独立组设计（组间设计）

нөөцийн онол

бие даасан хэл ярианы

ресурсов

теория независимых речевых

separate verbal resource theory

独立言语资源理论

бие даасан байдлын тест

тест независимости

test of independence

独立性检验

байдал

өөрийн гэсэн бие даасан

трактовке

төгсгөлийн тархи
конечный (концевой) мозг
telencephalon
端脑

duān

тоглогчийн алдаа
ошибка игрока
gambler's fallacy
赌徒谬误

dǔ

хамааралгүй бүлгийн загвар
дизайн

ющим
непосредственно-составля
правило развёртывания по
phrase structure rule
短语结构规则
үеийн ой тогтоолт
богино хугацааны ажиллах
кратковременная
рабочая память
ST-WM
short-term working memory,
短时工作记忆
засал
богино хугацааны сэтгэл
краткосрочная психотерапия
short-term psychotherapy
短程心理治疗

duǎn

соблюдение упражнения
exercise adherence
锻炼坚持性
донтох хамаарал
упражнения наркомании
exercise addiction
锻炼成瘾（运动成瘾）

duàn

хэл зүй
хэлц өгүүлбэрийн бүтцийн
составляющих
грамматика непосредственно
phrase structure grammar
短语结构语法
дүрэм
хэлц өгүүлбэрийн бүтцийн

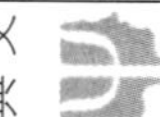

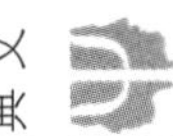

эсрэг тэсрэгийн нийлэмж
ассоциация по контрасту
association by contrast

对比联想
дараалсан загвар
последовательный дизайн
sequential design

*队列设计（连续系列设计）

dui

сэтгэл судлалын дасгалууд
упражнения психологии
exercise psychology

锻炼心理学
дасгалыг дагах

расстройство
оппозиционно-вызывающее
oppositional defiant disorder

对立违抗性障碍
сөргөлдөх дасгал сургууль
конфронтации обучения
confronting training

对抗训练法
үеийн ялгаа
нөхцөлт хариу төлөвших
дифференцировка
counter conditioning

对抗性条件作用
эсрэг тэсрэгийн хууль
закон контраста
law of contrast

对比律

хяналтын бүлэг
контрольная группа
control group, CG

*对照组（控制组）
логарифмын хууль
логарифмический закон
logarithmic law

*对数定律（费希纳定律）
хүнийг хүртэх
восприятие человеком
person perception

对人知觉
хосолсон харьцуулалтын арга
метод парного сравнения
method of paired comparison

对偶比较法
эсрэгшил үүсгэх эмгэг

dùn

*钝痛（慢痛）
slow pain
медленная боль
удаан өвдөлт

顿悟（领悟）
insight
инсайт
инсайт болох, гэнэт ухаарах

顿悟式问题解决
insightful solution
проницательные решения
гайхалтай шийдэл

顿悟说
insight theory
теория инсайта
инсайтын онол

顿悟学习
insight learning, learning by insight
обучение через инсайта
инсайтын замаар сурах

duō

多巴胺
dopamine, DA
дофамин
дофамин, мэдрэлийн даавар

多层线性模型
hierarchical linear model
иерархическая линейная модель
шаталсан шугаман загвар

多重比较
multiple comparison
множественное сравнение
олон талт харьцуулалт

多重共线性
multicollinearity
мультиколлинеарность
мультиколлинеар шинж

多重人格（分离性身份障碍）
multiple personality
множественной личности
олон талт бие хүн

多重相关
multiple correlation
множественной корреляции
олон хамаарал

多重项目（多级记分项目）

олон тооны зүйлс
политомических пункты
polytomous item

*多级记分项目（多重项目）
илэрхийлэл
олон ажил үүргийн
функциональный дисплей
множественный
multiple functional display

多功能显示器
худлыг илрүүлэгч багаж
полиграф, детектор лжи
polygraph

多导记录仪
олон тооны зүйлс
политомических пункты
polytomous item

сангвиник темперамент
sanguine temperament

多血质
онол
олон хэмжээст түгшүүрийн
многомерная теория тревоги
theory
multidimensional anxiety

多维焦虑理论
олон сувгийн холбоос
интерфейс многоканального
multi-channel interface

多通道交互界面
олон түвшинт загвар
многоуровневая модель
multilevel model

多水平模型

интеллекта
теория множественного
multiple linear regression

*多元线性回归（多元回归）
олон ургальч үзэл
мультикультурализм
multiculturalism

多元文化论
олон тооны буурал т
множественной регрессии
multiple regression

多元回归（多元线性回归）
олон дүн шинжилгээ
множественный анализ
multiple analysis

多元分析
сангвиник зан араншин

олон талт оюун ухааны онол

多种反应学习
multiple-response learning
несколько ответов обучения
олон хариутай сургалт

duǒ

躲避学习
avoidance learning
обучение избегание
зайлсхийх сургалт

duò

惰性知识
inert knowledge
инертное знание
идэвхгүй мэдлэг

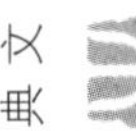

[illegible]
лобная доля
frontal lobe
额叶
гадны хувьсагч
[illegible]
посторонняя переменная
extraneous variable
额外变量（控制变量）
эдипийн бүрдэл
[illegible]
комплекс Эдипа
Oedipus complex
*俄狄浦斯情结（恋母情结）

é

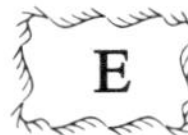

[illegible]
детство
childhood
儿童期
катехол бий болгогч даавар
[illegible]
катехоламин
catecholamine
儿茶酚胺

ér

Эрус
[illegible]
Эрос
Eros
*厄洛斯（生的本能）

è

их тархины духны хэсэг

ребенок-направленный речи
child-directed speech, CDS
儿向语言
хүүхдийн сэтгэл судлал
[illegible]
детская психология
child psychology
儿童心理学
тест
хамаарлыг тодорхойлох
хүүхдийн хүртэхүйн
[illegible]
[illegible]
детского возраста
адаптированный для
апперцепции,
тест тематической
CAT
Children's Apperception Test
儿童统觉测验
бага нас

двойная психология
dual psychology

二重心理学

èr

дун яс
улитка
cochlea

耳蜗
чихний хэнгэрэг
барабанная перепонка
eardrum

耳膜

ěr

хүүхдэд чиглэсэн яриа

二级强化物
хоёрдогч батжуулалт
вторичное подкрепление
secondary reinforcement

二级强化
хоёр сонголттой зүйлс
дихотомические пункты
dichotomous item

二分项目
арга
хоёр сонголттой ангиллын
классификации
метод дихотомической
classification
method of dichotomic

二分法
хоёрдмол сэтгэл зүй

двухцветное зрение
dichromatic vision

二色视觉（二色性色盲）
хоёр бүлэгтэй хамаарал
бисериальная корреляция
корреляция в двух сериях,
biserial correlation

二列相关
сэргийлэлт
хоёр дахь урьдчилан
вторичная профилактика
secondary prevention

二级预防
хоёрдогч батжуулах цочроогч
стимул
вторичный подкрепляющий
secondary reinforcer

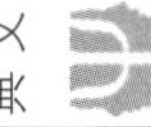

представление второго языка
second language representation

二语表征
хоёр дахь хэл
второй язык
second language

二语
хоёр гишүүнт тархалт
биномиальное распределение
binomial distribution

二项分布
хараны эмгэг
зөвхөн хоёр өнгө ялгах
дихромазия
dichromatopsia

*二色性色盲（二色视觉）
хоёр өнгийн хараа

хоёрдмол үзэл
дуализм
dualism

二元论
хоёр дахь хэлийг эзэмших
овладение второго языка
second language acquisition

二语习得
хоёр хэлний төлөөлөл

F

fā

发散思维

divergent thinking

дивергентное мышление

ялгаатай сэтгэхүй

发生认识论

genetic epistemology

генетическая эпистемология

удамшлын танин мэдэхүйн онол

发生心理学

genetic psychology

генетическая психология

удамшлын сэтгэл судлал

发现学习

discovery learning

обучение открытие

нээлттэй сургалт

发音

articulation

артикуляция, сочленение, произнесение звуков

өгүүлэх, артикуляция, хэсэглэл, нэгдэл

发音阶段

articulation process

процесс произнесения звуков, процесс артикуляции

өгүүлэх үйл явц, хамтарсан үйл явц

发音困难

dysphonia, dysarthria

дисфония, дизартрия

хэл ярианы эмгэг

发音器官

vocal organ

вокальный орган

дууны эрхтэн

发音障碍

articulation disorder

артикуляция расстройство,дефект речи

хэл ярианы гажиг

发展常模

developmental norm

норма развитии

хөгжлийн хэм хэмжээ

хөгжлийн тасралтгүй шинж
ᠬᠦᠭᠵᠢᠯ ᠦᠨ [illegible]
непрерывность развития
continuity of development

发展连续性
хөгжлийн уян налархай чанар
ᠬᠦᠭᠵᠢᠯ ᠦᠨ [illegible]
пластичность развития
developmental plasticity

发展可塑性
хөгжлийн үе шат
ᠬᠦᠭᠵᠢᠯ ᠦᠨ [illegible]
стадия развития
developmental stage

发展阶段
хөгжлийн үргэлжилсэн шинж
ᠬᠦᠭᠵᠢᠯ ᠦᠨ [illegible]
постепенность развития
gradualness of development

发展渐进说
ᠬᠦᠭᠵᠢᠯ ᠦᠨ [illegible]
нейронауки
развития когнитивной
neuroscience
developmental cognitive

发展认知神经科学
хөгжлийн чиг хандлага
ᠬᠦᠭᠵᠢᠯ ᠦᠨ [illegible]
тенденция развития
developmental trend

发展趋势
хөгжлийн нас
ᠬᠦᠭᠵᠢᠯ ᠦᠨ [illegible]
возраст развитии
developmental age

发展年龄
хөгжлийн бүдүүвч
ᠬᠦᠭᠵᠢᠯ ᠦᠨ [illegible]
схема развития
development pattern

发展模式
psychopathology
developmental

发展心理病理学
хөгжлийн хямрал
ᠬᠦᠭᠵᠢᠯ ᠦᠨ [illegible]
кризис развитии
developmental crisis

发展危机
хөгжлийн харимхай чанар
ᠬᠦᠭᠵᠢᠯ ᠦᠨ [illegible]
гибкость развитии
developmental resilience

发展弹性
хөгжлийн зорилт
ᠬᠦᠭᠵᠢᠯ ᠦᠨ [illegible]
задача развития
developmental task

发展任务
мэдрэл судлал
хөгжлийн танин мэдэхүйн
[illegible]

психопатология развития

хөгжлийн сэтгэцийн эмгэг
судлал

发展心理学
developmental psychology
психология развития
хөгжлийн сэтгэл судлал

发展性协调障碍（发展性运动障碍）
developmental coordination
disorder, developmental
dyspraxia
расстройство развития
координации
хөгжлийн зохицуулалтын
эмгэг

发展性阅读障碍
developmental dyslexia
диспраксия развития
хөгжлийн зохицуулгын
алдагдал

*发展性运动障碍（发展性协调障碍）
developmental coordination
disorder, developmental
dyspraxia
расстройство развития
координации
хөгжлийн зохицуулалтын
эмгэг

发展障碍
developmental disorder
расстройство развития
хөгжлийн эмгэг

发作性睡病
narcolepsy, hypnolepsy
нарколепсии
мансуурлын дон

fǎ

法律心理学
psychology of law
психология права
хуулийн сэтгэл судлал

法律意识
legal consciousness
правосознание
хууль эрх зүйн ухамсар

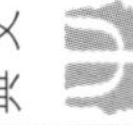

антисоциальная личность
antisocial personality

反社会人格
  үйлдэл
сөрөг холбоотой буцах хариу
  негатива
обратной связи, связанных с
  FRN, FN
feedback-related negativity,

反馈负波
  үйлдэл
эргэх холбоо, буцах хариу
  реакция
обратная связь, ответная
feedback

反馈

  fǎn

рефлекс
reflex

反射
нийгмийн эсрэг шинж
антисоциальность
antisociality

反社会性
  эмгэг
нийгмийн эсрэг бие хүний
  антисоциальная
расстройство личности
antisocial personality disorder

反社会型人格障碍
нийгмийн эсрэг зан төрх
антисоциальное поведение
antisocial behavior

反社会行为
нийгмийн эсрэг бие хүн

формирования реакции
reaction formation

反向形成
эмчилгээний цочроол
лечебное раздражение
counterirritation

反向刺激法
хариу үйлдэл судлал
рефлексология
reflexology

反射学
  рефлексийн нум
хариу үйлдлийн нум,
рефлекторная дуга
reflex arc

反射弧
хариу үйлдэл
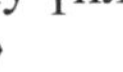

рефлексивное мышление
reflective thinking

反省思维
тусгалын стратеги
стратегия отражения
reflection strategy

反省[认知]策略
танин мэдэхүйн тусгал
отражательная познанием
reflective cognition

反省认知
сэтгэл хөдлөл шилжин илрэх
контрперенос, контртрансфер
countertransference

反向移情
хариу үйлдэл үзүүлэх
хариу үйлдлийн хэв маяг
реакция модели
reaction pattern

反应模式
тусгалын онол
теория отражения
theory of reflection

反应理论
хамааралтай хувьсагч
зависимая переменная
response variable

反应变量
хариу үйлдэл, хариу
реакция, ответ
response

反应
рефлектив сэтгэхүй
время реакции, время ответа
RT
reaction time, response time,

反应时（反应潜伏期）
хариу үйлдлийн далд үе
хариу үйлдлийн хожимдол,
период реакции
задержка реакции, латентный
response time

*反应潜伏期（反应时）
хариултын хазайлт
искажение ответа
response bias

反应偏向（反应偏差）
хариултын хазайлт
искажение ответа
response bias

*反应偏差（反应偏向）

F

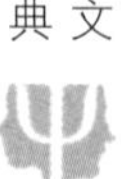

реакции
дискриминационный время
discriminative reaction time

*C 反应时（辨别反应时）
хугацаа
сонгосон хариу үйлдлийн
B
время реакции выбора
choice reaction time

*B 反应时（选择反应时）
хугацаа
энгийн хариу үйлдлийн
A
реакции
время простой (двигательной)
simple reaction time, SRT

*A 反应时（简单反应时）
хариултын цаг
хариу үйлдлийн хугацаа,

тусгалын онол
теория отражения
reflection
reflectionism, theory of

反映论
хариу үйлдэл судлал
реактология
reactology

反应学
сэтгэлийн шалтгаант солио
реактивный психоз
reactive psychosis

*反应性精神病（应激相关障碍）
хугацаа
ялгавартай хариу үйлдлийн
C

шинж
гэмт хэргийн хөдлөнги хэв
преступления
динамический стереотип
dynamic stereotype of crime

*犯罪动型（犯罪动力定型）
гэмт хэргийн сэдэлжүүлэлт
преступная мотивация
criminal motivation

犯罪动机
онол
гэмт хэргийн зөн билгийн
преступления
инстинктивная теория
instinctive theory of crime

犯罪本能说

fàn

гэмт хэргийн оновчлол
[illegible]
преступления
рационализация
rationalization of crime

犯罪合理化
бууралт
садар самуун гэмт хэргийн
[illegible]
порока
градиент преступности
gradient of crime vice

犯罪恶性梯度
шинж
гэмт хэргийн хөдлөнги хэв
[illegible]
преступления
динамический стереотип
dynamic stereotype of crime

犯罪动力定型（犯罪动型）
преступник привыкания
criminal habituation

犯罪习癖化
гэмт хэрэгтэн
[illegible]
личность преступника
criminal personality

犯罪人格
хөдөлгөөн
гэмт хэргийн бүлгийн
[illegible]
преступности
групповая динамика
group dynamics of crime

犯罪群体动力
байдал
гэмт хэргийн ижил төстэй
[illegible]
преступная сродства
criminal affinity

犯罪亲和性
гэмт хэрэгтний оюун ухааны
[illegible]
преступления
умственный след
mental trace of crime

犯罪心理痕迹
эргэх холбоо
гэмт хэрэгтний оюун ухааны
[illegible]
ума
обратная связь преступного
feedback of criminal mind

犯罪心理反馈
тест
гэмт хэрэгтний оюун ухааны
[illegible]
испытание преступного ума
test of criminal mind

犯罪心理测验
гэмт хэргийн дадал зуршил
[illegible]

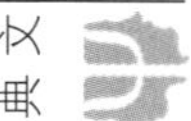

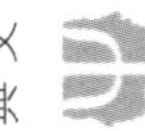

гэмт хэрэгтний оюун ухааны
[illegible]
структура преступного ума
structure of criminal mind

犯罪心理结构
үйлийн механизм
гэмт хэргийн сэтгэцийн
[illegible]
преступления
умственный механизм
mental mechanism of crime

犯罪心理机制
зураглал
гэмт хэрэгтний сэтгэл зүйн
[illegible]
преступника
психологического портрета
составление
criminal profiling

犯罪心理画像
ул мөр
таамаглал
гэмт хэрэгтний оюун ухааны
[illegible]
ума
прогнозирование преступного
prediction of criminal mind

犯罪心理预测
гэмт хэргийн сэтгэл судлал
[illegible]
криминальная психология
criminal psychology

犯罪心理学
хүчжүүлэх
гэмт хэрэгтний оюун санааг
[illegible]
намерения
усиление преступного
reinforcement of criminal mind

犯罪心理强化
бүтэц
онол
гэмт хэргийн суралцахуйн
[illegible]
обучения
теория преступления
learning theory of crime

犯罪学习理论
гэмт хэргийн хүчтэй зан төрх
[illegible]
поведения
глубина преступного
depth of criminal behavior

犯罪行为深度
урьдчилан сэргийлэлт
гэмт хэрэгтний оюун ухааны
[illegible]
ума
предотвращение преступного
prevention of criminal mind

犯罪心理预防

categorical perception

范畴知觉

пансексуализм

пансексуализм

pansexualism

泛性论

үздэг үзэл

бүх зүйл сэтгэцтэй хэмээн

панпсихизм

panpsychism

泛灵论

төлөөлөгчийн онол

гэмт хэрэгтний хуурамч

преступления

синтетическая теория агент

synthetic agent theory of crime

犯罪综合动因论

парадигмын онол

теория парадигма

paradigm theory

范式论

бодол ухагдахууны систем)

парадигм (ямар нэг үзэл

парадигма

paradigm

范式

үлгэр жишээ

образец

exemplar

范例

шууд хүртэхүй

категориальное восприятие

методологический

methodological behaviorism

方法学行为主义

арга зүй

методология

methodology

方法论

хазайлтын нэг төрөл

однородность дисперсии

homogeneity of variance

方差齐性

хазайлтын шинжилгээ

вариацын шинжилгээ,

дисперсионный анализ

analysis of variance

方差分析

fāng

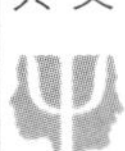

Бихевиоризм

арга зүйн Бихевиоризм

方位知觉

orientation perception

восприятие ориентации

баримжаалах хүртэхүй

方向错觉

direction illusion

направление иллюзии

хуурмаг үзэгдлийн чиг

хандлага

fáng

防御机制

defense mechanism

защитный механизм

хамгаалах механизм

防御性归因（自利偏误）

defensive attribution

оборонительный атрибуции

хамгаалахад хамаарах

fǎng

访谈法

interview method

метод интервью

ярилцлагын арга

fàng

放任型教养

uninvolved parenting

невовлеченным воспитание

детей

хүүхдийг хялбар

хүмүүжүүлэх

放松训练

relaxation training

обучение релаксации

амраах сургалт, тайвшруулах

сургалт

fēi

飞行错觉

flight illusion

быстрое течение иллюзий

хуурмаг үзэгдэл хурдан илрэх

飞行空间定向

spatial orientation in flight

пространственная ориентация

поведения
летающий расстройства
flying behavior disorder

飞行行为障碍
ядаргаа
нисэх онгоцны багийнхны
усталость экипажа самолета
aircrew fatigue

飞行疲劳
баримжааллын алдагдал
нислэгийн орон зайн
ориентации в полете
потеря пространственной
spatial disorientation in flight

飞行空间定向障碍
баримжаалал
нислэгийн орон зайн
в полете

非参数检验
ялгахгүй байх
өнгөний харалган, өнгө
ахроматический цвет
achromatic color

非彩色
нислэгийн нөхцлийг ойлгох
осведомленности
пилот ситуационной
pilot situational awareness

飞行员情景意识
нислэгийн ажлын ачаалал
пилот нагрузка
pilot workload

飞行员工作负荷
өөрчлөлт
нисэх үеийн зан төрхийн

非联想学习
оновчтой бус итгэл
иррациональная вера
irrational belief

非理性信念
баримтат бус ой тогтоолт
недекларативная память
nondeclarative memory

非陈述记忆
оролцоогүй ажиглалт
неучаствующее наблюдение
non-participant observation

非参与性观察法
хэмжүүргүй тест
непараметрический тест
non-parametric test

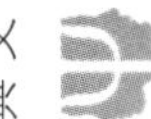

хэл ярианы бус харилцаа
[illegible]
невербальная коммуникация
nonverbal communication

非言语沟通
нөхцөлт бус хариу үйлдэл
[illegible]
безусловный рефлекс
unconditioned reflex

非条件反射
зүйл
танин мэдэхүйн бус хүчин
[illegible]
непознавательный фактор
non-cognitive factor

非认知因素
нийлэмж холбоогүй сургалт
[illegible]
неассоциативное обучение
non-associative learning

Фитсийн хууль
[illegible]
закон Фитса
Fitts' law

菲茨定律
хэвийн бус өгөгдлүүд
[illegible]
ненормальные данные
non-normal data

非正态数据
албан бус сургалт
[illegible]
неформальное обучение
learning
non-formal learning, informal

非正式学习
албан бус бүлэг
[illegible]
неофициальная группа
informal group

非正式群体

Fechner's law

费希纳定律（对数定律）
Фишерийн оноо тооцох
[illegible]
Фишер подсчета очков
Fisher scoring

费希尔得分
Фишерийн Z өөрчлөлт
[illegible] Z [illegible]
Z преобразование Фишера
Fisher's Z transformation

费希尔 Z 转换
цахилгаан хариу
Гал-ын үзэгдэл, арьсны
[illegible]
Огонь явление
Fere phenomenon

费雷现象

fèi

discriminant analysis

*分辨法（判别分析）
ялгаварлал
дискриминация
discrimination

分辨
хагасын хуваагдал
найдвартай байдлын тэн
надежности
половина разделения
split-half reliability

分半信度

fēn

Фехнерийн хууль
закон Фехнера

stratified sampling

分层抽样
хи квадрат тархалт
χ^2
хи-квадрат распределение
chi-square distribution

χ^2 分布
Ти-тархалт
t
Ти-распределение
t-distribution

t 分布
Пи-тархалт
F
Пи-распределение
F-distribution

F 分布
ялгаварлах дүн шинжилгээ
дискриминантный анализ

categorical response data

分类反应数据
Q бүлэг
Q · Q
Q сорт
Q sort

Q 分类
ялгавар
дифференциация
differentiation

分化
бүлэглэх арга
метод фракционирования
fractionation method

分段法
давхар түүвэр
стратифицированная выборка

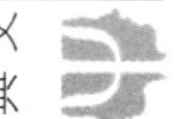

бие хүний зожигрох эмгэг
[illegible]
личности
диссоциативное расстройство
dissociative identity disorder

*分离性身份障碍（多重人格）
тусгаарлах зовнил
[illegible]
разделения
разлука, беспокойство
separation anxiety

分离性焦虑
шууд хүртэхүй
[illegible]
категориальное восприятие
categorical perception

分类知觉
эрс хатуу хариу мэдээлэл
[illegible]
ответа
категориченные данные

障碍）

分裂样人格障碍（分裂型人格
бие хүний шизойд эмгэг
[illegible]
шизойд
расстройство личности
schizotypal personality disorder

障碍）

*分裂型人格障碍（分裂样人格
хүн
хоёрдмол байдалд орсон бие
[illegible]
раздвоение личности
split personality

分裂人格
чадвар
тасалдсан хөдөлгөөний
[illegible]
разрывное умение двигателя
discontinuous motor skill

分立技能
үнэн зөв оноо
T [illegible]
истинная оценка
true score

*T 分数（真分数）
анхаарлын хуваарилалт
[illegible]
разделение внимания
divided attention

分配性注意
тархалтын үнэн зөв байдал
[illegible]
распределения
справедливость
distributive justice

分配公平
бие хүний шизойд эмгэг
[illegible]
личности
шизойдное расстройство
schizoid personality disorder

*Z 分数（标准分数）
Z score
Z оценка
Z оноо

分析
analysis
анализ
дүн шинжилгээ

分析性心理治疗
analytical psychotherapy
аналитическая психотерапия
задлан шинжлэх сэтгэл засал

分析性咨询
analytical counseling
аналитическая
консультирования
задлан шинжлэх зөвлөгөө

分心
distraction
отвлечение
самуурал, гажуудал

fēng

丰富化研究
enrichment study
обогащение исследования
судалгааны баяжуулалт

féng

冯特错觉
Wundt illusion
Иллюзия Вундта
Вундтын хуурмаг үзэгдэл

fǒu

否定妄想
delusion of negation
заблуждение отрицания
үгүйсгэх дэмийрэл

否认
denial
отрицание
татгалзал

fū

肤觉
cutaneous sensation
кожная чувствительность
арьсны мэдрэмтгий шинж

символическое представление
symbolic representation

符号表征
дуулгавартай байдал
[illegible]
послушание
obedience

服从
Фрейдийн урсгал
[illegible]
школа Фрейда
Freudian school

弗洛伊德学派
Фридманы тест
[illegible]
критерий Фридмана
Friedman test

弗里德曼检验

fú

asemia

符号失认
тэмдэгт тест
[illegible]
тест знаков
sign test

符号检验
бэлгэ тэмдгийн нийлбэр цогц
[illegible]
символизация
symbolization

符号化
үйлдлийн үзэл
бэлгэ тэмдгийн харилцан
[illegible]
интеракционизм
символический
symbolic interactionism

符号互动理论
бэлгэдлийн төсөөлөл
[illegible]

хүлээлтийн онол
тэмдгийн Гештальтийн
[illegible]
Гештальта
теория ожидания знаковая
sign Gestalt expectancy theory

符号完形论
бэлгэдлийн бүдүүвч
[illegible]
символическая схема
symbolic scheme

符号图式
бэлгэдлийн сэтгэхүй
[illegible]
символическое мышление
symbolic thinking

符号思维
алдагдах
бэлгэ тэмдгийг ойлгох чадвар
[illegible]
асемия

符号相互作用
symbolic interaction
символическое
взаимодействие
бэлгэдлийн харилцаа холбоо

符号学习理论
symbol learning theory
теория обучения символа
бэлгэ тэмдгийн сургалтын онол

符号语言
sign language, symbolic
language
язык жестов, символический
язык
дохионы хэл, бэлгэдлийн хэл

符兹堡学派（维茨堡学派，屈尔
珀学派）
Würzburg school
Вюрцбургская школа
Вюрцбургийн урсгал

辐合思维
convergent thinking
конвергентное мышление
адилтгах сэтгэхүй, логик
сэтгэхүй

fǔ

辅音知觉
consonantal perception
согласное восприятие
гийгүүлэгчийг хүртэх

fù

父母教养方式
parenting style
стиль воспитания
эцэг эхийн хүмүүжүүлэх хэв
маяг

负后像
negative afterimage
отрицательный
последовательный образ
сөрөг үргэлжилсэн дүр зураг

负后效
negative after-effect
отрицательное последействие
сөрөг үр дагавар

负幻觉
negative hallucination
отрицательная галлюцинация
сөрөг хий үзэгдэл

F

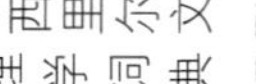

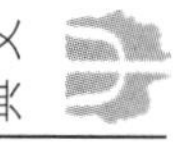

сөрөг сэтгэлийн хөдөлгөөн
отрицательная эмоция
negative emotion

负性情绪
сөрөг хамаарал
отрицательная корреляция
negative correlation

负相关
сөрөг батжуулалт
негативное подкрепление
negative reinforcement

负强化
сөрөг дамжуулалт
негативный трансфер
negative transfer

负迁移
повторение
relapse

复发
ойр холбоотой хөдөлгөгч
тесно связанный двигатель
affinitive drive

附属内驱力
эмэгтэйчүүдийн сэтгэл зүй
психология женщины
women psychology

妇女心理学
өдөөгч
сөрөг урамшуулал, сөрөг
отрицательный стимул
negative incentive

负诱因
коэффициент множественной determination
coefficient of multiple

复决定系数（复相关系数）
дурсамж, дурттал
воспоминание
реминисценция,
reminiscence

*复记（记忆恢复）
нийлмэл өнгө
соединение тон
compound tone

复合音
хоёр хэлний нэгдэл
соединение двуязычие
compound bilingualism

复合型双语
дахилт, давталт

определения

олон шалтгаант коэффициент

复述

rehearsal

репетиция

сургуулилалт

复述策略

rehearsal strategy

стратегия репетиции

сургуулилалтын стратеги

*复相关系数（复决定系数）

coefficient of multiple correlation

коэффициент множественной корреляции

олон хамаарлын коэффициент

复演说

recapitulation

рекапитуляция

дүгнэлт

复杂性派生理论

derivation theory of complexity

теория происхождения сложности

нарийн төвөгтэй байдлын үүслийн онол

副交感神经系统

parasympathetic nervous system

парасимпатическая нервная система

хос симпатик мэдрэлийн тогтолцоо

副现象论

epiphenomenalism

эпифеноменализм

эпифеноменализм

*腹侧丘脑（底丘脑）

ventral thalamus

вентральный таламус

доод хараны товгор

腹侧通道（枕顶通道）

ventral stream

вентральный поток

доод урсгал, хэвлийн урсгал

腹内侧下丘脑

ventromedial hypothalamus

вентральный таламус

доод хараны товгор

F

обобщение
generalization

概括
өөрөөр ерөнхийлсөн
обобщенный другой
generalized other

概化他人
ерөнхийлөн дүгнэх онол
· GT
теория обобщаемость
generalizability theory, GT

概化理论

gài

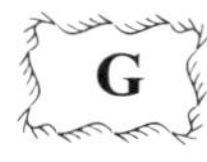

концептуальная общность
conceptual generality

概念的概括性
жишээ
үзэл баримтлалын эсрэг
концепция контр-пример
concept counter-example

概念的反例
үзэл баримтлалын хийсвэрлэл
абстрактность
концептуальные
conceptual abstractness

概念的抽象性
үзэл баримтлал
концепция
concept

概念
ерөнхийлсөн дүгнэлт
баримтлал
эерэг жишээний үзэл
примера
концепция положительного
concept positive example

概念的正例
үзэл баримтлалын өргөтгөл
расширение концепции
concept extension

概念的外延
утга
үзэл баримтлалын нэмэгдэл
понятие коннотации
concept connotation

概念的内涵
шинж
үзэл баримтлалын ерөнхий

概念改变教学
conceptual change teaching
концептуальные изменения обучения
[illegible]
сургалтын үзэл баримтлалын өөрчлөлт

概念化
conceptualization
концептуализация
[illegible]
үзэл баримтлал бий болгох

概念化过程
conceptualization process
процессы концептуализации
[illegible]
үзэл баримтлалжих үйл явц

*概念获得（概念习得）
concept acquisition
приобретение концепции
[illegible]
үзэл баримтлал олж авах

概念结构
concept structure
структура концепции
[illegible]
үзэл баримтлалын бүтэц

概念模型
conceptualization
концептуализация
[illegible]
үзэл баримтлал бий болгох

*概念驱动加工（自上而下加工）
conceptually driven process
концептуально-управляемый процесс
[illegible]
үзэл бодлоор жолоодуулах үйл явц

概念确认
concept identification
идентификация концепции
[illegible]
адилсалын үзэл баримтлал

概念思维
conceptual thinking
понятийное мышление
[illegible]
ойлголтын сэтгэхүй

概念体系
conceptual system
концептуальная система
[illegible]（[illegible]）
үзэл баримтлалын тогтолцоо

概念同化
concept assimilation
концепция ассимиляции
[illegible]
Нэгдэл, ижилсэлийн үзэл баримтлал

概念网络结构
conceptual network
концептуальная сеть

[illegible]
концепции обучения
concept learning

概念学习
үзэл баримтлал төлөвших
[illegible]
формирование концепции
concept formation

概念形成
чиг баримтлалын тогтолцоо
[illegible]
система концепции
system of concept

概念系统
үзэл баримтлал олж авах
[illegible]
приобретение концепции
concept acquisition

概念习得（概念获得）
үзэл баримтлалын сүлжээ
[illegible]

харилцан саад тотгорын онол
[illegible]
теория интерференции
interference theory

干扰理论

gān

үзэл баримтлалын бэлтгэл
[illegible]
концептуальная подготовка
conceptual preparation

概念准备
загвар
үзэл баримтлалын зохицуулах
[illegible]
концепции
посредническая модель
concept mediation model

概念中介模型
суралцахуйн үзэл баримтлал

sensory coding

感觉编码
сэрэл, мэдрэмж
[illegible]
ощущение
sensation

感觉
гэрлийг хүлээн авагч эс
[illegible]
клетка фоторецептора
photoreceptor cell

感光细胞
хүчний хууль
мэдрэхүйн өвөрмөц эрчим
[illegible]
чувств
закон специфической энергии
law of specific sense energy

感官特殊能量说

gǎn

sensory register

*感觉登记（瞬时记忆）

сэрлийн суваг

ощущение канала

sense modality

感觉[通]道

сэрэхүйн тэнцвэржилт

сенсорные компенсации

sensory compensation

感觉补偿

мэдрэмж дутагдах

сенсорная недостаточность

сенсорная депривация,

sensory deprivation

感觉剥夺

мэдрэхүйн, сэрлийн кодчилол

сенсорное кодирование

感觉器官相互作用

байх

мэдрэмж алдагдах, мэдрэхгүй

анестезия

anesthesia

感觉缺失

сэрлийн харилцан нөлөөлөл

сенсорное взаимодействие

sensory interaction

感觉间相互作用

байдал

сэрэхүйн эрс ялгаатай

сенсорный контраст

sensory contrast

感觉对比

сэрэхүйн бүртгэл

сенсорный регистр

сэрлийн дасан зохицол

сенсорная адаптация

sensory adaptation

感觉适应

сэрлийн мэдрэлийн эс

сенсорный нейрон

sensory neuron

感觉神经元

холимог сэрэл

сенсорное соединение

sensory mix

感觉融合

холбоо

мэдрэх эрхтнүүдийн харилцаа

чувств

взаимодействие органов

interaction of sense organs

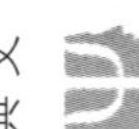

сенсорный рецептор
sensory receptor

感受器
чухалчлах үзэл
Сенсуализм, сэрлийг
[illegible]
сенсуализм
sensationalism

感觉主义
мэдрэмж-хөдөлгөөний шат
[illegible]
сенсорно-моторная стадия
sensorimotor stage

感觉运动阶段
чадваргүй болох
мэдрэхүйн афази, ярих
[illegible]
сенсорной афазии
sensory aphasia
语症）

感觉性失语症（韦尼克失
зүй
сэрэл ба хүртэхүйн сэтгэл
[illegible]
психологии
ощущение и восприятие
psychology
sensation and perception

感知觉心理学
мэдрэмжийн
хүлээн авах талбай,
[illegible]
рецептивное поле
receptive field

感受野
мэдрэмтгий шинж
[illegible]
чувствительность
sensitivity

感受性
мэдрэхүйн хүлээн авагч
[illegible]

岗位评价
ажлын байр сэлгэх
[illegible]
ротация работы
job rotation

岗位轮换
ажлын байрны шинжилгээ
[illegible]
анализ работы
job analysis

岗位分析

gǎng

бие засч сурах үе, аналь үе
[illegible]
анальная стадия
anal stage

肛门期

gāng

образование условного
higher order conditioning

*高级条件作用（再次条件反射）
оргил туршлага
[illegible]
вершинное переживание
peak experience

*高峰体验（顶峰体验）
ойлгохгүй болох өөрчлөлт
эрт ярьж, унших ч хүний яриа
[illegible]
гиперлексия
hyperlexia

高读症

gāo

ажлын байрны үнэлгээ
[illegible]
оценка работы
job evaluation

plateau phenomenon

高原现象
муруйн үе
[illegible]
период плато
plateau period

高原期
дээд замын дамжуулалт
[illegible]
передача прямой пути
high-road transfer

高阶迁移
дээд сэтгэцийн үйл
[illegible]
высший психический процесс
higher mental process

高级心理过程
рефлекс
дээд эрэмбийн нөхцөлт
[illegible]
рефлекса высшего порядка

плато феномен
Columbia school

哥伦比亚学派

gē

анхааруулах дохио
[illegible]
предупредительный сигнал
warning signal

告警信号

gào

даавар
Тестостерон, эр бэлгийн
[illegible]
тестостерон
testosterone

睾酮
муруйн үзэгдэл
[illegible]

Гештальт-теория поля
Gestalt field theory

格式塔场理论
тест
хөгжлийг судлах Гезеллийн
шкалы развития Гезелля
Gesell Development Test

格赛尔发展测验

gé

тархины хуваагдал
мозг разделения
split brain

割裂脑
Колумбын урсгал
школа Колумбии

incarceration

*隔绝（幽闭）
гештальт зарчим
зохион байгуулалтын
организации
Принцип гештальта
organization
Gestalt principle of

格式塔组织原则
Гештальт сэтгэл судлал
Гештальт психология
Gestalt psychology

格式塔心理学
Гештальт засал
гештальт-терапия
Gestalt therapy

格式塔疗法（完形疗法）
Гештальт-талбайн онол

тематическое исследование
case study

个案研究

gè

тусгаарлах хэсэг
септальная область
septal area

隔区
тусгаарлалт
изоляция
isolation

隔离
хийх
эрх чөлөөг нь хасах, шоронд
лишение свободы

личное расстояние
personal distance

个人距离
бие хүний бүтцийн онол
ᠪᠡᠶ᠎ᠡ ᠬᠦᠮᠦᠨ ᠦ ᠺᠣᠨᠰᠲ᠋ᠷᠦᠺᠲ᠋ᠢᠸ ᠣᠨᠣᠯ
личная теория конструкции
personal construct theory

个人建构理论
хувийн ялгаа
ᠬᠤᠪᠢᠶᠠᠩ ᠢᠯᠭᠠ
индивидуальные различия
individual difference

个别差异
судалгааны арга
тохиолдлын (кейс)
ᠲᠣᠬᠢᠶᠠᠯᠳᠤᠯ ᠤᠨ ᠰᠤᠳᠤᠯᠭ᠎ᠠ ᠶᠢᠨ ᠠᠷᠭ᠎ᠠ
исследования
метод тематического
case study method

个案研究法
тохиолдлын (кейс) судалгаа

личное бессознательное
personal unconscious

个体无意识
хувь хүний конструктив үзэл
ᠬᠤᠪᠢ ᠬᠦᠮᠦᠨ ᠦ ᠺᠣᠨᠰᠲ᠋ᠷᠦᠺᠲ᠋ᠢᠸ ᠦᠵᠡᠯ
конструктивизм
индивидуальный
individual constructivism

个体建构主义
хувийн ялгаа
ᠬᠤᠪᠢ ᠬᠦᠮᠦᠨ ᠦ ᠢᠯᠭᠠ
индивидуальные различия
individual difference

个体差异
хувийн орон зай
ᠪᠡᠶ᠎ᠡ ᠬᠦᠮᠦᠨ ᠦ ᠣᠷᠣᠨ ᠵᠠᠢ
личное пространство
personal space

个人空间
хувийн зай
ᠪᠡᠶ᠎ᠡ ᠬᠦᠮᠦᠨ ᠦ ᠵᠠᠢ

хувь хүний ухамсар
ᠬᠤᠪᠢ ᠬᠦᠮᠦᠨ ᠦ ᠤᠬᠠᠮᠰᠠᠷ
индивидуальное сознание
individual consciousness

个体意识
хувийн хэрэгцээ
ᠬᠤᠪᠢ ᠬᠦᠮᠦᠨ ᠦ ᠬᠡᠷᠡᠭᠴᠡᠶ᠎ᠡ
потребность
индивидуальная
individual need

个体需要
хүний сэтгэл зүй
хувь хүний сэтгэл зүй, бие
ᠬᠤᠪᠢ ᠬᠦᠮᠦᠨ ᠦ ᠰᠡᠳᠬᠢᠯ ᠵᠦᠢ
психология личности
индивидуальная психология,
psychology
individual psychology, personal

个体心理学
бие хүний ухамсаргүй
ᠬᠤᠪᠢ ᠬᠦᠮᠦᠨ ᠦ ᠦᠯᠦ ᠤᠬᠠᠮᠰᠠᠷ

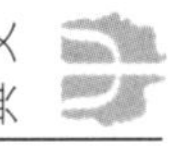

бие хүн
ᠪᠡᠶᠡ ᠬᠦᠮᠦᠨ
личность
personality

个性
онолын хувийн бүс
оновчтой үйл ажиллагааны
ᠣᠨᠣᠯ ᠤᠨ
ᠪᠣᠯᠤᠮᠵᠢᠲᠠᠢ ᠦᠢᠯᠡ ᠠᠵᠢᠯᠯᠠᠭᠠᠨ ᠤ ᠬᠤᠪᠢ ᠶᠢᠨ ᠪᠦᠰᠡ ᠶᠢᠨ
функционирования
оптимального
индивидуальная зона теории
function theory
individual zone of optimal

个体最佳功能区理论
үзэл
бодгаль хувийн хөгжлийн
ᠪᠣᠳᠣᠩᠭᠢ ᠬᠤᠪᠢᠴᠢ ᠦᠵᠡᠯ
индивидуализм
individualism

个体主义
личностьная тенденция
personality trend

个性倾向
хувьчилсан харилцах хэсэг
ᠬᠤᠪᠢᠴᠢᠯᠠᠭᠰᠠᠨ ᠬᠠᠷᠢᠯᠴᠠᠬᠤ ᠬᠡᠰᠡᠭ
интерфейс
персонализированный
personalized interface

个性化界面
зааварчилгаа
хувийн онцлогт тохируулсан
ᠬᠤᠪᠢᠴᠢᠯᠠᠭᠰᠠᠨ ᠬᠠᠷᠢᠯᠴᠠᠬᠤ ᠵᠠᠭᠠᠪᠤᠷᠢᠯᠭ᠎ᠠ
инструкция
индивидуализированная
individualized instruction

个性化教学
бие хүний өсөлт
ᠪᠡᠶᠡ ᠬᠦᠮᠦᠨ ᠦ ᠬᠦᠮᠦᠵᠢᠯ ᠦᠨ ᠰᠤᠷᠭᠠᠯ
динамика личности
personality dynamics

个性动力学
шинж чанарын эх үүсэл
ᠰᠢᠨᠵᠢ ᠴᠢᠨᠠᠷ ᠤᠨ ᠤᠭ ᠭᠠᠷᠤᠯ
источник черта
source trait

根源特质

gēn

бие хүний сэтгэл судлал
ᠪᠡᠶᠡ ᠬᠦᠮᠦᠨ ᠦ ᠰᠡᠳᠬᠢᠯ ᠵᠦᠢ
психология личности
personality psychology

个性心理学
хувийн шинж чанар
ᠪᠡᠶᠡ ᠬᠦᠮᠦᠨ ᠦ ᠵᠠᠩ ᠴᠢᠨᠠᠷ
черта характера
personality trait

个性特征
хувийн чиг хандлага
ᠪᠡᠶᠡ ᠬᠦᠮᠦᠨ ᠦ ᠬᠠᠨᠳᠤᠯᠭ᠎ᠠ

gēng

更年期精神病
involutional psychosis
инволюционные психозы
хөгшрөлтийн сэтгэцийн өөрчлөлт

更年期神经症
involutional neurosis
невроз инволюционная
хөгшрөлтөөс үүсэх невроз

更年期抑郁症
involutional depression
инволюционная депрессия
хөгшрөлтөөс үүсэх депресс

更年期综合征
climacteric syndrome
климактерический синдром
цэвэршилтийн хам шинж

gōng

工程人体测量学
engineering anthropometry
инженерия антропометрии
инженерийн антропометр

工程心理学
engineering psychology
инженерная психология
инженерийн сэтгэл судлал

工具性攻击
instrumental aggression
инструментальная агрессия
багаж хэрэгсэлтэй түрэмгийлэл

工具性价值观
instrumental value
инструментальная ценность
багажийн үнэ цэнэ

工具性条件反射
instrumental conditioning
инструментальное обусловливание
багажийн нөхцөлдүүлэлт

工效学（人因学）
ergonomics
эргономика
хөдөлмөрийн үйл явцын судлал

工业与组织心理学
industrial/organizational psychology, I/O psychology

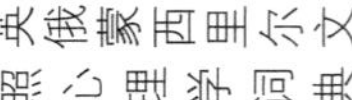

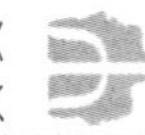

рабочая память
working memory

工作记忆
байгуулалтыг сайжруулах
хөдөлмөрийн зохион
улучшение организации труда
job enrichment

工作丰富化
ажлын байрны загвар
дизайн рабочего места
workplace design

工作场所设计
байгууллагын сэтгэл судлал
Үйлдвэрлэлийн,
психология
организационная
индустриальная,

job satisfaction

工作满意感
ажлын өсөлт
увеличение работы
job enlargement

工作扩大化
ажлын талбар
рабочее пространство
work space

工作空间
тэнцвэржүүлэх
ажил-амьдралаа
жизнью
между работой и личной
work-family balance

工作–家庭平衡
үйл ажиллагааны ой тогтоолт

рабочее напряжение
work stress

工作压力
ажлын холбоо
рабочий альянс
working alliance

工作同盟
ажлын байрны онцлог загвар
характерная модель работы
job characteristic model

工作特征模型
ажил амьдралын чанар
качество трудовой жизни
quality of worklife

工作生活质量
ажлын байрны сэтгэл ханамж
удовлетворение работы

баскет-тест
in-basket test
公文筐测验
шударга ёсны онол
теория справедливости
equity theory
公平理论
олон нийтийн зай
общественное расстояние
public distance
公共距离
ажлын байр байдал
рабочее положение
work posture
工作姿势
ажлын стресс, ажлын дарамт

томография, МРТ
магнитно-резонансная
функциональная
imaging, fMRI
functional magnetic resonance
功能性磁共振成像
байх
ажил үүргийн холбоотой
функциональная связность
functional connectivity
功能联接
үйл ажиллагааны бэхжүүлэлт
фиксированность
функциональная
functional fixedness
功能固着
сагсанд хийх арга

батжуулалт, бэхжүүлэлт
консолидация
consolidation
巩固

gǒng

түрэмгий зан байдал
агрессивное поведение
aggressive behavior
攻击行为
түрэмгийлэл
агрессия
aggression
*攻击（侵犯）
цуурайтлын дүрслэл
ажил үүргийн соронзон

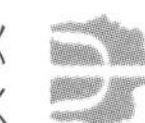

empathy

共情（同感）

цуурай онол

[illegible]

теория резонанса

resonance theory

共鸣说

зүй

хүлээн зөвшөөрөгдөх сэтгэл

[illegible]

психология признания

psychology of confession

供述心理学

төлөөх сэдэлжилт

хүлээн зөвшөөрөгдөхийн

[illegible]

побуждение признания

motivation of confession

供述动机

gòng

共同治疗因素

элементийн ерөнхий онол

[illegible]

общая теория элементов

common element theory

共同要素说

нийтлэг шинж чанар

[illegible]

общая черта

common trait

共同特质

нийтлэг мэдрэмж

[illegible]

чувство общности

communality

共同度

бусдын ойлгох

эмпати, сэтгэл хөдлөлийг

[illegible]

сопереживание

эмпатия, сочувствие,

[illegible]

чувство общности

communality

共因子方差比

хамтын оюун ухааны загвар

[illegible]

модель

коллективная ментальная

shared mental model

共享心智模型

ерөнхий зуучлалын онол

[illegible]

посредничества

теория общего

theory of common mediation

共同中介说

ерөнхий заслын хүчин зүйл

[illegible]

фактор

общий терапевтический

common therapeutic factor

нийтлэг сэтгэлгээ, нийтлэг
  үзэл бодол

gōu

沟通
communication
коммуникация
харилцаа, холбоо

沟通网络
communication network
сеть связи
харилцаа холбооны сүлжээ

gòu

构想效度（结构效度）
construct validity
валидность конструкта
загварын тохироц чанар

构造心理学
structural psychology
структурная психология
бүтцийн сэтгэл судлал

构造主义
constructivism
конструктивизм
Конструктивизм

gū

孤独症（自闭症）
autism, infantile autism
аутизм, детский аутизм
аутизм, хүүхдийн аутизм, бие
  хүний ганцаардах эмгэг

gǔ

古迪纳夫-哈里斯画人测验
Goodenough-Harris Drawing
  Test
тест Гудинафа-Хариса
  рисование
Гудинаф-Харрисын зурган
  тест

鼓膜
eardrum
барабанная перепонка
чихний хэнгэрэг

gù

固定侧面
fixed facet

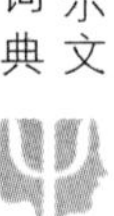

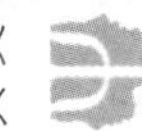

тγлхγγр γгийн арга
[Mongolian script]
метод ключевых слов
key-word method
关键词法

guān

тогтоолт, бэхжилт
[Mongolian script]
фиксация
fixation
固着
γγргийн бэхжих засал
[Mongolian script]
фиксированная терапия роли
fixed role therapy
固定角色疗法
тогтвортой тал
[Mongolian script]
неподвижная фаска

болзошгγй сөрөг өөрчлөлт
[Mongolian script]
[Mongolian script] ([Mongolian script]) [Mongolian script]
изменение
условное отрицательное
CNV
contingent negative variation,
期待波）
关联性负变（伴随负[电位]变化，
техник
асуудал хөндсөн байдлын
[Mongolian script]
образцов поведения
техника выбора релевантных
critical incident technique, CIT
关键事件技术
шγγмжлэлт γе
[Mongolian script]
критический период
critical period
关键期（敏感期）

观察学习（替代学习）
ажиглагдсан оноо
[Mongolian script]
наблюдаемая отметка
observed score
观察分数
ажиглалтын арга
[Mongolian script]
наблюдательный метод
observational method
观察法
харилцааны дэмийрэл
[Mongolian script]
бред отношения
delusion of reference
关系妄想
харилцаа
[Mongolian script]
отношения
relationship
关系

судлал
авъяас чадварын сэтгэл
психология способностей
faculty psychology

官能心理学
үзэгч сонсогчдын нөлөө
эффект аудитории
audience effect

观众效应
сэтгэл татсан хэтийн төлөв
привлекательная перспектива
perspective taking

观点采择
ажиглах занаар сургах
наблюдательное обучения
observational learning

*光亮度函数（视见函数）
туяаны нөлөө
гало эффект
halo effect

光环效应

guāng

удирдлагын сэтгэл судлал
управленческая психология
managerial psychology

管理心理学
удирдлагын сүлжээний онол
теория управленческой сетки
managerial grid theory

管理方格理论

guǎn

цветовая температура
color temperature

*光源颜色温度（色温）
дамжуулах чанар
гэрлийн эх үүсвэрийн өнгө
источника света
качество цветопередачи
light source
color-rendering properties of

光源显色性
спектрийн өнгө
спектральный цвет
spectral color

光谱色
гэрэлтэх чадварын үүрэг
функция яркости света
luminosity function

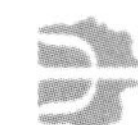

психология рекламы
advertising psychology

广告心理学
түгээмэл сэтгэл түгших эмгэг
расстройство
генерализованное тревожное
generalized anxiety disorder

广泛性焦虑症
зайн айдас
гудамжнаас айх айдас, орон
пространства
агорафобия, фобия
agoraphobia, space phobia

广场恐怖症（旷野恐怖症）

guǎng

өнгөний хэм
зар сурталчилгааны сэтгэл
судлал

广阔-内部注意
дотоод-гүн анхаарал
широко-внутреннее внимание
broad-internal attention

广阔-外部注意
гадаад гүн анхаарал
широко-внешнее внимание
broad-external attention

guī

归纳推理
индуктив дүгнэлт
индуктивный вывод
inductive inference

归纳-演绎推理
индуктив-дедуктив
рассуждение
индуктивно-дедуктивное
inductive-deductive reasoning

归属学习
эргэцүүлэл
обучение передачи
relegation learning

归属需要（合群需要）
дамжуулах сургалт
принадлежности
потребность в
need for affiliation, N-Affil

归因
хамааралтай байх хэрэгцээ
атрибуция
attribution

规范
гол шинжийн хазайлт
смещения атрибуции
attribution bias
归因偏差
хамаатуулах онол
теория атрибуции
attribution theory
归因理论
асуулга
хамаатуулах хэв маягийн
опросник
атрибутивный стильный
Questionnaire, ASQ
Attribution Styles
归因方式问卷
гол шинж, хамаатуулах

психологии
кросс-культурной
Международная ассоциация
Cross-Cultural Psychology
International Association for
国际跨文化心理学会

guó

дүрэм
сургалтын зарчим, сургалтын
правило
принцип обучения, обучения
principle learning, rule learning
规则学习
хэм хэмжээ
норма
norm

Сэтгэл судлалын олон улсын
психологии
Международный конгресс по
Psychology
International Congress of
国际心理学大会
нийгэмлэг
ухааны олон улсын
Сэтгэл судлалын шинжлэх
психологических наук
Международный союз
Psychological Science
International Union of
国际心理科学联合会
холбоо
судлалын олон улсын
Соёл хоорондын сэтгэл

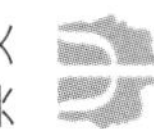

процесс фокусировки
process-focus

过程定向

guò

үндэстний зан чанар
национальный характер
national character

国民性
олон улсын холбоо
Хэрэглээний сэтгэл судлалын
прикладной психологии
Международная ассоциация
Applied Psychology
International Association of

国际应用心理学会
их хурал

над эффектом оправдания
overjustification effect

过度理由效应
хэт их баяжуулалт
чрезмерное обобщение
overgeneralization

过度概化
хэт нөхөгдөх
перекомпенсация
overcompensation

过度补偿
зөвлөгөө өгөх үйл явц
процесс консультаций
process consultation

过程咨询
төвлөрүүлэх үйл явц

шилжилтийн үе
переходный период
transitional period

过渡期
давтан дасгалжуулалт
перетренированность
overtraining

过度训练
дахин сургах
переобучения
overlearning

过度学习
дахин нийгэмших
пересоциализация
oversocialization

过度社会化
хэт зөвтгөлийн нөлөө

过滤器模型
filter model
фильтр модели
[illegible]
шүүлтүүр загвар

过滤式分析
analysis by filtering
анализ с помощью фильтрации
[illegible]
шүүлтүүр бүхий дүн шинжилгээ

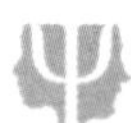

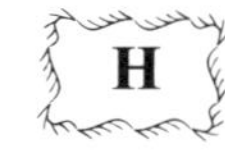

hǎi

海德归因理论
Heider's attribution theory
Теория атрибуции Хайдера
[illegible]
Хайдерийн хамаатуулах онол

海马
hippocampus
гиппокамп
[illegible]
гиппокамп

海马结构
hippocampal formation
гиппокампальная формация
[illegible]
гиппокампын үүсэл

hài

亥姆霍茨错觉
Helmholtz illusion
иллюзия Гельмгольца
[illegible]
Гельмгольцийн хуурмаг үзэгдэл

*亥姆霍茨三色说（亥姆霍茨视觉说）
Helmholtz's trichromatic theory
трехцветных теория Гельмгольца
[illegible]
Гельмгольцийн гурван өнгөний онол

亥姆霍茨视觉说（亥姆霍茨三色说）
Helmholtz's theory of color vision
Теория Гельмгольца цветового зрения
[illegible]
өнгөний хараааны талаарх Гельмгольцийн онол

hào

好奇本能
instinct of curiosity
инстинкт любопытства
[illegible]
сониуч зангийн зөн

好奇驱力
curiosity drive
стимул любопытства
[illegible]
сониуч зангийн өдөөгч

好奇心
curiosity

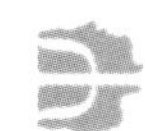

сансрын хөдөлмөрийн нөхцөл

авиакосмическая эргономика

aerospace ergonomics

航空航天工效学

далайн сэтгэл судлал

морская психология

marine psychology

航海心理学

hάng

асуулганд оролцогчийн нас

возраст опроса

questioning age

好问年龄

сониуч зан

любопытство

composite score

合成分数

hé

огторгуйн сэтгэл судлал

космическая психология

space psychology

航天心理学

нисэхийн сэтгэл судлал

авиационная психология

aviation psychology

航空心理学

сансрын сэтгэл судлал

авиакосмическая психология

aerospace psychology

航空航天心理学

судлал

合理情绪疗法

оновчтой болгох үүрэг

роль рационализации

role of rationalization

合理化作用

оновчтой болгох явдал

рационализация

rationalization

合理化（文饰）

хойшлуулалт

Хойшлуулалт, сэтгэл зүйн

психологический мораторий

moratorium

moratorium, psychological

合法延缓期

нийлмэл оноо

композитная оценка

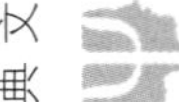

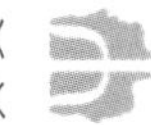

affiliation-oriented

合群取向

хамааралтай байх сэдэл

харъяалалтай байх сэдэл,

[illegible]

мотив аффилиативные

аффилированный мотив,

motive

affiliating motive, affiliative

合群动机

хосломол үзэл баримтлал

[illegible]

конъюнктивная концепция

conjunctive concept

合取概念

хөдлөлийн засал

бодит байдал-сэтгэл

[illegible]

терапия

рационально-эмотивная

rational-emotive therapy

комбинационный тон

combination tone

合音

харъяалалтай байх хэрэгцээ

хамааралтай байх хэрэгцээ,

[illegible]

принадлежности

потребность в

аффилиативные потребность,

affiliation

affiliative need, need for

*合群需要（归属需要）

харилцаа сайтай бие хүн

[illegible]

стадная личность

gregarious personality

合群人格

харъяалалд баримжаалсан

[illegible]

нной

принадлежность-ориентирова

ядерный магнитный резонанс,

NMR

nuclear magnetic resonance,

核磁共振

хоршиж тоглох

[illegible]

совместная игра

cooperative play

合作游戏

хамтын сургалт

[illegible]

совместное обучение

cooperative learning

合作学习

хамтын ажиллагаа

[illegible]

сотрудничество

cooperation

合作

хосломол ая, өнгө

[illegible]

иллюзия Геринга
Hering’s illusion

黑林错觉

hēi

үндсэн зан чанар
центральные черты
central trait

核心特质
бүл, цөм гэр бүл
хүүхэдтэй хосоос бүрдэх гэр
нуклеарная семья
nuclear family

核心家庭
цөмийн соронзон цуурайтал
· NMR
ЯМР

хар хайрцагны онол
теория черного ящика
black box theory

黑箱论
онол
өнгө ялгаж харах Герингийн
зрения
теория Геринга цветового
Hering’s theory of color vision

*黑林四色说（黑林视觉说）
онол
өнгө ялгаж харах Герингийн
зрения
теория Геринга цветового
Hering’s theory of color vision

黑林视觉说（黑林四色说，拮抗理论）
Герингийн хуурмаг үзэгдэл

恒定误差
тогтмол өдөөгчийн арга
метод постоянных стимулов
method of constant stimulus

恒定刺激法

héng

ул мөрийн онол
теория следа
trace theory

痕迹理论
энграмм
энграмма
engram

痕迹

hén

боковая передача
lateral transfer

横向迁移（水平迁移）
үзэгдэл
хэвтээ, босоо хуурмаг
иллюзия
горизонтально-вертикальная
horizontal-vertical illusion

横竖错觉
хөндлөн огтлолын загвар
сечения
конструкция поперечного
cross-sectional design

横断设计
тогтмол алдаа
постоянная ошибка
constant error

hóng

хөндлөн дамжуулалт
улааныг сул харах
красная слабость
red weakness

红色弱
ялгахгүй болох
улаан харалган, улаан өнгө
тонизм на красный цвет
red blindness

红色盲（第一色盲）
улаан, ногоон харалган
красно-зеленая слепота
red-green blindness

红绿色盲（甲型色盲）

hòu

постконвенциональная мораль
postconventional morality

后习俗道德
позитивизмын дараах
постпозитивизм
post positivism

后实证主义
когнитивизмын дараах
пост-когнитивизм
post cognitivism

后认知主义
эмпиризмийн дараах
пост-эмпирицизм
post empiricism

后经验主义

互动公平

hù

үлдэгдэл зураг
остаточное изображение
afterimage

后像
хоцрогдсон өнгөлөн далдлалт
отсталой маскирования
backward masking

后向掩蔽
модернизмын дараах
постмодернизм
post modernism

后现代主义
суртахуун
уламжлалын дараах зан
өөр хоорондоо харилцан
самого себя
взаимозависимые трактовки
interdependent self-construal

互依的自我建构
интернетийн замчлагч
навигация интернета
internet navigation

互联网导航
харилцан нөлөөллийн үзэл
интеракционизм
interactionism

互动论
зүй, шударга явдал
харилцан нөлөөлсөн хууль
интеракций правосудия
interactional justice

развития Уотсона
Поведенческий подход
perspective on development
Watson's behavioral

华生行为主义发展观

huá

залуу хүнийг халамжлах
уход за молодой
care of young

*护幼活动（养育活动）
сувилахуйн сэтгэл судлал
медсестринская психология
nursing psychology

护理心理学
хамааралтай бүтэц

психология
дискурсивная социальная
discoursive social psychology

话语社会心理学
яриа
[illegible]
разговор, речь
discourse

话语
хэлний үзүүр үзэгдэл
[illegible]
[illegible]
феномен Кончика языка
TOT phenomenon
tip-of-the-tongue phenomenon,

话到嘴边现象（舌尖现象）

huà

Уотсоны хандлага
хөгжлийн зан байдлын

окружающей среды
движение в защиту
environmentalism

环境决定论
нэг үзэл
Редукционизм, гүн ухааны
[illegible]
редукционизм
reductionism

还原论

huán

сэтгэл зүйн ярилцлага
[illegible]
дискурс психологии
discourse psychology

话语心理学
сэтгэл зүй
ярилцлага хийх нийгмийн
[illegible]

хараанч хий үзэгдэл
[illegible]
визуальная галлюцинация
visual hallucination

幻视
галлюцинаци, хий юм үзэгдэх
[illegible]
галлюцинация
hallucination

幻觉

huàn

байгаль орчны сэтгэл судлал
[illegible]
экологическая психология
environmental psychology

环境心理学
хамгаалах хөдөлгөөн
хүрээлэн байгаа орчноо
[illegible]

сэтгэл татсан хэтийн төлөв
привлекательная перспектива
perspective taking

换位思考
сэрэл хөдлөх
пробуждение
arousal

唤醒
хуурмаг үзэгдэл
иллюзия
illusion

幻想
хий үзэгдэл
хий юм сонсох, сонсголын
слуховая галлюцинация
auditory hallucination

幻听
avoidant personality disorder

回避型人格障碍
зожиг хүн
замкнутость личности
avoidant personality

回避型人格
зайлсхийх зан
избегающие поведение
avoidance behavior

回避行为

huí

саарал бодис
серое вещество
gray matter

灰质

huī

обучение избегания
avoidance learning

回避学习
маяг
ээнэгшилийн зайлсхийх хэв
привязанности
избегающий стиль
avoidant attachment style

回避型依恋
зайлсхийх дасгал
трейнинг избегания
avoidance training

回避性训练
эмгэг
бие хүний сэтгэл түгших
личности
тревожное расстройство

encounter group

会心团体
зөвлөгөө, давтлага
консультация
consultation

会商

huì

дурсах арга
метод вспоминания
recall method

回忆法
дурсах
вспомнить
recall

回忆
зайлсхийх сургалт
color wheel

*混色轮（色轮）
холимог загвар
смешанный дизайн
mixed design

混合设计

hùn

гэрлэлтийн засал
брачная терапия
marriage therapy

婚姻疗法

hūn

бүлгийн уулзалт
групповая встреча
likelihood ratio

或然比

huò

үйл ажиллагааны онол
теория деятельности
activity theory

活动理论

huó

холимог хувьсагч
вмешивающимся переменная
confounding variable

混淆变量
өнгөний дугуй
цветовое колесо

отношение правдоподобия
[illegible]
магадлалын харьцаа

货机崇拜的科学
cargo cult science
наука грузового культа
[illegible]
ачааг шүтэх шинжлэх ухаан

霍兰德职业取向模型
Holland vocational model
Голландская профессиональная модель
[illegible]
Голландын мэргэжлийн загвар

霍桑效应
Hawthorne effect
эффект Хоторна
[illegible]
Хоторны нөлөө

机组资源管理（驾驶舱资源管理）
механикаар цээжлэж сурах
механическое изучение
rote learning

机械学习
механикаар цээжлэх
механическое запоминание
rote memorization

机械识记
цээжлэн сурах
зубрежки
rote memory

机械记忆
бие махбодын үнэлэх үйл явц
оценивающий процесс
организмический
organismic valuing process

机体评估过程
алдуулах
өвдөхгүй болох, мэдээ
анестезия
acenesthesia

机体觉缺失
бие махбодын, органик/ сэрэл
органическое ощущение
organic sensation

机体觉
онол
функционализм, үүргийн
функционализм
functionalism

机能主义
үйл ажиллагааны сэтгэл зүй
функциональная психология
functional psychology

机能心理学
тогтолцооны онол
үйл ажиллагааны
системы
теория функциональной
theory of functional system

机能系统理论
цохилт
удар
hit

击中

jī

позитивная психология
positive psychology

积极心理学
зуурын хамаарал
бүтээгдэхүүний агшин
момента
корреляция продуктового
product-moment correlation

积差相关（皮尔逊相关）
булчингийн сэрэл
булчингийн мэдрэмж,
мышечное ощущение
muscle sensation

肌觉
багийн нөөцийн менежмент
управление ресурса команды
crew resource management

基础主义
үндсэн хэм хэмжээ
базовая норма
base rate

基础率
үндсэн түгшүүр
основная тревога
basic anxiety

基本焦虑
хамаарлын үндсэн алдаа
атрибуции
фундаментальная ошибка
FAE
fundamental attribution error,

基本归因错误
эерэг сэтгэл судлал

*基色（原色）
үндсэн хувийн эндүүрэл
ошибочность базовые ставки
base-rate fallacy

基率谬误
стандарт оноо
стандартная оценка
standard score

*基分数（标准分数）
зангилаа
мэдрэлийн эсийн үндсэн
основные нервные узлы
basal ganglia

基底神经节
суурь үзэл
фундаментализм
foundationalism

J

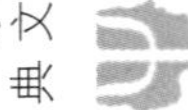

гамшгийн загвар
модель катастрофы
catastrophe model

激变模型
үндсэн ая, үндсэн өнгө
основной тон
fundamental tone

基音
ген
ген
gene

基因
суурь өнгө, үндсэн өнгө
основной цвет
фундаментальный цвет,
color
fundamental color, primary

теория мотивации
motivation theory

激励理论
радикал бихевиоризм
радикальный бихевиоризм
radical behaviorism

激进行为主义
тархалт
идэвхжүүлэлтийн загварын
активации
распространение модели
spreading activation model

激活扩散模型
хүн
дотоод зөрчилдөө автагдсан
агонист
agonist

激动剂

吉尔福特智力三维结构模型

jí

дүрэлзсэн хайр
страстная любовь
passionate love

激情之爱
онц аюултай гэмт хэрэг
страстное преступление
passionate crime

激情犯罪
хүсэл тэмүүлэл, уур хилэн
страсть
passion

激情
сэдэлжүүлэлтийн онол

limit method

极限法
шулуун шударга байдал
непосредственность
immediacy

即时性
шууд бус холбоо
непосредственная связь
immediate association

即时联想（直接联想）
бүтэцтэй Гилфордын загвар
оюун ухааны гурван хэмжээст
по интеллекте Гилфорда
трехмерная структура модели
intelligence
structure model of
Guilford 's three-dimensional
коллективный
collective unconscious

*集体潜意识（集体无意识）
цочмог түлхэцийн хариу
байлдааны сэтгэл зүйн
ответ стимула поле битвы
острый психологический
stimulus response
acute battlefield psychological

急性战场心理应激反应
үйлдэл
цочмог сэтгэцийн хариу
острая психогенная реакция
acute psychogenic reaction

急性心因性反应
хязгаарлах арга
способ ограничения

集中趋势
хэмжүүр
үндсэн чиг хандлагын
мера центральной тенденции
measure of central tendency

集中量数
хамт олонч үзэл
коллективизм
collectivism

集体主义
хамтын ухамсаргүй
бессознательный
коллективный
collective unconscious

集体无意识（集体潜意识）
хамтын ухамсаргүй
бессознательный

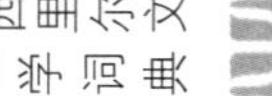

[illegible]
обучение
интенсивное непрерывное
massed learning
集中学习
төвлөрүүлсэн бясалгал
[illegible]
медитации
концентрирующего
concentrative meditation
集中性沉思
шинжилгээ
үндсэн чиг хандлагын дүн
[illegible]
анализ основной тенденции
central tendency analysis
集中趋势分析
үндсэн чиг хандлага
[illegible]
основная тенденция
central tendency

иллюзия
геометрическая оптическая
geometrical optical illusion
几何视错觉
геометрийн дундаж
[illegible]
среднее геометрическое
геометрическое среднее,
average
geometric mean, geometric
几何平均数

jǐ

хардах дэмийрэл
[illegible]
бред ревности
delusion of jealousy
嫉妒妄想
сургалт
эрчимжүүлсэн тасралтгүй

компьютеризированной
CAT
computerized adaptive test,
计算机化适应性测验
сургалт
компьютерийн тусламжтай
[illegible]
машинное обучение
CAI
computer-aided instruction,
计算机辅助教学
үйл ажиллагааны үнэлгээ
[illegible]
оценка производительности
performance appraisal
绩效评估

jì

геометрийн хуурмаг үзэгдэл
[illegible]

ЭВМ
совместная работа на базе
cooperative work,CSCW
computer-supported

计算机支持的协同工作
компьютерийн загвар
компьютерная модель
computer model

计算机模型
компьютерийн загварчлал
компьютерное моделирование
computer simulation

计算机模拟
тест
компьютержилтын зохицлын
адаптивный тест, CAT

отображение памяти
memory image

记忆表象
ой тогтоолтын кодчилол
кодирование памяти
memory coding

记忆编码
ой тогтоолт
память
memory

记忆
тоо бодох чадваргүй болох
дискалькулия
dyscalculia

计算困难
хамтран ажиллах ажил
компьютерээр дэмжиж

молекулярная теория памяти
molecular theory of memory

记忆分子理论
ой тогтоолтын далд ашиглалт
памяти
неявные использования
implicit use of memory

记忆的内隐作用
үзэгдэл
ой тогтоолтын хуурмаг
иллюзия памяти
memory illusion

记忆错觉
ой тогтоолтын стратеги
стратегия памяти
memory strategy

记忆策略
дүрийн ой тогтоолт

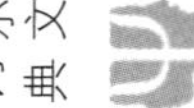

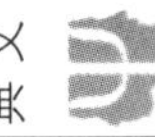

гипоксия, гипомнезия
hypomnesia

记忆减退
санах, сэргээн санах
реминисценция
reminiscence

记忆恢复（复记）
ой тогтоолтын ул мөр
след в памяти
memory trace

记忆痕迹
ой тогтоолтын багтаамж
объём памяти
memory span

记忆广度
онол
ой тогтоолтын молекулын
памяти
теория двойного процесса
dual-process theory of memory

记忆双重学说
мэдээллийн нэгжээр цээжлэх
мнемоника
mnemonics

记忆术
хадгалалтын онол
хязгаарлагдмал
ой тогтоолтын
хранения памяти
теория ограниченного
storage
theory of limited memory

记忆容量有限理论
тогтоох чадвар буурах

记忆组织
тогтоолт муудах
тогтоох ойн эмгэг, ой
ухудшение памяти
нарушение памяти,
impairment
memory disorder, memory

记忆障碍
ой тогтоолтын тогтолцоо
система памяти
memory system

记忆系统
санах ойн хайлт
поиск памяти
memory search

记忆搜索
явцын онол
ой тогтоолтын хосломол үйл

继时性扫描
технологийн гоо зүй
технологическая эстетика
technological aesthetics

技术美学
чадварын сургалт
обучение умения
skill learning

技能学习
чадвар, авъяас чадвар
умение, способности
skill

技能
байгуулалт
ой тогтоолтын зохион
организация памяти
memory organization

theory
Gagne's accumulative learning

加涅累积学习理论
боловсруулалтын түвшин
уровень обработки
level of processing

加工水平（加工深度）
гүн боловсруулалт
глубина обработки
depth of processing

*加工深度（加工水平）

jiā

дараалсан дүрс задлал
сканирование
последовательное
successive scanning

*加西亚效应（味觉厌恶学习）
хөгжлийн хурдсалын нөлөө
эффект акселеряции
acceleration effect

加速度效应
нэмэлт өнгөний холимог
аддитивная цветная смесь
additive color mixture

加色混合
жигнэсэн дундаж
средневзвешенное значение
weighted mean

加权平均数
сургалтын онол
Гагнегийн хуримтлуулах
обучения Гагне
накопительная теория

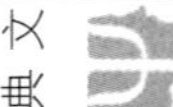

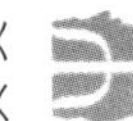

семейная терапия
family therapy

*家庭治疗（家庭疗法）
гэр бүлийн засал
семейная терапия
family therapy

家庭疗法（家庭治疗）
асуулга
Калифорнийн сэтгэл зүйн
психологический опросник
Калифорнийский
Inventory, CPI
California Psychological

加州心理测验
Гарсиа нөлөө
эффект Гарсия
Garcia effect

pseudohermaphroditism

假两性畸形
байдал
улаан өнгө харж чадахгүй
протанопия
protanopia

*甲型色盲（红绿色盲）
авагч
N-метил-D-аспартат хүлээн
-D-
-рецептора
N-метил-D-аспартат
NMDAR
N-methyl-D-aspartate receptor,

N-甲基-D-天冬氨酸受体

jiǎ

гэр бүлийн засал

доброкачественные
benign insomnia

假性失眠
хуурамч тэнэгрэл
псевдодеменция
pseudodementia

假性痴呆
таамаглал шалгах онол
теория проверки гипотезы
hypothesis testing theory

假设检验说
таамаглал шалгах
проверка гипотезы
hypothesis testing

假设检验
хуурмаг манин хүн
псевдогермафродитизм

үнэт зүйлийн баримжаалал
ценностная ориентация
value orientation

价值取向
үнэт зүйл
ценность
value

价值观
үнэт зүйлийг ялгах
очищение ценностей
values clarification

价值澄清

jià

хоргүй нойргүйдэл
бессонницы

завсрын тархи
промежуточный мозг
diencephalon

间脑

jiān

удирдлага
кабины нөөцөөр удирдах
кабины
управление ресурсами
crew resource management

*驾驶舱资源管理(机组资源管理)
үнэ цэнэтэй нөхцөл
состояние ценности
condition of worth

价值条件

Т-тест
t-test

t 检验
F-тест
F
F-тест
F-test

F 检验
ялгаварласан өнгөний холимог
субтрактивная цвет смеси
subtractive color mixture

减色混合

jiǎn

Хэлгүй
немота
mutism

缄默症

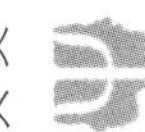

[illegible]
статистика теста
statistic of test

检验统计量
тестийн хүч
[illegible]
мощность теста
power of test

检验力
хи квадрат тест
χ² [illegible]
тест хи-квадрат
chi-square test

χ² 检验
Z-тест
Z [illegible]
Z-тест
Z-test

Z 检验
T-тест
t [illegible]

建构整合理论
шууд бус дүгнэлт
[illegible]
косвенный вывод
indirect inference

间接推理
зайны нийлэмж
[illegible]
дистанционная ассоциация
remote association

*间接联想（远隔联想）

jiàn

хугацаа
энгийн хариу үйлдлийн
[illegible]
простое время реакции
simple reaction time, SRT

简单反应时（A 反应时）
тестийн статистик
эрүүл мэндийн зан үйл
[illegible]
оздоровительное поведение
health behavior

健康行为
эрүүл мэндийн сэтгэл судлал
[illegible]
психология здоровья
health psychology

健康心理学
конструктивизм
[illegible]
конструктивизм
constructivism

建构主义
загвар
байгууламжийн цомтгосон
[illegible]
конструкции
модель интеграции
construction-integration model

健全人格
healthy personality
здоровой личности
эрүүл бие хүн

健忘症
amnesia
амнезия
ойгүйдэл

渐进放松
progressive relaxation
прогрессивной релаксации
дэвшилтэт амралт

鉴别指数
discrimination index
индексдискриминации
ялгаварлан гадуурхалтын индекс

jiǎng

奖赏
reward
награда
Шагнал

jiāo

*交叉感觉匹配（跨通道匹配）
cross-modal comparison
кросс-модальное сравнение
олон загварт харьцуулалт

*交叉耦合旋转错觉（科里奥利错觉）
cross-coupling rotation illusion
кросс-сочетания вращения иллюзия
хөндлөнгийн оролцоотой давтагдах хуурмаг үзэгдэл

交叉迁移
cross-transfer
кросс-передачи
хөндлөн дамжуулалт

交叉效度分析
cross-validation analysis
перекрестная проверка
огтлолцсон шалгалт

交叉职能团队
cross-functional team
межфункциональная команда
олон үүрэгтэй баг

交感神经
sympathetic division
симпатическая часть

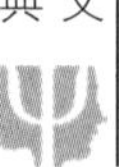

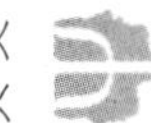

харилцан шалтгаалцал

взаимный детерминизм

reciprocal determinism

交互决定论

тогтолцоо

интерактив ой тогтоолтын

памяти

интерактивная система

transactive memory system

交互记忆系统

тогтолцоо

симпатик мэдрэлийн

система

симпатическая нервная

sympathetic nervous system

交感神经系统

мэдрэлийн симпатик хэсэг

харилцааны чадвар

хүмүүс хоорондын

коммуникабельность

interpersonal skill

交往技能

харилцан үйлдэл

взаимодействие

interaction

交互作用

харилцан саатуулах

взаимное сдерживание

reciprocal inhibition

交互抑制

харилцан заах сургалт

взаимное обучение

reciprocal teaching

交互式教学

ажил хэргийн манлайлал

трансакционное лидерство

transactional leadership

交易型领导

харилцааны эмгэг

расстройства коммуникации

communication disorder

交往障碍

харилцааны зан байдал

коммуникативного поведения

communication behavior

交往行为

түгшүүр

харилцан нөлөөллийн

тревожность взаимодействия

interaction anxiety

交往焦虑

焦点解决疗法
solution-focused therapy
фокусированная решением
терапия
шийдвэрт төвлөрсөн засал

焦点意识
focal awareness
фокусное осознание
фокусын ухамсар

焦虑
anxiety
тревога
сэтгэл түгших

焦虑方向理论
anxiety direction theory
теория направления тревоги
айдас түгшүүрт чиглэсэн онол

*焦虑性神经症（焦虑症）
anxiety neurosis
невроз страха
сэтгэл түгших невроз

焦虑性障碍
anxiety disorder
тревожное расстройство
түгших эмгэг өөрчлөлт

焦虑症（焦虑性神经症）
anxiety neurosis
тревожный невроз
сэтгэлийн түгшүүрт
мэдрэлийн эмгэг

jiǎo

矫正性情绪体验
corrective emotional experience
корректирующее
эмоциональное
переживание
залруулах сэтгэлийн
хөдөлгөөний туршлага

矫治心理学
correctional psychology
коррекционная психология
засан хүмүүжүүлэх сэтгэл
судлал

脚本
script
скрипт
бичгийн хэв

jiào

教师期望效应

J

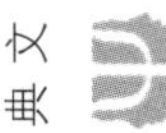

[illegible]
инструкция
учитель-центрированная
instruction
teacher-centered

教师中心教学
багшийн үүрэг
[illegible]
роль учителя
teacher role

教师职能
багшийн сэтгэл зүй
[illegible]
психология учителя
teacher psychology

教师心理学
багшийн хүлээлтийн нөлөө
[illegible]
учителей
влияние продолжительности
effect of teacher expectancy

[illegible]
эффективность обучения
teaching efficacy

教学效能感
сургалтын загвар
[illegible]
проектирование
педагогическое
instructional design

教学设计
сургалтын зорилго
[illegible]
обучающее цель
instructional goal

教学目标
сургалтын стратеги
[illegible]
обучающее стратегия
instructional strategy

教学策略
багш төвтэй сургалт

staircase method

阶梯法
шаталсан онол
[illegible]
теория стадии
stage theory

阶段说

jiē

боловсролын сэтгэл судлал
[illegible]
педагогическая психология
educational psychology

教育心理学
сургалтын сэтгэл зүй
[illegible]
обучающее психология
instructional psychology

教学心理学
сургалтын үр дүнтэй шинж

adjacent association

*接近联想（邻近联想）
хандлага-хандлагын зөрчил
подход к подходу конфликт
approach-approach conflict

接近–接近冲突
барил
зөрчлөөс зайлсхийх арга
подход-избегание конфликта
approach-avoidance conflict

接近–回避冲突
ажилд авах ярилцлага
приёмное интервью
intake interview

接案谈话
хачирхалтай арга
ступенчатый метод
receiver-operating characteristic
曲线，ROC 曲线）

接受者操作特征曲线（等感受性
хүлээн авах сургалт
обучение прием
reception learning

接受学习
ойрхон байх зарчим
принцип близости
principle of proximity

接近原则
адил төсийн хууль
закон смежности
law of contiguity

接近律
адил төсийн нийлэмж
смежная ассоциация

拮抗剂
хэмнэх хууль
закон бережливости
law of parsimony

节约律
хэмнэх арга
метод сбережения
saving method

节省法（再学法）

jié

үзүүлэлтийн муруй
хүлээн авагчийн ажлын
приёмника
рабочая характеристика
curve, ROC curve

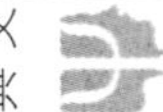

структурирующий
structuring

结构化
загварчлал
бүтцийн тэгшитгэл
уравнения
структурное моделирование
SEM
structural equation model,

结构方程模型
өрсөлдөх үйл явцын онол
теория оппонента-процесс
opponent-process theory

*拮抗理论（黑林视觉说）
эсэргүүцэгч
антагонист
antagonist

структурированное интервью
structured interview

结构性访谈
загварын тохироц чанар
валидность конструкта
construct validity

*结构效度（构想效度）
бүтэц байгуулалтын загвар
я модель
структурировать-строительна
structure-building model

结构-建构模型
ярилцлага
зохион байгуулалттай
структурированное интервью
structured interview

结构化面试
бүтэцжүүлэлт

буцааж задлах
деконструкция
deconstruction

解构

jiě

бүтцийн онол
структурализм
structuralism

结构主义
орон зайн үйлдэлгүйдэл
конструктивная апраксия
constructional apraxia

结构性失用症
ярилцлага
зохион байгуулалттай

граница
boundary

界限
үгүйлэх хам шинж
синдром отмены
withdrawal symptom

戒断症状

jiè

тайлбар
интерпретация
interpretation

解释
хуваагдсан зайлсхийлт
разъединяющая фуга
dissociative fugue

解离性漫游症

进化心理学
шинэлэг байдлын нөлөө
эффект новизны
recency effect

近因效应
шинэлэг байдлын хууль
закон новизны
law of recency

近因律
ойролцоо дамжуулалт
околорезонансный перенос
near transfer

近迁移

jìn

хил хязгаар

classical test theory, CTT

经典测验理论

jīng

үүсэх хямрал
хэрэглээг зогсооснoос
тэвчил, мансуурах бодисын
абстиненция
abstinence

禁戒
даамжрах ойгүйдэл
прогрессивная амнезия
progressive amnesia

进行性遗忘
хувьслын сэтгэл судлал
эволюционная психология
evolutionary psychology

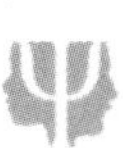

классическая теория теста

тестийн сонгодог онол

经典条件反射（经典性条件作用，巴甫洛夫条件反射）

classical conditioning

классическое кондиционирование

сонгодог нөхцөлдүүлэлт

*经典性条件作用（经典条件反射）

classical conditioning

классическое кондиционирование

сонгодог нөхцөлдүүлэлт

经济心理学

economic psychology

экономическая психология

эдийн засгийн сэтгэл судлал

经济心理战

economic psychological warfare

экономическая психологическая война

эдийн засгийн сэтгэл зүйн дайн

经颅磁刺激

transcranial magnetic stimulation, TMS

транскраниальная магнитная стимуляция, TMS

TMS

тархины соронзон цочроогч

经皮质失语症（跨皮质失语症）

transcortical aphasia

транскортикал, транскортикальная афазия

хэл ярианы чадваргүй болох

经验思维

empirical thinking

эмпирическое мышление

эмпирик сэтгэхүй

经验心理学

empirical psychology

эмпирическая психология

эмпирик сэтгэл судлал

经验智力

experiential intelligence

эмпирический интеллект

туршлагын оюун ухаан

经验主义

empiricism

эмпиризм

туршлагын үүднээс юманд хандах үзэл

интеллект

кристаллизованный

crystallized intelligence

晶体智力（晶态智力）

талстжсан оюун ухаан

интеллект

кристаллизованный

crystallized intelligence

*晶态智力（晶体智力）

айлгах рефлекс

испуга рефлекс

stuttle reflex

*惊跳反射（莫罗反射）

айж сандрах эмгэг

паническое расстройство

panic disorder

惊恐障碍

amentia, derangement, insanity,

精神错乱

нийгмийн ажилтан

сэтгэцийн эмгэг судлалын

работник

психиатрический социальный

psychiatric social worker

精神病学社会工作者

сэтгэцийн эмгэг судлал

психопатология

psychopathology

*精神病理学（心理病理学）

хэнээрхэл

сэтгэцийн өөрчлөлт,

психоз

psychosis

精神病

талстжсан оюун ухаан

шизофрения

schizophrenia

精神分裂症

оюун ухааны хомсдол

умственная отсталость

mental retardation

*精神发育迟缓（智力落后）

сэтгэцийн гэмтэл

психическая травма

psychic trauma

精神创伤

солиотой

гажиг, солиорол, галзуу

оюуны хомсдол, сэтгэцийн

сумасшествие

помешательство,

слабоумие, психоз,

lunacy

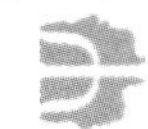

состояния
ухудшения психического
mental deterioration

精神衰退
сэтгэцийн өвчин
дисфрения
dysphrenia

精神失调
сэтгэц задлалын онол
психоаналитическая теория
psychoanalytic theory

精神分析理论
сэтгэц задлал
психоанализ
psychoanalysis

精神分析
шизофрени

elaborative rehearsal

精细复述
психотизм
психотизм
psychoticism

精神质
сэтгэцийн эмгэг
психическое расстройство
mental disorder

精神障碍
сэтгэцийн эмгэгтэй тэмцэх
заболеваниями
борьба с психическими
combat psychiatric casualty

精神性战斗减员
сэтгэцийн байдал муудах

зоркость
vigilance

*警戒（警觉）
цагдаагийн сэтгэцийн тест
полиции
психический тест для
mental test for police

警察心理测验

jǐng

боловсруулсан стратеги
стратегия разработки
elaboration strategy

精细加工策略
нарийвчилсан сургуулилалт
пояснительная репетиция

镜像自我
толин тусгалт зураг
ᠲᠣᠯᠢᠨ ᠵᠢᠷᠤᠭ
рисунок
зеркальноотраженный
mirror drawing

镜画
тэмцээн
ᠲᠡᠮᠡᠴᠡᠭᠡᠨ
соревнование
competition

竞争

jìng

сонор сэрэмжтэй байх
ᠰᠡᠷᠡᠮᠵᠢ ᠂ ᠰᠡᠷᠡᠮᠵᠢᠯᠡᠯ
зоркость
vigilance

警觉（警戒）
сонор сэрэмжтэй байх
саатуулах хариу үйлдэл
ᠬᠣᠷᠢᠭᠳᠠᠯ ᠤᠨ ᠬᠠᠷᠢᠭᠤ
реакция на задержание
reaction to detention

拘禁反应

jū

архинд донтох
ᠠᠷᠢᠬᠢ ᠳᠤ ᠳᠣᠨᠲᠣᠬᠤ ᠂ ᠠᠷᠢᠬᠢ ᠶᠢᠨ ᠳᠣᠨ
алкогольная зависимость
alcohol addiction

酒精成瘾

jiǔ

Толин тусгалт- би
ᠲᠣᠯᠢᠨ ᠳᠦᠷᠰᠦ ᠪᠢ
зеркальное Я
looking-glass self

句法歧义
өгүүлбэр зүй
ᠥᠭᠦᠯᠡᠪᠦᠷᠢ ᠶᠢᠨ ᠵᠦᠢ
синтаксис
syntax

句法

jù

матрицийг шүүн хэлэлцэх
ᠮᠠᠲ᠋ᠷᠢᠴ ᠤᠨ ᠰᠢᠭᠦᠮᠵᠢᠯᠡᠯ
матричное рассуждение
matrix reasoning

矩阵推理
матрицийн бүтэц
ᠮᠠᠲ᠋ᠷᠢᠴ ᠤᠨ ᠪᠦᠲᠦᠴᠡ
матричная структура
matrix structure

矩阵结构

jǔ

конкретность
concreteness

具体化
мэдэхүй
бодитой болсон танин
воплощенное познание
embodied cognition

具身认知
татгалзсан бүс
регион отклонения
rejection region

拒绝域
тодорхойгүй
өгүүлбэр зүйн хувьд
неоднозначности
синтаксической
syntactic ambiguity

стадия
конкретная оперативная
concrete operational stage

具体运算阶段
харааны бодит сэтгэхүй
мышление
конкретное визуальное
concrete visual thinking

具体形象思维
бодит сэтгэхүй
конкретное мышление
concrete thinking

具体思维
бодит дамжуулалт
конкретная передача
specific transfer

*具体迁移（特殊迁移）
бодит шинж
конвергентная валидность
convergent validity

聚合效度（相容效度）
орон зайн хүртэхүй
восприятие расстояния
distance perception

距离知觉（深度知觉）
холдох шинж тэмдэг
признак удалённости
distance cue

距离线索
зайн тогтмол байдал
постоянство расстояния
distance constancy

距离恒常性
бодит үйлдлийн шат

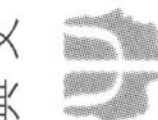

决策

jué

кластер дүн шинжилгээ

кластерный анализ
cluster analysis

聚类分析
бүлэглэсэн түүвэр

групповая выборка
cluster sampling

聚类抽样
нөлөө
нийлэх нөлөө, тусгагдах

конвергенция эффект
convergence effect

聚合效应
төстэй тохироц чанар

principle of determinism

决定论原则
шалтгаант үндэслэл

детерминизм
determinism

决定论
шийдвэрийн боловсруулалт

создание решения
framing of decision

决策框架
шийдвэр гаргах онол

теория принятия решений
decision making theory

决策理论
шийдвэр гаргалт

принимать решение
decision making

взятие роли
role taking

*角色采摘（角色承担）
дүрд тоглох

ролевая игра
role play

角色扮演
үүрэг, дүр

роль
role

角色
тодорхойлох коэффициент

коэффициент детерминации
coefficient of determination

决定系数
шалтгаант үндэслэлийн зарчим

принцип детерминизма

ᠳᠦᠷ ᠦᠨ ᠣᠯᠵᠠᠯᠲᠠ
приобретение роли
role acquisition

角色获得
үүргийн байр суурь
ᠳᠦᠷ ᠪᠠᠢᠷᠢᠰᠢᠭᠤᠯᠤᠯᠲᠠ
расположение роли
role positioning

角色定位
үүргийн зөрчил
ᠳᠦᠷ ᠦᠨ ᠵᠦᠷᠢᠴᠡᠯᠳᠦᠭᠡᠨ
ролевой конфликт
role conflict

角色冲突
дүрийн үүрэг
ᠳᠦᠷ ᠦᠨ ᠬᠦᠯᠢᠶᠡᠰᠦ
ролевые подшипники
role bearing

角色承担（角色采摘）
дүр гаргах
ᠳᠦᠷ ᠭᠠᠷᠭᠠᠬᠤ
үүрэг хүлээлт
ᠳᠦᠷ ᠦᠨ ᠬᠦᠯᠢᠶᠡᠯᠲᠡ
ожидание роли
role expectation

角色期待
зөрчил дэх дүр
ᠳᠦᠷ ᠦᠨ ᠰᠥᠷᠦᠯᠴᠡᠯᠳᠦᠭᠡᠨ᠂ ᠵᠦᠷᠢᠴᠡᠯᠳᠦᠭᠡᠨ
роль в конфликте
intrarole conflict

角色内冲突
үүргийн онол
ᠳᠦᠷ ᠦᠨ ᠣᠨᠣᠯ
ролевая теория
role theory

角色理论
дүрийн дотоод зөрчил
ᠳᠦᠷ ᠦᠨ ᠳᠣᠲᠣᠭᠠᠳᠤ ᠰᠥᠷᠦᠯᠴᠡᠯᠳᠦᠭᠡᠨ᠂ ᠵᠦᠷᠢᠴᠡᠯᠳᠦᠭᠡᠨ
внутриролевой конфликт
interrole conflict

角色间冲突
үүрэг гүйцэтгэх

绝对阈限
үнэмлэхүй алдаа
ᠠᠪᠰᠣᠯᠢᠲ ᠪᠤᠰᠤ ᠠᠯᠳᠠᠭ᠎ᠠ
абсолютная ошибка
absolute error

绝对误差
үнэмлэхүй мэдрэмтгий шинж
ᠠᠪᠰᠣᠯᠢᠲ ᠪᠤᠰᠤ ᠮᠡᠳᠡᠷᠡᠬᠦ ᠴᠢᠨᠠᠷ
абсолютная чувствительность
absolute sensitivity

绝对感受性
дүрийн бүдүүвч
ᠳᠦᠷ ᠦᠨ ᠪᠠ ᠲᠣᠭᠠᠨ
роль схемы
role schema

角色图式
үүргийн адилсал
ᠳᠦᠷ ᠦᠨ ᠠᠳᠠᠯᠢᠰᠬᠠᠯ᠂ ᠳᠦᠷ ᠦᠨ ᠠᠳᠠᠯᠢᠰᠬᠠᠯᠳᠤᠭᠤᠯ
идентичность роли
role identity

角色认同

absolute threshold
абсолютный порог
[illegible]
үнэмлэхүй зааг

绝望
hopelessness
безнадежность
[illegible]
найдваргүй шинж

jūn

军队一般分类测验
Armed General Classification
Test, AGCT
общая классификационная
проверка на военную
службу
[illegible]
[illegible]
цэргийн ерөнхий ангиллын
тест

军队职业能力倾向成套测验
Armed Service Vocational
Aptitude Battery, ASVAB
тест вооруженная служба
профессиональной
пригодности батареи
[illegible]
[illegible]
[illegible]
зэвсэгт хүчний мэргэжлийн
авьяас чадвар нөөцийг
хэмжих тест

军人心理选拔
serviceman psychological
selection
психологический выбор
военнослужащего
[illegible]
цэргийн албан хаагчийн
сэтгэл зүйн сонгон
шалгаруулалт

军人心理训练
serviceman psychological
training
военнослужащий
психологическая
подготовка
[illegible]
цэргийн албан хаагчийн
сэтгэл зүйн бэлтгэлжилт

军事心理学
military psychology
военная психология
[illegible]
цэргийн сэтгэл судлал

军事应激
military stress
военный стресс
[illegible]
[illegible]
цэргийн стресс

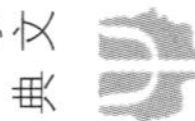

均方
mean square
средний квадрат
ᠳᠤᠮᠳᠠᠵᠢ ᠺᠸᠠᠳ᠋ᠷᠠᠲ
дундаж квадрат

*k 均值聚类法（快速聚类法）
k-means clustering
кластеризация методом
k-средних
k ᠳᠤᠮᠳᠠᠵᠢ ᠶᠢᠨ ᠪᠦᠯᠦᠭᠯᠡᠯ ᠦᠨ ᠠᠷᠭ᠎ᠠ
k-дунджаар ангилах

теория интеллекта
intelligence
Cattell-Horn theory of
卡特尔-霍恩智力理论
хүчин зүйлийн асуулга
Кеттелийн бие хүний 16
Кеттела
личностный опросник
шестнадцатифакторный
Factor Questionnaire, 16 PF
Cattell' s Sixteen Personality
卡特尔 16 种人格因素问卷

kǎ

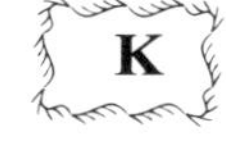

открытое умение двигателя
open motor skill
开放性运动技能
төгсгөл нь нээлттэй ярилцлага
концом
интервью, с открытым
open-end interview
开放性访谈
нээлттэй цонхны туршилт
эксперимент открытого окна
experiment of open window
开窗实验

kāi

ухааны онол
Кеттел-Хорнигийн оюун
Кеттела-Хорни

Cannon-Bard theory of emotion
坎农-巴德情绪理论

kǎn

Келлигийн хамаарлын онол
теория атрибуции Келли
Kelley's theory of attribution
凯利归因理论（三维[度]理论）

kǎi

эргэх холбоогүй зохицуулалт
связи
регулирование без обратной
open-loop control
开环控制
хөдөлгөөний чөлөөтэй чадвар

antibody-mediated immunity
*抗体介导免疫（体液免疫）

kàng

нөхөн сэргээх сэтгэл судлал
реабилитация психология
rehabilitation psychology
康复心理学
нөхөн сэргээх
реабилитация
rehabilitation
康复

kāng

хөдлөлийн онол
Кэннон-Бардын сэтгэл
теория эмоций Кэннона-Барда

development
Kohlberg's theory of moral
科尔伯格道德发展阶段理论

kē

судалгаа
түгшүүрийн тест, түгшүүрийн
тревоги
тест тревожности, экспертиза
test anxiety, examination anxiety
考试焦虑

kǎo

дархлаа
эсрэг биед тулгуурласан
иммунитета
антитело-опосредованного

сциентизм, наукообразие
scientism
科学主义
баримтлал
шинжлэх ухааны үзэл
концепция науки
conception of science
科学观
Кориолисын хуурмаг үзэгдэл
Кориолиса иллюзия
Coriolis illusion
错觉）
科里奥利错觉（交叉耦合旋转
шатны онол
зан суртахууны хөгжлийн үе
развития
Теория стадии нравственного

可逆图形
гаргагдах шинж
разборчивость
intelligibility

可懂度
олоход бэлэн байх
эвристика доступности
availability heuristics

可得性启发法
дугтуй хүргэх
достичь конверт
reach envelope

可达包络面

kě

шинжлэх ухааны арга маяг
craving

渴求
хэрэглээний тест
тестирование на практичность
usability test

可用性测试
сонсогдоцын муруй
кривая слышимость
audibility curve

可听度曲线
буцах сэтгэхүй
обратимое мышление
reversible thinking

可逆性思维
буцаад зурагддаг дүрс
обратимым фигура
reversible figure
тогтсон хэв шинж
стереотип
stereotype

刻板印象
тогтсон хэвшмэл хариу
реакция стереотипа
stereotype reaction

刻板反应
Кронбахын α коэффициент
коэффициент α Кронбаха
Cronbach’s α coefficient

克龙巴赫 α 系数（α 系数）

kè

шунал, эрмэлзэл
страстное желание

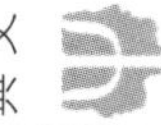

客观测验
objective test
обьективный тест
ᠪᠣᠳᠠᠲᠠ ᠰᠣᠩᠭᠣᠯᠲᠠ ᠰᠢᠯᠭᠠᠯᠲᠠ
бодит асуултын хариуг сонгох
　тест

客观题
objective item
объективный пункт
ᠪᠣᠳᠠᠲᠠ ᠰᠡᠳᠦᠪ
бодит зүйл

客观主义
objectivism
объективизм
ᠪᠣᠳᠠᠲᠠ ᠦᠵᠡᠯ
бодит байдалд чухалчилсан
　үзэл

客体恒常性
object permanence
объект постоянство
ᠪᠣᠳᠠᠲᠠ ᠪᠡᠶ᠎ᠡ ᠶᠢᠨ ᠲᠣᠭᠲᠠᠮᠠᠯ ᠴᠢᠨᠠᠷ
объектын тогтмол байдал

客体知觉
object perception
восприятие объекта
ᠪᠣᠳᠠᠲᠠ ᠪᠡᠶ᠎ᠡ ᠶᠢᠨ ᠮᠡᠳᠡᠷᠡᠬᠦᠢ
объектын хүртэхүй

客我
me-self
социальное-я
ᠪᠣᠳᠠᠲᠠ ᠪᠢ
Нийгмийн Би

课堂管理
classroom management
классное руководство
ᠠᠩᠭᠢ ᠶᠢᠨ ᠬᠢᠴᠢᠶᠡᠯ ᠦᠨ ᠵᠠᠬᠢᠷᠭ᠎ᠠ
танхимын удирдлага

kěn

肯德尔和谐系数
Kendall's concordance coefficient
коэффициент согласования
　Кендалла
ᠺᠧᠨᠳᠧᠯ ᠵᠣᠬᠢᠴᠠᠯ ᠢᠯᠡᠳᠬᠡᠭᠴᠢ
Кендаллын нийцлийн
　коэффициент

肯德尔 W 系数
Kendall's W concordance
　coefficient
W коэффициент Кендалла
ᠺᠧᠨᠳᠧᠯ W ᠢᠯᠡᠳᠬᠡᠭᠴᠢ
Кендаллын W коэффициент

肯德尔 U 系数
Kendall's U consistency
　coefficient
U Коэффициент консистенция
　Кендалла
ᠺᠧᠨᠳᠧᠯ U ᠢᠯᠡᠳᠬᠡᠭᠴᠢ
Кендаллын тогтвортой
　байдлын U коэффициент

肯德尔一致性系数
Kendall's consistency

space perception

空间知觉

хоосон үүр хам шинж

ᠬᠣᠭᠣᠰᠣᠨ ᠡᠭᠦᠷ ᠦᠨ ᠬᠠᠮ ᠱᠢᠨᠵᠢ

синдром пустого гнезда

empty nest syndrome

空巢综合征

хоосон үүр

ᠬᠣᠭᠣᠰᠣᠨ ᠡᠭᠦᠷ᠂ ᠬᠣᠭᠣᠰᠣᠨ ᠡᠭᠦᠷ

пустое гнездо

empty nest

空巢

kōng

байдлын коэффициент

Кендаллын тогтвортой

ᠺᠧᠨᠳᠠᠯ ᠤᠨ ᠲᠣᠭᠲᠠᠪᠣᠷᠢᠲᠠᠢ ᠪᠠᠢᠳᠠᠯ ᠤᠨ ᠺᠣᠧᠹᠹᠢᠼᠢᠶᠧᠨᠲ

Кендалла

Коэффициент консистенция

coefficient

айх, айдас

ᠠᠶᠤᠬᠤ᠂ ᠠᠶᠤᠳᠠᠰ

страх

fear

恐惧

эмгэг айдас

ᠡᠮᠭᠡᠭ ᠠᠶᠤᠳᠠᠰ

фобия

phobia

恐怖症

kǒng

агаарын төлөв

ᠠᠭᠠᠷ ᠤᠨ ᠲᠦᠯᠦᠪ

воздушная перспектива

aerial perspective

空气透视

орон зайн хүртэхүй

ᠣᠷᠣᠨ ᠵᠠᠢ ᠶᠢᠨ ᠬᠦᠷᠲᠡᠬᠦᠢ

восприятие пространства

локус контроля

locus of control

控制点

хяналтын програм

ᠬᠢᠨᠠᠯᠲᠠ ᠶᠢᠨ ᠫᠷᠣᠭ᠍ᠷᠠᠮ

контрольная программа

control program

控制程序

хяналттай хувьсагч

ᠬᠢᠨᠠᠯᠲᠠᠲᠠᠢ ᠬᠤᠪᠢᠰᠤᠭᠴᠢ

регулируемый параметр

controlled variable

*控制变量（额外变量）

kòng

айдсаа давах

ᠠᠶᠤᠳᠠᠰ ᠢᠶᠠᠨ ᠳᠠᠪᠠᠬᠤ

апелляция страх

fear appeal

恐惧诱导

кодирование контроля
coding of controls

控制器编码
хяналт, хянагч
управления, контроллер
controls, controller

控制器
хяналттай холбоо
контролируемые ассоциации
controlled association

控制联想（受控联想，限制联想）
хяналттай үйл явц
управляемый процесс
controlled process

控制过程
хяналтын цэг
контрольная группа
control group, CG

控制组（对照组）
хяналт-дэлгэц нийцэл
контрольно-дисплеем
совместимость с
control-display compatibility

控制-显示兼容性
хяналт-дэлгэцийн харьцаа
контрольно-дисплей
соотношение
control-display ratio

控制-显示比
хяналтын эсэргүүцэл
сопротивление управления
controls resistance

控制器阻力
хяналтын кодчилол

口语记录
ярианы хэл, аман хэлэхүй
устная речь
spoken language

口头语言
аман тайлан, аман илтгэл
устный доклад
verbal report

口头报告（言语报告）
хөхөх шат, ораль шат
оральная стадия
oral stage

口唇期

kǒu

хяналтын бүлэг

苦恼

kǔ

бүсний нугалаа
поясная извилина
cingulate gyrus
扣带回

kòu

хэлний сургалтын загвар
модель обучения речи
the speech learning model
口语学习模型
Протокол
протокол
protocol

транскортикальная афазия
transcortical aphasia
*跨皮质失语症（经皮质失语症）

kuà

найдвартай чанар
Кудер-Ричардсоны
Кудер-Ричардсона
надежность
Kuder-Richardson reliability
库德–理查森信度

kù

зовлон зүдгүүр
бедствие
distress

межкультурная социальная
cross-cultural social psychology
跨文化社会心理学
олон соёлын менежмент
менеджмент
кросс-культурный
cross-cultural management
跨文化管理
олон соёлын тест
кросс-культурный тест
cross-cultural test
*跨文化测验（文化公平测验）
олон загварт харьцуулалт
кросс-модальное сравнение
cross-modality matching
跨通道匹配（交叉感觉匹配）
чадваргүй болох эмгэг
транскортикал ярих

ангедонию
anhedonia

快感缺失

kuài

соёл хоорондын судалгаа
исследования
кросс-культурные
cross-cultural research

跨文化研究
соёл хоорондын сэтгэл зүй
межкультурная психология
cross-cultural psychology

跨文化心理学
сэтгэл зүй
соёл хоорондын нийгмийн
психология

хурдан зураглал
быстрое отображение
fast mapping

快速映射
хурдан нойрны үе
фаза быстрого сна
REM
rapid eye movement sleep,

快速眼动睡眠
k-дунджаар ангилах
k-средних
кластеризация методом
k-means clustering

快速聚类法（k 均值聚类法）
мэдрэхгүй байх
амьдралын баяр баясгаланг

Нээлттэй талбай тест
тест открытое поле
open field test

旷场试验

kuàng

зөвшөөрөгдсөн хүмүүжил
разрешающее воспитание
permissive parenting

宽容型教养

kuān

богино хугацааны өвдөлт
быстрая боль
fast pain

快痛（锐痛）

бэлгийн гаж буруу зуршил
〔ᠪᠡᠯᠭᠡ ᠶᠢᠨ ᠭᠠᠵᠢᠭ〕 ᠪᠤᠷᠤᠭᠤ ᠵᠠᠩᠰᠢᠯ ᠤᠨ
половое извращение
voyeurism

*窥阴症（窥阴癖）
бэлгийн гаж буруу зуршил
〔ᠪᠡᠯᠭᠡ ᠶᠢᠨ ᠭᠠᠵᠢᠭ〕 ᠪᠤᠷᠤᠭᠤ ᠵᠠᠩᠰᠢᠯ ᠮᠠᠭᠤ
половое извращение
voyeurism

窥阴癖（窥阴症）

kuī

*旷野恐怖症（广场恐怖症）
хоосон талбайгаас айх эмгэг
ᠬᠤᠭᠤᠰᠤᠨ〔ᠲᠠᠯᠠᠪᠠᠢ〕ᠡᠴᠡ ᠠᠶᠤᠬᠤ ᠡᠮᠭᠡᠭ
гудамжнаас айх
agoraphobia, space phobia

K

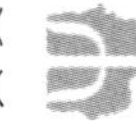

莱比锡心理学实验室
үйлчлүүлэгч төвтэй засал
терапия
клиент-центрированная
client-centered therapy
疗法）
*来访者中心疗法（当事人中心

lái

латин квадратын арга
метод латинского квадрата
Latinsquare design
拉丁方设计

lā

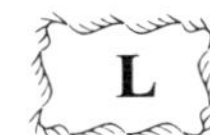

蓝黄色盲（第三色盲）
Ландольтын цагираг
кольцо Ландольта
Landolt ring
兰道环视标

lán

Левиний өөрчлөлтийн загвар
модель изменения Левина
Lewin's change model
莱温变革模型
лаборатори
Лейпцигийн сэтгэл судлалын
лаборатория
Лейпцигская психологическая
Leipzig Psychological Laboratory

возрастная психология,
of aging
aging psychology, psychology
老年心理学
хожуу насанд хүрэх үе
позднее взросление
late adulthood
老年期
насжилт
старение
aging
老化

lǎo

цэнхэр, шарын харалган
сине-желтая слепота
blue-yellow blindness

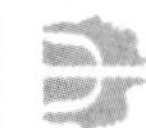

совокупный многоугольник
cumulative frequency polygon
累计频数图

lěi

Равены өсөлтийн матриц тест
Равена
прогрессивные матрицы
Test
Raven's Progressive Matrices
测验）
雷文推理测验（瑞文推理

léi

хөгшрөлтийн сэтгэл судлал
нас зүйн сэтгэл судлал,
психология старения

аналогия ассоциации
analogy association
类比联想
ижил төстэй тест
тест аналогий
analogies test
类比测验
адилтгал
аналогия
analogy
类比

lèi

хуримтлагдсан давтамж
олон өнцөгтийн
частоты

подчиненное обучение
subordinate learning
类属学习
төрх
түгшимтгий хэв маягийн зан
тревожная типа поведения
anxiety-like behavior
类焦虑行为
ижил төстэй бодол
аналогичное рассуждение
analogical reasoning
类比推理
төсөөтэй байдлын хууль
закон подобия
law of similarity
类比律
ижил төстэй нийлэмж

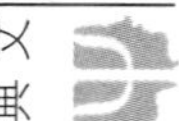

теория типа
type theory

类型论
төсөөтэй шалтгаан
причина по аналогии
reason by analogy

类推
хагас туршилтын загвар
дизайн
квазиэкспериментальной
quasi-experimental design

*类似实验设计（准实验设计）
ижил төсийн нийлэмж
ассоциация по сходству
association by similarity

*类似联想（相似联想）
дагалдан сургалт
ощущение холода
cold sensation

冷觉
хүйтэн цэг
холодная точка
cold point

冷点

lěng

маягийн зан байдал
сэтгэл гутрамтгай хэв
поведения
депрессивного типа
depressive-like behavior

类抑郁行为
хэв шинжийн онол
deviation intelligence quotient

离差智商
талбайн хазайлтын нийлбэр
сумма отклонения квадрата
sum of deviation square

离差平方和
гажилт, хазайлт
отклонение
deviation

离差

lí

хүйтний нөлөө
холодный эффект
cold effect

冷效应
хүйтний сэрэл, мэдрэмж

离中趋势
тусгаарлагдмал
маргинализация
marginalization
离心趋势
дискрет хувьсагч
дискретная переменная
discrete variable
离散型变量
ялгааг хэмжих
мера разности
measure of difference
*离散量数（差异量数）
коэффициентийн хазайлт
оюун ухааны
интеллекта
отклонение коэффициент
comprehension strategy
理解策略
ойлголт
понимание
understanding
理解

lĭ

шинжилгээ
хандлагын бэлэн байдлын дүн
тенденции
диспозиционные анализы
dispersion tendency analysis
离中趋势分析
тархах хандлага
расхождение тенденция
divergence tendency
теория Y
theory Y
Y 理论
X онол
X
теория X
theory X
X 理论
P-O-X гурвал
P-O-X
P-O-X триад
P-O-X triads
P-O-X 理论
ERG онол
ERG
теория ERG
ERG theory
ERG 理论
ойлгох стратеги
стратегия понимания

L

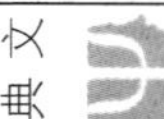

рационально-эмоционально-п
therapy, REBT
rational emotive behavior

理情行为疗法
онолын сэтгэл судлал
теоретическая психология
theoretical psychology

理论心理学
онолын сэтгэхүй
теоретическое мышление
theoretical thinking

理论思维
Z онол
Z
теория Z
theory Z

Z 理论
Y онол
Y

理智感
оюуныг сурвалж болгох үзэл
рационализм
rationalism

理性主义
оновчтой сэтгэл судлал
рациональная психология
rational psychology

理性心理学
оюун санааны төгс би
идеаль я
ideal self

理想自我
байдлын засал
бодит сэтгэл хөдлөлийн зан
оведенческая терапия, РЭПТ

историзм
historicism

历史主义
түүх судлал
историография
historiography

历史编纂学
либидо, дур хүсэл
либидо
libido

力比多

li

оновчтой мэдрэмж
рациональное чувство
rational feeling

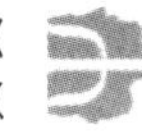

[illegible]
шкала Лайкерта
Likert scale

利克特量表
стереоскоп хүртэхүй
[illegible]
восприятие
стереоскопическое
stereoscopic perception

立体知觉
стереоскоп
[illegible]
стереоскоп
stereoscope

立体镜
стереотаксик арга
[illegible]
стереотаксическая техника
stereotaxic technique

立体定位技术
түүхчлэх үзэл

continuous motor skill

连续技能
тасралтгүй хувьсагч
[illegible]
непрерывная переменная
continuous variable

连续变量

lián

энэрэнгүй үзэл
[illegible]
альтруизм
altruism

利他主义
энэрэнгүй зан төрх
[illegible]
альтруистическое поведение
altruistic behavior

利他行为
Лайкертын хэмжүүр

连续性与阶段性问题
дараалсан загвар
[illegible]
последовательный дизайн
sequential design
设计）

连续系列设计（队列设计，序贯
тасралтгүй бэхжүүлэлт
[illegible]
непрерывное укрепление
continuous reinforcement, CRF

连续强化
тасралтгүй үйл ажиллагаа
[illegible]
непрерывная операция
continuous operation

连续军事操作
чадвар
тасралтгүй хөдөлгөөний
[illegible]
непрерывное умение двигателя

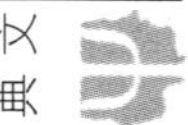

[illegible]
синестезия
synaesthesia

联觉
сэтгэл судлалын холбох үзэл
[illegible]
коннекционизма психология
connectionism psychology

联结主义心理学
тасралтгүй байх зарчим
[illegible]
принцип непрерывности
principle of continuity

连续原则
тасралтгүй, тасарсан асуудал
[illegible]
непрерывности-прерывности проблема
continuity-discontinuity issue

[illegible]
ассоциативное мышление
associative thinking

联想思维
нийлэмжийн хууль
[illegible]
закон ассоциативности
association law

联想律
нийлэмжийн ой тогтоолт
[illegible]
ассоциативная память
associative memory

联想记忆
их тархины гадрын нийлэмж холбоос
[illegible]
ассоциация коры головного мозга
association cortex

联络皮层
даган мэдрэмхийжэх
[illegible]
значение ассоциации
association value

联想值
нийлэмжийн сургалт
[illegible]
ассоциативное обучение
associative learning

联想学习
нийлэмжийн сэтгэл судлал
[illegible]
ассоциативная психология
association psychology

联想心理学
нийлэмжийн сүлжээний загвар
[illegible]
ассоциативная сетевая модель
associative network model

联想网络模型
нийлэмжийн сэтгэхүй
[illegible]

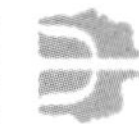

нийлэмжийн үнэлэмж

联想主义
associationism
ассоцианизм
нийлэмжийн үзэл

liàn

练习
exercise
упражнение
дасгал

练习极限
practice limit
практика ограничения
практикийн хязгаар

练习律
law of exercise
закон упражнения
дасгалын хууль

练习曲线
practice curve
кривая практика
практик муруй

恋父情结
Electra complex
комплекс Электры
электрийн бүрдэл

恋母情结（俄狄浦斯情结）
Oedipus complex
комплекс Эдипа
эдипийн бүрдэл

恋童症
pedophilia
педофилия
бага насны хүүхдийг сонирхох бэлгийн буруу зуршил

恋物癖（恋物症）
fetishism
фетишизм
хар дом

*恋物症（恋物癖）
fetishism
Фетишизм
Фетишизм, гаж сонирхол, хар дом

链分析
link analysis
анализ связи

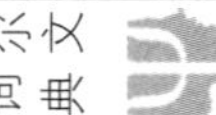

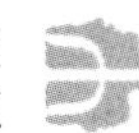

двухэтапная выборка
two-stage sampling

两阶段抽样法

хоёр цэгийн зааг
двухточечный порог
two-point limen

两点阈

liǎng

сайн дүрс
хорошая фигура
good figure

良好图形

liáng

дүн шинжилгээний холбоос

亮度

гэрэл харанхуйн харьцаа
свет-темнота отношение
light-dark ratio

亮暗比

liàng

дохионы хоёр систем
система двух сигнальных
two signaling systems

两种信号系统

нөхцөл байдлын асуудал
проблема дилеммы
dilemma problem

两难问题

хоёр үе шаттай түүвэр

таблица сопряженности
contingency table

列联表

liè

хэмжүүрийн үнэлэмж
значение шкалы
scale value

量表值

гэрэлтэлтийн тодрол
контраст яркости
luminance contrast

亮度对比

гэрэлтэлт
яркость
luminance

эмнэлзүйн туршилт
клинические испытания
clinical test
临床测验
зэрэгцсэн нийлэмж
смежно ассоциация
adjacent association
邻近联想（接近联想）

lín

судалгаа
их тархины хагалбарын
головного мозга
сплит-исследования
the split-brain study
裂脑研究
холбоотой байдлын хүснэгт

вдохновение
inspiration
灵感

líng

шүүмжлэлт үнэлэмж
критическое значение
critical value
临界值
эмнэл зүйн сэтгэл судлал
клиническая психология
clinical psychology
临床心理学
эмнэл зүйн арга
клинический метод
clinical method
临床法

领导

lǐng

жингүйдэл
невесомость
weightlessness
零重力
тэг хамаарал
нулевая корреляция
zero correlation
零相关
тэг таамаглал
нулевая гипотеза
null hypothesis
零假设
урам

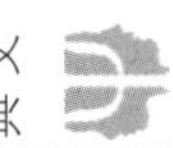

trait theory of leadership

领导特质理论
манлайллын онол
онцгой нөхцөл дэх
чрезвычайных ситуациях
теория лидерства в
leadership
contingency theory of

领导权变理论
онол
удирдагч-гишүүн солилцооны
теория обмена лидер-член
leader-member exchange theory

领导-成员交换理论
манлайлал
лидерство
leadership

реализация
comprehension

*领悟（顿悟）
зан байдал
нутаг дэвсгэрийн онцлогтой
территориальное поведение
territorial behavior

领地行为
манлайллын зан үйлийн онол
лидерства
поведенческая теория
behavioral theory of leadership

领导行为理论
онол
манлайллын шинж чанарын
черта теории лидерства

общая область теория
domain-general theory

领域一般理论
газар нутгийн шинж
территориальность
territoriality

领域性
юмсад баримжаалсан онол
теория
предметно-ориентированная
domain-specific theory

领域特殊理论
хүлээн авсан судалгаа
исследование принятия
adoption study

领养研究
ойлгох, ухаарах

ерөнхий салбарын онол

liú

流畅状态
flow state
состояние потока
урсгал байдал

*流态智力（流体智力）
fluid intelligence
подвижный интеллект
өөрчлөгдөмтгий оюуны чадавх

流体智力（流态智力，液态智力）
fluid intelligence
подвижный интеллект
өөрчлөгдөмтгий оюуны чадавх

留面子技术
door-in-the-face technique
Дверь в лицо техника
Хаалганд тулсан арга

留守儿童
left-behind child
оставленный позади ребенок
орхигдсон хүүхэд

lòu

漏报
miss
скучать
Санах

lú

颅相学
phrenology
френология
хүний хэлбэр, хэмжээнээс авъяас чадвар шалтгаална хэмээх үзэл

lǔ

鲁宾酒杯-人面图
Rubin’s goblet profile figure
профиль кубком фигура Рубина
Рубиний шоо H хэлбэртэй талбар

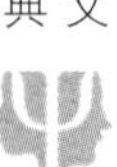

сэтгэлийн хөдөлгөөнөө барьж
эксгибиционизм
exhibitionism

露阴癖（露阴症）
шалгаруулах арга
армийн офицер сонгон
батарея выбора офицера
OSB
Army Officer Selection Battery,

陆军军官选拔测验
армийн альфа ба бета тест
армейский альфа и бета-тест
Army Alpha and Beta Test

陆军甲乙种测验

lù

ногоон өнгөний харалган
дейтеранопия
зеленый слепой,
deuteranopia

绿色盲（第二色盲）

lǜ

замналын дүн шинжилгээ
анализ траектории
path analysis

路径分析
чадахгүй байдал
сэтгэлийн хөдөлгөөнөө барьж
эксгибиционизм
exhibitionism

*露阴症（露阴癖）
чадахгүй байдал

Рокичийн үнэт зүйлийн
система ценностей Рокича
Rokeach value system

罗克奇价值观系统
Рожерсийн Би-гийн онол
Роджерса
теория самодетерминации
Rogers' self theory

罗杰斯自我论

luó

шинж байдал
контур
contour

轮廓

lún

тогтолцоо

罗密欧与朱丽叶效应
Romeo and Juliet effect
Ромео и Джульетта эффект
Ромео ба Жульетта нөлөө

*罗森塔尔效应（期望效应）
Rosenthal effect
эффект Розенталя
Розенталийн нөлөө

罗夏墨渍测验
Rorschach Inkblot Test
Тест Роршаха с чернильным пятном
Роршахын бэхний дуслын тест

逻辑思维
logical thinking
логическое мышление
логик сэтгэхүй

螺旋式课程
spiral curriculum
спираль учебный план
ороомог сургалтын хөтөлбөр

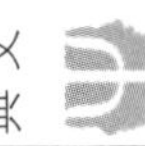

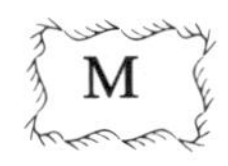

mǎ

马尔计算理论
Marr computational theory
вычислительная теория Марра
Маррын тооцоолох онол

马赫带
Mach band
эффект полос Макса
Макс нөлөө

马克思主义心理学
Marxist psychology
Марксистская психология
Марксист сэтгэл судлал

*马斯洛动机层次（需要层次）
Maslow's motivational hierarchy
мотивационная иерархия Маслоу
Маслоугийн сэдэлжүүлэлтийн шатлал

*马斯洛人类动机理论（需要层次论）
Maslow's theory of human motivation
теория Маслоу человеческой мотивации
Маслоугийн хүний сэдэлжүүлэлтийн онол

马斯洛需要层次理论
Maslow's hierarchy of needs
иерархия потребностей Маслоу
Маслоугийн хэрэгцээний шатлалйн онол

mài

迈尔斯-布里格斯人格类型测验
Myers-Briggs Type Indicator, MBTI
Майерс-Бриггстипа индикатор
Майерс-Бриггсийн хэв шинжийн хэмжигч

麦独孤本能说
McDougall's theory of instinct
Теория Макдугалла инстинкта

Манна-Уитнигийн U тест

U тест Манна-Уитни

Mann-Whitney U test

曼-惠特尼 U 检验

màn

гурвалжин

Максвеллийн өнгөний

треугольник цвета Максвелла

Maxwell color triangle

*麦克斯韦颜色三角（颜色三角）

McCollough нөлөө

McCollough эффект

McCollough effect

麦科洛效应

Макдугаллын зөн билгийн онол

慢性温和型应激

архаг өвчин

хроническая боль

chronic pain

慢性疼痛

архаг ачаалал

хроническое напряжение

chronic strain

慢性疲劳

удаан үргэлжилсэн өвдөлт

медленная боль

slow pain

慢痛（钝痛）

нойрсох үеийн удаан долгион

медленная волна сона

slow wave sleep

慢波睡眠

Munsell color solid

芒塞尔颜色立体

máng

хариу

цочроочгийн ужгирсан

байлдааны сэтгэл зүйн

в поле боя

психологического стимула

хронический ответ

stimulus response

chronic battlefield psychological

疲劳）

慢性战场心理应激反应（作战

ужгирсан хөнгөн стресс

хронический мягкий стресс

chronic mild stress

ambivalence

矛盾心态

máo

хөдөлгөөний-байршлын сохор

движения

ослепить-расположение

blind-positioning movement

盲目定位运动

сохор цэг

слепая зона

blind spot

盲点

өнгөт бие

Манселлын тогтолцооны

Манселла

цветовое тело системы

эвристическая эхография

anchoring heuristics

*锚定试探法（锚定启发法）

бэхжүүлсэн эвристика

анкерные эвристики

anchoring heuristics

锚定启发法（锚定试探法）

бэхжүүлсэн заавар

привязанного инструкция

anchored instruction

锚定教学

зангуу тест

тест якорь

anchor test

锚测验

хоёрдмол хандлагатай

амбивалентность

эстетическое чувство

aesthetic feeling

美感

měi

эрсдэлтэй өөрчлөлт

рискованными сдвиг

risky shift

冒险转移

mào

бэхжүүлсэн нөлөө

закрепляющий эффект

anchoring effect

锚定效应

эвристик эхо-бичлэг

[illegible]
гоо зүйн мэдрэмж

美国三军统一认知绩效评估测验
US Unified Tri-Service
Cognitive Performance
Assessment Battery, UTCPAB
объединенное три служебное
познавательное
выполнение батарейка
оценки
[illegible]
нэгдсэн гурвал үйлчилгээний
танин мэдэхүйн
гүйцэтгэлийн үнэлгээний
батарей

美育心理学
psychology of esthetic
education
психология эстетического
воспитания
[illegible]
гоо зүйн боловсролын сэтгэл
судлал

mèi

魅力型领导理论
charismatic leadership theory
харизматическая теория
лидерства
[illegible]
манлайллын харизмын онол

mèng

梦的工作
dream work
работа мечты
[illegible]
мөрөөдлийн ажил

梦样状态
dreamy state
состояние мечтательной
[illegible]
мөрөөдлийн нөхцөл байдал

梦游症（睡行症）
noctambulism,
somnambulism
сомнамбулизм, лунатизм
[illegible]
зүүдэн өвчин, зүүдэндээ
үйлдэл хийх

mí

迷津
maze
лабиринт
[illegible]
лабиринт, ээдрээ

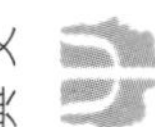

турщилт
Милграмын дуулгавартай
Милграма
послушание эксперимент
experiment
Milgram's obedience

米尔格拉姆服从实验

mǐ

буруу ойлголт
неправильное представление
misconception

*迷思概念（错误概念）

ээдрээтэй замаар суралцах
обучение лабиринтом
maze learning

迷津学习

эрч хүчний хууль
сила закона
power law

幂[函数]定律

үндсэн рефлекс
укоренения рефлекс
rooting reflex

觅食反射

mì

үзэгдэл
Мюллер-Лайерийн хуурмаг
иллюзия Мюллера-Лайера
Müller-Lyer illusion

米勒-莱尔错觉

лицо
face

面子

царайг таних
распознавания лиц
facial recognition

面孔识别

царай танихгүй болох эмгэг
прозопагнозия
prosopagnosia

面孔失认症

нүүрний илэрхийлэл
выражение лица
facial expression

面部表情

miàn

нүүр царай

miáo

描述统计

descriptive statistics

описательная статистика

тодорхойлох статистик

*描述性知识（陈述性知识）

declarative knowledge

описательные знания

тайлбарласан мэдлэг,
дүрсэлсэн мэдлэг

mín

民意调查

public opinion poll

опрос общественного мнения

олон нийтийн санал асуулга

民族儿童心理学

national child psychology

национальная детская
психология

үндэстний хүүхдийн сэтгэл
судлал

民族个性

national personality

национальные персоналии

үндэсний зан чанар

民族共同心理素质

national common psychological
quality

национальные общие
психологические качества

үндэсний сэтгэл зүйн нийтлэг
чанар

民族精神

natioanl spirit

национальный дух

үндэсний оюун санаа

民族内聚心理

national cohesive psychology

национальная целостная
психология

үндэсний нэгдмэл сэтгэл зүй

民族偏见

national prejudice

национальные предрассудки

үндэсний ялгаварлал

民族歧视

ethnic discrimination

этническая дискриминация

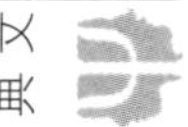

национальный характер
national character

民族特性
үндэсний адилсах мэдрэмж
идентификации
национальное чувство
national feeling of identification

民族认同感
үндэсний адилсал
национальная идентичность
national identity

民族认同
үндэсний мэдрэмж
национальное чувство
national sentiment

民族情感
угсаатны ялгаварлан гадуурхалт

nationality

民族性
ардын сэтгэл судлал
народная психология
folk psychology

民族心理学
үзүүлэлт
үндэстний сэтгэлгээний
характеристик
этнический менталитетный
ethnic mentality characteristic

民族心理特征
үндэстний тусгай дадал
особый навык нации
national assimilation

民族同化
үндэсний зан чанар

этноцентричный
ethnocentric monoculturalism

民族中心主义一元文化论
угсаатан төвт үзэл
энтоцентризм, расизм
ethnocentrism

民族中心主义（种族中心主义）
үндэсний өөрийн ухамсар
национальное самосознание
national awareness

民族意识
үндэсний онцлог шинж
национальные особенности
national character

民族性格
иргэний харъяалал
национальность

sensitive period

*敏感期（关键期）

mǐn

үндэсний бахархал

национальная гордость

national pride

民族自豪感

мэдрэмж

үндэсний дутуугаа мэдрэх

неполноценности

национальное чувство

national inferiority feeling

民族自卑感

угсаатан төвт нэг соёлын үзэл

монокультурализм

гэрэлтэлтийн тодрол

контраст яркости

brightness contrast

明度对比

гэрэлтэлт

яркость

brightness

明度

míng

мэдрэг шинжийн сургалт

обучение чувствительности

sensitivity training

敏感性训练

эмзэг хугацаа, мэдрэмтгий үе

чувствительный период

bright adaptation

明适应

фотопик алсын хараа

дневное зрение

photopic vision

明视觉

Миннесотын асуулга

олон хүчин зүйлт бие хүний

·MMPI

личностный опросник

Миннесотский многоаспектный

Personality Inventory, MMPI

Minnesota Multiphasic

明尼苏达多相人格调查表

гэрэлтэлтийн тогтмол байдал

яркость постоянство

brightness constancy

明度恒常性

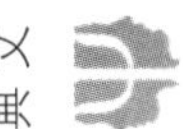

propositional code theory

命题编码理论

өөрчлөлт

эмгэг, хэл ярианы гажиг

тогтоох чадваргүй хэл ярианы

[illegible]

аномическая афазия

амнестическая афазия,

amnestic aphasia, anomic aphasia

命名性失语症（遗忘性失语症）

míng

бясалгал

[illegible]

медитация

meditation

冥想

тод дасан зохицол

[illegible]

яркая адаптация

баталгаат сүлжээ

[illegible]

пропозициональное сеть

propositional network

命题网络

баталгаат бүтэц

[illegible]

конструкция

пропозициональная

propositional construct

命题构念

нотолгоот төсөөлөл

[illegible]

представление

пропозициональное

propositional representation

命题表征

нотолгоот кодын онол

[illegible]

кода

пропозициональная теория

imitative play

模仿性游戏

даган дуурайх сургалт

[illegible]

обучение имитацией

imitation learning

模仿学习

mó

нотолгоот сүлжээний загвар

[illegible]

сети

пропозициональная модель

propositional network model

命题网络模型

баталгаат сургалт

[illegible]

обучение пропозициональное

propositional learning

命题学习

simulation method

模拟法

дууралт

[illegible]

симуляция

simulation

模拟

модульчилсан онол

[illegible]

теория модульность

modularity theory

模块论

утгагүйгээр давтах

бусдын хэлснийг учир

[illegible]

эхолалия

echolalia

模仿言语

дуурайх тоглоом

[illegible]

подражательная игра

хуваагдсан тархалтын

PDP [illegible]

распределенной обработки

параллельная модель

model, PDP model

parallel distributed processing

PDP 模型

дүр зургийг таних

[illegible]

распознавание образов

pattern recognition

模式识别

дуурайх сургалт

[illegible]

обучение моделирования

simulation training

模拟训练

арга

загварчлалын арга, дуурайх

[illegible]

метод моделирования

Morris water maze

莫里斯水迷津

үл таних түгшүүр

[illegible]

незнакомая тревога

stranger anxiety

陌生人焦虑

хачин нөхцөл байдлын тест

[illegible]

странный ситуацинный тест

strange situation test

陌生情境测试

mò

Морганы жаяг

[illegible]

Морган канон

Morgan's canon

摩尔根法则

зэрэгцсэн загвар

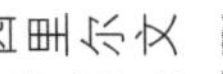

төрөлх хэл
родной язык
native language

*母语（第一语言）

mǔ

бэхний дуслын тест
тест чернильных пятен
inkblot test

墨迹测验
Моро хариу үйлдэл
рефлекс моро
Moro reflex

莫罗反射（惊跳反射）
Моррисын усан лабиринт
лабиринт воды Морриса

постановка целей обучения
goal setting training

目标设置训练
зорилго дэвшүүлсэн онол
теория постановки целей
goal setting theory

目标设置理论
шалгуур, иш татсан тест
критерий привязкой тест
criterion-referenced test

目标参照测验（标准参照测验）

mù

хэлний анхны дамжуулалт
первая передача языка
first language transfer

母语迁移
goal-directed thinking

目的指向性思维
бихевиоризм
зорилго чиглэл бүхий
бихевиоризм
целенаправленное
purposive behaviorism

目的行为主义
зорилго судлаа
телеология
teleology

目的论
зорилго чиглэлтэй сургалт
обучение целенаправленным
goal-directed learning

目标指向学习
зорилго тогтоох сургалт

гэрчийн мэдүүлэг

свидетельские показания

eyewitness testimony

目击证言

чиг зорилтот сэтгэхүй

целенаправленное мышление

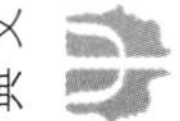

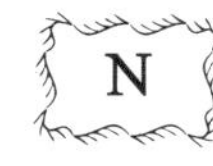
N

nà

纳格尔图片测验
Nagel Chart Test
тест диаграммы Нагеля
Нагелийн тестийн диаграмм

nài

耐力训练
endurance training
тренировка на выносливость
тэсвэрийн сургалт

nán

男性化-女性化
masculinity-femininity
мужественность-женственность
эрэгтэйлэг шинж-эмэгтэйлэг шинж

南锡学派
Nancy school
школа Нэнси
Нэнсигийн урсгал

难度测验
power test
испытание мощности
эрч хүчний туршилт

nǎo

脑
brain
головной мозг
уураг тархи

脑垂体
pituitary gland
гипофиз
өнчин тархины булчирхай

脑磁图
magnetoencephalography, MEG
магнитоэнцефалография
тархины соронзон бичлэг

脑电图
electroencephalogram, EEG
электроэнцефалограмма

черепно-мозговой нерв
cranial nerve

脑神经

оюуны дайралт

мозговая атака
brainstorming

脑力激励

тархины үүдэл

ствола мозга
brain stem

脑干

энкефалин, даавар

энкефалина
enkephalin

脑啡肽

тархины цахилгаан бичлэг

internal frame of reference

内部参考系

дотоод төсөөлөл

внутреннее представление
internal representation

内部表征

дотоод зураг

внутренние образы
internal imagery

内部表象

nèi

тархины ховдол

желудочек мозга
ventricle

脑室

гавал-тархины мэдрэл

inner ear

内耳

дотоод хэл яриа

внутренняя речь
inner speech

内部言语

дотоод ажлын загвар

модель
внутренняя рабочая
internal working model

内部工作模型

дотоод сэдэлжүүлэлт

внутренняя мотивация
intrinsic motivation

内部动机

лавлагааны дотоод тогтолцоо

внутренняя система отсчета

интернализация
internalization

内化
дотоод шүүрлийн булчирхай
эндокринная железа
endocrine gland

内分泌腺
дотоод шүүрлийн тогтолцоо
эндокринная система
endocrine system

内分泌系统
эндорфин, даавар
эндорфин
endorphin

内啡肽
дотоод чих
внутреннее ухо
управлять
drive

内驱力
дотооддоо чиглэсэн асуудал
интернализации проблема
internalizing problem

内倾问题
дотогш чиглэсэн хэв шинж
интроверсия
introversion

*内倾（内向）
ажиллагаа
эрхтэн системийн тогтвортой
гомеостаз
homeostasis

*内环境平衡（体内平衡）
эзэмших
content validity

内容效度
бүлэг доторх хазайлт
смещения ингруппы
ingroup bias

内群体偏见
бүлэг
сонирхсон хүмүүсийн явцуу
лиц
узкий круг заинтересованных
ingroup

内群体
жолоодлогын онол
теория управления
drive theory

内驱力理论
жолоодох

самоанализ
introspection

内省
дотогш чиглэсэн хэв шинж
интроверсия
introversion

内向（内倾）
өөрийгөө бусадтай адилтгах
интроекция
introjection

内投射
агуулгын сэтгэл судлал
психология содержания
content psychology

内容心理学
агуулгын тохироц чанар
содержательная валидность
неявный тест ассоциации
implicit association test

内隐联结测验
далд тогтсон хэв шинж
неявный стереотип
implicit stereotype

内隐刻板印象
далд тогтоох ой
имплицитная память
implicit memory

内隐记忆
арга
өөрийн явдлаа эргэцүүлэх
самосозерцательный метод
introspective method

内省法
өөртөө хийх дүн шинжилгээ
далд хандлага
неявное отношение
implicit attitude

内隐态度
онол
далд хувийн мөн чанарын
индивидуальности
неявная теория
implicit personality theory

内隐人格理论
боловсруулалтын парадигм
далд анхдагч
воспламенения
неявная парадигма
implicit priming paradigm

内隐启动范式
дотоод нийлэмжийн тест

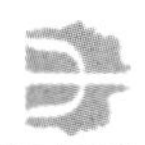

эндогенийн баримжаалсан
внимание
эндогенное ориентирующееся
endogenous attention orienting

内源性注意定向
далд мэдлэг
неявное знание
implicit knowledge

内隐知识（意会知识）
далд сургалт
неявное изучение
implicit learning

内隐学习
далд зан байдал
неявное поведение
implicit behavior

内隐行为
дотоод мэдрэлийн тогтолцоо
внутренняя нервная система
visceral nervous system

*内脏神经系统（自主神经系统）
дотор эрхтний сэрэл
висцеральное ощущение
visceral sensation

内脏感觉
дотоод сэдэлжүүлэлт
внутренняя мотивация
intrinsic motivation

内在激励
дотоод хамааралтай
внутренняя атрибуция
internal attribution

内在归因
анхаарал
способности
теория предполагаемой
theory of perceived ability

能力感理论
авьяас чадварын бүлэглэл
группировка способности
ability grouping

能力分组
авьяас чадварын тест
тест способностей
ability test

能力测验
чадвар, авьяас чадвар
способность
ability

能力

néng

обработки
взаимодействие способности
ATI
aptitude-treatment interaction,

能力倾向-教学处理交互作用
тест
авъяас чадварыг шалгах
способностей
тест для проверки
aptitude test

能力倾向测验
авъяас билиг
способность
aptitude

能力倾向
мэдрэгдэх чадварын онол
драматургия
dramaturgy

拟剧论
нийцэл зохицлын шалгуур
татпроверка пригодности
goodness of fit test

*拟合优度检验（适合度检验）

nǐ

тэмдэг
символ
signifier

能指
нөлөөлөл
боловсруулалтын харилцан
авъяас чадварын
ATI
эргэх дүгнэлт
обратный вывод
backward inference

逆向推理
хариу эсэргүүцэл
реактивное сопротивление
reactance

逆反心理

nì

үзэл
хүн төрөлтний талаарх
антропоморфизм
anthropomorphism

拟人论
жүжиглэх онол

逆转理论
reversal theory
теория разворота
буцаах онол

nián

年龄特征
age characteristics
возрастные характеристики
насны тодорхойлолт

黏液质
lymphatic temperament
лимфатический темперамент
тунгалгийн төрөлхийн хэв
  шинж

niè

颞叶
temporal lobe
височная доля
чамархайн хэсэг

níng

拧绳错觉
twisted cord illusion
витой шнур иллюзия
мушгирсан холбоостой
  хуурмаг үзэгдэл

凝聚力
cohesion, cohesiveness
сплоченность, слаженность
холбоо хэлхээ

niǔ

纽曼-科伊尔斯检验
Newman-Keuls test
критерий Ньюмена-Кеулса
Ньюмена-Кеулсийн тест

nǚ

女性主义心理学
feminist psychology
феминистская психология
феминист сэтгэл судлал

secondary need
派生需要

pài

гал нээх онол
теория залпа
volley theory
排放说

ариун цэврийн сургалт
туалет тренировка
toilet training
排便训练

pái

P

bystander effect
旁观者效应

páng

шүүхийн шийдвэр
суждение
judgement
判断

ялгах дүн шинжилгээ
дискриминантный анализ
discriminant analysis
判别分析（分辨法）

pàn

хоёрдогч хэрэгцээ
вторичная потребность

хямрал
дайнаас үүссэн сэтгэлийн
контузия
shell shock
炮弹休克（弹震症）

pào

гүйлтийн өндөр зэрэг
эйфория бегуна
runner’s high
跑步者高潮

pǎo

нөлөө
үзэгч нөлөө, гэрчийн
эффект свидетеля

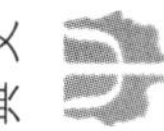

pēi

胚胎期
embryonic period
эмбриональная стадия
үр хөврөлийн үе шат

pèi

配对样本 t 检验
matched samples t-test
парные образцы t-тест
T-тестийн хос загвар
*配色（颜色匹配）
color matching
соответствия цветов
өнгөний зохицол
*配色公式（颜色方程）
color equation
уравнение цвета
өнгө тэгшитгэл

péng

蓬佐错觉
Ponzo illusion
иллюзия Понзо
Понзо хуурмаг үзэгдэл

pí

*皮层（皮质）
cortex
кора головного мозга
их тархины гадарга
*皮尔逊相关（积差相关）
Pearson correlation
корреляция Пирсона
Пирсоны хамаарал
皮肤电反应
galvanic skin response
гальваническая реакция
кожи
гальваник арьсны хариу
*皮格马利翁效应（期望
效应）
Pygmalion effect
пигмалион эффект
Пигмалион нөлөө
皮亚杰理论
Piagetian theory
Пиаже теория

Пиажегийн онол

皮亚杰学派（日内瓦学派）
Piagetian school
школа Пиаже
Пиажегийн үрсгал

皮质（皮层）
cortex
кора головного мозга
их тархины гадарга

pǐ

匹配组设计
matched-group design
дизайн подобранной
группы
тодорхой бүлгийн загвар

piān

偏爱
predilection
склонность, пристрастие
авьяас, сонирхол хүсэл
тэмүүлэл

偏回归
partial regression
частичная регрессия
хэсэгчилсэн бүүралт

偏见
prejudice
предубеждение
хохирол, сэжиглэл

偏态分布
skewed distribution
неравномерное
распределение
мурүй тархалт

偏相关
partial correlation
частичная корреляция
хэсэгчилсэн хамаарал

偏执型人格障碍
paranoid personality disorder
параноидальное расстройство
личности
бие хүний паранойд эмгэг

*偏执性精神病（妄想性障碍）
paranoid psychosis
параноидальный психоз
сэтгэлийн шалтгаант
паранойд солио

давтамжийн тархалт

распределение частоты

frequency distribution

分布）

频数分布（次数分布，变量

туйлын давтамж

абсолютная частота

absolute frequency

频数（次数）

pín

эвэрлэг бие

мозолистое тело

corpus callosum

胼胝体

pián

ABBA

ABBA уравновешивающей

ABBA counterbalancing

ABBA 平衡法

píng

ёс суртахууны төлөвшил

нравственности

формирование

formation of morality

品德形成

pǐn

давтамжийн хууль

закон частоты

law of frequency

频因律

метод средней ошибки

method of average error

平均差误法

тэнцвэржүүлсэн загвар

уравновешенный дизайн

counterbalanced design

平衡设计

тэнцвэржүүлэх онол

теория баланса

balance theory

平衡理论

тэнцвэржсэн сэрэл

ощущение

сбалансированное

equilibratory sensation

平衡觉

ABBA саармагжилт

шинжээчийн алдаа
ошибка эксперта
rater's error

评定者误差
үнэлгээний хэмжээс
шкала оценок
rating scale

评定量表
зэрэгцээ тест
параллельный тест
parallel test

平行测验
дундаж утга
среднее значение
mean

平均数
дундаж алдааны арга
центр оценки
assessment center

评价中心
үнэлгээ
оценка
assessment

评估
байдал
дүгнэгчийн тогтвортой
состоятельность оценки
consistency of estimator

*评分者一致性（评分者信度）
байдал
дүгнэгчийн найдвартай
надежность маркера
scorer reliability

评分者信度（评分者一致性）
AVE
abstinence violation effect,

破堤效应
хариулттай арга
хаалттай сонголтын
выбора
метод принудительного
forced-choice method

迫选法
хариулттай тест
хаалттай сонголтын
выбор
тест на принудительный
forced-choice test

迫选测验

pò

үнэлгээний төв

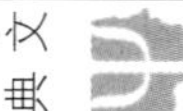

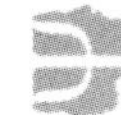

эффект Пуркинье
Purkinje effect
*浦肯野效应（浦肯野现象）
Пуркинье үзэгдэл
феномен Пуркинье
Purkinje phenomenon
野位移）
浦肯野现象（浦肯野效应，浦肯
Пуркинье өөрчлөлт
изменение Пуркинье
Purkinje shift
*浦肯野位移（浦肯野现象）

pǔ

цээрлэлийг зөрчсөний нөлөө
воздержания
эффект нарушения

шинж
ерөнхий дасан зохицох хам
синдром
общий адаптационный
GAS
general adaptation syndrome,
综合征）
*普遍性适应综合征（一般适应
нэгдсэн шинж чанар
универсальность
universality
普遍性
ерөнхий дамжуулалт
общая передача
general transfer
普遍迁移
Пуркинье нөлөө

үзэл
иж бүрэн шинж чанарын
универсальность
universalism
普适主义
Премакын зарчим
принцип Премак
Premack principle
普雷马克原理（祖母原则）
Пульфрих нөлөө
Пульфриха эффект
Pulfrich effect
普尔弗里希效应
нийтийн дүрэм
универсальная грамматика
universal grammar
普遍语法

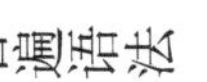

*普通能力测验（一般能力测验）
general ability test
общий тест на способность
ᠶᠡᠷᠦᠩᠬᠡᠢ ᠴᠢᠳᠠᠪᠬᠢ ᠶᠢᠨ ᠬᠡᠮᠵᠢᠯᠲᠡ
ерөнхий авъяас чадварын тест

*普通迁移（一般迁移）
general transfer
общая передача
ᠶᠡᠷᠦ ᠶᠢᠨ ᠰᠢᠯᠵᠢᠯᠲᠡ
ерөнхий дамжуулалт

普通心理学
general psychology
общая психология
ᠶᠡᠷᠦᠩᠬᠡᠢ ᠰᠡᠳᠬᠢᠯ ᠵᠦᠢ
ерөнхий сэтгэл судлал

*普通性适应综合征（一般适应综合征）
general adaptation syndrome, GAS
общий адаптационный синдром
ᠶᠡᠷᠦ ᠶᠢᠨ ᠲᠣᠬᠢᠷᠠᠯᠴᠠᠬᠤ ᠶᠢᠨ ᠬᠠᠮ ᠰᠢᠨᠵᠢ
ерөнхий дасан зохицох хам шинж

pù

瀑布错觉
waterfall illusion
водопад иллюзия
ᠬᠦᠷᠬᠢᠷᠡᠭᠡ ᠶᠢᠨ ᠬᠤᠤᠷᠮᠠᠭ ᠦᠵᠡᠭᠳᠡᠯ
хүрхрээний хуурмаг үзэгдэл

хүлээлт
ожидание
expectancy

期望
хүлээж буй түгшүүр
выжидательная тревога
expectant anxiety

期待焦虑
хүлээгдэж буй долгион
ожидаемая волна
expectancy wave

*期待波（期待性负波）

qī

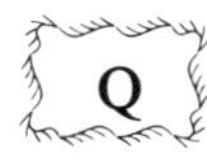

ambiguity

歧义
ялгаварлал
дискриминация
discrimination

歧视

qí

хүлээлтийн нөлөө
эффект ожидания
expectancy effect
马利翁效应）

期望效应（罗森塔尔效应，皮格
хүлээлтийн онол
теория ожидания
expectancy theory

期望理论

мотивирующий стимул
primer, priming stimulus

启动刺激
бичиг
анхан шатны сурах
учебник для начинающих
primer

启动词
анхдагч боловсруулалт
грунтовка
priming

启动

qǐ

олон утгатай
неоднозначность

сэтгэн олсоны хазайлт

эвристическая смещения

heuristic bias

启发式偏差

гэнэт сэтгэн олох

эвристика

heuristics

启发法

идэвхжүүлэх хэв маяг

паттерн активации

activation pattern

启动模式

эхлэл парадигм

парадигма прайминга

priming paradigm

启动范式

сэдэлжүүлэх өдөөгч

темперамент

temperament

气质

амт

вкус

flavor

气味

уур амьсгалын нөлөө

эффект атмосферы

atmosphere effect

气氛效应

qì

сэтгэн олох үнэлгээ

эвристическая оценка

heuristic evaluation

启发式评价

органик гаралтай солио

органический психоз

organic psychosis

障碍）

*器质性精神病（器质性精神

Шингэний онол

зан араншингийн

теория крови темперамента

temperament

blood type theory of

气质血型说

зан араншингийн хэв маяг

тип темперамента

temperament type

气质类型

зан араншин

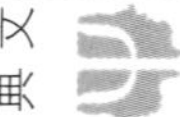

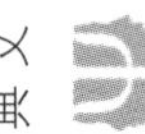

prefrontal cortex

前额皮质

qián

Дамжуулалт

трансфер

transfer

迁移

qiān

органик сэтгэцийн эмгэг

расстройство

органическое психическое

organic mental disorder

神病）

器质性精神障碍（器质性精

preconventional morality

前习俗道德

идэвхтэй саатал

проактивное торможение

proactive inhibition

前摄抑制（前摄干扰）

оролцоо

идэвхтэй хөндлөнгийн

проактивная интерференция

proactive interference

*前摄干扰（前摄抑制）

өмнөд тархи

передний мозг

forebrain

前脑

магнайн урд талын гадарга

префронтальная кора

preoperational stage

前运算阶段

төгс хөдөлгөөний эрч хүч

премоторной потенциал

premotor potential

*前运动电位（运动关联电位）

ухамсрын өмнөх

предсознание

preconsciousness

前意识

шууд баг өмссөн

прямая маскировка

forward masking

前向掩蔽

дээд зан суртахуун

мораль

доконвенциональная

предэксплуатационной этап

үйлдлийн өмнөх шат

前注意加工
preattentive processing
предвнимательная обработка
урьдчилан анхааргдсан боловсруулалт

qiǎn

潜伏学习
latent learning
латентное обучение
далд сургалт

潜移默化
unconscious influence on some body's character
бессознательное влияние на некоторые тела характер
биеийн зарим хэсэгт ухамсаргүй нөлөөлөх нөлөө

*潜意识（无意识）
nonconscious, unconscious
бессознательная, в бессознательном состоянии
ухамсаргүй, ухамсаргүй байдалтай

潜在特质理论
latent trait theory, LTT
скрытая теория черта
далд шинж чанарын онол

潜在学习
latent learning, latency learning
латентное обучение, задержка обучения
далд сургалт, сургалтын хоцрогдол

qiàn

嵌套设计
nested design
вложенный дизайн
бие биедээ багтсан загвар

qiáng

强度
intensity
интенсивность
эрчимт шинж

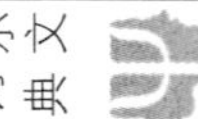

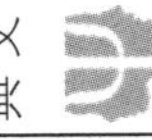

ᠪᠠᠲᠤᠵᠢᠭᠤᠯᠤᠯᠲᠠ ᠶᠢᠨ ᠬᠤᠪᠢᠶᠠᠷᠢ
график подкрепления
schedule of reinforcement

强化程式
хуваарь
батжуулалтын харьцааны
ᠪᠠᠲᠤᠵᠢᠭᠤᠯᠤᠯᠲᠠ ᠶᠢᠨ ᠬᠠᠷᠢᠴᠠᠭᠠᠨ ᠤ ᠬᠤᠪᠢᠶᠠᠷᠢ
подкрепления
график соотношения
ratio schedule of reinforcement

强化比率程式
батжуулалт
ᠪᠠᠲᠤᠵᠢᠭᠤᠯᠤᠯᠲᠠ
подкрепление
reinforcement

强化
динорфин
ᠳᠢᠨᠣᠷᠹᠢᠨ
динорфин
dynorphin

强啡肽
reinforcement contingency

强化相倚
батжуулагч
ᠪᠠᠲᠤᠵᠢᠭᠤᠯᠤᠯᠲᠠ ᠴᠢ
подкреплением
reinforcer

强化物
батжуулалтын онол
ᠪᠠᠲᠤᠵᠢᠭᠤᠯᠤᠯᠲᠠ ᠶᠢᠨ ᠣᠨᠣᠯ
теория подкрепления
reinforcement theory

强化理论
хоорондын зай
батжуулалтын хуваарь
ᠪᠠᠲᠤᠵᠢᠭᠤᠯᠤᠯᠲᠠ ᠶᠢᠨ ᠵᠠᠢ ᠶᠢᠨ ᠬᠤᠪᠢᠶᠠᠷᠢ
подкрепления
интервал графика
reinforcement
interval schedule of

强化间隔程式
батжуулалтын хуваарь
ᠬᠤᠪᠢ ᠬᠦᠮᠦᠨ ᠦ ᠡᠮᠭᠡᠭ
расстройство
обсессивно-компульсивное
OCD
obsessive-compulsive disorder,

强迫症
бие хүний албадмал эмгэг
ᠪᠡᠶ᠎ᠡ ᠬᠦᠮᠦᠨ ᠦ ᠠᠯᠪᠠᠳᠠᠮᠠᠯ ᠡᠮᠭᠡᠭ
личности
компульсивное расстройство
compulsive personality disorder

强迫型人格障碍
албадлага
ᠬᠦᠮᠦᠨ ᠦ ᠠᠯᠪᠠᠳᠠᠯᠭ᠎ᠠ
принуждение
compulsion

强迫行为
гэнэтийн батжуулалт
ᠪᠠᠲᠤᠵᠢᠭᠤᠯᠤᠯᠲᠠ ᠶᠢᠨ ᠭᠡᠨᠡᠳᠲᠡ ᠪᠠᠲᠤᠵᠢᠭᠤᠯᠤᠯᠲᠠ
непредвиденных
укрепление на случай

просоциальное поведение
prosocial behavior
亲社会行为
харъяалал, нэгдэл
присоединение
affiliation
亲和

qīn

гидрокситриптамин-5
5- [Mongolian script] · 5- HT
5-гидрокситриптамина
5-hydroxytryptamine, 5-HT
5-羟色胺（血清素）

qiǎng

хий үзэгдэлтэй-албадмал эмгэг

adolescent growth spurt
青少年发育陡增
бэлгийн бойжилт
половая зрелость
puberty
青春期

qīng

Түрэмгийлэл
агрессия
aggression
侵犯（攻击）
эцэг эх хүүхдийн харилцаа
отношения родитель-ребенок
parent-child relationship
亲子关系
илүү нийгэмшсэн зан үйл

оролцох ур чадвар
присутствовать умение
attending skill
倾听技术
өөрчлөлт
бага зэргийн танин мэдэхүйн
нарушений
умеренных когнитивных
mild cognitive impairment
轻度认知损伤
өсвөр нас
подростковый возраст
adolescence
青少年期
өсөлт
өсвөр насныхны гэнэтийн
подросток скачок роста

извращённая эмоциональная
parathymia

情感倒错
апати, үл ойшоох
апатия
apathy

情感淡漠
ээнэгшил
привязанность
affection

情感

qíng

шилж сонгох үзүүлэлт
показатель разборчивости
articulation index

清晰度指数

аффективное крепление
affective fixation

情感固着
хөөрөл
сэтгэл хөдлөлийн өссөн
возбудимость
эмоциональная
гипертимия, повышенная
hyperthymia

情感高涨
мэдрэмжийн тусгал
отражение чувств
reflection of feeling

情感反映
хөдөлгөөний хариу үйлдэл
гажуудсан сэтгэлийн
реакция

experience
emotional experience, affective

情感体验
мэдрэх
гурван хэмжээст онолыг
теории
ощущение трехмерной
feeling tridimensional theory

情感三维说
хоёр туйлт мэдрэмж
биполярность чувства
bipolarity of feeling

情感两极性
сэтгэл хөдлөлийн боловсрол
аффективное образование
affective education

情感教育
сэтгэл хөдлөлийн бэхжүүлэлт

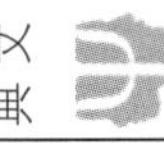

эмоциональный опыт
[illegible]
сэтгэл хөдлөлийн туршлага

情感效能
affectional efficacy
приязненной эффективность
[illegible]
ээнэгшилийн үр нөлөөт шинж

情感性精神病（躁狂抑郁性精神病）
affective psychosis
аффективный психоз
[illegible]
сэтгэл цочирдлын солио

情感需要
affectional need
приязненной необходимость
[illegible]
элгэсэг харилцааны хэрэгцээ

情感障碍
affective disorder
аффективное расстройство
[illegible]
сэтгэл хөдлөлийн эмгэг

情感支持
emotional support
эмоциональная поддержка
[illegible]
сэтгэл санааны дэмжлэг

情结
complex
комплекс
[illegible]
бүрдэл

情景记忆
episodic memory
эпизодическая память
[illegible]
санамсаргүй ой тогтоолт

情境测验
situational test
ситуационный тест
[illegible]
нөхцөл байдлын тест

情境论
contextualism, situationalism
контекстуализм, ситуацизм
[illegible]
орчин нөхцөл зан байдалд
чухал хэмээн үздэг үзэл

情境归因
situational attribution
ситуационная атрибуция
[illegible]
нөхцөл байдалд хамаарсан

情境面试
situational interview
ситуационное интервью
[illegible]
нөхцөл байдлын ярилцлага

情境性失眠
situational insomnia
ситуационная бессонница

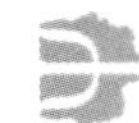

эмоциональный ответ
emotional response

情绪反应
сэтгэлийн хөдөлгөөн
[Mongolian script]
эмоция
emotion

情绪
оюун ухаан
нөхцөл байдлаас хамаарах
[Mongolian script]
контекстный интеллект
contextual intelligence

情境智力
нөхцөлт сургалт
[Mongolian script]
ситуативное обучение
situated learning

情境学习
нөхцөл байдлын нойргүйдэл
[Mongolian script]

emotional dimension

情绪维度
сэтгэл хөдлөлийн зохицуулалт
[Mongolian script]
регулирование эмоций
emotion regulation

情绪调节
сэтгэл хөдлөлийн ой тогтоолт
[Mongolian script]
эмоциональная память
emotional memory

情绪记忆
онол
ялгаатай сэтгэл хөдлөлийн
[Mongolian script]
эмоций
дифференциальная теория
differential emotion theory

情绪分化理论
сэтгэлийн хөдөлгөөний хариу
[Mongolian script]

sphericity test

球形检验

qiú

хараны товгор
[Mongolian script]
таламус
thalamus

丘脑

qiū

сэтгэл хөдлөлийн оюун ухаан
[Mongolian script]
эмоциональный интеллект
emotional intelligence

情绪智力
сэтгэл хөдлөлийн хэмжээс
[Mongolian script]
эмоциональное измерение

критерий сферичности
[illegible]
хүрээллийн шалгуур

qū

*区分度（项目区分度）
discriminability
дискриминация
[illegible]
ялгаварлан гадуурхалт

区分能力倾向测验
Differential Aptitude Test, DAT
дифференциальные тесты способностей
[illegible]
авъяас чадварын ялгавартай тестүүд

区分效度
discrimination validity
дискриминантная валидность
[illegible]
ялгавартай тохироц чанар

区间估计
interval estimation
интервальная оценка
[illegible]
интервальт үнэлгээ

区组变量
blocking variable
блокирование переменной
[illegible]
хаалттай хувьсагч

*ROC 曲线（接受者操作特性曲线）
receiver-operating characteristic curve, ROC curve
рабочая характеристика приёмника
ROC [illegible]
хүлээн авагчийн ажлын үзүүлэлтийн муруй

屈尔珀学派（符兹堡学派，维茨堡学派）
Külpe school
школа Кульпе
[illegible]
Кульпийн урсгал

躯体化
somatization
соматизация
[illegible]
соматизаци

躯体焦虑
somatic anxiety
соматическая тревога
[illegible]
биеийн зовнил

躯体虐待
physical abuse
физическое насилие
[illegible]
бие махбодын

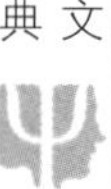

норадреналин,
норадреналин, норэпинефрин
norepinephrine, NE
noradrenaline, NA,

去甲肾上腺素
чанараа алдах
өөрийн бодгаль хувийн
деиндивидуация
deindividuation

去个体化

qù

чиг хандлагын тест
тест тенденция
trend test

趋势体验
хүчирхийлэл
децентрация
decentration

去中心性
дадал зуршил алдагдах
потеря навыка
dishabituation

去习惯化
долгион
хурдан нойрны үеийн
волна быстрой фазы сна
desynchronized wave

去同步化波
дасан зохицол алдагдах
дезадаптация
deconditioning

去条件作用
норэпинефрин
зай
расстояние
range

全距
хууль
Бүгд эсвэл нэг нь ч биш
закон Все или ничего
all-or-none law

全或无定律
дараалал
бүрэн тайлангийн
процедура целого отчета
whole-report procedure

全部报告法

quán

төвлөрөх байдал алдагдах

全色盲（单色视觉）
monochromatism
монохроматичность
[illegible]
нэг өнгө ялган харах шинж

权威人格
authoritarian personality
авторитарная личность
[illegible]
захирангуй бие хүн

权威型教养
authoritative parenting
авторитетное воспитание
[illegible]
захирангуй хэв маягаар
хүмүүжүүлэх

权威主义
authoritarianism
авторитаризм
[illegible]
захирангуй үзэл

quē

缺失数据
missing data
потерянные данные,
недостающие данные
[illegible]
алдагдсан мэдээлэл

qún

群体
group
группа
[illegible]
бүлэг

群体动力学（团体动力学）
group dynamics
групповая динамика
[illegible]
бүлгийн хөдөлгөөн

群体动力学理论
group dynamics theory
теория групповой динамики
[illegible]
бүлгийн хөдөлгөөний онол

群体犯罪心理
mind of group crime
ум группового
преступления
[illegible]
бүлэг гэмт хэргийн ухаан

群体规范
group norm
групповая норма
[illegible]
бүлгийн хэм хэмжээ

群体极化
group polarization
группа поляризации
[illegible]
бүлгийн туйлшрал

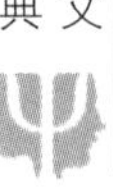

бүлгийн уур амьсгал

ᠪᠦᠯᠦᠭ ᠦᠨ ᠠᠭᠤᠷ ᠠᠮᠢᠰᠬᠤᠯ

климат группы

group climate

群体气氛

өөрчлөлт

бүлгийн дээд зэргийн

ᠪᠦᠯᠦᠭ ᠦᠨ ᠬᠡᠲᠦᠷᠬᠡᠢᠯᠡᠯ

сдвиг конечность группы

group extremity shift

群体偏向

бүлгийн нэгдэл нягтрал

ᠪᠦᠯᠦᠭ ᠦᠨ ᠨᠢᠭᠲᠠᠷᠠᠯ

групповая сплоченность

group cohesion

群体凝聚力

бүлгийн шийдвэр гаргалт

ᠪᠦᠯᠦᠭ ᠦᠨ ᠱᠢᠢᠳᠪᠦᠷᠢ ᠭᠠᠷᠭᠠᠯᠲᠠ

групповое принятие решений

group decision making

群体决策

бүлгийн даралт

ᠪᠦᠯᠦᠭ ᠦᠨ ᠳᠠᠷᠤᠯᠲᠠ

групповая давления

group pressure

群体压力

бүлгийн сэтгэхүй

ᠪᠦᠯᠦᠭ ᠦᠨ ᠰᠡᠳᠬᠢᠬᠦᠢ

групповое мышление

group think

群体思维（小群体意识）

enthusiasm

热情

гэрэл-дулааны арга

метод лучистой теплоты

radiant-heat method

热辐射法

rè

хромосом

хромосома

chromosome

染色体

rǎn

R

дулааны нөлөө

тепловой эффект

heat effect

热效应

чадвар нэмэгдэх

дулаан цочроогчийг мэдрэх

к тепловому раздражителю

повышенная чувствительность

thermalgesia

热痛觉

дулаарал

өвчин илаарших хүртэл

разогрева декремент

warming-up decrement

热身损耗

урам зориг

энтузиазм

гуманистическая психотерапия

humanistic psychotherapy

人本主义心理治疗

хүмүүнлэг сэтгэл судлал

гуманистическая психология

humanistic psychology

人本主义心理学

хүмүүнлэг хэтийн төлөв

гуманистическая перспектива

humanistic perspective

人本主义观点

хүмүүнлэг үзэл

гуманизм

humanism

人本主义

rén

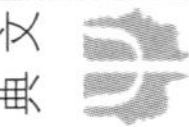

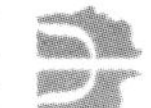

human intelligence

人的智能

хүний найдвартай байдал

человеческая надежность

human reliability

人的可靠性

ажиллагаа

хүний дамжуулах үйл

человеческого

передаточная функция

human transfer function

人的传递函数

хувийн тэгшитгэл

личное уравнение

personal equation

人差方程

хүмүүнлэг сэтгэц засал

личностный тест

personality test

人格测验（人格测评）

бие хүний үнэлгээ

оценка личности

personality assessment

*人格测评（人格测验）

бие хүнийг хаяглах

маркировка личности

personality labeling

人格标记

бие хүн

личность

personality

人格

хүний оюун ухаан

человеческий интеллект

личности

динамическая теория

dynamic theory of personality

人格动力论

асуулга

тодруулах бие хүний

нээлттэй байдлыг

Невротизм, экстраверт,

NEO

опросник

открытость личностный

невротизм, экстраверсия,

Inventory, NEO-PI

Openness Personality

Neuroticism Extroversion

问卷）

NEO 人格调查表（大五人格

бие хүний тест

бие хүний адилсах чанараа
обезличение
depersonalization
人格解体
бие хүний бүтэц
структура личности
personality structure
人格结构
бие хүний өөрчлөлт
изменение личности
personality change
人格改变
бие хүний хөгжил
развитие личности
personality development
人格发展
бие хүний динамик онол
хувь хүн
персона
persona
人格面具
бие хүний хэмжээс
шкала личности
personality scale
人格量表
бие хүний онол
теория личности
personality theory
人格理论
бие хүний хэв шинж
тип личности
personality type
人格类型
гэх
personality trend
人格倾向
загвар
бие хүний гурван хүчин зүйлт
личности
трехфакторная модель
three-factor personality model
人格三因素模型
зүйлт загвар
бие хүний долоон хүчин
личности
модель семи факторов
seven-factor personality model
人格七因素模型
бие хүний үнэлгээ
оценка личности
personality assessment
人格评估

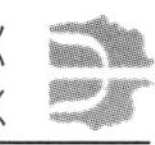

personality questionaire

人格问卷
бие хүний хэмжүүр
ᠬᠦᠮᠦᠨ ᠴᠢᠨᠠᠷ ᠤᠨ ᠬᠡᠮᠵᠢᠶ᠎ᠡ
измерение личности
personality dimension

人格维度
бие хүний шинж чанарын онол
ᠬᠦᠮᠦᠨ ᠴᠢᠨᠠᠷ ᠤᠨ ᠣᠨᠴᠠ ᠴᠢᠨᠠᠷ ᠤᠨ ᠣᠨᠣᠯ
черта теории личности
trait theory of personality

人格特质论
хувийн шинж чанар
ᠬᠦᠮᠦᠨ ᠴᠢᠨᠠᠷ ᠤᠨ ᠣᠨᠴᠠ ᠴᠢᠨᠠᠷ
черта характера
personality trait

人格特质
бие хүний чиг хандлага
ᠬᠠᠨᠳᠤᠯᠭ᠎ᠠ
ᠬᠦᠮᠦᠨ ᠴᠢᠨᠠᠷ ᠤᠨ ᠬᠠᠨᠳᠤᠯᠭ᠎ᠠ ᠂ ᠬᠦᠮᠦᠨ ᠴᠢᠨᠠᠷ ᠤᠨ
тенденция личности

теория обработки
of personality
information processing theory

人格信息加工论
бие хүний сэтгэл судлал
ᠬᠦᠮᠦᠨ ᠴᠢᠨᠠᠷ ᠤᠨ ᠰᠡᠳᠬᠢᠯ ᠵᠦᠢ
психология личности
personality psychology

人格心理学
загвар
бие хүний таван хүчин зүйлт
ᠬᠦᠮᠦᠨ ᠴᠢᠨᠠᠷ ᠤᠨ ᠲᠠᠪᠤᠨ ᠬᠦᠴᠦᠨ ᠦ ᠵᠦᠢᠯ
личности
пятифакторная модель
FFM
five-factor personality model,
模型）

人格五因素模型（大五人格
бие хүний асуулга
ᠬᠦᠮᠦᠨ ᠴᠢᠨᠠᠷ ᠤᠨ ᠠᠰᠠᠭᠤᠯᠲᠠ ᠶᠢᠨ ᠬᠦᠰᠦᠨᠦᠭ
личностьная анкета

artificial language

人工语言
хиймэл тогтоох ой
ᠵᠣᠬᠢᠶᠠᠯ ᠰᠠᠨᠠᠮᠵᠢ
искусственная память
artificial memory

人工记忆
хиймэл үзэл баримтлал
ᠵᠣᠬᠢᠶᠠᠯ ᠦᠵᠡᠯ ᠪᠠᠷᠢᠮᠲᠠᠯ
искусственная концепция
artificial concept

人工概念
бие хүний эмгэг
ᠬᠦᠮᠦᠨ ᠴᠢᠨᠠᠷ ᠤᠨ ᠡᠮᠭᠡᠭ
расстройство личности
personality disorder

人格障碍
боловсруулах онол
бие хүний мэдээлэл
ᠬᠦᠮᠦᠨ ᠴᠢᠨᠠᠷ ᠤᠨ ᠮᠡᠳᠡᠭᠡ ᠮᠡᠳᠡᠭᠡᠯᠡᠯ ᠪᠣᠯᠪᠠᠰᠤᠷᠠᠭᠤᠯᠬᠤ ᠣᠨᠣᠯ
информации личности

искусственный язык
ᠵᠣᠬᠢᠶᠠᠮᠠᠯ ᠬᠡᠯᠡ
зохиомол хэл

人工智能
artificial intelligence, AI
искусственный интеллект
ᠵᠣᠬᠢᠶᠠᠮᠠᠯ ᠣᠶᠤᠨ ᠤᠬᠠᠭᠠᠨ
хиймэл оюун ухаан

人机对话
man-machine dialogue,
human-computer dialogue
человеко-машинный диалог,
человек-компьютер диалог
ᠬᠦᠮᠦᠨ ᠮᠠᠰᠢᠨ ᠤ ᠶᠠᠷᠢᠶ᠎ᠠ
хүн-машины яриа,
хүн-компьютерийн
харилцаа

人机功能分配
man-machine function
allocation
распределение функции
человеко-машинного
ᠬᠦᠮᠦᠨ ᠮᠠᠰᠢᠨ ᠤ ᠠᠵᠢᠯᠯᠠᠭ᠎ᠠ ᠶᠢᠨ ᠬᠤᠪᠢᠶᠠᠷᠢᠯᠠᠯᠲᠠ
хүн-машины үйл
ажиллагааны хуваарилалт

人-机-环境系统
man-machine-environment
system
система
человек-машина-среда
ᠬᠦᠮᠦᠨ - ᠮᠠᠰᠢᠨ - ᠣᠷᠴᠢᠨ ᠤ ᠲᠣᠭᠲᠠᠯᠴᠠᠭ᠎ᠠ
хүн-машин-орчны тогтолцоо

人机交互[作用]
human-computer interaction
взаимодействие человека с
компьютером
ᠬᠦᠮᠦᠨ ᠮᠠᠰᠢᠨ ᠤ ᠬᠠᠷᠢᠯᠴᠠᠨ ᠬᠣᠯᠪᠣᠭ᠎ᠠ
хүн-компьютерийн харилцан
холбоо

人机界面
man-machine interface
человеко-машинный
интерфейс
ᠬᠦᠮᠦᠨ ᠮᠠᠰᠢᠨ ᠤ ᠬᠠᠷᠢᠯᠴᠠᠬᠤ ᠬᠡᠰᠡᠭ
хүн машины харилцах хэсэг

人机匹配
man-machine matching
соответствующий
человек-машина
ᠬᠦᠮᠦᠨ- ᠮᠠᠰᠢᠨ ᠤ ᠨᠢᠭᠡᠳᠦᠯ
хүн машины нэгдэл

人机系统
man-machine system,
human-machine system
человеко-машинные системы,
системы человек-машина
ᠬᠦᠮᠦᠨ ᠮᠠᠰᠢᠨ ᠤ ᠰᠢᠰᠲ᠋ᠧᠮ
хүн-машин систем, хүний
машин систем

人机系统评价
evaluation of man-machine
system
оценка системы

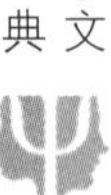

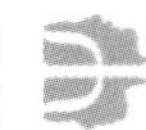

человеко-машинного
хүн-машины системийн
үнэлгээ

人际关系
interpersonal relation
межличностные отношение
бие хүн хоорондын харилцаа

人际距离
interpersonal distance
межличностное расстояние
бие хүн хоорондын зай

人类潜能运动
human-potential movement
человеческого потенциала
движения
хүний хөдөлгөөний эх үндэс

人类行为遗传学
human behavior genetics
генетика поведения человека
хүний зан төрхийн генетик

人力资源
human resource
человеческие ресурсы
хүний нөөц

人力资源管理
human resources management
управление людскими
ресурсами
хүний нөөцийн удирдлага

人事心理学
personnel psychology
персонал психология
ажилтны сэтгэл судлал

人体测量学
anthropometry
антропометрия
антропометр

人为失误
human error
человеческая ошибка
хүний алдаа

人为失误分析
human error analysis
анализ человеческой ошибки
хүний алдааны дүн
шинжилгээ

人文主义
humanism
Гуманизм
Хүмүүнлэг үзэл

хүн-байгууллагын зохицол
[illegible]
подходит
человек-организация
person-organization fit

人-组织匹配
хүн-ажлын зохицол
[illegible]
человек-работа подходит
person-job fit

人-职岗位匹配
ажилтан сонгон шалгаруулах
[illegible]
подбор персонала
personnel selection

人员选拔
хүний хүчин зүйлс
[illegible]
человеческие факторы
human factor

*人因学（工效学）
спутанность идентичности
identity confusion

认同混乱
ижилсэл, ижилсүүлэлт
[illegible]
тождество, идентификация
identity, identification

认同（自居）
танин мэдэхүйн онол
[illegible]
эпистемология
epistemology

认识论
танин мэдэхүйн ойлгох засал
[illegible]
терапия
когнитивное прозрение
cognitive insight therapy

认识领悟疗法

rèn

[illegible]
когнитивная карта
cognitive map

认知地图
танин мэдэхүйн стратеги
[illegible]
когнитивная стратегия
cognitive strategy

认知策略
танин мэдэхүй
[illegible]
познание
cognition

认知
адилсалын хямрал
[illegible]
кризис идентичности
identity crisis

认同危机
адилтгалын төөрөгдөл
[illegible]

танин мэдэхүйн хувьсгал
[illegible]
когнитивная революция
cognitive revolution

认知革命
танин мэдэхүйн хэв маяг
[illegible]
когнитивный стиль
cognitive style

*认知风格（认知方式）
танин мэдэхүйн хэв маяг
[illegible]
когнитивный стиль
cognitive style

认知方式（认知风格）
танин мэдэхүйн хөгжил
[illegible]
когнитивное развитие
cognitive development

认知发展
танин мэдэхүйн зураг

[illegible]
когнитивное умение
cognitive skill

认知技能
нийлэлт
танин мэдэхүйн санал
[illegible]
когнитивный консонанс
cognitive consonance

认知和谐
танин мэдэхүйн үйл явц
[illegible]
когнитивный процесс
cognitive process

认知过程
танин мэдэхүйн эргономик
[illegible]
[illegible]
когнитивная эргономика
cognitive ergonomics

认知工效学

[illegible]
когнитивная терапия
cognitive therapy

认知疗法
ухаан
танин мэдэхүйн шинжлэх
[illegible]
когнитивная наука
cognitive science

认知科学
танин мэдэхүйн бүтэц
[illegible]
когнитивная структура
cognitive structure

认知结构
танин мэдэхүйн сэтгэл зовнил
[illegible]
когнитивная тревога
cognitive anxiety

认知焦虑
танин мэдэхүйн ур чадвар

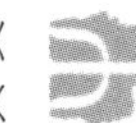

танин мэдэхүйн засал

认知内驱力
cognitive drive
когнитивный диск
ᠲᠠᠨᠢᠨ ᠮᠡᠳᠡᠬᠦᠢ ᠶᠢᠨ ᠬᠥᠳᠡᠯᠭᠡᠭᠦᠷ ᠬᠦᠴᠦᠨ
танин мэдэхүйн хөтөч

认知能力
cognitive ability
познавательная способность
ᠲᠠᠨᠢᠨ ᠮᠡᠳᠡᠬᠦᠢ ᠶᠢᠨ ᠴᠢᠳᠠᠪᠤᠷᠢ
танин мэдэхүйн чадвар

认知评价理论
cognitive evaluation theory
когнитивная теория оценки
ᠲᠠᠨᠢᠨ ᠮᠡᠳᠡᠬᠦᠢ ᠶᠢᠨ ᠦᠨᠡᠯᠡᠯᠲᠡ ᠶᠢᠨ ᠣᠨᠣᠯ
танин мэдэхүйн үнэлгээний
онол

认知人格理论
cognitive personality theory
когнитивная теория личности
ᠲᠠᠨᠢᠨ ᠮᠡᠳᠡᠬᠦᠢ ᠶᠢᠨ ᠪᠡᠶ᠎ᠡ ᠬᠦᠮᠦᠨ ᠦ ᠣᠨᠣᠯ
бие хүний танин мэдэхүйн
онол

认知神经科学
cognitive neuroscience
когнитивной нейронауки
ᠲᠠᠨᠢᠨ ᠮᠡᠳᠡᠬᠦᠢ ᠶᠢᠨ ᠮᠡᠳᠡᠷᠡᠯ ᠦᠨ ᠰᠢᠨᠵᠢᠯᠡᠬᠦ ᠤᠬᠠᠭᠠᠨ
танин мэдэхүйн мэдрэлийн
шинжлэх ухаан

认知失调
cognitive dissonance
когнитивный диссонанс
ᠲᠠᠨᠢᠨ ᠮᠡᠳᠡᠬᠦᠢ ᠶᠢᠨ ᠦᠯᠦ ᠵᠣᠬᠢᠴᠠᠯ
танин мэдэхүйн үл зохицол

认知失调理论
cognitive dissonance theory
когнитивная теория
диссонанса
ᠲᠠᠨᠢᠨ ᠮᠡᠳᠡᠬᠦᠢ ᠶᠢᠨ ᠦᠯᠦ ᠵᠣᠬᠢᠴᠠᠯ ᠤᠨ
ᠣᠨᠣᠯ
танин мэдэхүйн үл зохицлын
онол

认知心理学
cognitive psychology
когнитивная психология
ᠲᠠᠨᠢᠨ ᠮᠡᠳᠡᠬᠦᠢ ᠶᠢᠨ ᠰᠡᠳᠬᠢᠯ ᠵᠦᠢ
танин мэдэхүйн сэтгэл судлал

认知行为疗法
cognitive behavioral therapy
когнитивно-поведенческая
терапия
ᠲᠠᠨᠢᠨ ᠮᠡᠳᠡᠬᠦᠢ ᠶᠢᠨ ᠵᠠᠩ ᠠᠭᠠᠰᠢ ᠶᠢᠨ ᠵᠠᠰᠠᠯ
танин мэдэхүйн зан төрхийн
засал

认知学徒制
cognitive apprenticeship
когнитивный ученичества
ᠲᠠᠨᠢᠨ ᠮᠡᠳᠡᠬᠦᠢ ᠶᠢᠨ ᠱᠠᠪᠢ ᠶᠢᠨ ᠰᠤᠷᠭᠠᠯᠲᠠ
танин мэдэхүйн дагалдан
сургалт

认知学习
cognitive learning
когнитивное обучение

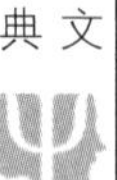

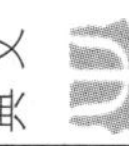

cognition resource theory

认知资源理论

танин мэдэхүйн эмгэг

ᠲᠠᠨᠢᠨ ᠮᠡᠳᠡᠬᠦᠢ ᠶᠢᠨ ᠡᠮᠭᠡᠭ

когнитивное расстройство

cognitive disorder

认知障碍

сэтгэл судлал

спортын танин мэдэхүйн

ᠲᠠᠨᠢᠨ ᠮᠡᠳᠡᠬᠦᠢ ᠶᠢᠨ ᠰᠡᠳᠬᠢᠯ ᠪ ᠰᠤᠳᠤᠯᠭᠠ ᠶᠢᠨ

спорта

когнитивная психология

cognitive sport psychology

认知运动心理学

танин мэдэхүйн хэл шинжлэл

ᠲᠠᠨᠢᠨ ᠮᠡᠳᠡᠬᠦᠢ ᠶᠢᠨ ᠬᠡᠯᠡ ᠪ ᠰᠢᠨᠵᠢᠯᠡᠯ

когнитивная лингвистика

cognitive linguistics

认知语言学

танин мэдэхүйн сургалт

ᠲᠠᠨᠢᠨ ᠮᠡᠳᠡᠬᠦᠢ ᠶᠢᠨ ᠰᠤᠷᠭᠠᠯᠲᠠ

зорилтын дүн шинжилгээ

ᠵᠣᠷᠢᠯᠲᠠ ᠶᠢᠨ ᠵᠠᠳᠠᠯᠤᠯᠲᠠ

анализ задач

task analysis

任务分析

зорилтод баримжаалах

ᠵᠣᠷᠢᠯᠲᠠ ᠶᠢᠨ ᠴᠢᠭᠯᠡᠯᠡᠬᠦ

ориентация задачи

task orientation

任务定向

ажиллагааны хяналт

танин мэдэхүйн төгс

ᠲᠠᠨᠢᠨ ᠮᠡᠳᠡᠬᠦᠢ ᠶᠢᠨ ᠲᠡᠭᠦᠰ ᠠᠵᠢᠯᠯᠠᠭᠠᠨ ᠬᠢᠨᠠᠯᠲᠠ

контроль

когнитивный сквозной

cognitive walkthrough

认知走查法

онол

танин мэдэхүйн нөөцийн

ᠲᠠᠨᠢᠨ ᠮᠡᠳᠡᠬᠦᠢ ᠶᠢᠨ ᠨᠦᠬᠡᠴᠡ ᠶᠢᠨ ᠣᠨᠣᠯ

теория когнитивного ресурса

everyday concept

日常概念

rì

зорилтын нэгдэл

ᠵᠣᠷᠢᠯᠲᠠ ᠶᠢᠨ ᠨᠢᠭᠡᠳᠦᠯ ᠦᠨ ᠬᠦᠴᠦᠨ

задача сплоченности

task cohesion

任务凝聚力

даалгавар-суралцагч

оролцогч

ᠵᠣᠷᠢᠯᠲᠠ ᠪᠠ ᠰᠤᠷᠤᠯᠴᠠᠭᠴᠢ ᠣᠷᠣᠯᠴᠠᠭᠴᠢ

задача-обучаемый участие

task-involved learner

任务卷入学习者

зорилтын гүйцэтгэл

ᠵᠣᠷᠢᠯᠲᠠ ᠶᠢᠨ ᠭᠦᠢᠴᠡᠳᠭᠡᠯ

выполнение задач

task performance

任务绩效

повседневная концепция

日记法
diary method
метод дневника
өдрийн тэмдэглэлийн арга

*日内瓦学派（皮亚杰学派）
Geneva school
школа Женева
Женевийн урсгал

róng

容忍度
tolerence
толерантность
хүлцэл

荣格人格理论
Jung's personality theory
теория личности Юнга
Юнгийн бие хүний онол

ruì

*瑞文推理测验（雷文推理测验）
Raven's Progressive Matrices
Прогрессивные матрицы Равена
Равены өсөлтийн матриц

*锐痛（快痛）
fast pain
быстрая боль
богино хугацааны өвдөлт

ruò

弱智儿童
retarded child
умственно отсталый ребенок
оюуны хомсдолтой хүүхэд

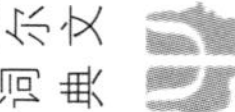

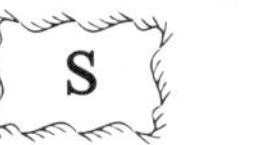

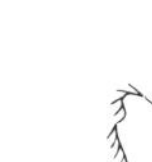

sài

*塞纳托斯（死的本能）
Thanatos
Сенатос
Сенатос

赛前过分激动状态
precompetition overexciting
state
перед соревнованием
слишком возбужденном
состоянии
тэмцээний өмнөх хэт сэтгэл
хөөрлийн байдал

赛前冷漠状态
precompetition apathy state
состояние апатии перед
соревнованием
тэмцээний өмнөх ялгалгүй
байдал

赛前盲目自信状态
precompetition overconfidence
state
состояние самоуверенность
перед соревнованием
тэмцээний өмнөх өөртөө
итгэлтэй байдал

赛前心理状态
precompetition psychological
state
психологическое состояние
перед соревнованием
тэмцээний өмнөх сэтгэл зүйн
байдал

赛前准备状态
precompetition mental
preparation
психологической подготовки
перед соревнованием
тэмцээний өмнөх сэтгэл зүйн
бэлтгэл

sān

三段论
syllogism
силлогизм
уран нарийн ажиллагаа

三级预防
tertiary prevention

гурван чигийн амралт

релаксации три линии

three-line relaxation

三线放松

гурван хэмжээст дэлгэц

трехмерный дисплей

пространственная индикация,

three-dimensional display

三维显示器（3D 显示器）

хоолойн онол

теория трубки

tube theory

理论）

三维[度]理论（凯利归因

сэргийлэлт

дээд зэргийн урьдчилан

третичная профилактика

тархсан зураг

график тархсан талбай,

рассеяния

рассеяния, диаграмма

scatterplot, scatter diagram

散点图

sǎn

гурван өнгийн онол

трехцветных теория

trichromatic theory

三原色理论

оюун ухааын гурвалсан онол

интеллекта

тройственная теория

triarchic theory of intelligence

三元智能理论

color saturation

色饱和

sè

алдагдал

потеря

loss

丧失

sàng

тухай хууль

Торндайкийн сургалтын

закон обучения Торндайка

Thorndike’s learning law

桑代克学习律

sāng

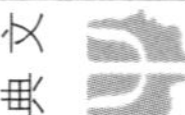

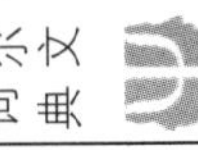

хроматическая адаптация
chromatic adaptation

*色调适应（颜色适应）
өнгийн тойрог
цветовой круг
color circle

色[调]环
хромат өнгийн дасан зохицох
хроматическая адаптация
chromatic adaptation

*色彩适应（颜色适应）
өнгө төрхийн тогтолцоо
система цвета внешний вид
color appearance system

色表系
өнгө ханалт
насыщенность цвета
цветовое зрение
color vision

*色觉（颜色视觉）
өнгөний тодрол
цветовой контраст
color contrast

*色对抗（颜色对比）
өнгөний диаграмм
диаграмма цветность
chromaticity diagram

色度图
өнгөт, хромат
цветность
chromaticity

色度
зохицол
хромат өнгөний дасан
color-matching function

色匹配函数
тест
өнгөний харалганыг шалгах
тест дальтонизма
color blindness test

色盲测验
ялгахгүй байх
өнгөний харалган, өнгө
дальтонизм
color blindness

色盲（道尔顿症）
өнгөний дугуй
цветовое колесо
color wheel

色轮（混色轮）
өнгийг харах хараа

color temperature

色温（光源颜色温度）

өнгөний сул тал

цвет слабость

color weakness

色弱（异常三色视觉）

өнгөний бүс

цветовая зона

color zone

色区（颜色视野）

хүсэл тачаалын алуурчин

убийца жажды

lust murderer

色情杀人狂

ажиллагаа

өнгө тохирох үйл

функция соответствия цветов

Schachter's experiment on

沙赫特情绪实验

Шеффийн тест

критерий Шеффе

Scheffé test

沙菲检验

shā

Моритагийн засал

Морита терапия

Morita therapy

森田疗法

sēn

өнгөний температур

цветовая температура

харалган

богино хугацааны гэрлийн

вспышкой

кратковременное ослепление

flash blindness

闪光盲

shǎn

Салливаны сургаал

доктрина Салливана

Sullivanism

沙利文主义

хөдөлгөөний туршилт

Шахтерийн сэтгэлийн

эмоции

эксперимент Шахтером на

emotion

фликер фотометрии
flicker photometry
闪烁光度法
гэрэл дохио
флэш-сигнал
flash signal
闪光信号
анивчилтыг нийлүүлэх багаж
аппарат сплава вспышки
flicker-fusion apparatus
闪光融合器
чухал анивчилтын давтамж
мерцания
критическая частота
critical flicker frequency, CFF
频率）
*闪光融合临界频率（闪烁临界

дээд ангиллын үзэл
вышестоящий концепция
superordinate concept
上位概念
хараны товгорын дээд хэсэг
эпиталамус
epithalamus
上丘脑

shàng

чухал анивчилтын давтамж
мерцания
критическая частота
critical flicker frequency, CFF
频率）
闪烁临界频率（闪光融合临界
анивчилтын фотометр

юношеский период
juvenile period
少年期

shào

цөөнхийн нөлөөлөл
влияние меньшинства
minority influence
少数人影响

shǎo

дээд зэргийн сургалт
вышестоящая обучения
superordinate learning
上位学习（总括学习）
баримтлал

social representation

社会表征

нийгмийн харьцуулалтын онол

ᠨᠡᠶᠢᠭᠡᠮ ᠦᠨ [illegible]

сравнения

теория социального

social comparison theory

社会比较理论

shè

Хэлний үзүүр үзэгдэл

[illegible]

феномен кончика языка

TOT phenomenon

tip-of-the-tongue phenomenon,

*舌尖现象（话到嘴边现象）

shé

насанд хүрээгүй үе

social loafing

社会惰怠效应

нийгмийн хамтын ажиллагаа

ᠨᠡᠶᠢᠭᠡᠮ ᠦᠨ [illegible]

социальное содействие

social facilitation

*社会促进（社会助长）

нийгмийн хэрэгцээ шаардлага

ᠨᠡᠶᠢᠭᠡᠮ ᠦᠨ [illegible]

социальная желательность

social desirability

社会称许性

социометрийн арга

ᠨᠡᠶᠢᠭᠡᠮ ᠦᠨ [illegible]

социометрическая техника

sociometric technique

社会测量技术

нийгмийн төлөөлөл

ᠨᠡᠶᠢᠭᠡᠮ ᠦᠨ [illegible]

представительство

социальное

socialization

社会化

нийгмийн журам

ᠨᠡᠶᠢᠭᠡᠮ ᠦᠨ [illegible]

социальная правила

social rule

社会规则

нийгмийн хэм хэмжээ тогтоох

ᠨᠡᠶᠢᠭᠡᠮ ᠦᠨ [illegible]

норм

интернализация социальных

internalization of social norm

社会规范内化

нийгмийн хэм хэмжээнүүд

ᠨᠡᠶᠢᠭᠡᠮ ᠦᠨ [illegible]

социальные нормы

social norm

社会规范

нийгмийн залхуурал

ᠨᠡᠶᠢᠭᠡᠮ ᠦᠨ [illegible]

социальная леность

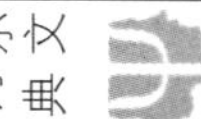

социализация
ᠨᠡᠶᠢᠭᠡᠮᠴᠢᠯᠡᠯ
нийгэмшил

社会技术系统
sociotechnical system, STS
социально-техническая система
ᠨᠡᠶᠢᠭᠡᠮ ᠦᠨ ᠲᠧᠬᠨᠢᠭ ᠦᠨ ᠲᠣᠭᠲᠠᠯᠴᠠᠭ᠎ᠠ
нийгэм техникийн тогтолцоо

社会建构主义
social constructivism
социальный конструктивизм
ᠨᠡᠶᠢᠭᠡᠮ ᠦᠨ ᠪᠦᠲᠦᠴᠡᠭᠡᠨ ᠦᠵᠡᠯ
нийгмийн бүтцийн үзэл

社会交换理论
social exchange theory
теория социального обмена
ᠨᠡᠶᠢᠭᠡᠮ ᠦᠨ ᠰᠣᠯᠢᠯᠴᠠᠭᠠᠨ ᠤ ᠣᠨᠣᠯ
нийгмийн солилцооны онол

社会角色
social role
социальная роль
ᠨᠡᠶᠢᠭᠡᠮ ᠦᠨ ᠦᠦᠷᠭᠡ
нийгмийн үүрэг

社会禁忌
social taboo
социальное табу
ᠨᠡᠶᠢᠭᠡᠮ ᠦᠨ ᠬᠣᠷᠢᠭ᠎ᠠ ᠴᠡᠭᠡᠷ
нийгмийн хорио цээр

社会刻板印象
social stereotype
социальный стереотип
ᠨᠡᠶᠢᠭᠡᠮ ᠦᠨ ᠲᠣᠭᠲᠠᠭᠰᠠᠨ ᠬᠡᠪᠱᠢᠯ
нийгмийн тогтсон хэв шинж

社会凝聚力
social cohesion
социальной сплоченности
ᠨᠡᠶᠢᠭᠡᠮ ᠦᠨ ᠨᠢᠭᠡᠳᠦᠯ ᠦᠨ ᠬᠦᠴᠦᠨ
нийгмийн нэгдэл

社会认同理论
social identity theory
теория социальной идентичности
ᠨᠡᠶᠢᠭᠡᠮ ᠦᠨ ᠠᠳᠠᠯᠢᠳᠬᠠᠬᠤ ᠶᠢᠨ ᠣᠨᠣᠯ
нийгмийн адилтгах онол

社会认知
social cognition
социальное познание
ᠨᠡᠶᠢᠭᠡᠮ ᠦᠨ ᠲᠠᠨᠢᠨ ᠮᠡᠳᠡᠬᠦᠢ
нийгмийн танин мэдэхүй

社会认知神经科学
social cognitive neuroscience
социальной когнитивной нейронауки
ᠨᠡᠶᠢᠭᠡᠮ ᠦᠨ ᠲᠠᠨᠢᠨ ᠮᠡᠳᠡᠬᠦᠢ ᠶᠢᠨ ᠮᠡᠳᠡᠷᠡᠯ ᠦᠨ ᠰᠢᠨᠵᠢᠯᠡᠬᠦ ᠤᠬᠠᠭᠠᠨ
нийгмийн танин мэдэхүйн мэдрэлийн шинжлэх ухаан

社会渗透理论
social penetration theory
теория социального проникновения

ᠨᠡᠶᠢᠭᠡᠮ ᠦᠨ ᠰᠦᠯᠵᠢᠶ᠎ᠡ
социальная сеть
social network

社会网络
нийгмийн бүдүүвч
ᠨᠡᠶᠢᠭᠡᠮ ᠦᠨ ᠪᠦᠳᠦᠪᠴᠢ
социальная схема
social schema

社会图式
нийгмийн тогтсон хандлага
ᠨᠡᠶᠢᠭᠡᠮ ᠦᠨ ᠬᠠᠨᠳᠤᠯᠭ᠎ᠠ
социальная установка
social attitude

社会态度
нийгмийн биологи
ᠨᠡᠶᠢᠭᠡᠮ ᠦᠨ ᠪᠢᠣᠯᠣᠭᠢ
социобиология
sociobiology

社会生物学
нийгмийн нэвтрэх онол
ᠨᠡᠶᠢᠭᠡᠮ ᠦᠨ ᠨᠡᠪᠲᠡᠷᠡᠬᠦ ᠶᠢᠨ ᠣᠨᠣᠯ
социальная психология
social psychology

社会心理学
нийгэм-соёл-түүхийн урсгал
ᠨᠡᠶᠢᠭᠡᠮ ᠰᠣᠶᠣᠯ ᠲᠡᠦᠬᠡ ᠶᠢᠨ ᠤᠷᠤᠰᠬᠠᠯ
еская школа
социально-культурно-историч
social-cultural-historical school

学派）

社会文化历史学派（维列鲁
нийгэм соёлын онол
ᠨᠡᠶᠢᠭᠡᠮ ᠰᠣᠶᠣᠯ ᠤᠨ ᠣᠨᠣᠯ
социокультурная теория
sociocultural theory

社会文化理论
нийгэм соёлын орчин
ᠨᠡᠶᠢᠭᠡᠮ ᠰᠣᠶᠣᠯ ᠤᠨ ᠣᠷᠴᠢᠨ ᠲᠣᠭᠣᠷᠢᠭ
социокультурная среда
sociocultural environment

社会文化环境
олон нийтийн сүлжээ
ᠨᠡᠶᠢᠭᠡᠮᠴᠢ ᠢᠨᠢᠶᠡᠭᠡ ᠢᠨᠢᠶᠡᠮᠰᠦᠭᠯᠡᠯ
социальная улыбка
social smile

社会性微笑
нийгмийн хөгжил
ᠨᠡᠶᠢᠭᠡᠮᠴᠢ ᠴᠢᠨᠠᠷ ᠤᠨ ᠬᠦᠭᠵᠢᠯ
социальное развитие
social development

社会性发展
нийгмийн сонирхол
ᠨᠡᠶᠢᠭᠡᠮ ᠦᠨ ᠰᠣᠨᠢᠷᠬᠠᠯ
общественный интерес
social interest

社会兴趣
нийгмийн зан байдал
ᠨᠡᠶᠢᠭᠡᠮ ᠦᠨ ᠵᠠᠩᠴᠢᠯ
социальное поведение
social behavior

社会行为
нийгмийн сэтгэл судлал
ᠨᠡᠶᠢᠭᠡᠮ ᠦᠨ ᠰᠡᠳᠬᠢᠯ ᠵᠦᠢ

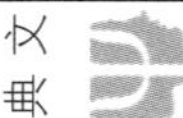

ᠨᠡᠶᠢᠭᠡᠮ ᠦᠨ ᠳᠠᠬᠢᠨ ᠵᠤᠬᠢᠴᠠᠯ
социальная переналадка
social readjustment

社会再适应
нийгмийн нөлөөллийн онол
ᠨᠡᠶᠢᠭᠡᠮ ᠦᠨ ᠨᠥᠯᠥᠭᠡᠯᠡᠯ ᠦᠨ ᠣᠨᠣᠯ
воздействия
теория социального
social impact theory

社会影响理论
нийгмийн саатал
ᠨᠡᠶᠢᠭᠡᠮ ᠦᠨ ᠰᠠᠭᠠᠲᠠᠭᠤᠯ
социальное торможение
social inhibition

社会抑制
нийгмийн сургалтын онол
ᠨᠡᠶᠢᠭᠡᠮ ᠰᠤᠷᠭᠠᠯᠲᠠ ᠶᠢᠨ ᠣᠨᠣᠯ
теория социального обучения
social learning theory

社会学习理论
нийгмийн инээмсэглэл
влияние социального
effect of social facilitation

社会助长作用
ажиллагаа
нийгмийн хамтын
ᠨᠡᠶᠢᠭᠡᠮ ᠦᠨ ᠬᠠᠮᠲᠤᠷᠠᠯ
социальное содействие
social facilitation

社会助长（社会促进）
нийгмийн хүртэхүй
ᠨᠡᠶᠢᠭᠡᠮ ᠦᠨ ᠬᠦᠷᠲᠡᠬᠦᠢ
социальное восприятие
social perception

社会知觉
нийгмийн дэмжлэг
ᠨᠡᠶᠢᠭᠡᠮ ᠦᠨ ᠳᠡᠮᠵᠢᠯᠭᠡ
социальная поддержка
social support

社会支持
байгуулалт
нийгмийн өөрчлөн

社交恐怖症
нийгмийн түгшүүр
ᠨᠡᠶᠢᠭᠡᠮ ᠦᠨ ᠲᠦᠭᠰᠢᠭᠦᠷᠢ ᠪᠡ ᠡᠮᠭᠡᠭ
социальная тревожность
social anxiety

社交焦虑
нийгмийн нөлөөллийн онол
ᠨᠡᠶᠢᠭᠡᠮ ᠦᠨ ᠨᠥᠯᠥᠭᠡᠯᠡᠯ ᠦᠨ ᠣᠨᠣᠯ
воздействия
теория социального
social impact theory

社会作用理论
нийгмийн би
ᠨᠡᠶᠢᠭᠡᠮ ᠦᠨ ᠪᠢ
социальное-я
social self

社会自我
ажиллагааны нөлөө
нийгмийн хамтын
ᠨᠡᠶᠢᠭᠡᠮ ᠦᠨ ᠬᠠᠮᠲᠤᠷᠠᠯ ᠤᠨ ᠨᠥᠯᠥᠭᠡᠯᠡᠯ
содействия

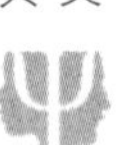

social phobia
социальная фобия
нийгмийн айдас

社区心理学
community psychology
сообщество психологии
олон нийтийн сэтгэл зүй

摄食中枢
feeding center
центр кормления
хооллох төв

shēn

身体意象
body image
изображение тела
биеийн зураг

身体语言
body language
язык тела
биеийн хэл

身体自我
physical self
физическая я
бие махбодын би

*身心交感论（心身相互作用论）
mind-body interactionism
ум-тело интеракционизм
ухаан-биеийн харилцан үйлдлийн үзэл

身心缺陷儿童
defective child
дефектный ребенок
гэмтэлтэй хүүхэд

深层结构
deep structure
глубокая структура
гүн бүтэц

深层心理学（深蕴心理学）
depth psychology
глубокая психология
нууцлаг (ухамсартай) сэтгэл судлал

深层阅读障碍
deep dyslexia
глубокая дислексия
гүн уншлагагүйдэл (эмгэг)

深度线索
depth cue

[illegible]
нервный импульс
nerve impulse
神经冲动（神经兴奋）

shén

ухамсартай сэтгэл судлал
Нууцлаг сэтгэл судлал,
[illegible]
глубокая психология
bathypsychology
*深蕴心理学（深层心理学）
гүн хүртэх
[illegible]
восприятие глубины
depth perception
*深度知觉（距离知觉）
гүн шинж тэмдэг
[illegible]
глубина разметки

вычисление нейронные
neural computation
神经计算
мэдрэлийн даавар
[illegible]
нейрогормон
neurohormone
神经激素
хордлого судлал
мэдрэлийн тогтолцооны
[illegible]
нейротоксикология
neurotoxicology
神经毒理学
хэмжигч
синапсын мэдрэлийн хөөрөл
[illegible]
нейротрансмиттер
neurotransmitter
神经递质
мэдрэлийн хөөрөл

ажиллагаагзохицуулагч
мэдрэлийн эсийн үйл
[illegible]
нейромодулятор
нейропептид,
neuropeptide
神经肽
шинж
мэдрэлийнуян налархай
[illegible]
нейронная пластичность
neural plasticity
神经可塑性
мэдрэлийн эс судлал
[illegible]
неврология
neuroscience
神经科学
тооцоолол
мэдрэлийн эсийн
[illegible]

нервная клетка
nerve cell

*神经细胞（神经元）
мэдрэлийн тогтолцоо
ᠮᠡᠳᠡᠷᠡᠯ ᠦᠨ ᠲᠣᠭᠲᠠᠯᠴᠠᠭ᠎ᠠ
нервная система
nervous system, NS

神经系统
мэдрэлийн сүлжээ
ᠮᠡᠳᠡᠷᠡᠯ ᠦᠨ ᠰᠦᠯᠵᠢᠶ᠎ᠡ · ᠮᠡᠳᠡᠷᠡᠯ ᠦᠨ ᠲᠣᠷ
нейронная сеть
neuron network

神经网络
онол
онцгой мэдрэлийн эрч хүчний
ᠮᠡᠳᠡᠷᠡᠯ ᠦᠨ ᠣᠨᠴᠠᠭᠠᠢ ᠡᠷᠴᠢ ᠬᠦᠴᠦᠨ ᠦ ᠣᠨᠣᠯ
нерва
теория удельной энергии
theory of specific nerve energy

神经特殊能量学说
бодис
ᠮᠡᠳᠡᠷᠡᠯ ᠦᠨ ᠬᠣᠭᠣᠯᠠ ᠳᠤᠷ᠎ᠠ ᠦᠭᠡᠢ ᠪᠣᠯᠬᠤ
нервная анорексия
anorexia nervosa

神经性厌食症
мэдрэлийн долгион
ᠮᠡᠳᠡᠷᠡᠯ ᠦᠨ ᠳᠣᠯᠭᠢᠶᠠᠨ
нервный импульс
nerve impulse

*神经兴奋（神经冲动）
нейро сэтгэл судлал
ᠮᠡᠳᠡᠷᠡᠯ ᠦᠨ ᠰᠡᠳᠬᠢᠯ ᠰᠤᠳᠤᠯᠤᠯ
нейропсихология
neuropsychology

神经心理学
нейро-сэтгэл зүйн тест
ᠮᠡᠳᠡᠷᠡᠯ ᠦᠨ ᠰᠡᠳᠬᠢᠯ ᠦᠨ ᠵᠦᠢ ᠶᠢᠨ ᠲᠡᠰᠲ
нейропсихологических тест
neuropsychological test

神经心理测验
мэдрэлийн эс
ᠮᠡᠳᠡᠷᠡᠯ ᠦᠨ ᠡᠰ · ᠮᠡᠳᠡᠷᠡᠯ ᠦᠨ ᠡᠰᠡ
нейротизм
neuroticism

神经质
мэдрэлийн ядаргаа
ᠮᠡᠳᠡᠷᠡᠯ ᠦᠨ ᠡᠪᠡᠳᠴᠢᠨ
невроз
neurosis

神经症
мэдрэлийн эс
ᠮᠡᠳᠡᠷᠡᠯ ᠦᠨ ᠡᠰ
нейрон
neuron

神经元（神经细胞）
нейро хэл шинжлэл
ᠮᠡᠳᠡᠷᠡᠯ ᠦᠨ ᠬᠡᠯᠡ ᠪᠠ ᠰᠢᠨᠵᠢᠯᠡᠯ
нейролингвистика
neurolinguistics

神经语言学
мэдрэлийн өвчин
хоолны дуршилгүй болох

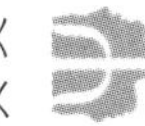

бөөрний дээд булчирхай
надпочечник
adrenal gland
肾上腺

shèn

байцаалтын сэтгэл зүй
психология допроса
psychology of interrogation
审讯心理学
шүүхийн сэтгэл судлал
судебная психология
judicial psychology
审判心理学

shěn

нейротизм
generative learning
生成性学习
үүсгэгч онол
генеративная теория
generative theory
生成理论
төрөх
бусдад таацуулах, дур хүсэл
сублимация
sublimation
升华

shēng

адреналин, даавар
адреналин
adrenaline
肾上腺素
блок жизни изменения
life-change unit, LCU
生活变化单位
амьдралын зөн
инстинкт жизни
life instinct
生的本能（厄洛斯）
үүсгэгч утга
порождающая семантика
generative semantics
生成语义学
үүсгэгч дүрэм
порождающая грамматика
generative grammar
生成语法
үүсгэгч сургалт
порождающая обучения

амьдралын өөрчлөлтийн нэгж

生活方式
life style
стиль жизни
амьдралын хэв маяг

生活方式疾病
life style disease
болезнь образа жизни
амьдралын хэв маягийн өвчин

生活事件
life events
жизненные события
амьдралын үйл явдал

生活事件量表
Life Events Scale, LES
жизненный масштаб событий

амьдралын үйл явдлын
хэмжээс

生活应激
life stress
жизненное напряжение
амьдралын стресс

生活质量
quality of life
качество жизни
амьдралын чанар

生理节律
circadian rhythm
циркадный ритм
хоногийн хэмнэл

生理零度
physiological zero
физиологический нуль

физиологийн тэг градус

生理年龄
chronological age
хронологический возраст
цаг хугацаагаар хэмжигдэх
нас

生理心理学
physiological psychology
физиологическая психология
физиологийн сэтгэл судлал

生态系统理论
ecological system theory
теория экологической
системы
экологийн тогтолцооны онол

生态心理学
ecological psychology
экологическая психология

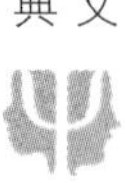

ᠪᠢᠣᠯᠣᠭᠢ ᠶᠢᠨ ᠦᠵᠡᠯ
биологизм
biologism
生物主义
био анагаахын загвар
ᠪᠢᠣᠯᠣᠭᠢ᠂ ᠡᠮᠨᠡᠯᠭᠡ ᠡᠮᠨᠡᠯᠭᠡ ᠶᠢᠨ ᠵᠠᠭᠪᠤᠷ
биомедицинская модель
biomedical model
生物医学模式
анхан шатны хэрэгцээ
ᠪᠢᠣᠯᠣᠭᠢ ᠶᠢᠨ ᠠᠩᠬᠠᠨ ᠱᠠᠲᠤᠨ ᠬᠡᠷᠡᠭᠴᠡᠭᠡ
первостепенная потребность
primary need
*生物性需要（原生需要）
био сэтгэл судлал
ᠪᠢᠣᠯᠣᠭᠢ ᠶᠢᠨ ᠰᠡᠳᠬᠢᠯ ᠰᠤᠳᠤᠯᠤᠯ
биопсихология
biopsychology
生物心理学
ухааны загвар
био-сэтгэц-нийгмийн анагаах
ᠡᠮᠨᠡᠯᠭᠡ ᠶᠢᠨ ᠵᠠᠭᠪᠤᠷ
ᠪᠢᠣᠯᠣᠭᠢ᠂ - ᠰᠡᠳᠬᠢᠯ - ᠨᠡᠶᠢᠭᠡᠮ ᠦᠨ ᠡᠮᠨᠡᠯᠭᠡ
медицинская модель
биопсихосоциальная
biopsychosocial medical model
生物-心理-社会医学模式
биологийн шалтгаацал
ᠪᠢᠣᠯᠣᠭᠢ᠂ ᠶᠢᠨ ᠱᠠᠯᠲᠠᠭᠠᠯᠠᠯᠲᠠ ᠶᠢᠨ ᠦᠵᠡᠯ
биологический детерминизм
biological determinism
生物决定论
холбооны сургалт
объектоос өгөх эргэх
биологийн судалгааны
ᠪᠢᠣᠯᠣᠭᠢ᠂ ᠶᠢᠨ ᠰᠤᠳᠤᠯᠭᠠᠨ ᠤ ᠪᠣᠳᠠᠰ ᠡᠴᠡ ᠥᠭᠬᠦ
биологических объектах
обучение обратной связи в
biofeedback training
生物反馈训练
холбооны засал
объектоос өгөх эргэх
биологийн судалгааны
ᠪᠢᠣᠯᠣᠭᠢ᠂ ᠶᠢᠨ ᠰᠤᠳᠤᠯᠭᠠᠨ ᠤ ᠡᠮᠴᠢᠯᠡᠭᠡ
биологических объектах
терапия обратной связи в
biofeedback therapy
生物反馈疗法
холбоо
объектоос өгөх эргэх
биологийн судалгааны
ᠪᠢᠣᠯᠣᠭᠢ᠂ ᠶᠢᠨ ᠰᠤᠳᠤᠯᠭᠠᠨ ᠤ
биологических объектах
обратная связь в
biofeedback
生物反馈
экологийн хандлага
ᠡᠺᠣᠯᠣᠭᠢ ᠶᠢᠨ ᠬᠠᠨᠳᠤᠯᠭ᠎ᠠ ᠶᠢᠨ ᠠᠷᠭ᠎ᠠ
экологический подход
ecological approach
生态学方法
экологийн сэтгэл судлал
ᠡᠺᠣᠯᠣᠭᠢ ᠶᠢᠨ ᠰᠡᠳᠬᠢᠯ ᠰᠤᠳᠤᠯᠤᠯ

измеритель уровня звука
sound level meter

声级计
хүйсийн ялгаагаа мэдрэх шат
фаллическая стадия
phallic stage

生殖器期
өсөлтийн муруй загвар
модель кривой роста
growth curve model

生长曲线模型
мэргэжлийн зөвлөгөө
вопросам карьеры
консультирование по
career counseling

生涯咨询
биологижилт

competence, competency

胜任力

shèng

дуу авианы халхавч
акустическая тень
acoustic shadow

声音阴影
дуу авианы даралтын түвшин
уровень звукового давления
acoustic pressure level

声压级
цуурайн ой тогтоолт
звукоподражательная память
echoic memory

声像记忆
дууны түвшин хэмжигч

алексия
alexia

失读症
баримжаа
алдаа дутагдлын чиг
ориентация провал
failure orientation

失败定向

shī

үлдэгдэл стандартын зөрүү
отклонение
остаточное стандартное
residual standard deviation

剩余标准差（标准估计误差）
цогц чадамж
компетентность

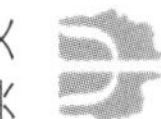

негативность рассогласования
mismatch negativity, MMN

失匹配负波
нойргүйдэл
[illegible]
бессонница
insomnia

失眠
хэм алдагдсан нойргүйдэл
[illegible]
аритмичные бессонница
arrhythmic insomnia

失律性失眠
болох эмгэг
юмсыг нэрлэх чадваргүй
[illegible]
амнестическая афазия
anomia

失范感
унших чадваргүйн эмгэг
[illegible]
афония
aphonia

失音症
бичих чадвараа алдах
[illegible]
аграфия
agraphia

失写症
тооцоолох чадвараа алдах
[illegible]
акалькулия
acalculia

失算症
танин мэдэх чадвараа алдах
[illegible]
агнозия
agnosia

失认症
сөрөг, үл тохирох
[illegible]
невесомость
weightlessness

失重
ой санамжаа алдах
[illegible]
деменция
dementia

*失智（痴呆）
ярих чадвараа алдах
[illegible]
Афазия
aphasia

失语症
алдах
хөдөлгөөн хийх чадвараа
[illegible]
апраксия
apraxia

失用症
дуу хаагдсан өвчин

time management
时间管理
ажиллагааны судалгаа)
судалгаа (цаг хугацаа - үйл
цаг хугацаа - хөдөлгөөний
исследование действия
исследования, время и
времени и движения
action study
time and motion study, time and
时间动作研究

shí

бусдыг тарчлаан зовоох
садизм
sadism
施虐癖
жингээ алдах

лимит времени
time limit
时限
цаг хугацааны нийлбэр
временное суммирование
temporal summation
时间总和作用
цаг алдах загвар
дизайн временной задержки
time-lag design
时间滞后设计
цагийн мэдрэхүй
восприятие времени
time perception
时间知觉
цаг төлөвлөлт
тайм-менеджмент

практический интеллект
practical intelligence
实践智力
дадлагажигч загвар
практикующий модель
practitioner model
*实践者模式（魏尔模式）
цээжлэлт
запоминание
memorization
识记
ялгагдсан шинж тэмдэг
идентифицируемость
identifiability
识别力
цагийн хязгаар

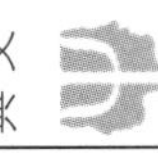

экспериментальный план
experimental design

实验设计
туршилтын хяналт
ᠲᠤᠷᠰᠢᠯᠲᠠ ᠶᠢᠨ ᠬᠢᠨᠠᠯᠲᠠ
контроль
экспериментальный
experimental control

实验控制
туршилтын парадигм
ᠲᠤᠷᠰᠢᠯᠲᠠ ᠶᠢᠨ ᠫᠠᠷᠠᠳᠢᠭᠮ
парадигма
экспериментальная
experimental paradigm

实验范式
туршилтын арга
ᠲᠤᠷᠰᠢᠯᠲᠠ ᠶᠢᠨ ᠠᠷᠭ᠎ᠠ
экспериментальный метод
experimental method

实验法
практик оюун ухаан
ᠲᠤᠷᠰᠢᠯᠲᠠ ᠶᠢᠨ ᠰᠠᠯᠭᠠᠷᠠᠭᠤᠯᠤᠯᠲᠠ
разобщение
экспериментальное
experimental dissociation

实验性分离
туршилтын сэтгэл судлал
ᠲᠤᠷᠰᠢᠯᠲᠠ ᠶᠢᠨ ᠰᠡᠳᠬᠢᠯ ᠰᠤᠳᠤᠯᠤᠯ
психология
экспериментальная
experimental psychology

实验心理学
судлал
туршилтын нийгмийн сэтгэл
ᠲᠤᠷᠰᠢᠯᠲᠠ ᠶᠢᠨ ᠨᠡᠶᠢᠭᠡᠮ ᠦᠨ ᠰᠡᠳᠬᠢᠯ ᠰᠤᠳᠤᠯᠤᠯ
социальная психология
экспериментальная
psychology
experimental social

实验社会心理学
туршилтын төлөвлөгөө
ᠲᠤᠷᠰᠢᠯᠲᠠ ᠶᠢᠨ ᠲᠥᠯᠥᠪᠯᠡᠭᠡ

бодит байдал
ᠪᠣᠳᠠᠳᠠ ᠪᠠᠢᠳᠠᠯ
реальность
reality

实在
прагматизм
ᠠᠰᠢᠭᠲᠠᠢ ᠶᠢᠨ ᠦᠵᠡᠯ
прагматизм
pragmatism

实用主义
туршилтын бүлэг
ᠲᠤᠷᠰᠢᠯᠲᠠ ᠶᠢᠨ ᠪᠦᠯᠦᠭ
экспериментальная группа
experimental group, EG

实验组
туршигчийн нөлөө
ᠲᠤᠷᠰᠢᠭᠴᠢ ᠶᠢᠨ ᠨᠥᠯᠦᠭᠡ
экспериментатор эффект
experimenter effect

实验者效应
туршилтын тусгаарлалт

实在论
realism
реализм
бодит оршихуй

实证效度
empirical validity
эмпирическая валидность
эмпирик тохироц чанар

实证主义
positivism
позитивизм
позитивизм

shǐ

史蒂文斯定律
Stevens' law
закон Стивенса
Стивенсийн хууль

shì

士兵负荷
soldier load
солдат нагрузки
цэргийн ачаалал

士气
morale
мораль
ёс суртахуун

士气最大化
maximization of morale
максимизация морали
дээд хэмжээний ёс
суртахуун

事故分析
accident analysis
анализ причин несчастных
случаев
азгүй явдлын шалтгааны дүн
шинжилгээ

事故倾向
accident proneness
предрасположенность к
аварийным ситуациям
ослын нөхцөлд өртөмтгий

事后比较
post hoc comparison
апостериорное сравнение
апостериор харьцуулалт

事件相关电位（诱发电位）
event-related potential, ERP
связанных с событиями

luminosity function

视见函数（光亮度函数）

торлог эс

палочкоподобная клетка

rod cell

视杆细胞

хараaны хуурмаг үзэгдэл

оптическая иллюзия

optical illusion

视错觉

харагдах зүйлийн өөрчлөлт

параллакс

parallax

视差

эрчим хүч

үйл хэрэгтэй холбоотой

потенциала

визуальный образ

visual image

视觉表象

хараaны кодчилол

визуальное кодирование

visual coding

视觉编码

хараа

зрение

vision

视觉

хараaны өнцөг

угол зрения

visual angle

视角

гэрэлтэх чадварын функц

функция яркости света

зрительное утомление

visual fatigue

视觉疲劳

хараaны гадарга

зрительная кора

visual cortex

视觉皮层

хараaны ой тогтоолт

зрительная память

visual memory

视觉记忆

дүрс

хараaны ойд үлдсэн

визуальное втечение

visual afterimage

视觉后像

хараaны зураг

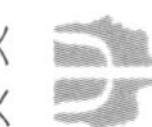

хараа давхардлын онол
дуплекс үзэгдлийн онол,
[illegible]
теория двуличие зрения
дуплексная теория зрения,
duplicity theory of vision
duplex theory of vision,

视觉双重说（视觉双重作用说）
харааны дасан зохицол
[illegible]
визуальная адаптация
visual adaptation

视觉适应
алдах
харааны танин мэдэхүйгээ
[illegible]
визуальная агнозия
visual agnosia

视觉失认症
харааны ядаргаа
[illegible]
visual-motor behavioral

视觉-运动行为演练
харагдах илэрхийллийн цэг
[illegible]
отображения
терминал визуального
visual display terminal

视觉显示终端
харагдах илэрхийлэл
[illegible]
визуальное отображение
visual display

视觉显示器
хараа давхардлын онол
дуплекс үзэгдлийн онол,
[illegible]
теория двуличие зрения
дуплексная теория зрения,
duplicity theory of vision
duplex theory of vision,

*视觉双重作用说（视觉双重说）
хурц хараа
[illegible]
острота зрения
visual acuity

视敏度
харааны дуу чимээ
[illegible]
визуальный шум
visual noise

视觉噪声
харааны босго
[illegible]
визуальный порог
visual threshold

视觉阈限
төрхийн сургуулилалт
хараа-хөдөлгөөний зан
[illegible]
поведенческая репетиция
визуально-моторная
rehearsal

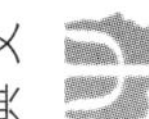

retinal illuminance

视网膜照度

нүдний торлогийн ялгаа

несоответствие сетчатки глаза

retinal disparity

视网膜像差

цэг

нүдний торлогийн тохирох

сетчатки глаза

соответствующие точки

corresponding retinal points

视网膜对称点

хэсэг

их тархины гадаргын харааны

зрительная кора

visual cortex

视皮质

периметр

perimeter

视野计

гороптер

гороптер

horopter

视野单像区

харааны талбар

поле зрения

visual field

视野

харааны байц

визуальная скала

visual cliff

视崖

нүдний торлогийн гэрэлтэлт

освещенность сетчатки глаза

критерий согласия

goodness of fit test

适合度检验（拟合优度检验）

алдаа ба оноонь арга

метод проб и ошибок

trial and error

*试误（尝试错误）

конус эс

колбочки

cone cell

视锥细胞

харааны мэдэрхүй

визуальное восприятие

visual perception

视知觉

харааны хэмжүүр

бялдаржуулах дасгал

фитнес тренировка

fitness training

适应性训练

дасан зохицох заавар

адаптивная инструкция

adaptive instruction

适应性教学

дасан зохицол

адаптация

adaptation

适应

цаг үеэ олох байдал

своевременность

timeliness

适时

зөвшилцлийн шалгуур

перефразирование, отражение meaning

paraphrasing, reflection of

释意

үзэл

нийгмийн ахуйн талаарх

герменевтик, гүн ухааны

герменевтика

hermeneutics

释义学

зүүдний тайлал

толкование снов

dream interpretation

释梦

дасан зохицлын эмгэг

расстройство адаптации

adjustment disorder

适应障碍

палец лабиринт

finger maze

手指迷津

дохионы хэл

язык знаков

sign language

手语

ба зорилго

дүн шинжилгээний хэрэгсэл

средств и целей анализа

means-ends analysis, MEA

手段–目的分析

shǒu

утгыг гаргах, утгын тусгал

смысла

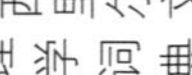

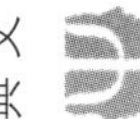

тэргүүн байрны нөлөө
эффект первенства
primacy effect
首因效应
үндсэн шинж
кардинальная черта
cardinal trait
首要特质
үндсэн бүлэг
основная группа
primary group
首属群体
хадгалах, хамгаалах
сохранение
conservation
守恒
хурууны лабиринт

скотома жертвы
victim's scotoma
受害人盲点症
шинж
хохирогчийн гэм буруутай
виновность жертвы
culpability of victim
受害人可责性
хохирогчийн үр дагаврууд
последствия жертвы
victim's sequelae
受害人后遗症
итгүүлэх чанар
внушаемость
suggestibility
受暗示性

shòu

мазохизм
masochism
*受虐症（受虐癖）
авах
өөрийгөө тарчлаан таашаал
мазохизм
masochism
受虐癖（受虐症）
хяналттай нийлэмж холбоо
контролируемые ассоциации
controlled association
*受控联想（控制联想）
хохирогчийн сэтгэл зүй
психология жертвы
psychology of victim
受害人心理学
хохирогчийн скотом

бичвэрийн хүндрэл
дисграфия
dysgraphia
书写困难
бичгийн хэл
письменный язык
written language
书面语言

shū

хүлээн авагч
рецептор
receptor
受体
авах
өөрийгөө тарчлаан таашаал
расстройство
повествовательное
alexithymia
述情障碍

shù

хамааруулах хувьсагч
переменная атрибут
attribute variable
属性变量

shǔ

таалам жтай температур
комфортная температура
comfortable temperature
舒适温度
управляемый данными
data-driven process
*数据驱动加工（自下而上加工）
диаграмм
модны зураг, мод хэлбэрийн
диаграмма дерева
tree diagram
*树状图（树形图）
диаграмм
модны зураг, мод хэлбэрийн
диаграмма дерева
tree diagram
树形图（树状图）
мэдрэлийн эсийн богино сэртэн
дендрит
dendrite
树突
өгүүлэн ярих өөрчлөлт

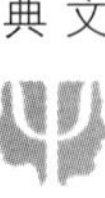

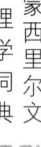

тoo тогтоолгох тест
[illegible]
тест на запоминание цифр
digit span
数字广度
хэмжигдэхүүнийг үнэлэх арга
[illegible]
метод оценки величины
estimation
method of magnitude
数值评估法
өгөгдөл цуглуулалт
[illegible]
сбор данных
data collection
数据收集
явц
өгөгдөлд тулгуурласан үйл
[illegible]
процесс

зүдрэл
[illegible]
ухудшение
deterioration
衰退
доройтлын зан байдал
байдал өөрчлөгдөх, насны
хөгшрөлтийн шинжтэй зан
[illegible]
поведения
старение регрессивного
aging regressive behavior
衰老性退缩行为
унтралтын онол
[illegible]
теория затухания
attenuation theory
衰减说

shuāi

[illegible]
кодирования
двойная гипотеза
dual coding hypothesis
双重编码说
хоёр талт тест
[illegible]
двусторонний тест
two-sided test
*双侧检验（双尾检验）
логистикийн загвар
хоёр хэмжүүртэй
2PLM
[illegible]
логистическая модель
двухпараметрическое
2PLM
two-parameter logistic model,
双参数逻辑斯谛模型

shuāng

dual attitude

双重态度

хоёрдмол зан араншин

раздвоение личности

dual personality

双重人格

харилцаа

олон талт харилцаа, хос

дуальные отношения

множественного отношения,

relationship

multiple relationship, dual

双重关系

давхар тусгаарлалт

двойная диссоциация

double dissociation

双重分离

хос кодчилолын таамаглал

времени

разница бинауральных

binaural time difference

双耳时差

ялгаа

хоёр чихний сонсох хүчний

интенсивности

разница бинауральных

binaural intensity difference

双耳强度差

хоёр үгтэй өгүүлбэр

двух слов предложение

two-word sentence

双词句

хоёрдмол хандлага

двойственное отношение

double blind

双盲

хоёр оройт тархалт

бимодальное распределение

bimodal distribution

双峰分布

ялгаа

хоёр чихний сонсох үеийн

разность фаз бинауральных

binaural phase difference

双耳相位差

хоёр чихний сонсгол

бинауральное слушание

binaural hearing

双耳听觉

хугацааны ялгаа

хоёр чихний сонсох

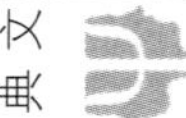

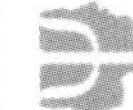

[illegible]
прослушивания
дихотического
dichotic listening

双听技术
хараа давхардлын онол
дуплекс үзэгдлийн онол,
[illegible]
теория двуличие зрения
дуплексная теория зрения,
duplicity theory of vision
duplex theory of vision,

双视觉理论
ихэр хүүхдийн судалгаа
[illegible]
исследование близнецов
twin study

双生子研究
хоёр нүдний харалган
[illegible]
двойное слепое

юмыг давхар харах хоёр
[illegible]
бинокулярного диплопия
binocular diplopia

双眼复视
хос зураг
[illegible]
двойное изображение
double image

双像
олон талт сэтгэцийн эмгэг
[illegible]
биполярное расстройство
bipolar disorder

双相障碍
хоёр талт тест
[illegible]
двусторонний тест
two-tailed test

双尾检验（双侧检验）
хоёр чихэнд сонсох

өөрчлөлт
хоёр нүдний хараа зүйн
[illegible]
бинокулярний параллакс
binocular parallax

双眼视差
тэмдэг
хоёр нүдний гүн шинж
[illegible]
разметки
бинокулярная глубина
binocular depth cue

双眼深度线索
өрсөлдөөн
хоёр нүдний хараany
[illegible]
соперничества
бинокулярного
binocular rivalry

双眼竞争
нүдний эмгэг

双眼视像融合
binocular fusion
бинокулярного слияния
ᠬᠣᠶᠠᠷ ᠨᠢᠳᠦᠨ ᠦ ᠬᠠᠷᠠᠭᠠᠨ ᠤ ᠨᠢᠭᠡᠳᠦᠯ
хоёр нүдний хараны нэгдэл

双眼线索
binocular cue
бинокулярний сигнал
ᠬᠣᠶᠠᠷ ᠨᠢᠳᠦᠨ ᠦ ᠳᠣᠬᠢᠶ᠎ᠠ
хоёр нүдний хараны дохио

双因素理论
two-factor theory
теория двухфакторная
ᠬᠣᠶᠠᠷ ᠬᠦᠴᠦᠨ ᠦ ᠣᠨᠣᠯ
хоёр-хүчин зүйлийн онол

双语
bilingualism
билингвизм
ᠬᠣᠶᠠᠷ ᠬᠡᠯᠡ
хоёр хэл

shuǐ

*水平迁移（横向迁移）
lateral transfer
боковой перенос
ᠬᠠᠵᠠᠭᠤ ᠳᠠᠮᠵᠢᠯᠲᠠ
хажуугийн дамжуулалт

shuì

睡眠
sleep
сон
ᠨᠣᠶᠢᠷ
нойр

睡眠剥夺
sleep deprivation, SD
недостаток сна
ᠨᠣᠶᠢᠷ ᠤᠨ ᠳᠤᠲᠠᠭᠳᠠᠯ
нойрны дутагдал

睡眠者效应
sleeper effect
спящий эффект
ᠤᠨᠲᠠᠭᠴᠢ ᠶᠢᠨ ᠨᠥᠯᠦᠭᠡ
унтагчийн нөлөө

睡眠中枢
sleep center
центр сна
ᠨᠣᠶᠢᠷ ᠤᠨ ᠲᠥᠪ ᠰᠠᠯᠪᠤᠷᠢ
нойрны төв

*睡行症（梦游症）
sleepwalking disorder
лунатизм, расстройство сна
ᠨᠣᠶᠢᠷᠠᠨ ᠳᠠᠭᠠᠨ ᠶᠠᠪᠤᠬᠤ ᠂ ᠨᠣᠶᠢᠷ ᠤᠨ ᠡᠮᠭᠡᠭ
нойрондоо явах эмгэг

shǔn

吮吸反射
sucking reflex

урагшлах холбоо

вперед ассоциации

forward association

顺行联想（顺向联想）

урагшлах холбоо

вперед ассоциации

forward association

*顺向联想（顺行联想）

дагаж мөрдөх

соблюдение

compliance

*顺从（依从）

shùn

хөхөх рефлекс

сосательный рефлекс

порядковая шкала

ordinal scale

顺序量表

захиалсан санал

заказал отзыв

ordered recall

*顺序回忆（系列回忆）

дэс хувьсагч

порядковая переменная

ordinal variable

顺序变量

санахгүй болох ойгүйдэл

тогтоосон мэдээллээ

шокийн нөлөөгөөр дөнгөж

их тархины гэмтэл болон

антероградная амнезия

anterograde amnesia

顺行性遗忘

итгэл үнэмшил

убедительность

persuasion

说服

shuō

түргэн ой тогтоолт

немедленная память

immediate memory

瞬时记忆（感觉登记）

дасан зохицох чадвар

аккомодация

accommodation

顺应

дараалсан хэмжээс

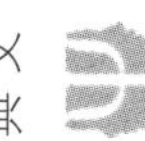

sī

司法心理学
forensic psychology
судебная психология
шүүхийн сэтгэл судлал

思维
thinking
мышление
сэтгэхүй

思维奔逸
flight of thought
полет мысли
санаа бодол нисэх

思维边缘理论
peripheral theory of thinking
периферическая теория мышления
сэтгэхүйн зах хязгаарын онол

思维独创性
originality of thinking
оригинальность мышления
сэтгэхүйн өвөрмөц шинж

思维控制训练
thought control training
обучение управления мышления
сэтгэхүйн хяналтын сургалт

思维流畅性
fluency of thinking
беглость мышления
сэтгэснээ торохгүй ярих чадвар

斯金纳箱
Skinner box
ящик Скиннера
Скиннерийн хайрцаг

斯皮尔曼等级相关
Spearman’s rank correlation
оценка корреляции Спирмена
Спирмений хамаарлын үнэлгээ

斯皮尔曼-布朗公式
Spearman-Brown formula
формула Спирмена-Брауна
Спирмен-Брауны томъёо

斯泰尔-克劳福德效应
Stile-Crawford effect
эффект Стила-Кроуфорда
Стилл-Кроуфордын нөлөө

斯坦福-比奈智力量表
Stanford-Binet Intelligence

Scale
шкала интеллекта
Стэнфорда-Бине
[illegible]
оюун ухааны
Стэнфорд-Бинегийн
хэмжүүр

斯特朗-坎贝尔兴趣调查表
Strong-Campbell Interest
Inventory
инвентаризация интереса
Стронга-Кэмпбелла
[illegible]
[illegible]
Стронг-Кэмпбеллийн
сонирхлын асуулга

斯特鲁普效应
Stroop effect
эффект Штруп
[illegible]
Штрупийн нөлөө

斯腾伯格智力信息加工理论
Sternberg's information
processing theory of
intelligence
теория обработки
информации Штернберга
интеллекта
[illegible]
[illegible]
Штернбергийн оюун ухааны
мэдээлэл боловсруулах
онол

sǐ

死的本能（塞纳托斯）
death instinct
инстинкт смерти
[illegible]
үхлийн зөн совин

sì

四分[位]差
quartile deviation
квартальное отклонение
[illegible]〔[illegible]〕[illegible]
дөрөвний нэг хазайлт

似动现象（ф现象）
apparent movement phenomenon
очевидное явление движения
[illegible]
илэрхий хөдөлгөөний үзэгдэл

似动知觉
apparent movement perception
очевидное восприятие
движения
[illegible]
илэрхий хөдөлгөөний
хүртэхүй

似然比
likelihood ratio

отношение правдоподобия

магадлалын харьцаа

sū

苏俄心理学

Soviet-Russian psychology

Советская психология

ЗХУ-ын сэтгэл судлал

苏黎世学派

Zürich school

школа Цюриха

Цюрихийн урсгал

sù

诉讼心理学

litigation psychology

судебная психология

шүүх ажиллагааны сэтгэл зүй

素质

diathesis

диатез

хөхний сүүний хордлого

*素质归因（本性归因）

dispositional attribution,

personal attribution

личный атрибуции,

диспозиционные

атрибуции

бие хүн хоорондын хамаарал

速度测验

speed test

тест скорости

хурд шалгах тест

速度恒常性

velocity constancy

скорость постоянство

тогтмол байдлын хурд

速度–准确性权重

time-accuracy trade-off

веса точность скорости

хурдны үнэн зөв жин

速示器

tachistoscope

тахистокоп

анхаарал шалгах багаж

塑造法

shaping

формирование

төлөвшил

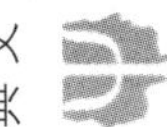

санамсаргүй хэмжилтийн
измерения
случайная погрешность
random measurement error
随机测量误差

suí

арифметик дундаж
среднее арифметическое
arithmetic mean, AM
算术平均数
дараалал
алгоритм
algorithm
算法

suàn

случайная проектная группа
random group design
随机组设计
санамсаргүй блокийн загвар
блока
рандомизированы дизайн
randomized block design
随机区组设计
санамсаргүй байдал
рандомизация
randomization
随机化
санамсаргүй түүвэр
случайная выборка
random sampling
随机抽样
алдаа

произвольное внимание
voluntary attention
*随意注意（有意注意）
сайн дурын хөдөлгөөн
произвольное движение
voluntary movement
随意运动
зориудын зохион бодохуй
добровольное воображение
voluntary imagination
*随意想象（有意想象）
зориудын анхаарлын мэдээ
внимания
сообщение произвольного
post voluntary attention
*随意后注意（有意后注意）
санамсаргүй бүлгийн загвар

зориудын анхаарал

suǒ

所指

signified

означается

[illegible]

утгатай байх

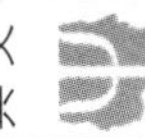

урги йн шат
эмбриональная стадия
period
fetal stage, fetus period, prenatal

胎儿期

tāi

хэвийн бус зан суртахуун
гетерономная мораль
heteronomous morality

他律道德

tā

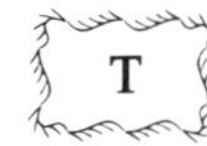

шкала отношения
attitude scale

态度量表
хандлага өөрчлөлт
изменить отношение
attitude change

态度改变
хандлагын хэмжилт
измерение отношения
attitude measurement

态度测量
хандлага
отношение
attitude

态度

tài

谈判
ярилцлагын арга
метод беседы
conversation method

谈话法

tán

хандлага төлөвших
формирование отношения
attitude formation

态度形成
хандлага
урьдчилан сэргийлэх
отношение прививка
attitude inoculation

态度免疫
хандлагын хэмжээс

negotiation
переговоры
хэлэлцээр

弹性工作时间
flexible working hours,
flextime
гибкий график работы,
гибкий график
уян хатан ажлын цаг, уян
хатан график

tàn

探究行为
exploratory behavior
исследовательское
поведение
хайгуулч зан байдал

探究学习
inquiry learning
обучение запрос
сургалтын лавлагаа

探索性因素分析
exploratory factor analysis
поисковый анализ фактор
эрэл хайгуулын хүчин
зүйлийн дүн шинжилгээ

táng

唐氏综合征
Down syndrome
синдром Дауна
Дауны хам шинж

糖皮质激素
glucocorticoid
глюкокортикоид
глюкокортикоид

糖皮质激素受体
glucocorticoid receptor, GR
глюкокортикоидных
рецепторов
глюкокортикоид хүлээн
авагчид

táo

逃脱学习
escape learning
обучение побег
зугатах сургалт

逃逸行为
flight behavior
бегство

T

исключительный ребенок
exceptional child

特殊儿童
тодорхой айдас
специфическая фобия
specific phobia

特定恐怖症

tè

Бялдуучлал
заискивание
ingratiation

讨好

tǎo

зугатах зан үйл

distinctiveness

特异性
тогтолцоо
өвөрмөц төсөөллийн
проекции
специфическая система
specific projection system

特异投射系统
онцгой авъяас чадвар
способность пси
phychic ability

特异功能
тодорхой дамжуулалт
конкретная передача
specific transfer

特殊迁移（具体迁移）
онцгой хүүхэд

хамтын ажиллагааны онол
интеграции
теория функционально
feature integration theory

特征整合理论
үйл ажиллагааг мэдрэгч
детектор функция
feature detector

特征觉察器
загвар
онцлог харьцуулалтын
сравнения
особенность модели
feature comparison model

特征比较模型
өвөрмөц шинж
отчетливость

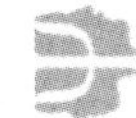

特征值（本征值）
eigenvalue
собственное значение
өөрийн онцлог шинж

特质
trait
черта
шинж чанар

特质激活理论
trait activation theory
черта теории активации
шинж чанар идэвхжүүлэх
онол

特质焦虑
trait anxiety
личностная тревожность
түгшүүрийн шинж чанар

特质理论
trait theory
черта теории
шинж чанарын онол

特质图
trait profile
черта профиль
шинж чанарын хөндлөн огтлол

特质心理学
trait psychology
черта психологии
шинж чанарын онцлог сэтгэл
зүй

téng

疼痛控制
pain control
контроль боли
өвдөлтийн хяналт

疼痛易感人格
pain-prone personality
склонная к боли
индивидуальность
өвдөх хандлагатай хувийн
онцлог

tí

提取
retrieval
поиск
хайлт

提取线索
retrieval cue
поисковый сигнал

T

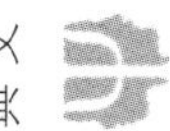

experiential learning

体验性学习

бүтцийг авч үзэх ба санаачлах

структуры

рассмотрение инициирование

structure

consideration and initiating

体贴精神与主动结构

ажиллагаа

эрхтэн системийн тогтвортой

гомеостаз

homeostasis

体内平衡（内环境平衡）

tǐ

эрэл хайгуулын дохио

体育心理学

засал

биеийн дасгал эмчилгээ,

терапия

физические упражнения

physical exercise therapy

体育疗法

шингэний зохицуулалт

гуморальная регуляция

humoral regulation

体液调节

шингэний дархлаа

гуморальный иммунитет

humoral immunity

体液免疫（抗体介导免疫）

туршилтын сургалт

экспериментальное обучение

орлуулалт

заменшение

substitution

替代

tì

биеийн антропологи

физическая антропология

physical anthropology

体质人类学

сэтгэл судлал

бие махбодын хүмүүжлийн

образования

психология физического

education

psychology of physical

дам сургалт
изучение
опосредованное
vicarious learning

*替代学习（观察学习）
солигдсон түрэмгийлэл
смещенная агрессия
displaced aggression

替代侵犯
төлөөлөн батжуулалт
заместительное укрепление
vicarious reinforcement

替代强化
орлох сэтгэл ханамж
заменить удовлетворение
substitute satisfaction

替代满足

tiān

*天才儿童（超常儿童）
гоц авъяастай хүүхэд
одаренный ребенок
gifted child

天赋论
төрөлх чанарын онол
естественная теория
nativism

天花板效应
таазны нөлөө
эффект потолка
ceiling effect

tián

填充测验
дуусгах тест
тест завершения
completion test

tiáo

条件刺激
болзолт цочроогч
условный раздражитель
conditioned stimulus, CS

条件反射
болзолт хариу үйлдэл
условный рефлекс
conditioned reflex, CR

条件反应
условная реакция
conditioned response, CR

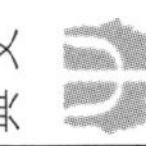

conditional knowledge

条件性知识
болзолт газар давуу чанар
ᠪᠣᠯᠵᠣᠯᠲᠤ ᠭᠠᠵᠠᠷ ᠳᠠᠪᠤᠭᠤ ᠴᠢᠨᠠᠷ
место
условный предпочтение
CPP
conditioned place preference,

条件性位置偏爱
болзолт батжуулагч
ᠪᠣᠯᠵᠣᠯᠲᠤ ᠪᠠᠲᠤᠵᠢᠭᠤᠯᠤᠭᠴᠢ
подкреплением
кондиционером
conditioned reinforcer

条件性强化物
болзолт дархлаа
ᠪᠣᠯᠵᠣᠯᠲᠤ ᠳᠠᠷᠬᠠᠯᠠᠭ᠎ᠠ
кондиционером иммунитет
conditioned immunity

条件性免疫
болзолт хариу

посредничество
mediation

调解
зохицон дасах чадвар
ᠵᠣᠬᠢᠴᠠᠭᠤᠯᠤᠯᠲᠠ
аккомодация
accommodation

调节
зохицсон дундаж
ᠵᠣᠬᠢᠴᠠᠭᠰᠠᠨ ᠳᠤᠮᠳᠠᠵᠢ
среднее гармоническое
harmonic mean

调和平均数
эв эеийн онол
ᠡᠪ ᠡᠶᠡᠶᠢᠨ ᠣᠨᠣᠯ
теория конгруэнтность
congruity theory

*调和理论（一致性理论）
нөхцөлт мэдлэг
ᠪᠣᠯᠵᠣᠯᠲᠤ ᠮᠡᠳᠡᠯᠭᠡ
условное знание

听觉编码
сонсох, сонсгол
ᠰᠣᠨᠣᠰᠬᠤ ᠪᠠ ᠰᠣᠨᠣᠰᠬᠤᠯ
слуха, прослушивание
hearing, audition

听觉

tīng

тохируулах арга
ᠲᠣᠬᠢᠷᠠᠭᠤᠯᠬᠤ ᠠᠷᠭ᠎ᠠ
метод регулировки
method of adjustment

调整法
тохируулалт
ᠲᠣᠬᠢᠷᠠᠭᠤᠯᠤᠯᠲᠠ
регулировка
adjustment

调整
зуучлал
ᠵᠠᠭᠤᠴᠢᠯᠠᠯ

acoustic reflex

听觉反射
дууны тор
[illegible]
звук клетка
sound cage

*听觉定向测定仪（音笼）
сонсголын байршил
[illegible]
слуховая локализация
auditory localization

听觉定位
сонсголын бүртгэл
[illegible]
слуховой регистр
auditory register

听觉登记
сонсголын кодлол
[illegible]
слуховые кодирование
auditory coding

теория слуха
theory of hearing

听觉理论
дуу авианы ой тогтоолт
[illegible]
акустическая память
acoustic memory

听觉记忆
сонсголын үлдэц
[illegible]
слуховые втечение
auditory afterimage

听觉后像
сонсголын хүрээ
[illegible]
слуховой диапазон
auditory range

听觉范围
дуу авианы хариу үйлдэл
[illegible]
акустический рефлекс

сонсголын ядаргаа
[illegible]
слуховая усталость
auditory fatigue

听觉疲劳
тэвчээрийн муруй
сонсголын заагийн
[illegible]
[illegible]
терпимости
слуховая пороговая кривая
curve
auditory tolerance threshold

听觉耐受阈限曲线
тод сонсгол
[illegible]
слуховая острота
auditory acuity

听觉敏度
сонсголын онол
[illegible]

T

сонсголын дасан зохицол
[illegible]
слуховая адаптация
auditory adaptation

听觉适应
болох
дуу авианы танин мэдэхүйгүй
[illegible]
акустическая агнозия
acoustic agnosia

听觉失认症
сонсголын анивчилт
[illegible]
слуховые фликера
auditory flicker

听觉闪烁
сонсох давтамжийн онол
[illegible]
теория частоты слуха
frequency theory of hearing

听觉频率理论
сонсголын босго
[illegible]
порог слышимости
auditory threshold

听觉阈限
далдлах
сонсголын чанарыг
[illegible]
слуховое маскирование
auditory masking

听觉掩蔽
сонсголын дэлгэц
[illegible]
слуховые дисплей
auditory display

听觉显示器
сонсголын байршлын онол
[illegible]
теория места слушания
place theory of hearing

听觉位置说
[illegible]
аудиометр
audiometer

听力计
сонсгол хэмжигч
[illegible]
аудиометрия
audiometry

听力测量
сонсголын төв
[illegible]
слуховой центр
auditory center

听觉中枢
сонсголын босгын муруй
[illegible]
[illegible]
кривой
порог слышимости
auditory threshold curve

听觉阈限曲线

сонсголын хүртэхүй
слуховое восприятие
auditory perception

听知觉
сонсголын мэдрэл
слуховой нерв
acoustic nerve

听神经
сонсголын гадаргуу
слуховая кора
auditory cortex

听皮层
аудиограмм
аудиограмма
audiogram

听力图
аудиометр

peer acceptance

同伴接纳

tóng

нэгдлийн онол
зорилго ба хэрэгслийн
средств
теория соответствие целей и
path-goal theory

通路目标理论
дамжуулах чадвар
харилцааны сувгийн
канала связи
пропускная способность
channel capacity

通道容量

tōng

peer learning

同伴学习
үе тэнгийнхний соёл
сверстников культуры
peer culture

同伴文化
үе тэнгийнхний үнэлгээ
рейтинг сверстников
peer rating

同伴评定
үе тэнгийнхний татгалзал
отвержение сверстников
peer rejection

同伴拒绝
зөвшөөрөл
үе тэнгийнхний хүлээн
признание сверстников

同化
бусдыг ойлгох, эмпати
эерэг сэтгэл хөдлөлөөр
сопереживание
эмпатия, сочувствие,
empathy

*同感（共情）
нэгэн үеийнхэн
когорта
cohort

同层人
шууд долгион
синхронизируются волна
synchronized wave

同步化波
үе тэнгийнхнээс суралцах
взаимное обучение
simultaneous contrast

同时对比
нэг эсийн ихрүүд
монозиготных близнецов
monozygotic twins

同卵双生子
ижилсэх онол, уусгах онол
теория ассимиляции
assimilation theory

同化论
ижилсэх хууль, уусгах хууль
закон ассимиляции
law of assimilation

同化律
ижилсэх
ассимиляция
assimilation

同时性扫描
нэгэн зэрэг ялгаварлалт
дискриминация
одновременная
simultaneous discrimination

同时性辨别
чанар
нэгэн хугацааны тохироц
одновременно валидность
concurrent validity

同时效度
зэрэгцсэн үнэлгээ
параллельная оценка
concurrent estimation

同时估计
нэг цаг хугацааны тодрол
одновременный контраст

同一性危机
адилсах чанарын татгалзал
взыскания
тождественное обращение
identity foreclosure

同一性拒斥
адилтгалын төөрөгдөл
спутанность идентичности
identity confusion

同一性混乱
ижил хүйстэн
гомосексуализм
homosexuality

同性恋
нэгэн зэрэг дүрс задлал
одновременное сканирование
simultaneous scanning

middle childhood

童年中期
балчир нас
ранее детство
early childhood

童年早期
бага нас
детство
childhood

童年期
нэгэн адил чанар
гомогенность
homogeneity

同质性
адилслын хямрал
кризис идентичности
identity crisis

статистикийн магадлал
статистическая вероятность
statistical probability

统计概率
статистик дүн шинжилгээ
статистический анализ
statistical analysis

统计分析
статистикийн хүснэгт
статистическая таблица
statistical table

统计表

tǒng

хүүхэд нас
среднее детство

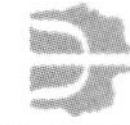

холбогдол
статистикийн ач
ᠰᠲ᠋ᠠᠲ᠋ᠢᠰᠲ᠋ᠢᠺ ᠤᠨ ᠠᠴᠢ ᠬᠣᠯᠪᠣᠭᠳᠠᠯ
статистическая значимость
statistical significance

统计显著性
статистикийн зураг
ᠰᠲ᠋ᠠᠲ᠋ᠢᠰᠲ᠋ᠢᠺ ᠵᠢᠷᠤᠭ
статистический график
statistical chart

统计图
статистик
ᠰᠲ᠋ᠠᠲ᠋ᠢᠰᠲ᠋ᠢᠺ
статистика
statistic

统计量
статистикийн шийдвэр
ᠰᠲ᠋ᠠᠲ᠋ᠢᠰᠲ᠋ᠢᠺ ᠤᠨ ᠰᠢᠢᠳᠪᠦᠷᠢ
статистическое решение
statistical decision

统计决策
algesimeter

痛觉计（痛觉仪）
өвчний мэдрэмж өсөх
ᠥᠪᠳᠡᠴᠢᠨ ᠮᠡᠳᠡᠷᠡᠮᠵᠢ
чувствительность к боли
повышенная
algesia

痛觉
өвчтэй цэг
ᠥᠪᠳᠡᠴᠢᠨ ᠴᠡᠭ
пятно боли
pain spot

痛点

tòng

ухамсартайгаар танин мэдэх
ᠤᠬᠠᠮᠰᠠᠷᠢᠯ ᠲᠠᠨᠢᠯᠲᠠ
апперцепция
apperception

统觉
клептомания
kleptomania

偷窃癖（病理性偷窃）

tōu

өвчний мэдрэмжийн хэмжүүр
ᠥᠪᠳᠡᠴᠢᠨ ᠮᠡᠳᠡᠷᠡᠮᠵᠢ ᠶᠢᠨ ᠬᠡᠮᠵᠢᠭᠦᠷ
алгезиметр
algesimeter

*痛觉仪（痛觉计）
онол
өвчний үүргийн тодорхой
ᠥᠪᠳᠡᠴᠢᠨ ᠮᠡᠳᠡᠷᠡᠮᠵᠢ ᠶᠢᠨ ᠲᠣᠳᠣᠷᠬᠠᠢ ᠴᠢᠳᠠᠪᠬᠢ ᠶᠢᠨ ᠣᠨᠣᠯ
боли
конкретная теория функции
specific function theory of pain

痛觉特殊功能说
өвчний мэдрэмжийн хэмжүүр
ᠥᠪᠳᠡᠴᠢᠨ ᠮᠡᠳᠡᠷᠡᠮᠵᠢ ᠶᠢᠨ ᠬᠡᠮᠵᠢᠭᠦᠷ
алгезиметр

ᠬᠤᠯᠤᠭᠠᠢᠯᠠᠬᠤ ᠳᠤᠨ
хулгайн дон

tóu

投射
projection
проекция
ᠲᠥᠰᠦᠭᠡᠯᠡᠯ
төсөөлөл

投射测验（投射法）
projective test
проективный тест
ᠲᠥᠰᠦᠭᠡᠯᠡᠯ ᠦᠨ ᠰᠢᠯᠭᠠᠨ ᠪᠠᠢᠴᠠᠭᠠᠯᠲᠠ
проектив тест

*投射法（投射测验）
projective technique, projective
method
проективный метод,
проекционный метод
ᠲᠥᠰᠦᠭᠡᠯᠡᠯ ᠦᠨ ᠠᠷᠭ᠎ᠠ
проектив техник, тусгалын
арга

投射性认同
projective identification
проективная идентификация
ᠲᠥᠰᠦᠭᠡᠯᠡᠯ ᠦᠨ ᠠᠳᠠᠯᠢᠳᠬᠠᠯ ᠠᠷᠭ᠎ᠠ
тусгалын адилтгал

tòu

透视错觉
perspective illusion
перспективная иллюзия
ᠬᠡᠲᠦᠷᠬᠡᠢ ᠶᠢᠨ ᠬᠠᠷᠠᠭᠠᠨ ᠬᠤᠭᠤᠷᠮᠠᠭ
хэтийн төлвийн хуурмаг
үзэгдэл

tū

突触
synapse
синапс
ᠰᠢᠨᠠᠫᠰ
мэдрэлийн хоёр эсийн
холбоос

突触可塑性
synaptic plasticity
синаптической пластичности
ᠰᠢᠨᠠᠫᠰ ᠤᠨ ᠤᠶᠠᠩᠭ᠎ᠠ ᠴᠢᠨᠠᠷ
уян налархай холбоос

突触囊泡
synaptic vesicle
синаптические везикулы
ᠰᠢᠨᠠᠫᠰ ᠤᠨ ᠪᠤᠮᠪᠤᠯᠢᠭ
синапсын цочролын завсар

tú

图式
schema
схема
ᠵᠢᠷᠤᠭ ᠬᠡᠪ᠂ ᠬᠡᠯᠪᠡᠷᠢ

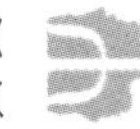

хараaны ой тогтоолт
культовая память
iconic memory

图像记忆
график зураг
графических изображений
graphic representation

图像表征
сүр шүтээн ба хорио цээр
тотем и табу
totem and taboo

图腾与禁忌
бүдүүвчийн онол
теория схемы
schema theory

图式理论
бүдүүвч
team building

团队建设
янз бүрийн баг
команда разнообразие
team diversity

团队多样性

tuán

дүрс-суурь
фигура-фон
figure-ground

图形-背景
үйлчлэлийн зааг
графикийн харилцан
графический интерфейс
graphical interface

图形界面
координация обучения
адаптация команды и
coordination training
team adaptation and

团队适应和协调训练
сургалт
багийн ахлагчийн
группы
обучение руководителя
team leader training

团队领导训练
багийн оюун санаа
командный дух
team spirit

团队精神
баг бүрдүүлэх
формирование команды

group dynamics

*团体动力学（群体动力学）

бүлгийн тест

тест группы

group test

团体测验

багаар ажиллах чадвар

умение работы в команде

teamwork skill

团队协作技能

багийн үр дүнтэй шинж

команда эффективность

team efficacy

团队效能感

зохицуулалтын сургалт

багийн дасан зохицол болон

дүгнэлт, шалтгаан

умозаключение, рассуждение

inference, reasoning

推理

tuī

бүлгийн зөвлөгөө

групповая консультация

group counseling

团体咨询

бүлгийн сэтгэц засал

групповая психотерапия

group therapy

团体治疗

бүлгийн хөдөлгөөн

групповая динамика

залгих хариу үйлдэл

глотательный рефлекс

swallowing reflex

吞咽反射

tūn

бууралт

регрессия

regression

退行

tuì

статистикийн дүгнэлт

статистика вывода

inferential statistics

推论统计

tuō

脱氧核糖核酸

deoxyribonucleic acid, DNA

дезоксирибонуклеиновая кислота, ДНК

дезоксирибонуклеин хүчил DNA

tuò

拓扑心理学

topological psychology

топологическая психология

топологи сэтгэл судлал

внешняя валидность
external validity

外部效度
гадаад батжуулалт
внешнее подкрепление
external reinforcement

外部强化
гаднах зураг
внешние изображения
external imagery

外部表象

wài

W

вне группы
out-group

外群体
биелэх асуудлууд
воплощение проблемы
externalizing problem

外倾问题
гадагш чиглэсэн хэв шинж
экстраверсия
extraversion

*外倾（外向）
феромон
феромон
pheromone

外激素（信息素）
гадаад тохироц чанар
гадагш чиглэсэн хэв шинж
экстраверсия
extraversion

外向（外倾）
тодорхой мэдлэг
явные знания
explicit knowledge

外显知识
тодорхой сургалт
явное обучение
explicit learning

外显学习
Тодорхой, гадаад, ой тогтоолт
явная память
explicit memory

外显记忆
бүлгээс гадна

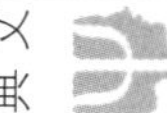

на внешней периферии
peripheralism

外周论
гадаад сэдэлжүүлэлт
внешняя мотивация
extrinsic motivation

外在激励
гадаад хамааралтай
внешняя атрибуция
external attribution

外在归因
анхаарал
гадна талд баримжаалсан
внимание
внешнее ориентирующееся
orienting
exogenous attention

外源性注意定向
идеальное соотношение
perfect correlation

完全相关
бүрэн санамсаргүй загвар
рандомизированный
полностью
design
completely randomized

完全随机化设计
болгох сургаал
оюун санаагаа төгс төгөлдөр
перфекционизм
perfectionism

完美主义

wán

гадна захын

байгуулалтын зарчим
гештальт зохион
гештальта
принцип организации
gestalt organizing principle

完形组织原则
гештальт хүртэхүй
гештальт восприятия
gestalt perception

完形知觉
гештальт засал
гештальт-терапия
Gestalt therapy

*完形疗法（格式塔疗法）
төгс хамаарал

wǎng

网络成瘾
internet addiction disorder
расстройство
интернет-зависимость
[illegible]
интернэт донтолтын эмгэг

网络心理战
network psychological
warfare
сетевая психологическая
война
[illegible]
сүлжээний сэтгэл зүйн
дайн

网状激活系统
reticular activating system,
RAS
ретикулярная активирующая
система
[illegible]
торлог идэвхжүүлэх
тогтолцоо

网状结构
formatic reticularis
формальный сетчатой
[illegible]
хэлбэржсэн торлог

wàng

妄想
delusion
бред
[illegible]
дэмийрэл

妄想性障碍（偏执性精神病）
delusional disorder
бредовое расстройство
[illegible]
дэмийрэх эмгэг

wēi

危机干预
crisis intervention
кризисное вмешательство
[illegible]
хямралд хөндлөнгөөс
оролцох

威尔科克森符号秩检验
Wilcoxon’s signed rank test
подписанны тест разряда
Вилкоксона
[illegible]
Вилкоксоны тэмдгийн
зэрэглэлийн тест

微电极
microelectrode
микроэлектродный
[illegible]
микроэлектрод

W

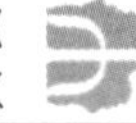

микродиализ

микродиализ

microdialysis

微透析

бичил шахалт

микро-инъекции

microinjection

微量注射

дизайн

бичил загвар болдог микро

происходит

microgenetic design

微观发生设计

микроэлектродын цуваа

множество микроэлектрода

microelectrode array

微电极阵列

фракция Вебером

Weber’s fraction

韦伯分数（韦伯比例）

Веберийн хууль

закон Вебера

Weber’s law

韦伯定律

Веберийн харьцаа

отношение Вебера

Weber’s ratio

*韦伯比例（韦伯分数）

wéi

инээмсэглэсэн хариу үйлдэл

улыбается ответ

smiling response

微笑反应

детей

измерения интеллекта

шкала Векслера для

Children, WISC

Wechsler Intelligence Scale for

童智力量表）

韦克斯勒儿童智力量表（韦氏儿

Векслерийн арга

ухааныг хэмжих

насанд хүрэгчдийн оюун

взрослых

измерения интеллекта

шкала Векслера для

Scale, WAIS

Wechsler Adult Intelligence

人智力量表）

韦克斯勒成人智力量表（韦氏成

Веберийн хэсэг

взрослых
измерения интеллекта
шкала Векслера для
Scale, WAIS
Wechsler Adult Intelligence
成人智力量表）
*韦氏成人智力量表（韦克斯勒
Верникегийн эмгэг
хэл ярианы чадвар алдагдах
ᠸᠧᠷᠨᠢᠺᠧ ᠶᠢᠨ ᠡᠮᠭᠡᠭ
афазия Верника
Wernicke's aphasia
*韦尼克失语症（感觉性失语症）
Верникегийн төв
ᠸᠧᠷᠨᠢᠺᠧ ᠶᠢᠨ ᠲᠥᠪ
область Верника
Wernicke's area
韦尼克区
хэмжих Векслерийн арга
хүүхдийн оюун ухааныг
ᠬᠦᠦᠬᠡᠳ ᠦᠨ ᠣᠶᠤᠨ ᠤ ᠴᠢᠳᠠᠪᠬᠢ ᠶᠢ ᠬᠡᠮᠵᠢᠬᠦ

唯灵论
үгүйсгэх сонирхол
ᠦᠭᠡᠢᠰᠬᠡᠬᠦ ᠰᠣᠨᠢᠷᠬᠠᠯ
негативизм
negativism
违拗症
хэмжих Векслерийн арга
хүүхдийн оюун ухааныг
ᠸᠧᠺᠰᠯᠧᠷ ᠦᠨ ᠠᠷᠭ᠎ᠠ
ᠬᠦᠦᠬᠡᠳ ᠦᠨ ᠣᠶᠤᠨ ᠤ ᠴᠢᠳᠠᠪᠬᠢ ᠶᠢ ᠬᠡᠮᠵᠢᠬᠦ
измерения интеллекта детей
шкала Векслера для
Children, WISC
Wechsler Intelligence Scale for
儿童智力量表）
*韦氏儿童智力量表（韦克斯勒
Векслерийн арга
ухааныг хэмжих
насанд хүрэгчдийн оюун
ᠸᠧᠺᠰᠯᠧᠷ
ᠨᠠᠰᠤᠨᠳᠤ ᠬᠦᠷᠦᠭᠰᠡᠳ ᠦᠨ ᠣᠶᠤᠨ ᠤ ᠴᠢᠳᠠᠪᠬᠢ ᠶᠢ ᠬᠡᠮᠵᠢᠬᠦ ᠶᠢᠨ

维-列-鲁学派（社会文化
Вюрцбургийн урсгал
ᠸᠢᠦ᠋ᠷᠼᠪᠦᠷᠭ ᠦᠨ ᠤᠷᠤᠰᠬᠠᠯ
Вюрцбургская школа
Würzburg school
尔珀学派）
*维茨堡学派（符兹堡学派，屈
сайн дурын үзэл
ᠰᠠᠢᠨ ᠳᠤᠷ᠎ᠠ ᠶᠢᠨ ᠦᠵᠡᠯ
волюнтаризм
voluntarism
*唯意志主义（唯意志论）
сайн дурын үзэл
ᠰᠠᠢᠨ ᠳᠤᠷ᠎ᠠ ᠶᠢᠨ ᠦᠵᠡᠯ
волюнтаризм
voluntarism
唯意志论（唯意志主义）
спиритуализм
ᠰᠦᠨᠳᠡᠰᠦ ᠶᠢᠨ ᠦᠵᠡᠯ
спиритуализм
spiritualism

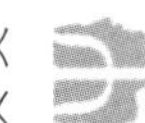

pursuit tracking
尾随追踪

wěi

Венийн урсгал
[illegible]
Венская школа
Vienna school
维也纳学派
Вайнерийн хамаатуулах онол
[illegible]
теория атрибуции Вайнера
Weiner's attribution theory
维纳归因理论
нийгэм-соёл-түүхийн урсгал
[illegible]
ееская школа
социально-культурно-историч
social-cultural-historical school
历史学派）

позиция на основе
experiment
position-based learning
位置学习实验
байршлын нөлөө
[illegible]
эффекты местности
locality effect, position effect
位置效应
дуусаагүй ажил
[illegible]
незаконченное дело
unfinished business
未完成事务

wèi

хөөцөлдөөн мөрдөх
[illegible]
преследования
прослеживание

taste frequency theory
味觉频率理论
хурц амт
[illegible]
вкус острота
taste acuity
味觉敏度
амтны үнэмлэхүй зааг
[illegible]
вкусовый абсолютный порог
taste absolute threshold
味觉绝对阈限
амтлах сэрэл
[illegible]
вкусовое ощущение
gustatory sensation
味觉
суурилсан байр суурь
сургалтын туршилт дээр
[illegible]
эксперимента обучения

taste tetrahedron

味觉四面体

амтны дасан зохицол

адаптация вкуса

taste adaptation

味觉适应

чухал амтыг мэдрэх цэг

вкусе

критический пункт сплава во

critical fusion point in taste

味觉融合临界点

амтлах хэсэг

область вкуса

taste area

味觉区

амтны давтамжийн онол

теория частоты вкуса

амт мэдрэх зааг

чувствительности

порог вкусовой

taste threshold

味觉阈限

амт

таагүй амт, болзолт таагүй

таагүй амт мэдрэх, мэдэрсэн

отвращение вкуса

вкуса, обусловило

изученное отвращение

изучение отвращения вкуса,

taste aversion

taste aversion, conditioned

taste-aversion learning, learned

味觉厌恶学习（加西亚效应）

дөрвөн талт амт

вкус тетраэдр

temperature effect

温度效应

халуун хүйтний сэрэл

ощущение

температурное

temperature sensation

温度觉

дулаан цэг

теплое пятно

warm spot

温点

wēn

Вейл загвар

модель Вейла

Vail model

魏尔模式（实践者模式）

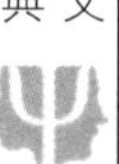

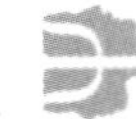

шударга тестийн соёл
ᠰᠣᠶᠣᠯ ᠰᠢᠳᠤᠷᠭᠤ ᠰᠢᠯᠭᠠᠨ ᠪᠠᠢᠴᠠᠭᠠᠯᠲᠠ
культура справедливой тест
culture fair test

文化公平测验（跨文化测验）

wén

Дулаан
ᠳᠤᠯᠠᠭᠠᠴᠠ᠂ ᠳᠤᠯᠠᠭᠠᠨ
тепло
warmth

温情
дулааны сэрэл
ᠳᠤᠯᠠᠭᠠᠨ ᠤ ᠰᠡᠷᠡᠯ
теплое ощущение
warm sensation

温觉
температурын нөлөө
ᠳᠤᠯᠠᠭᠠᠴᠠ ᠶᠢᠨ ᠨᠥᠯᠦᠭᠡ
влияние температуры

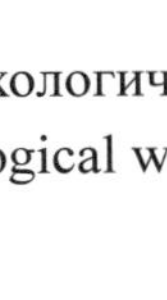

соёлын сэтгэл судлал
ᠰᠣᠶᠣᠯ ᠤᠨ ᠰᠡᠳᠬᠢᠯ ᠵᠦᠢ
культурная психология
cultural psychology

文化心理学
соёлын загвар
ᠰᠣᠶᠣᠯ ᠤᠨ ᠵᠠᠭᠪᠤᠷ
культурная модель
cultural model

文化模式
соёл-түүхийн сэтгэл судлал
ᠰᠣᠶᠣᠯ ᠲᠡᠦᠬᠡ ᠶᠢᠨ ᠰᠡᠳᠬᠢᠯ ᠵᠦᠢ
психология
культурно-историческая
cultural-historical psychology

文化历史心理学
соёлын детерминизм
ᠰᠣᠶᠣᠯ ᠢᠶᠠᠷ ᠲᠣᠭᠲᠠᠭᠠᠭᠳᠠᠬᠤ ᠦᠵᠢᠯ
культурный детерминизм
cultural determinism

文化决定论

Винсентийн муруй
ᠸᠢᠨᠰᠧᠨᠲ ᠮᠤᠷᠤᠢ ᠱᠤᠭᠤᠮ
кривая Винсент
Vincent curve

文森特曲线
соёлын эргэлт
ᠰᠣᠶᠣᠯ ᠤᠨ ᠡᠷᠭᠢᠯᠲᠡ
культурный поворот
cultural turn

文化转向
соёлын хамтын ажиллагаа
ᠰᠣᠶᠣᠯ ᠤᠨ ᠨᠢᠭᠡᠳᠦᠯ
культурная интеграция
cultural integration

文化整合
соёлын сэтгэл зүйн дайн
ᠰᠣᠶᠣᠯ ᠰᠡᠳᠬᠢᠯ ᠵᠦᠢ ᠶᠢᠨ ᠳᠠᠶᠢᠨ
война
культурная психологическая
cultural psychological warfare

文化心理战

problem child
问题儿童
асуудал төсөөлөл
[illegible]
проблемное представление
problem representation
问题表征
санал асуулга
[illegible]
[illegible]
вопросник
questionnaire
问卷法

wèn

оновчтой болгох
[illegible]
рационализация
rationalization
文饰

проблемная ситуация
problem situation
问题情境
асуудлын талбар
[illegible]
пространство задач
problem space
问题空间
асуудал шийдвэрлэх багц
[illegible]
решение проблем набор
problem solving set
问题解决定势
асуудал шийдэх
[illegible]
решение проблем
problem solving
问题解决
хэцүү хүүхэд
[illegible]
проблемный ребенок

аутистическое мышление
autistic thinking
我向思维

wǒ

шивэр авир хийх
[illegible]
ворковали
cooing
喔啊声

wō

асуудал шийдвэрлэх сургалт
[illegible]
проблемное обучение
problem-based learning
问题学习
асуудалтай нөхцөл байдал
[illegible]

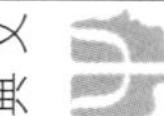

гутаан доромжлол

стигма

stigma

污名

wū

Сепир-Уорфийн таамаглал

гипотеза Сепира-Уорфа

Whorfian hypothesis

沃夫假设

wò

аутист сэтгэхүй

шударга дүгнэгч

несмещенная оценка

unbiased estimator

无偏估计量

хэлэлцүүлгийн бүлэг манлайлагчгүй

лидера

дискуссионная группа без

leaderless group discussion

无领导小组讨论

хамааралгүй хувьсагч

переменная

несоответствующая

irrelevant variable

无关变量

wú

нөхцөлт бус эерэг хандлага

отношение

безусловное положительное

unconditional positive regard

无条件积极关注

нөхцөлт бус хариу

безусловный ответ

unconditioned response

无条件反应

нөхцөлт бус рефлекс

безусловный рефлекс

unconditional reflex

无条件反射

нөхцөлт бус цочроогч

безусловный раздражитель

unconditioned stimulus, US

无条件刺激

непреднамеренное
unintentional memorization

无意识记
өөрчлөлт
ухамсаргүй сэдэлжүүлэлтийн
мотивацией
нарушение с несознающей
motivation
offense with unconscious

无意识动机犯罪
ухамсаргүй
бессознательный
nonconscious, unconscious

无意识（潜意识）
дүрслэлгүй сэтгэхүй
безобразное мышление
imageless thinking

无形象思维
involuntary imagination

无意想象（不随意想象）
ухамсаргүй оюун ухаан
бессознательный ум
unconscious mind

无意识心理
ухамсаргүй оюун дүгнэлт
умозаключение
бессознательное
unconscious inference

无意识推理
ухамсаргүй өдөөгч
бессознательный стимул
unconscious drive

无意识内驱力
гэнэтийн тогтоолт
запоминание
helplessness

无助
зориудын анхаарал
непроизвольное внимание
involuntary attention

无意注意（不随意注意）
утгагүй үе
бессмысленный слог
nonsense syllable

无意义音节
дүрслэлгүй сэтгэхүй
безобразное мышление
imageless thought

无意象思维
зориудын зохион бодохуй
непроизвольное воображение

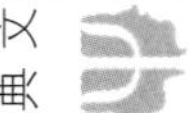

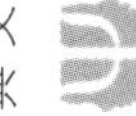

бүжгийн засал
ᠪᠦᠵᠢᠭ ᠤᠨ ᠵᠠᠰᠠᠯ
танцевальная терапия
dance therapy

舞蹈疗法
зэвсгийн нөлөө
ᠵᠡᠪᠰᠡᠭ ᠦᠨ ᠨᠥᠯᠥᠭᠡ
эффект оружия
weapons effect

武器效应
таван хүчин зүйлт загвар
ᠲᠠᠪᠤᠨ ᠬᠦᠴᠦᠯ ᠦᠨ ᠵᠠᠭᠪᠤᠷ
пятифакторная модель
five-factor model

五因素模型

wǔ

арчаагүй, дорой
ᠠᠷᠴᠢᠶᠠᠭᠦᠢ · ᠬᠦᠴᠦᠨᠦᠭᠡᠢ
беспомощность

ᠠᠯᠳᠠᠭ᠎ᠠ ᠶᠢᠨ ᠲᠠᠷᠬᠠᠴᠠ
дисперсия ошибки
error variance

误差方差
алдаа
ᠠᠯᠳᠠᠭ᠎ᠠ
ошибка
error

误差
П бодис
P ᠪᠣᠳᠠᠰ
вещество П
substance P, SP

P 物质
тогтмол байдлын объект
ᠲᠣᠭᠲᠠᠮᠠᠯ ᠪᠠᠢᠳᠠᠯ ᠤᠨ ᠣᠪᠢᠶᠧᠺᠲ
объект постоянство
object constancy

物体恒常性

wù

дундаж квадрат алдаа
ᠠᠯᠳᠠᠭ᠎ᠠ ᠶᠢᠨ ᠳᠤᠮᠳᠠᠭᠤ ᠲᠠᠷᠬᠠᠴᠠ
ошибка среднего квадрата
error mean square

误差均方
сарних алдаа

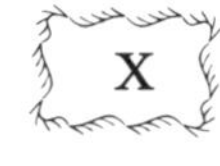
X

xī

西方心理学
western psychology
западная психология
барууны сэтгэл судлал

吸引
attraction
привлечение
сэтгэл татах

希波克拉底体液说
Hippocrate's theory of humor
теория Гиппократа юмора
Гиппократын хошин онол

析取概念
disjunctive concept
дизъюнктивная концепция
аль нэгийг сонгох үзэл
баримтлал

析因设计方差分析
analysis of variance of factorial
design
дисперсионный анализ
факторного дизайна
хүчин зүйлийн дизайны
вариацын шинжилгээ

xí

习得
acquisition
получение
олж эзэмшихүй

习得行为
learned behavior
усвоенное поведение
сурсан зан үйл

习得性无助
learned helplessness
наученная беспомощность
сурсан сул дорой байдал

习服
acclimatization
акклиматизация
идээшин дасалт

习惯化
habituation
привыкание

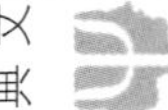

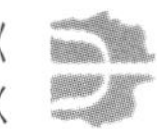

系列加工
үргэлжилсэн дуудлага
последовательный отзыв
serial recall

系列回忆（顺序回忆）

xì

үйлийг судалдаг салбар
этологи, зөн билэгт зан
этология
ethology

习性学（动物行为学）
уламжлалт ёс суртахуун
традиционная мораль
conventional morality

习俗道德
зуршил, дадал

цуваа байршилын нөлөө
положения
последовательный эффект
serial position effect

系列位置效应
цуваа байршилын муруй
позиции
последовательной кривой
serial position curve

系列位置曲线
цуваа хайлт
последовательный поиск
serial search

系列搜索
дараалсан боловсруулалт
последовательная обработка
serial processing

система обратной связи
system feedback

系统反馈
коэффициент
Ф коэффициент, Пи
Ф
коэффициент Ф
коэффициент Ф,
Ф coefficient, phi coefficient

Ф 系数
альфа коэффициент
α
коэффициент альфа
alpha coefficient

*α 系数（克隆巴赫 α 系数）
цуврал сургалт
сериальное научение
serial learning

系列学习

эргэх хариу үйлдлийн
тогтолцоо

系统观察法
method of systematic
observation
метод систематического
наблюдения
системтэй ажиглалтын арга

系统论
system theory
теория системы
тогтолцооны онол

系统脱敏
systematic desensitization
систематическая
десенсибилизация
системтэй мэдрэмтгий
байдлаа алдах

系统误差
systematic error
систематическая ошибка
системтэй алдаа

细胞介导免疫
cell-mediated immunity
клеточный иммунитет
эсэд-тулгуурласан дархлаа

细胞因子
cytokin
цитокины
цитокинууд

xiá

狭窄-内部注意
narrow-internal attention
узкий внутренний
сосредоточения внимания
анхаарлын дотоод нарийн
төвлөрөл

狭窄-外部注意
narrow-external attention
узкий вненний
сосредоточения внимания
анхаарлын гадаад нарийн
төвлөрөл

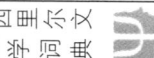

xià

下丘脑
hypothalamus
гипоталамус
өнчин тархи

下丘脑-垂体-肾上腺轴
hypothalamic-pituitary-adrenal

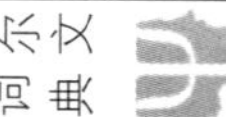

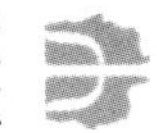

subconscious

下意识
дагалдан сургалт
[illegible]
подчиненное обучение
subordinate learning

下位学习
захирагдах үзэл баримтлал
[illegible]
[illegible]
подчиненная концепция
subordinate concept

下位概念
булчирхайн тэнхлэг
тархи-бөөрний дээд
гипоталамик-өнчин
[illegible]
[illegible]
почечниковой оси
гипоталамо-гипофизарно-над
axis, HPA

[illegible]
врожденная атрибут
congenital attribute

先天属性
төрөлхийн зан байдал
[illegible]
врожденное поведение
innate behavior

先天行为
талаарх онол
оюун ухааны үүслийн
[illegible]
нативизм
nativistic theory

先天理论

xiān

ухамсрын дор
[illegible]
подсознательный

color-rendering index

显色指数
хурц тод байдлын хууль
[illegible]
закон живостью
law of vividness

显明律（显因律）

xiǎn

Таамаглах
[illegible]
априоризм
apriorism

先验论
урьдчилан зохион байгуулагч
[illegible]
передовой организатор
advance organizer

先行组织者
төрөлхийн шинж чанар

значительная черта
significant trait
显著特质
ач холбогдолтой ялгаа
значимое различие
significant difference
显著差异
хурц тод байдлын хууль
закон живостью
law of vividness
*显因律（显明律）
гурван хэмжээст дэлгэц
3D，3D
трехмерный дисплей
three-dimensional display
*3D 显示器（三维显示器）
өнгө дамжуулах индекс
индекс цветопередачи

现代主义
хээрийн судалгаа
полевые исследования
field research
现场研究
хээрийн туршилт
полевой опыт
field experiment
现场实验

xiàn

ач холбогдлын түвшин
уровень значимости
significance level
显著性水平
ач холбогдолтой шинж чанар

phenomenological psychology
现象心理学
фи үзэгдэл
Ф
фи феномен
phi phenomenon
*Ф 现象（似动观察）
бодит сэтгэхүй
реальность мышления
reality thinking
现实性思维
бодит байдлын засал
терапия действительности
reality therapy
现实疗法
орчин үеийн үзэл
модернизм
modernism

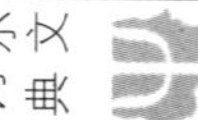

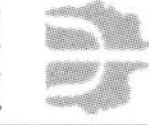

cued recall

线索回忆

дохио

сигнал

cue

线索

үзэгдэл зүйн арга

феноменологический метод

phenomenological method

现象学方法

үзэгдэл зүй

феноменология

phenomenology

现象学

үзэгдэл зүйн сэтгэл судлал

психология

феноменологическая

线性关系

шугаман хэтийн төлөв

линейная перспектива

linear perspective

线条透视

мартaлт

тохиолдлоос хамааралтай

зависящее от кейса забывание

cue-dependent forgetting

*线索依赖性遗忘（线索性遗忘）

мартaлт

дохионоос хамааралтай

сигнал-зависимой забывание

cue-dependent forgetting

线索性遗忘（线索依赖性遗忘）

дурсамжийн дохио

сигнал воспоминания

relative standard deviation,

*相对标准差（变异系数）

xiāng

хяналттай нийлэмж холбоо

контролируемые ассоциации

controlled association

*限制联想（控制联想）

шугаман буурaлт

линейная регрессия

linear regression

线性回归

хамаарал

шугаман харилцаа, шугаман

линейная зависимость

relationship

linear relation, linear

相关法
хамаарал
корреляция
correlation

相关
харилцан шүтэлцээ
релятивизм
relativism

相对主义
харьцангуй хасалт
относительная депривация
relative deprivation

相对剥夺
харьцангуй стандарт хазайлт
отклонение
относительное стандартное
RSD

correlational research

相关研究
корреляцийн коэффициент
коэффициент корреляции
coefficient of correlation

相关系数
корреляцийн матриц
корреляционная матрица
correlation matrix

相关矩阵
хамаарлын дүн шинжилгээ
корреляционный анализ
correlation analysis

相关分析
харилцан хамаарлын арга
корреляционный метод
correlational method

адил төсийн нийлэмж
ассоциация по сходству
association by similarity

相似联想（类似联想）
байдал
яв цав нийцсэн найдвартай
валидность
соответствующий
congruent validity

*相容效度（聚合效度）
харилцан нөлөөллийн үзэл
интеракционизм
interactionism, transactionism

相互作用论
харилцан хамаарлын судалгаа
исследования
корреляционного

гэнэтийн гэрээ

обстоятельства

контракт непредвиденного

contingency contract

相倚合约

төстэй зарчим

принцип подобия

principle of similarity

相似原则

ижил төстэйн нөлөө

эффекты подобия

similarity effect

相似性效应

төсөөтэй байдлын хууль

закон подобия

law of similarity

相似律

向后削去法

xiàng

уран дүрслэлтэй зураг

образное изображение

imaginative image

想象表象

төсөөлөл, зохион бодохуй

воображение

imagination

想象

чимээ

громкость

loudness

响度

xiǎng

item response theory, IRT

项目反应理论

нэг зүйлийн хэмжүүр

параметр пункт

item parameter

项目参数

урьдчилсан шилэлт

предварительное искание

forward selection

向前选择法

вектор сэтгэл судлал

векторная психология

vector psychology

向量心理学

эргээд хоцрогдсон

обратное устранение

backward elimination

项目难度
нэг зүйлийн ялгаварлал
ᠵᠦᠢᠯ ᠦᠨ ᠢᠯᠭᠠᠪᠤᠷᠢ ᠴᠢᠳᠠᠯ
дискриминация пункт
item discrimination

*项目鉴别力（项目区分度）
ажиллагаа
нэг зүйлийн ялгавартай үйл
ᠵᠦᠢᠯ ᠦᠨ ᠢᠯᠭᠠᠯ ᠤᠨ ᠦᠢᠯᠡ
функционирования пункт
дифференциальный
differential item functioning

项目功能差异
нэг зүйлийн дүн шинжилгээ
ᠵᠦᠢᠯ ᠦᠨ ᠵᠠᠳᠠᠯᠤᠯᠲᠠ
анализ пункта
item analysis

项目分析
юмсын хариуны онол
ᠵᠦᠢᠯ ᠦᠨ ᠬᠠᠷᠢᠭᠤ ᠶᠢᠨ ᠣᠨᠣᠯ
теория ответа изделия

кривой
пункт характеристической
item characteristic curve, ICC

项目特征曲线
ажиллагаа
зүйлийн онцлог үйл
ᠵᠦᠢᠯ ᠦᠨ ᠣᠨᠴᠠᠯᠢᠭ ᠤᠨ ᠹᠦᠩᠺᠼ
функции
пункт характеристической
item characteristic function

项目特征函数
нэг зүйлийн ялгаварлал
ᠵᠦᠢᠯ ᠦᠨ ᠢᠯᠭᠠᠪᠤᠷᠢ
дискриминация пункт
item discrimination

分度）
项目区分度（项目鉴别力，区
нэг зүйлийн бэрхшээл
ᠵᠦᠢᠯ ᠦᠨ ᠪᠡᠷᠬᠡᠰᠢᠶᠡᠯ
пункт трудности
item difficulty

消费者行为
хэрэглэгчийн сэтгэл зүй
ᠬᠡᠷᠡᠭᠯᠡᠭᠴᠢ ᠶᠢᠨ ᠰᠡᠲᠬᠢᠯ ᠵᠦᠢ
психология потребителя
consumer psychology

消费心理学
арилгах арга
ᠠᠷᠢᠯᠭᠠᠬᠤ ᠠᠷᠭ᠎ᠠ
способ устранения
method of elimination

消除法

xiāo

төсөл дээр суурилсан сургалт
ᠵᠦᠢᠯ ᠦᠨ ᠰᠤᠷᠤᠯᠲᠠ
обучение на основе проектов
project-based learning

项目学习
зүйлийн онцлог муруй
ᠵᠦᠢᠯ ᠦᠨ ᠣᠨᠴᠠᠯᠢᠭ ᠤᠨ ᠮᠤᠷᠤᠢ ᠱᠤᠭᠤᠮ · ICC

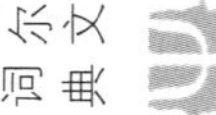

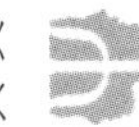

мозжечок
cerebellum

小脑

бага магадлалтай үйл явдал
события
небольшой вероятности
small probability event

小概率事件

xiǎo

Устах
вымирание
extinction

消退

хэрэглэгчийн зан байдал
потребительское поведение
consumer behavior

валидность
критерий, связанных с
criterion-related validity

效标关联效度

шалгуур
критерий
criterion

效标

xiào

бүлгийн сэтгэхүй
групповое мышление
groupthink

*小群体意识（群体思维）

бага тархи

эффектор
effector

效应器

үр нөлөөний хууль
закон эффекта
law of effect

效果律

тохироц чанар
валидность
validity

效度（测验有效性）

шалгуурын тохироц чанар
критерий валидность
criterion validity

效标效度

тохироц чанар
шалгуургай холбоотой

настроение
mood
心境

xīn

ташуу эргүүлэх
косой поворот
oblique rotation
斜交旋转
ковариацын дүн шинжилгээ
анализ ковариации
analysis of covariance
协方差分析

xié

нөлөөлөгч
душевное здоровье
mental health
心理保健
оюун ухаан
разум
mind
心理
сэтгэл хөдлөлийн эмгэг
расстройство настроения
mood disorder
心境障碍
сэтгэлээр унах
дистимия
dysthymia
心境恶劣
зориг
сэтгэл санааны байдал, урам
невосприимчивый период
психологический
psychological refractory period
心理不应期
сэтгэцийн эмгэг судлал
психопатология
psychopathology
心理病理学（精神病理学）
оюун санааны төсөөлөл
ментальное представление
mental representation
心理表征
сэтгэцийн зураг
ментальный образ
mental image
心理表象
сэтгэцийн эрүүл мэнд

psychological field

心理场

салбар

сэтгэцийн хөгжлийг судлах

психодинамика

psychodynamics

心理动力学

сэтгэцийн багц

умственный набор

mental set

心理定势

сэтгэцийн үгсийн сан

ментального лексикона

mental lexicon

心理词典

сэтгэл зүйн талбар

психологическое поле

psychodynamic personality

心理动力学的人格理论

тест

оюун ухааны тест, сэтгэл зүйн

психологический тест

умственный тест,

mental test, psychological test

心理测验

психометр

психометрия

psychometrics

心理测量学

сэтгэл зүйн үнэлгээ

психологическая оценка

psychological testing

psychological assessment,

心理测量

сэтгэл зүйн шаргуу үе

психологическое

counselling

psychological counseling;

心理辅导

сэтгэцийн хөгжил

умственное развитие

mental development

心理发展

сэтгэл зүйн хувьд тусгаарлах

психологическая отъема

psychological weaning

心理断乳

хөгжлийн онол

бие хүний сэтгэцийн

личности

психодинамическая теория

theory

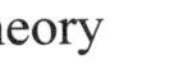

психологизация
  psychologicalization
  psychicalization,
psychologization,

心理化
сэтгэцийн үйл явц
психический процесс
mental process

心理过程
оюун ухааны ачаалал
умственная нагрузка
mental workload

心理[工作]负荷
  зөвлөгөө өгөх
сэтгэл зүйн зөвлөгөө өгөх;
  консультирование
  консультирование;

psychological mechanism,

心理机制
  байршил
сэтгэцийн үйл ажиллагааны
  функций
локализация психических
localization of mental function

心理机能定位
сэтгэцийн үйл ажиллагаа
умственная деятельность
mental activity

心理活动
сэтгэцийн хими
ментальная химия
mental chemistry

心理化学
сэтгэл зүйчлэх

心理健康教育
сэтгэцийн эрүүл мэнд
душевное здоровье
mental health

心理健康
  ажиллагааны алдагдал
оюун ухааны үйл
умственная дисфункция
mental dysfunction

心理疾患
сэтгэцийн өвчин
психическое заболевание
mental illness

心理疾病
сэтгэл зүйн механизм
психологический механизм
  mental mechanism

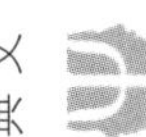

мансуурах донтон
перегорание
burnout

心理倦怠
психодрам
психодрама
psychodrama

心理剧
сургалтаар сэтгэл засах арга
психагогика
psychagogia

心理教育
боловсрол
сэтгэцийн эрүүл мэндийн
здоровья
образование душевного
mental health education

сэтгэл зүйн логик
психологическая логика
psychological logic

心理逻辑
сэтгэцийн хэмжээс
умственная шкала
mental scale

心理量表
оюун ухааны онол
теория разума
theory of mind

心理理论
ухаан
сэтгэл судлалын шинжлэх
психологическая наука
psychological science

心理科学

心理品质
сэтгэцийн ядаргаа
умственная усталость
mental fatigue

心理疲劳
оюун ухааны нас
· MA
умственный возраст
mental age, MA

心理年龄（智力年龄，智龄）
сэтгэл зүйн эсэргүүцэл
психологический реактанс
psychological reactance

心理逆反
сэтгэцийн идэвх
умственная активность
mental activism

心理能动性

psychological trait
психологическая черта
сэтгэл зүйн шинж чанар

心理契约
psychological contract
психологический контракт
сэтгэл зүйн гэрээ

心理群体
psychological group
психологическая группа
сэтгэл зүйн бүлэг

心理人类学
psychoanthropology
психоантропология
сэтгэц-антропологи

心理扫描
mental scanning
ментальное сканирование
сэтгэцийн дүрс задлал

心理社会剥夺
psychosocial deprivation
психосоциологическое
лишение
нийгэм сэтгэл зүйн хасалт

心理社会发展阶段
psychological stage
психологический этап
сэтгэл зүйн үе шат

心理社会应激
psychosocial stress
психологический стресс
сэтгэл зүйн стресс

心理神经肌肉理论
psychoneuromuscular theory
психонейромускульная
теория
сэтгэц-мэдрэл-булчингийн
онол

心理神经免疫学
psychoneuroimmunology
психонейроиммунология
сэтгэц-мэдрэл-дархлаа судлал

心理生活空间
psychological life space
психологическое жизненное
пространство
сэтгэл зүйн амьдралын орон
зай

心理生理学
psychophysiology
психофизиология

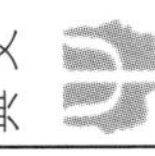

оюун ухааны туршилт
ᠰᠡᠳᠬᠢᠯ ᠦᠨ [illegible]
умственный эксперимент
mental experiment

心理实验
сонсон ойлгох сэтгэл судлал
ᠰᠡᠳᠬᠢᠯ ᠦᠨ [illegible]
психоакустика
psychoacoustics

心理声学
сэтгэц-биологи
ᠰᠡᠳᠬᠢᠯ ᠦᠨ [illegible]
психобиология
psychobiology

心理生物学
сэтгэл зүйн экологи
ᠰᠡᠳᠬᠢᠯ ᠦᠨ [illegible]
психологическая экология
psychological ecology

心理生态学
сэтгэц физиологи

psychological statistics

心理统计学
сэтгэцийн зохицуулалт
ᠰᠡᠳᠬᠢᠯ ᠦᠨ [illegible]
психической регуляции
mental regulation

心理调节
сэтгэл зүйн хувьд манин байх
ᠰᠡᠳᠬᠢᠯ ᠦᠨ [illegible]
андрогинности
психологической
psychological androgyny

心理双性化
оюун санааны мөн чанар
ᠰᠡᠳᠬᠢᠯ ᠦᠨ [illegible]
умственная сущность
essence
substance, psychological
nature, psychological
mental essence, psychological

心理实质

心理物理学
сэтгэл зүйн хэмжээс
ᠰᠡᠳᠬᠢᠯ ᠦᠨ [illegible]
психологическая шкала
psychophysical scale

心理物理量表
сэтгэл зүйн зэвсэг
ᠰᠡᠳᠬᠢᠯ ᠦᠨ [illegible]
психологическое оружие
psychological weapon

心理武器
сэтгэцийн эрүүл мэнд
ᠰᠡᠳᠬᠢᠯ ᠦᠨ [illegible]
душевное здоровье
psychological health
hygiene, psychohygiene,
psychophylaxis, mental

心理卫生
сэтгэл зүйн статистик
ᠰᠡᠳᠬᠢᠯ ᠦᠨ [illegible]
психологическая статистика

psychophysics
психофизика
сэтгэц-физик

心理物理学方法
psychophysical method
психофизический метод
сэтгэц-физикийн арга

心理系统
psychological system
психологическая система
сэтгэл зүйн тогтолцоо

心理现象
mental phenomenon
психическое явление
сэтгэцийн үзэгдэл

心理相容性
psychological compatibility
психологическая совместимость
сэтгэл зүйн нийцэл

心理形态学
psychomorphology
психо-морфология
сэтгэц-үг зүйн дүрэм

心理性欲发展阶段
psychosexual stages of development
психосексуальные этапы развития
хөгжлийн психосексуаль үе шатууд

心理旋转
mental rotation
умственное вращение
сэтгэцийн эргүүлэх үйл

心理选材
talent selection by psychology
отбор талантов по психологии
сэтгэл зүйн авьяасыг сонгох

心理学
psychology
психология
сэтгэл судлал

心理学方法论
methodology in psychology
методология в психологии
сэтгэл судлалын арга зүй

心理学体系
system of psychology
системы психологии
сэтгэл судлалын тогтолцоо

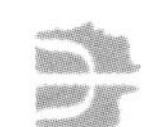

психологическая зависимость
psychological dependence

心理依赖
сэтгэц нөлөөт эм судлал
психофармакология
psychopharmacology

心理药理学
сэтгэл судлалын сургалт
психологическое обучение
psychological training

心理训练
хандлага
сэтгэл судлал дахь тогтолцоот
психологии
системный подход в
psychology
systematic approach in

心理学系统观

психомоторная модель
psychomotor model

心理运动模型
сэтгэц-хөдөлгөөний
психомоторный
psychomotor

心理运动
сэтгэц хэл шинжлэл
психолингвистика
psycholinguistics

心理语言学
сэтгэц удамшил
психогенетика
psychogenetics

心理遗传学
сэтгэл зүйн хамаарал

psychological tactics

心理战术
сэтгэл зүйн хамгаалалт
психологическая защита
psychological defense

心理战防御
үйл ажиллагаа
сэтгэл зүйн дайн, сэтгэл зүйн
психологическая операция
психологическая война,
psychological operation
psychological warfare,

心理战
сэтгэц-хөдөлгөөний чадвар
психомоторная способность
psychomotor ability

心理运动能力
сэтгэц-хөдөлгөөний загвар

mentalism

心理主义
сэтгэл засал
психотерапия
psychotherapy

心理治疗
сэтгэл зүйн оношлогоо
психологическая диагностика
psychodiagnosis
psychological diagnosis,

心理诊断
сэтгэцийн эмгэг
психическое расстройство
mental disorder

心理障碍
сэтгэл зүйн тактик
психологические тактики

心灵决定论
сэтгэл зүйн зөвлөгөө
консультирование
психологическое
psychological counseling

心理咨询
сэтгэцийн байдал
психическое состояние
mental status

心理状态
сэтгэцийн намтар
психобиография
psychobiography

心理传记学
сэтгэцийг дээдлэх үзэл
ментализм

заболевание
психосоматическое
psychosomatic disease

心身疾病
Психокинез
психокинез
psychokinesis, PK

心灵致动
пара сэтгэл судлал
парапсихология
parapsychology

心灵学
сэтгэцийн шалтгаацал
психический детерминизм
psychic determinism

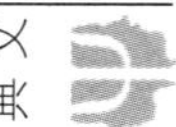

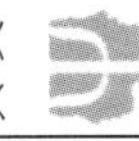

интеракционизм разума и
mind-body interactionism

心身相互作用论（身心交感论）
оюун ухаан-биеийн асуудал
ᠰᠡᠳᠬᠢᠯ ᠪᠡᠶ᠎ᠡ ᠶᠢᠨ ᠠᠰᠠᠭᠤᠳᠠᠯ
проблема разума и тела
mind-body problem

心身问题
бие-сэтгэцийн эмгэг
ᠰᠡᠳᠬᠢᠯ ᠪᠡᠶ᠎ᠡ ᠶᠢᠨ ᠰᠡᠳᠬᠢᠯ ᠡᠮᠭᠡᠭ
расстройство
психосоматическое
psychosomatic disorder

心身失调
зэрэгцлийн үзэл
оюун ухаан биеийн
ᠰᠡᠳᠬᠢᠯ ᠪᠡᠶ᠎ᠡ ᠶᠢᠨ ᠵᠡᠷᠭᠡᠴᠡᠯ ᠦᠵᠡᠯ
ум-тело параллелизм
mind-body parallelism

心身平行论
бие-сэтгэцийн өвчин
сэтгэцийн эмгэг
ᠰᠡᠳᠬᠢᠯ ᠦᠨ ᠰᠢᠯᠳᠠᠭᠠᠨ ᠡᠮᠭᠡᠭ
психогенное расстройство
psychogenic disorder

心因性障碍
оюун ухаан биеийн изоморф
ᠰᠡᠳᠬᠢᠯ ᠪᠣᠳᠣᠯ ᠪᠠ ᠪᠡᠶ᠎ᠡ ᠬᠡᠯᠪᠡᠷᠢ ᠦᠵᠡᠯ
изоморфизм разума и тела
mind-body isomorphism

心声同型论
бие-сэтгэцийн эмгэг
ᠰᠡᠳᠬᠢᠯ ᠪᠡᠶ᠎ᠡ ᠶᠢᠨ ᠡᠮᠭᠡᠭ
расстройство
психосоматическое
psychosomatic disorder

心身障碍
үйлдэл
оюун ухаан биеийн харилцан
ᠦᠵᠡᠯ
ᠰᠡᠳᠬᠢᠯ ᠪᠡᠶ᠎ᠡ ᠶᠢᠨ ᠬᠠᠷᠢᠯᠴᠠᠨ ᠦᠢᠯᠡᠳᠴᠡᠯ ᠦᠨ
тела

ᠰᠢᠨ᠎ᠡ ᠬᠠᠯᠢᠰᠤᠨ
неокортекс
neocortex

新皮质
хандлага
Пиажегийн онолын шинэ
ᠰᠢᠨ᠎ᠡ ᠫᠢᠶᠠᠵᠸ ᠦᠵᠡᠯ
нео-Пиаже теория
neo-Piagetian theory

新皮亚杰理论
сэтгэл задлалын шинэ урсгал
ᠰᠢᠨ᠎ᠡ ᠦᠵᠡᠯ ᠰᠡᠳᠬᠢᠯ ᠪᠠ ᠰᠢᠨᠵᠢᠯᠡᠯ
неопсиханализ
neo-psychoanalysis

新精神分析
нэмэгдэх
баяр баясгалантай урам зориг
ᠪᠠᠶᠠᠰᠬᠤᠯᠠᠩᠲᠤ ᠰᠡᠳᠬᠢᠯ
эйфория
euphoria

欣快症

шинэ гадарга

新生儿反射

newborn reflex

новорожденное отражение

[illegible]

дөнгөж төрсөн хүүхдийн
　рефлекс

新生儿期

neonatal period

неонатальный период

[illegible]

нярай үе

新生儿行为评价量表

Neonatal Behavioral
　Assessment Scale

шкала поведенческой оценки
　для новорожденных

[illegible]

нялх хүүхдийн зан байдлыг
　үнэлэх шкал

新手型教师

novice teacher

начинающий учитель

[illegible]

шинэхэн багш

新行为主义

neo-behaviorism

необихевиоризм

[illegible]

бихевиоризмын шинэ
　хандлага

薪酬制度

compensation system

система компенсации

[illegible]

тэгшитгэх тогтолцоо

xìn

信度

reliability

надежность

[illegible]

найдвартай чанар

信号灯

signal light

световой сигнал

[illegible]

дохионы гэрэл

信号检测

signal detection

обнаружение сигнала

[illegible]

дохио илрүүлэх

信号检测理论

signal detection theory

теория обнаружения сигнала

[illegible]

дохио илрүүлэх онол

信号噪声分布

signal-to-noise distribution

распределение сигнала к

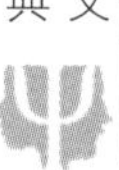

итгэлцэл

доверие

trust

信任

үнэмшлийн нөлөө

үр дүнд үзүүлэх итгэл

эффект

вера оказывает влияние на

belief bias effect

信念偏见效应

итгэл үнэмшил

вера

belief

信念

тархалт

дуу чимээний дохионы

шуму

信息加工理论

мэдээллийн үйл ажиллагаа

информационная функция

information function

信息函数

мэдээлэл хадгалалт

хранение информации

information storage

信息储存

мэдээллийн хэт ачаалал

информационная перегрузка

information overload

信息超负荷

мэдээлэл

информация

information

信息

pheromone

*信息素（外激素）

мэдээллийн онол

теория информации

theory of information

信息论

мэдээллийн матриц

информационная матрица

information matrix

信息矩阵

мэдээлэл боловсруулах загвар

модель обработки информации

information processing model

信息加工模型

мэдээлэл боловсруулах онол

Теория обработки информации

information processing theory

информационная война
information warfare

信息战
мэдээллийн дэлгэц
информационный дисплей
information display

信息显示
мэдээллийн эрэл хайгуул
поиск информации
information retrieval

信息提取
мэдээллийн гэмтэл
информационная травма
information trauma

信息损伤
феромон
феромон

行动者-观察者效应
үйл ажиллагааны судалгаа
изучение деятельности
action research

行动研究
үргэлжилсэн долгион онол
теория волны путешествия
traveling wave theory

行波说
эрүүгийн сэтгэл судлал
пенитенциарная психология
penal psychology

刑罚心理学

xíng

мэдээллийн дайн

behavior modification

行为矫正
зан байдлын дүн шинжилгээ
анализ поведения
behavior analysis

行为分析
зан байдлын хэмжигдэхүүн
поведенческая мера
behavioral measure

行为测量
зан байдал
поведение
behavior

行为
жүжигчин ажиглагч нөлөө
эффект актер-наблюдатель
actor-observer effect

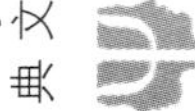

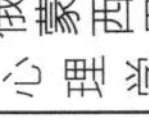

behavioral sensitization

行为敏感化
зан байдлын засал
поведенческая терапия
behavior therapy

行为疗法（行为治疗）
зан үйлийн шинжлэх ухаан
поведенческая наука
behavioral science

行为科学
зан үйлийн шийдвэр гаргах
решений
поведенческое принятие
behavioral decision-making

行为决策
зан байдлын өөрчлөлт
модификация поведения
үйл явдлын зан байдлын
события
поведенческое интервью
behavioral event interview

行为事件访谈
зан үйлийн экологи
поведенческая экология
behavioral ecology

行为生态学
шинжлэх ухаан
зан үйлийн мэдрэлийн
поведенческая нейробиология
behavioral neuroscience

行为神经科学
зан үйлийн мэдрэмжтэй
сенсибилизация
поведенческая
зан үйлийн анагаах ухаан
поведенческая медицина
behavioral medicine

行为医学
зан байдлын илрэл
появление поведения
behavior emergence

行为显现
зан төрхийн адил төст байдал
поведенческая гомология
behavior homology

行为同源
зан үйлийн мэдээ
поведенческие данные
behavioral data

行为数据
ярилцлага

行为遗传学
behavioral genetics
генетика поведения
зан үйлийн генетик

行为障碍
behavior disorder
расстройства поведения
зан байдлын эмгэг

*行为治疗（行为疗法）
behavior therapy
поведенческая терапия
зан байдлын засал

行为主义
behaviorism
бихевиоризм
бихевиоризм

行为主义心理学
behavioristic psychology
бихевиористская психология
бихевиорист сэтгэл судлал

T 形迷津
T maze
T лабиринт
T лабиринт

Y 形迷津
Y maze
Y лабиринт
Y лабиринт

形式训练说
theory of formal discipline
теория формальной дисциплины
албан ёсны сахилга батын онол

形式运算
formal operation
формальная операция
албан ёсны үйл ажиллагаа

形式运算阶段
formal operational stage
формальная эксплуатационная стадия
хэлбэржсэн үйл ажиллагааны үе шат

形象记忆
imaginal memory
вообразительная память
дүрийн ой тогтоолт

形象思维
imagery thinking
образность мышления

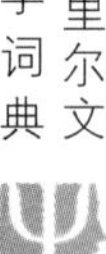

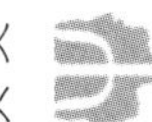

форма восприятия,
perception
form perception, shape

形状知觉
тогтмол хэлбэр
форма неизменность
shape constancy

形状恒常性
үзэгдэл
жин хэмжээний хуурмаг
иллюзия веса размера
size-weight illusion

形重错觉
хэлбэрийн чанарын урсгал
школа качества формы
school of form-quality

形质学派
дүрийн сэтгэхүй
type B personality

B 型人格
бие хүний A хэв маяг
A
тип личности A
type A personality

A 型人格
II төрлийн алдаа
II
ошибка типа II
type II error

II型人格
I төрлийн алдаа
I
ошибка типа I
type I error

I型错误（第Ⅰ类错误）
хэлбэрийг хүртэх
формын хэлбэрийн хүртэхүй,
восприятие
тип модель поведения C
type C behavior pattern

C 型行为类型
зан үйлийн загварын B төрөл
B
тип модель поведения B
type B behavior pattern

B 型行为类型
зан үйлийн загварын A төрөл
A
тип модель поведения A
type A behavior pattern

A 型行为类型
бие хүний D хэв маяг
D
тип личности D
type D personality

D 型人格
бие хүний B хэв маяг
B
тип личности B

С

зан үйлийн загварын С төрөл

xìng

兴奋

excitation

возбуждение

өдөөлт, хөөрөлт

兴趣测验

interest test

тест на интерес

сонирхлын тест

*杏仁[复合]体（杏仁核）

amygdaloid complex,
amygdaloid body

миндалевидной комплекс,
миндалевидная тела

гүйлсэн бие

杏仁核（杏仁［复合］体）

amygdala, amygdaloid nucleus

миндалине, миндалевидная
ядра

гүйлсэн биеийн бөөм

性本能

sexual instinct

половой инстинкт

бэлгийн зөн

性变态

parasexuality

парасексуальность

парасексуаль процессоос
сэтгэл ханамж авах чадвар

性别角色

gender role, sex role

гендерная роль, половая роль

жендэрийн үүрэг, хүйсийн
үүрэг

性别刻板印象

gender stereotype

гендерный стереотип

жендэрийн тогтсон хэв шинж

性别认同

gender identity, sex identity

гендерной идентичности,
пола личности

жендерийн адилсал, хүйсийн
адилтгал

性别图式

gender schema

гендерная схема

жендэрийн схем

性别助长

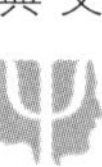

sexual abuse

性虐待

маягийн онол

зан чанар төлөвших хэв

характера тип

теория функцирования

type

theory of character function

性格机能类型论

зан чанар

характер

character

性格

дэмжлэг

хүйсийн дэмжлэг, жендэрийн

гендерная поддержка

sex facilitation

зан үйл

хэвийн бус бэлгийн

поведение

ненормальное сексуальное

abnormal sexual behavior

性行为异常

бэлгийн булчирхай

яичник

gonad

性腺

бэлгийн гажигтай

сексуальное отклонение

sexual deviation

性偏离

бэлгийн хүчирхийлэл

домогательство

修通

биеийн гаднах хэсгийг арчлах

уход за поверхностью тела

grooming behavior

修饰行为

уран илтгэл

риторика

rhetoric

修辞

xiū

бэлгийн даавар

андроген

androgen

雄激素

xióng

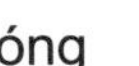

конфабуляция
confabulation

虚构症
хуурамч түгшүүр
ложная сигнализация
false alarm

虚报

xū

залруулга, засвар
коррекция
correction

修正值
дамжуулан ажиллах
работа через
working through

虚无假设
үеийн сэтгэл зүйн бэлтгэл
таамаглалын тулалдааны
гипотетического боя
психологическая подготовка в
hypothesized battlefield
psychological training in

虚拟战场心理训练
виртуал бодит байдал
виртуальная реальность
virtual reality

虚拟现实
виртуал бүлгэм
виртуальный чирок
virtual team

虚拟团队
найрсаг яриа

хэрэгцээний шатласан онол
потребностей
иерархическая теория
hierarchical theory of needs

理论）

需要层次论（马斯洛人类动机
хэрэгцээний шатлал
иерархия потребностей
hierarchy of needs

需要层次（马斯洛动机层次）
хэрэгцээ
потребность
need

需要
тэг таамаглал
нулевая гипотеза
null hypothesis

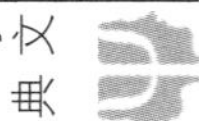

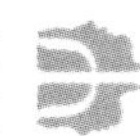

嗅觉

xiù

тайлбарласан сэтгэл зүй

описательная психология

narrative psychology

叙事心理学

ярианы засал

повествование терапия

narrative therapy

叙事疗法

дараалсан загвар

последовательный дизайн

sequential design

*序贯设计（连续系列设计）

xù

嗅觉缺乏

үнэрийн төв

обонятельная область

olfactory area

嗅觉区

үнэр хэмжигч

ольфактометр

olfactometer

嗅觉计

эмгэг

үнэрлэх чадвар хэт ихдэх

гиперосмия

hyperosmia

嗅觉过敏

үнэрийн сэрэл

обонятельное ощущение

olfactory sensation

宣泄

дайн

суртал ухуулгын сэтгэл зүйн

пропагандой

психологической войны

propaganda

psychological warfare by

宣传心理战

xuān

үнэрийн зааг

обонятельный порог

olfactory threshold

嗅觉阈限

үнэрлэх чадвараа алдах

аносмия

anosmia

избирательное внимание
selective attention
选择性注意
сонгох цаг
время выбора
selection time
选择时间
шийдвэр гаргах хугацаа
время принятия решения
choice reaction time
选择反应时（B 反应时）

xuǎn

цэвэрлэх
катарсис
catharsis

дети школьного возраста
School-age children
学龄儿童
сэтгэл судлалын судлагдахуун
предмет психологии
subject psychology
学科心理

xué

хурц гэрэл
яркий свет
glare
眩光

xuàn

шилэн сонгосон анхаарал

подразделение
команд-достижение
студенческих
division, STAD
student team-achievement
学生小组成就区分法
сэтгэл судлал
сургуулийн өмнөх насныхны
дошкольная психология
preschool psychology
学前心理学
сургуулийн өмнөх нас
дошкольный период
preschool period
学前期
сургуулийн насны хүүхдүүд

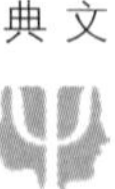

X

обучения
конструктивная теория
constructive theory of learning

学习的建构理论
сургалтын стратеги
ᠰᠤᠷᠭᠠᠯᠲᠠ ᠶᠢᠨ ᠠᠷᠭ᠎ᠠ ᠪᠣᠳᠤᠯᠭ᠎ᠠ
стратегия обучения
learning strategy

学习策略
сургалт
ᠰᠤᠷᠭᠠᠯᠲᠠ
обучение
learning

学习
оюутан төвтэй сургалт
ᠰᠤᠷᠤᠭᠴᠢ ᠪᠠᠷ ᠲᠥᠪᠯᠡᠷᠡᠭᠰᠡᠨ ᠰᠤᠷᠭᠠᠨ ᠬᠦᠮᠦᠵᠢᠯ
на студентов
обучение, ориентированное
student-centered instruction

学生中心教学
оюутны баг-амжилтын хэлтэс
сэдэлжүүлэлт
сургалтын гадаад
ᠰᠤᠷᠭᠠᠯᠲᠠ ᠶᠢᠨ ᠭᠠᠳᠠᠭᠠᠳᠤ ᠰᠡᠳᠦᠯ ᠰᠡᠳᠭᠢᠯᠭᠡ
внешняя мотивация обучения
extrinsic motivation of learning

学习的外在动机
онол
сургалтын танин мэдэхүйн
ᠰᠤᠷᠭᠠᠯᠲᠠ ᠶᠢᠨ ᠮᠡᠳᠡᠯ ᠲᠠᠨᠢᠯᠲᠠ ᠶᠢᠨ ᠣᠨᠣᠯ
когнитивная теория обучения
cognitive theory of learning

学习的认知理论
сэдэлжүүлэлт
сургалтын дотоод
ᠰᠤᠷᠭᠠᠯᠲᠠ ᠶᠢᠨ ᠳᠣᠲᠣᠭᠠᠳᠤ ᠰᠡᠳᠦᠯ ᠰᠡᠳᠭᠢᠯᠭᠡ
обучения
внутренняя мотивация
intrinsic motivation of learning

学习的内在动机
сургалтын конструктив онол
ᠰᠤᠷᠭᠠᠯᠲᠠ ᠶᠢᠨ ᠪᠦᠲᠦᠭᠡᠯᠲᠡ ᠣᠨᠣᠯ
сургалтын хэв маяг
ᠰᠤᠷᠭᠠᠯᠲᠠ ᠶᠢᠨ ᠬᠡᠪ ᠮᠠᠶᠢᠭ
стиль обучения
learning style

学习风格
сургалтын сэдэлжүүлэлт
ᠰᠤᠷᠭᠠᠯᠲᠠ ᠶᠢᠨ ᠰᠡᠳᠦᠯ ᠰᠡᠳᠭᠢᠯᠭᠡ
мотивация обучения
learning motivation

学习动机
сургалтын багц
ᠰᠤᠷᠭᠠᠯᠲᠠ ᠶᠢᠨ ᠪᠠᠭᠴᠠᠯᠠᠯ ᠪᠦᠯᠦᠭᠯᠡᠯ
набор обучения
learning set

学习定势
сургалтын зан үйлийн онол
ᠰᠤᠷᠭᠠᠯᠲᠠ ᠶᠢᠨ ᠵᠠᠩ ᠦᠢᠯᠡ ᠶᠢᠨ ᠣᠨᠣᠯ
обучения
поведенческая теория
behavioral theory of learning

学习的行为理论

теория обучения
learning theory

学习理论
чадваргүй байх
сургалтын хүндрэл, суралцах
ᠰᠤᠷᠤᠯᠭ᠎ᠠ ᠶᠢᠨ ᠪᠡᠷᠬᠡᠰᠢᠶᠡᠯ
неспособность к обучению
обучения трудности,
disability
learning difficulty, learning

学习困难
сургалтын үйл ажиллагаа
ᠰᠤᠷᠤᠯᠭ᠎ᠠ ᠶᠢᠨ ᠠᠵᠢᠯᠯᠠᠭ᠎ᠠ
учебная деятельность
learning activity

学习活动
эрдэм шинжилгээний орчин
ᠰᠤᠷᠤᠯᠭ᠎ᠠ ᠶᠢᠨ ᠣᠷᠴᠢᠨ ᠲᠣᠭᠣᠷᠢᠨ
академическая среда
academic environment

学习环境
ᠰᠤᠷᠤᠯᠭ᠎ᠠ ᠶᠢᠨ ᠰᠠᠭᠠᠳ
обучения расстройства
learning disorder

学习障碍
сургалтын сэтгэл судлал
ᠰᠤᠷᠤᠯᠭ᠎ᠠ ᠶᠢᠨ ᠰᠡᠳᠬᠢᠯ ᠰᠤᠳᠤᠯᠤᠯ
психология обучения
psychology of learning

学习心理学
сурах чадваргүй шинж
ᠰᠤᠷᠤᠬᠤ ᠴᠢᠳᠠᠯ ᠦᠭᠡᠢ᠂ ᠰᠤᠷᠤᠯᠭ᠎ᠠ ᠶᠢᠨ ᠪᠡᠷᠬᠡᠰᠢᠶᠡᠯ
необучаемостью
learning disability

学习无能
сургалтын дамжуулалт
ᠰᠤᠷᠤᠯᠭ᠎ᠠ ᠶᠢᠨ ᠰᠢᠯᠵᠢᠯᠲᠡ
передача обучения
transfer of learning

学习迁移
сургалтын онол
ᠰᠤᠷᠤᠯᠭ᠎ᠠ ᠶᠢᠨ ᠣᠨᠣᠯ
эрдэм шинжилгээний амжилт
ᠰᠢᠨᠵᠢᠯᠡᠬᠦ ᠶᠢᠨ ᠠᠮᠵᠢᠯᠲᠠ
научные достижения
academic achievement

学业成就
сургуулийн сэтгэл судлал
ᠰᠤᠷᠭᠠᠭᠤᠯᠢ ᠶᠢᠨ ᠰᠡᠳᠬᠢᠯ ᠰᠤᠳᠤᠯᠤᠯ
школьная психология
school psychology

学校心理学
сургуулийн зохицуулалт
ᠰᠤᠷᠭᠠᠭᠤᠯᠢ ᠶᠢᠨ ᠵᠣᠬᠢᠴᠠᠯ
регулировка школы
school adjustment

学校适应
сургуулиас айх айдас
ᠰᠤᠷᠭᠠᠭᠤᠯᠢ ᠠᠴᠠ ᠠᠶᠤᠬᠤ ᠡᠮᠭᠡᠭ
школофобия
School phobia

学校恐惧症
сурах эмгэг

学业成就测验
academic achievement test
академический тест
достижение
[illegible]
амжилтын академик тест

学业评价测验
Scholastic Assessment Test,
SAT
схоластическое оценочное
испытание
[illegible]
ерөнхий чадварын тест

xuè

血脑屏障
blood-brain barrier, BBB
гематоэнцефалический
барьер
[illegible]
цус-тархины саад бэрхшээл

*血清素（5-羟色胺）
serotonin
серотонин
[illegible]
хөшрөлтийн эрэг даавар

血缘关系研究
consanguinity study
исследование кровного
родства
[illegible]
цусан төрлийн судалгаа

xùn

训练迁移
training transfer
перевод обучения
[illegible]
сургалтын шилжүүлэлт

训练型运动员
good-at-training athlete
хороший в обучении
спортсмен
[illegible]
сургалтанд сайн тамирчин

yā

压觉
pressure sensation
ощущение давления
даралтын сэрэл

压觉适应
pressure sensation adaptation
адаптация ощущения давления
даралтын сэрлийн дасан зохицол

压抑
repression
репрессия
хэлмэгдүүлэлт

压抑作用
repression effect
эффект вытеснения
шахан зайлуулалтын нөлөө

压制
suppression
подавление
даралт

yà

亚里士多德错觉
Aristotle illusion
иллюзия Аристотеля
Аристотелийн хуурмаг үзэгдэл

亚文化群体论
theory of subcultural group
Теория субкультурных групп
тусгай нийгмийн болон угсаатны соёлын бүлгийн онол

yán

延迟满足
delay of gratification
задержка удовлетворения
таашаал ханамжийн саатал

延迟模仿
deferred imitation
отложенный имитация

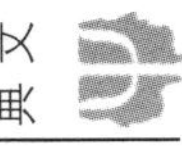

вербальная коммуникация
verbal communication

言语沟通
хүртэхүй
хэлэхүйг хүртэх категори
речи
категорическое восприятие
categorical perception of speech

言语范畴知觉
аман тайлан, аман илтгэл
устный доклад
verbal report

*言语报告（口头报告）
уртавтар тархи
продолговатый мозг
medulla oblongata

延髓
хойшлуулсан дуураймал

речи артикуляция
speech articulation

言语清晰度
байдал
хэл яриаиы тод гаргацтай
разборчивость речи
speech intelligibility

言语可懂度
хэл яриа боловсруулах
обработки речи
speech processing

言语加工
ярих үйл ажиллагаа
речевая деятельность
speech activity

言语活动
аман харилцаа

речевой сигнал
speech signal

言语信号
хэл ярианы харилцаа холбоо
система речевой связи
speech communication

言语通信
хэл яриа таних
распознавание речи
speech recognition

言语识别
хэл ярианы үйлдвэрлэл
производство речи
speech production

言语生成
үгээр илэрхийлэх хэл яриа

вербальный интеллект
verbal intelligence

言语智力
хэл яриаг хүртэх
восприятие речи
speech perception

言语知觉
хэл ярианы эмгэг, өөрчлөлт
нарушение речи
speech disorder

言语障碍
хэлэхүйн сургалт
обучение
вербальное, речевое,
speech learning

言语学习
хэл ярианы дохио
өнгө тэгшитгэл
уравнение цвета
color equation

颜色方程（配色公式）
өнгөний тодрол
цветовой контраст
color contrast

颜色对比（色对抗）
эрхэмлэх өнгө
цвет предпочтения
color preference

颜色爱好
боловсруулах үйл явц
формулировка процессов
formulation processes

言语组织过程
хэл ярианы оюун ухаан

颜色匹配（配色）
өнгө уусал
допуск цвета
color tolerance

颜色宽容度
өнгө хольцийн хууль
закон смешения цветов
law of color mixture

颜色混合律
холимог өнгө
цвет смеси
color mixture

颜色混合
өнгөний тогтмол байдал
цвет постоянство
color constancy

颜色恒常性

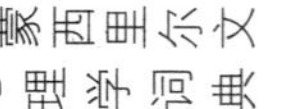

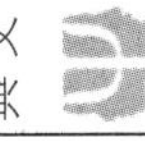

颜色适应（色彩适应，色调适应）
өнгөний бүс
цветовая зона
color zone

*颜色视野（色区）
өнгөний хараа
цветовое зрение
color vision

颜色视觉（色觉）
өнгөний гурвалжин
цветовой треугольник
color triangle

颜色三角）

颜色三角（原色三角，麦克斯韦
өнгөний зохицол
соответствия цветов
color matching

маскировка
masking

掩蔽

yǎn

өнгийг хүртэх хүртэхүй
восприятие цвета
color perception

颜色知觉
өнгөт хавтгай дөрвөлжин
цветной квадрат
color square

颜色四方形
зохицол
хромат өнгөний дасан
хроматическая адаптация
chromatic adaptation

thought
deductive thinking, deductive

演绎思维
нүдний алимны байршил
жилье глазного яблока
eyeball accommodation

眼球调节
нүдний хөдөлгөөн
движения глаз
eye movement

眼动
цахилгаан бичлэг
нүдний хөдөлгөөний
электроокулограмма
electrooculogram, EOG

眼电图
далдлалт

терапия
вызывающая отвращение

төрүүлэх засал
терапия тавгүйцэл
вызывающая отвращение
aversive therapy
厌恶疗法

yàn

дедуктив дүгнэлт

дедуктивный вывод
deductive inference
演绎推理
бодол
дедуктив сэтгэхүй, дедуктив

дедуктивную мысль
дедуктивное мышление,

зүйлийн дүн шинжилгээ
баталгаажуулах хүчин

анализ
подтверждающий факторный
confirmatory factor analysis
验证性因素分析
таагүй нөхцөл

кондиционирование
аверсивное
aversive conditioning
反射）
*厌恶条件作用（厌恶条件
таагүй нөхцөл

кондиционирование
аверсивное
aversive conditioning
厌恶条件反射（厌恶条件作用）

样例理论
жишээ, загвар

образец
sample
样本

yàng

загатнах сэрэл

ощущение зуда
itching sensation
痒觉
залуу хүнийг халамжлах

уход за молодой
care of young
养育活动（护幼活动）

yǎng

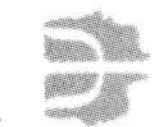

лекарственная бессонница
medicinal insomnia
药物性失眠
мансууруулах бодис хэрэглэх
злоупотребление наркотиками
drug abuse
药物滥用
мансуурах донтолт
наркотическая зависимость
drug addiction
*药物成瘾（药物依赖）

yào

үлгэр жишээ онол
теория образца
exemplar theory

неустойчивый интеллект
fluid intelligence
*液态智力（流体智力）

yè

Йеркс-Додсоны хууль
закон Йеркса-Додсона
Yerkes-Dodson law
耶基斯–多德森定律

yē

мансуурах бодисын хамаарал
наркотической зависимости
drug dependence
药物依赖（药物成瘾）
эмийн нойргүйдэл

一般迁移（普通迁移）
ерөнхий авьяас чадварын тест
общий тест на способность
general ability test
一般能力测验（普通能力测验）
ерөнхий чадвар
общая способность
general ability
一般能力
ерөнхий төсөөлөл
общий образ
representation in general
一般表象

yī

хувирамтгай оюун ухаан

первичная подкреплением
primary reinforcer
一级强化物
зөвшилцөл
консистенция
consistency
一贯性
шинж
ерөнхий дасан зохицох хам
синдром
общий адаптационный
GAS
general adaptation syndrome,
合征）
一般适应综合征（普通性适应综
ерөнхий дамжуулалт
общая передача
general transfer

теория конгруэнтность
congruity theory
一致性理论（调和理论）
зөвшилцөл
консенсус
consensus
一致性
олон эшт үзэл
монизм
monism
一元论
сэргийлэлт
анхан шатны урьдчилан
первичная профилактика
primary prevention
一级预防
анхан шатны батжуулагч

соблюдение
compliance
依从（顺从）
анагаахын сэтгэл судлал
медицинская психология
medical psychology
医学心理学
анагаахын загвар
медицинская модель
medical model
医学模式
ид
ид
id
*伊底（本我）
эв эеийн онол

移情

yí

咿呀语
чалчаа яриа
болтовня
babbling

依恋
ээнэгшил
привязанность
attachment

依赖型人格障碍
бие хүний хамаат эмгэг
зависимое расстройство личности
dependent personality disorder

依赖型人格障碍
дагаж мөрдөх

удамшлын шалтгаант үзэл
генетический детерминизм
genetic determinism

遗传决定论
удамшлын болон хувьслын онол
теория генетики и эволюции
theory of genetics and evolution

遗传进化论
удамшил
наследственность
heredity

遗传
шилжүүлэлт
перенос
transference

аномическая афазия
амнестическая афазия, aphasia
amnestic aphasia, anomic

语性）
*遗忘性失语症（命名性失
марталтын муруй
забывание кривая
forgetting curve

遗忘曲线（保持曲线）
марталт
забывание
forgetting

遗忘
өөрийн уншсан төсөөлөл
эйдетический представление
eidetic image

遗觉象

сэтгэл гутралын дэмийрэл
[illegible]
заблуждением
ипохондрическое
hypochondriacal delusion

疑病妄想
шинж
тогтоох чадваргүй болох хам
[illegible]
амнестическое синдром
amnestic syndrome

遗忘综合征
тогтоох чадваргүй болох
[illegible]
амнезия
amnesia

遗忘症
өөрчлөлт
эмгэг, хэл ярианы гажиг
тогтоох чадваргүй хэл ярианы
[illegible]

хүн төвтэй сэтгэц засал
[illegible]
психотерапия
сосредоточенная людьми
person-centered psychotherapy

*以人为中心疗法（当事人中心疗法）
ацетилхолин
[illegible]
ацетилхолин
acetylcholine, ACh

乙酰胆碱

yǐ

сэтгэл гутралын хам шинж
[illegible]
ипохондрический синдром
hypochondriasis

疑病症

[illegible]
трансвестизм
transvestism

异装癖
өнгөний сул тал
[illegible]
цвет слабость
color weakness

*异常三色视觉（色弱）
урлагийн сэтгэл судлал
[illegible]
психология искусства
psychology of art

艺术心理学
уран сайхны зохион бодохуй
[illegible]
художественное воображение
artistic imagination

艺术想象

yì

декодирование
decoding

译码
саатал
торможение
inhibition

抑制
меланхолик зан араншин
меланхоличный темперамент
melancholic temperament

抑郁质
сэтгэл гутрал
депрессия
depression

抑郁
өмсөх эрмэлзэл
эсрэг хүйсийн хүний хувцас

сознание
consciousness

意识
нууцлаг мэдлэг
неявные знания
tacit knowledge

*意会知识（内瘾知识）
үйлдлийн сэтгэл судлал
психология акта
act psychology

意动心理学
эрмэлзэл
өөрийн хүйсээ өөрчлөх
транссексуализм
transsexualism

易性癖
кодыг тайлж унших

ухамсрын сэтгэл судлал
психология сознания
consciousness psychology

意识心理学
ухамсрын үүсэл
происхождение сознания
origin of consciousness

意识起源
ухамсрын урсгал
поток сознания
stream of consciousness

意识流
ухамсрын хөдөлгөөнт шинж
подвижность сознания
motility of consciousness

意识的能动性
ухамсар

意向论
intentionalism
интенционализм
гадаад байдалд тулгуурласан хүний дотоод хүсэл

意象世界
image world
мир изображения
дүрслэлийн ертөнц

意义识记
meaningful memorization
смысл запоминанию
утга төгөлдөр тогтоолт

意义学习
meaningful learning
осмысленное обучение
утга учиртай сургалт

意志
will
сэтгэлийн тэнхээ
воля

意志缺失
abulia
абулия
эмгэг арчаагүй байдал

意志训练
will training
обучение воля
сэтгэлийн тэнхээний сургалт

意志障碍
dysbulia
расстройство воля
сэтгэлийн тэнхээний эмгэг

意志自由论
libertarianism
либертарианизм
хувь хүний эрх чөлөөний төлөх үзэл

癔症
hysteria
истерия
хий өвчин

*癔症躯体症状（转换性癔症）
conversion hysteria
конверсивная истерия
хувиргах хий өвчин

yīn

因变量
dependent variable
зависимая переменная

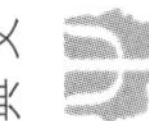

[illegible]
причинная умозаключение
causal inference

因果推论
холбооны хууль
шалтгаан үндэслэлийн
[illegible]
связи
закон причинно-следственной
law of causation

因果律
холбоотой нийлэмж
шалтгаан үндэслэлийн
[illegible]
связи
причинно-следственной
ассоциация по
association by causation

因果联想
хамаарах хувьсагч
[illegible]
factor analysis

因素分析
хүчин зүйл
тодорхой хүчин зүйлс, s
s [illegible]
фактор
специфический фактор, с
specific factor, s factor

s 因素
ерөнхий хүчин зүйл, г хүчин зүйл
g [illegible]
общий фактор, g-фактор
general factor, g factor

g 因素
учир шалтгааны холбогдол
[illegible]
[illegible]
каузальная атрибуция
causal attribution

因果性归因
учир шалтгааны дүгнэлт
солигдолт
хүчин зүйлийн ээлжлэн
[illegible]
вращение фактор
factor rotation

因素旋转
байдал
хүчин зүйлийн найдвартай
[illegible]
факториальная надежность
factorial validity

因素效度
хүчин зүйлийн ачаалал
[illegible]
факторная нагрузка
factor loading

因素负荷
шинжилгээ
хүчин зүйлийн дүн
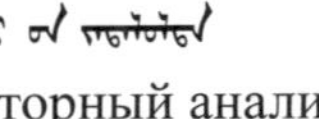
факторный анализ

音拍
дууны тор
звук клетка
sound cage

音笼（听觉定向测定仪）
үечилсэн мэдээлэлтэй байх
слог осведомленность
syllable awareness

音节意识
дамжуулалт
передачи
pitch

音高
таарамжтай бүс
тональных остров
tonal island

音岛
phoneme awareness

音位意识
авиалбар
фонема
phoneme

音位
авиа
фонема
phoneme

音素
хангинах өнгө
лязгать цвет
clang color

音色
ая дан
тон
beat

musical perception

音乐知觉
дуу хөгжмийн засал эмчилгээ
музыкотерапия
music therapy

音乐疗法
таарамжтай ялгаа
тональный разрыв
tonal gap

音隙
авиаг хүртэх
восприятие фонемы
phoneme perception

音位知觉
авианы мэдээлэлтэй байх
фонематическое
осведомленность

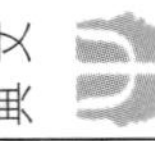

музыкальное восприятие

хөгжмийг хүртэх хүртэхүй

yǐn

饮水中枢

drinking center

питьевой центр

ундны төв (их тархины)

隐喻

metaphor

метафора

зүйрлэл

yìn

印记

imprinting

импринтинг

хоногшил

印象管理（印象整饰）

impression management

управления впечатлением

сэтгэгдлээр удирдах

*印象整饰（印象管理）

impression management

управления впечатлением

сэтгэгдлээр удирдах

yīng

英国经验主义

British empiricism

Британский эмпиризм

Британий эмпиризм

婴儿期

infancy

младенчество

нялх үе

yìng

应答反应

response, reaction

реакция

хариу үйлдэл

应对策略

coping strategy

стратегия преодоления

даван туулах стратеги

应对方式

coping style

справляясь стиль

стресс от несчастных случаев

stress casualty

应激减员

стресс менежмент

стресс-менеджмент

stress management

应激管理

гэмт хэргийн стресс

стресс преступление

stress offence

应激犯罪

стресс

стресс

stress

应激

даван туулах хэв маяг

обучение стресс

stress training

应激训练

стресстэй холбоотой эмгэг

расстройства

связанные со стрессом

stress-related disorder

应激相关障碍（反应性精神病）

стресс хяналтын сургалт

стрессом

обучение управления

stress control training

应激控制训练

стресс

азгүй тохиолдлоос үүсэх

用户体验

yòng

хэрэглээний сэтгэл судлал

прикладная психология

applied psychology

应用心理学

стресс үүсгэгч

стресс-фактор

stressor

应激源

стресс даван туулах стратеги

стресса

стратегия преодоления

stress-coping strategy

应激应对策略

стресс сургалт

предпочтительный речевой level-4

preferred speech interference

优选言语干扰级-4

давуу дүрэм журам

система правил предпочтения

preference rules system

优先规则系统

yōu

хэрэглэгчийн судалгаа

исследования пользователей

user research

用户研究

хэрэглэгчийн туршлага

пользовательский опыт

user experience

play instinct

游戏本能

хөгжил

ойроос алсад чиглэсэн

развитие

ближайшее периферическое

proximal-distal development

由近及远发展

yóu

баривчлах

лишение свободы

incarceration

幽闭（隔绝）

давуу яриа

хөндлөнгийн 4 түвшний

уровень 4 вмешательства

ресурсов

модель ограничение

resource limitation model

有限资源模型

yǒu

тоглоомын засал

игровая терапия

play therapy

游戏疗法

тоглоомын онол

теория игры

theory of play

游戏理论

тоглох зөн

инстинкт игры

добровольное поведение
voluntary behavior

有意行为
зориудын зохион бодохуй
добровольное воображение
voluntary imagination

有意想象（随意想象）
зориудын тогтоолт
намеренное запоминание
intentional memorization

有意识记
зориудын анхаарлын мэдээ
внимания
сообщение произвольного
post voluntary attention

有意后注意（随意后注意）
загвар
нөөцийн хязгаарлалтын

诱导色
баруун гартан
право рукость
right-handedness

右利手

yòu

зориудын анхаарал
произвольное внимание
voluntary attention

有意注意（随意注意）
чиг зорилгот сургалт
интенциональное обучение
intentional learning

有意学习
сайн дурын зан байдал

өдөөгч, түлхэц
стимул
incentive

诱因
сэргээсэн эрч хүч
вызванный потенциал
evoked potential

*诱发电位（事件相关电位）
хөдөлгөөн
аргагүй байдлаар үүссэн
индуцированное движение
induced movement

诱导运动
автсан өнгө
автсан
индуцированный цвет
induced color

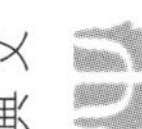

舆论

цэнгэлдэх төв

центр удовольствия

pleasure center

愉快中枢

yú

тойруу зан байдал

поведение объезд

detour behavior

迂回行为

тойруу асуудал

проблема обхода

detour problem

迂回问题

yū

грамматика

grammar

语法

дуудлагын хэв маяг

интонация узор

intonation pattern

语调模式

дуудлагын илэрхийлэл

выражение интонация

intonation expression

语调表情

yǔ

олон нийтийн санаа бодол

общественное мнение

public opinion

производство языка

language production

语言产生

нөхцөл байдал

контекст

context

语境

хэрэглэж чадахгүй байх

үгийн цаг, тийн ялгалыг зөв

аграмматизм

agrammatism

语法缺失

дүрмийн кодчилол

грамматическое кодирование

grammatical encoding

语法编码

дүрэм

语言经验
хэл эзэмших бүтэц
устройство захвата языка
LAD
language acquistion device,
*语言获得机制（语言习得装置）
хэлний эмгэг
расстройство языка
language disorder
语言功能障碍
шинжлэлийн бэлгэ тэмдэг
хэлний тэмдэг, хэл
лингвистический символ
языковой знак,
symbol
linguistic sign, linguistic
语言符号
хэлний үйлдвэрлэл

языковая компетентность
linguistic competence
语言能力
хэлийг ойлгох
язык понимание
language comprehension
语言理解
хандлага
хэл эзэмшихид суралцах
освоению языка
обучаемость подход к
language acquisition
learnability approach to
语言可习得性理论
хэлний туршлага
опыт язык
language experience

семантическое кодирование
semantic coding
语义编码
утга зүйн хамгийн бага нэгж
семантема
semanteme
语义
хэлний сэтгэл судлал
лингвистическая психология
linguistic psychology
语言心理学
хэл сурах механизм
механизм овладения языком
LAD
language acquisition device,
语言习得装置（语言获得机制）
хэлний цогц чадвар

дуудлагын кодчилол
[illegible]
фонетическое кодирование
phonetic encoding

语音编码
утгын сүлжээ
[illegible]
семантическая сеть
semantic network

语义网络
утгын анхдагч боловсруулалт
[illegible]
семантическое грунтование
semantic priming

语义启动
утгын ой тогтоолт
[illegible]
семантическая память
semantic memory

语义记忆
утгын кодчилол

авиа зүйн бүтэц
[illegible]
фонологическая структура
phonological structure

语音结构
авиа зүйн хөгжил
[illegible]
фонологическое развитие
phonological development

语音发展
авиа дуудлагын үйлдвэрлэл
[illegible]
фонетическое производство
phonetic production

语音产生
авиа зүйн төсөөлөл
[illegible]
представление
фонологическое
phonological representation

语音表征
өнгө
хэл ярианы дууны үндсэн
[illegible]
звука
основного тона речевого
pitch of speech sound

语音音高
авиа зүйн мэдээлэлтэй байх
[illegible]
осведомленность
фонологическая
phonological awareness

语音意识
журам
авиа өгүүлбэр зүйн бүтэцийн
[illegible]
синтаксические структуры
правила фонологические
structure interface rule
phonological structure-syntactic

语音–句法规则

语音知觉
phonetic perception
фонетическое восприятие
ᠠᠪᠢᠶ᠎ᠠ ᠪᠠᠷ ᠬᠦᠷᠲᠡᠬᠦᠢ
авиа зүйн хүртэхүй

yù

预测变量
predictive variable
прогнозирующая переменная
ᠲᠠᠮᠠᠭᠯᠠᠭᠰᠠᠨ ᠬᠤᠪᠢᠰᠤᠭᠴᠢ
таамагласан хувьсагч

预测效度
predictive validity
прогностическая валидность
ᠲᠠᠮᠠᠭᠯᠠᠭᠰᠠᠨ ᠲᠣᠬᠢᠷᠠᠴᠠ
таамагласан тохироц чанар

预期
anticipation, expectation
ожидание
ᠬᠦᠯᠢᠶᠡᠯᠲᠡ᠂ ᠲᠠᠮᠠᠭᠯᠠᠯ
хүлээлт, таамаглал

预期焦虑
anticipation anxiety,
anticipatory anxiety
предвосхищение тревога,
упреждающая тревога
ᠬᠦᠯᠢᠶᠡᠯᠲᠡ ᠶᠢᠨ ᠠᠶᠤᠳᠠᠰ
хүлээлтийн айдас,
горьдлогын түгшүүр

预期推理
predictive inference
прогностическая
умозаключение
ᠲᠠᠮᠠᠭᠯᠠᠭᠰᠠᠨ ᠳᠦᠭᠨᠡᠯᠲᠡ
таамагласан дүгнэлт

预期误差
anticipation error
ошибка предвосхищение
ᠲᠠᠮᠠᠭᠯᠠᠭᠰᠠᠨ ᠠᠯᠳᠠᠭ᠎ᠠ
урьдаас төсөөлсөн алдаа

预热效应
warm-up effect
разминка эффект
ᠰᠡᠳᠬᠢᠯ ᠢ ᠲᠠᠲᠠᠬᠤ ᠨᠥᠯᠦᠭᠡ
сэтгэл татах нөлөө

欲望行为
appetitive behavior
аппетитивное поведение
ᠳᠤᠷ᠎ᠠ ᠬᠦᠰᠡᠯ ᠦᠨ ᠵᠠᠩ
дур хүсэлтэй зан байдал

阈下知觉
subliminal perception
подсознательное восприятие
ᠤᠬᠠᠮᠰᠠᠷ ᠤᠨ ᠳᠠᠯᠳᠠ ᠬᠦᠷᠲᠡᠬᠦᠢ
ухамсрын далд хүртэхүй

阈限
threshold
порог
ᠵᠠᠭ᠂ ᠪᠣᠰᠤᠭ᠎ᠠ ᠶᠢᠨ ᠬᠡᠮᠵᠢᠶ᠎ᠡ
Зааг

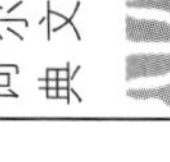

метапознание
metacognition

元认知
мета онол
мета теория
meta theory

元理论
мета-ой тогтоолт
мета-память
metamemory

元记忆
мета-шинжилгээ
мета-анализ
meta-analysis

元分析

yuán

мета-сэтгэл судлал
мета-психология
metapsychology

元心理学
хэсэгчлэх үзэл
элементализм
elementalism

元素主义
мета танин мэдэхүйн хөгжил
развитие метапознания
development of metacognition

元认知发展
мета танин мэдэхүйн стратеги
метакогнитивная стратегия
metacognition strategy

元认知策略
мета танин мэдэхүй

предварительный счет
raw score

原始分数
анхан шатны хэрэгцээ
первостепенная потребность
primary need

原生需要（第一需要，生物性需要）
өнгөний гурвалжин
треугольник цвета
color triangle

*原色三角（颜色三角）
суурь өнгө, үндсэн өнгө
основной цвет
фундаментальный цвет, color
fundamental color, primary

原色（基色）

загвар онол
ᠵᠠᠭᠪᠤᠷ ᠤᠨ ᠣᠨᠣᠯ
теория прототипов
prototype theory

原型说
загвар
ᠵᠠᠭᠪᠤᠷ
опытный образец
prototype

原型
эхний хэв маяг
ᠡᠷᠲᠡᠨ ᠦ ᠬᠡᠪ ᠮᠠᠶᠢᠭ
образец
archetype

原始意象
хуучны сэтгэхүй
ᠡᠷᠲᠡᠨ ᠦ ᠰᠡᠳᠬᠢᠬᠦᠢ · ᠪᠦᠳᠡᠭᠦᠯᠢᠭ ᠰᠡᠳᠬᠢᠬᠦᠢ
архаичное мышление
archaic thinking

原始思维
түүхий оноо
дистанционное объединение
remote association

远隔联想（间接联想）
зайны сургалт
ᠵᠠᠢ ᠶᠢᠨ ᠰᠤᠷᠭᠠᠯᠲᠠ
дистанционное обучение
distance learning

远程学习

yuǎn

атомын сэтгэл судлал
ᠠᠲ᠋ᠣᠮ ᠤᠨ ᠰᠡᠳᠬᠢᠯ ᠵᠦᠢ
атомистическая психология
atomistic psychology

原子心理学
атомын тухай сургаал
ᠠᠲ᠋ᠣᠮ ᠤᠨ ᠣᠨᠣᠯ
атомизм
atomism

原子论
закон Йоста
Jost’s law

约斯特定律

yuē

алсын хараатай удирдлага
ᠠᠯᠤᠰ ᠤᠨ ᠬᠠᠷᠠᠭ᠎ᠠ ᠲᠠᠢ ᠤᠳᠤᠷᠢᠳᠤᠯᠭ᠎ᠠ
дальновидное руководство
visionary leadership

愿景型领导

yuàn

алсын дамжуулалт
ᠵᠠᠢ ᠶᠢᠨ ᠰᠢᠯᠵᠢᠯᠲᠡ
дальная передача
far transfer

远迁移
зайны нийлэмж
ᠵᠠᠢ ᠶᠢᠨ ᠬᠣᠯᠪᠣᠭᠠᠯᠲᠠ

阅读广度测验
унших тест
ᠤᠩᠰᠢᠬᠤ ᠶᠢᠨ ᠰᠣᠷᠢᠯ ᠲᠤᠷᠰᠢᠯᠲᠠ
тест чтения
reading test

阅读测验
хөгжмийн ая
ᠬᠥᠭ ᠬᠥᠭᠵᠢᠮ᠂ ᠠᠶ᠎ᠠ
музыкальный тон
musical tone

乐音
сарны хуурмаг үзэгдэл
ᠰᠠᠷ᠎ᠠ ᠶᠢᠨ ᠬᠤᠭᠤᠷᠮᠠᠭ ᠦᠵᠡᠭᠳᠡᠯ
лунная иллюзия
moon illusion

月亮错觉

yuè

Йостын хууль
ᠶᠣᠰᠣᠨ ᠪᠣᠳᠣᠯᠭ᠎ᠠ
унших эмгэг
ᠤᠩᠰᠢᠬᠤ ᠶᠢᠨ ᠡᠮᠭᠡᠭ
чтение расстройства
reading disorder

阅读障碍
ойлгохгүй болох өөрчлөлт
эрт ярьж унших ч хүний яриа
ᠤᠩᠰᠢᠬᠤ ᠶᠢᠨ ᠬᠡᠲᠦ ᠰᠡᠷᠭᠦᠨ
гиперлексия
hyperlexia

阅读早慧
уншлагагүйдэл
ᠤᠩᠰᠢᠬᠤ ᠶᠢᠨ ᠪᠡᠷᠬᠡᠰᠢᠯ
дислексия
dyslexia

阅读困难
үеийн уншилт
нарийн төвөгтэй завсрын
ᠤᠩᠰᠢᠬᠤ ᠶᠢᠨ ᠬᠦᠨᠳᠦ ᠶᠢᠨ ᠰᠣᠷᠢᠯ ᠲᠤᠷᠰᠢᠯᠲᠠ
чтение сложного промежутка
reading span test
производительности
пиковый опыт
peak performance experience

运动顶峰体验
хөдөлгөөний хуурмаг үзэгдэл
ᠬᠥᠳᠡᠯᠭᠡᠨ ᠦ ᠬᠤᠭᠤᠷᠮᠠᠭ ᠦᠵᠡᠭᠳᠡᠯ
иллюзия движения
motion illusion

运动错觉
донтох дасгал
ᠬᠥᠳᠡᠯᠭᠡᠨ ᠦ ᠳᠤᠷᠢ
упражнения наркомании
exercise addiction

*运动成瘾（锻炼成瘾）
хөдөлгөөний зураг
ᠬᠥᠳᠡᠯᠭᠡᠨ ᠦ ᠳᠦᠷᠰᠦ
образность движение
movement imagery

运动表象

yùn

[illegible]
үйлдвэрлэлийн оргил туршлага

运动关联电位（前运动电位，准备电位）
movement-related potential
движение связанных с потенциалом
[illegible]
эрч хүчтэй холбоотой хөдөлгөөн

运动后像
movement afterimage
остаточное изображение движения
[illegible]
хөдөлгөөний үлдсэн дүрслэл

运动记忆
motor memory
моторная память
[illegible]
хөдөлгөөний ой тогтоолт

运动技能
motor skill
умение двигателя
[illegible]
хөдөлгөөний чадвар

运动焦虑
sport anxiety
спортивная тревога
[illegible]
спортын түгшүүр

运动焦虑症
sport anxiety symptom
спортивный признак беспокойства
[illegible]
спортын түгшүүрийн шинж тэмдэг

运动皮层
motor cortex
двигательная зона коры головного мозга
[illegible]
их тархины гадрын хөдөлгөөний хэсэг

运动前区
premotor area
премоторная зона коры
[illegible]
тархины гадрын хөдөлгөөний бүс

运动区
motor area
двигательная зона
[illegible]
хөдөлгөөний хэсэг

运动认知
sport cognition
спортивное познание
[illegible]
спортын танин мэдэхүй

运动神经元

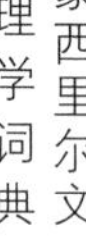

motor learning

运动学习

спортын сэтгэл судлал

ᠲᠠᠮᠢᠷ ᠤᠨ ᠰᠡᠳᠬᠢᠯ ᠵᠦᠢ

спортивная психология

sport psychology

运动心理学

хөдөлгөөний зохицуулалт

ᠬᠥᠳᠡᠯᠭᠡᠭᠡᠨ ᠦ ᠵᠣᠬᠢᠴᠠᠭᠤᠯᠤᠯᠲᠠ

моторная координация

motor coordination

运动协调

хөдөлгөөний параллакс

ᠬᠥᠳᠡᠯᠭᠡᠭᠡᠨ ᠦ ᠫᠠᠷᠠᠯᠯᠠᠺᠰ

движения параллакса

motion parallax

运动视差

хөдөлгөөний мэдрэлийн эс

ᠬᠥᠳᠡᠯᠭᠡᠭᠡᠨ ᠦ ᠮᠡᠳᠡᠷᠡᠯ ᠦᠨ ᠡᠰ

двигательный нейрон

motor neuron

туяаны нөлөө

ᠭᠡᠷᠡᠯ ᠲᠤᠶᠠᠭ᠎ᠠ ᠶᠢᠨ ᠨᠥᠯᠦᠭᠡ

гало эффект

halo effect

晕轮效应

хөдөлгөөний хүртэхүй

ᠬᠥᠳᠡᠯᠭᠡᠭᠡᠨ ᠦ ᠬᠦᠷᠲᠡᠬᠦᠢ

восприятие движения

motion perception

运动知觉

хөдөлгөөний өөрчлөлт

ᠬᠥᠳᠡᠯᠭᠡᠭᠡᠨ ᠦ ᠥᠪᠡᠴᠢᠨ

дискинезия

dyskinesia

运动障碍

хөдөлгөөний сургалт

ᠬᠥᠳᠡᠯᠭᠡᠭᠡᠨ ᠦ ᠰᠤᠷᠭᠠᠯᠲᠠ

обучение двигателя

Z

zāi

灾害心理学
disaster psychology
психология стихийного
бедствия
гамшгийн сэтгэл зүй

zài

再测信度（重测信度）
retest reliability, test-retest
reliability
повторное тестирование
надежности, надежность
повторного тестирования
дахин тестийн найдвартай
чанар, найдвартай чанарын
дахин туршилт

再次条件反射（高级条件作用）
higher order conditioning
образование условного
рефлекса высшего порядка
дэээд эрэмбийн нөхцөлт
рефлекс

再认
recognition
признание
дахин танин мэдэх

再认广度
recognition span
распознавание диапазона

再认阈限
recognition threshold
порог распознавания
танин мэдэх заaг

再现
reproduction
воспроизведение
нөхөн сэргээх, үржүүлэх

*再学法（节省法）
relearning method
метод переучивания
дахин сурах арга

再造表象
created image
созданный образ
бүтээсэн дүр

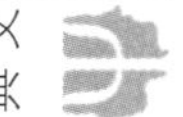

早期经验
хүүхдийн боловсрол
сургуулийн өмнөх насны
дошкольное образование
early childhood education

早期教育

zǎo

бодохуй
сэтгэн хуулбарлах, зохион
репродуктивное воображение
reproductive imagination

再造想象
дахин сэргээх сэтгэхүй
репродуктивное мышление
reproductive thinking

再造思维
мания
mania

躁狂症
дуу чимээ
шум
noise

噪声

zào

загвар
эрт сонгон шалгаруулах
ранняя модель выбора
early selective model

早期选择模型
анхны туршлага
ранний опыт
early experience

增减效应

zēng

хариуцлагын тархалт
диффузия ответственности
diffusion of responsibility

责任扩散

zé

дон-сэтгэл гутралын солио
психоз
маниакально-депрессивный
manic-depressive psychosis
神病）

*躁狂抑郁性精神病（情感性精
дон, шунал

gain-loss effect
эффект усиления потери
олз ба гарзын нөлөө

zhá

闸门控制理论
gate control theory
теория управления воротами
хаалганы удирдлагын онол

zhǎ

眨眼反射
eye blink response
глазный ответ мигания
нүд анивчих хариу үйлдэл

zhān

詹姆斯－兰格情绪理论
James-Lange theory of emotion
теория эмоции
Джеймса-Ланга
Джеймса-Лангегийн
сэтгэлийн хөдөлгөөний
онол

谵妄
delirium
делирий
Дэмийрэл

zhǎn

展望理论
prospect theory
теория перспективы
төрх байдлын онол

zhàn

战场心理效应
battlefield psychological effect
психологический эффект поля
битвы
байлдааны сэтгэл зүйн нөлөө

战斗定向理论
combat-oriented theory
теория ориентированная на
бой
байлдаанд баримжаалсан
онол

战斗士气
fighting morale
борьба с боевой дух

ᠪᠠᠢᠯᠳᠤᠭᠠᠨ ᠤ ᠵᠠᠩ ᠰᠤᠷᠲᠠᠬᠤᠨ
тэмцэх зан суртахуун

战斗意识训练
battle-mind training
боевая подготовка осведомленность
ᠪᠠᠢᠯᠳᠤᠭᠠᠨ ᠤ ᠮᠡᠳᠡᠯᠭᠡ ᠶᠢᠨ ᠪᠣᠯᠪᠠᠰᠤᠷᠠᠭᠤᠯᠬᠤ
тэмцэх мэдлэг олж авах сургалт

战俘心理
mind of prisoner of war
ум военнопленного
ᠣᠯᠵᠠᠯᠠᠭᠳᠠᠭᠰᠠᠳ ᠤᠨ ᠰᠡᠳᠬᠢᠯ
дайнд олзлогдогчийн оюун ухаан

战略心理战
strategic psychological operation
стратегическая психологическая операция
ᠪᠠᠢᠯᠳᠤᠭᠠᠨ ᠪᠣᠳᠤᠯᠭ᠎ᠠ ᠶᠢᠨ ᠰᠡᠳᠬᠢᠯ ᠶᠢᠨ ᠠᠵᠢᠯ
стратегийн сэтгэл зүйн үйл ажиллагаа

战时心理障碍
wartime mental disorder
военное расстройство психики
ᠪᠠᠢᠯᠳᠤᠭᠠᠨ ᠤ ᠦᠶ᠎ᠡ ᠶᠢᠨ ᠰᠡᠳᠬᠢᠯ ᠦᠨ ᠡᠮᠭᠡᠭ
дайны үеийн сэтгэцийн эмгэг

战术思维
tactical thinking
тактическое мышление
ᠪᠠᠢᠯᠳᠤᠭᠠᠨ ᠠᠷᠭ᠎ᠠ ᠶᠢᠨ ᠰᠡᠳᠬᠢᠬᠦᠢ
тактикийн сэтгэхүй

战术心理战
tactical psychological operation
тактические психологические операции
ᠪᠠᠢᠯᠳᠤᠭᠠᠨ ᠠᠷᠭ᠎ᠠ ᠶᠢᠨ ᠰᠡᠳᠬᠢᠯ ᠶᠢᠨ ᠠᠵᠢᠯ
тактикийн сэтгэл зүйн үйл ажиллагаа

战术意识
sense of tactics
чувство тактики
ᠪᠠᠢᠯᠳᠤᠭᠠᠨ ᠠᠷᠭ᠎ᠠ ᠶᠢᠨ ᠮᠡᠳᠡᠷᠡᠮᠵᠢ
тактикийн мэдрэмж

战役心理战
combat psychological operation
боевая психологическая операция
ᠪᠠᠢᠯᠳᠤᠭᠠᠨ ᠤ ᠰᠡᠳᠬᠢᠯ ᠶᠢᠨ ᠠᠵᠢᠯ
байлдааны сэтгэл зүйн үйл ажиллагаа

战争精神病
war psychosis
военный психоз
ᠠᠶᠠᠨ ᠤ ᠰᠡᠳᠬᠢᠯ ᠭᠡᠵᠢᠭᠦᠷᠡᠯ
дайны солио

战争神经症
war neurosis
военный невроз
ᠠᠶᠠᠨ ᠤ ᠮᠡᠳᠡᠷᠡᠯ ᠦᠨ ᠡᠮ
дайнаас үүсэх мэдрэлийн

освещенность
illuminance

照度

zhào

тэгс эзэмших сургалт
обучение мастерство
mastery learning

掌握学习

zhǎng

үзэгдэл
босоо байдлын хуурмаг
станционная иллюзия
station illusion

站台错觉
ядаргаа

真诚
судлал
мөрдөн байцаалтын сэтгэл
психология расследования
psychology of investigation

侦查心理学

zhēn

засал
хутгамал үзэлтэний сэтгэц
эклектичная психотерапия
eclectic psychotherapy

折衷心理治疗

zhé

Гэрэлтэлт

真实自我
баталгаатай үнэлгээ
аутентичная оценка
authentic assessment

真实性评价
үнэн зөв оноо
истинная оценка
true score

真分数（T 分数）
бодит хөдөлгөөний хүртэхүй
движения
реальное восприятие
real movement perception

真动知觉
үнэнч байдал
искренность
genuineness

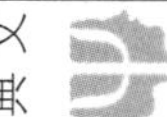

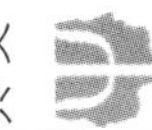

затылочная доля
occipital lobe

枕叶
нуруун ы гол

спинной поток
dorsal stream

枕颞通道（背侧通道）
доод урсгал, хэвлийн урсгал

вентральный поток
ventral stream

*枕顶通道（腹侧通道）

zhěn

бодит би

реальное я
real self

tranquillizer

镇静剂
чичиргээний нөлөө

эффект вибрации
vibration effect

振动效应
чичиргээний дасан зохицол

адаптация вибрации
vibration adaptation

振动适应
чичиргээний сэрэл

ощущение вибрации
vibration sensation

振动觉

zhèn

дагзны дэлбээ

бүлэглэсэн түүвэр

групповая выборка
cluster sampling

整群抽样
цомхотгох үзэл

интеграционизм
integrationism

整合主义
нэгдмэл сэтгэц засал

интегративная психотерапия
integrative psychotherapy

整合心理治疗

zhěng

Тайтгаруулагч

транквилизатор

整体策略
whole strategy
вся стратегия
бүх стратеги

整体健康
holistic health
целостное здоровье
цогц эрүүл мэнд

整体论
holism
холизм
холизм

zhèng

正后像
positive afterimage
положительный последовательный образ
эерэг үргэлжилсэн дүр зураг

正幻觉
positive hallucination
положительная галлюцинация
эерэг хий үзэгдэл

正交旋转
orthogonal rotation
ортогональное вращение
тэгш өнцөгтэй ээлж дараалал

正迁移
positive transfer
положительный перевод
эерэг дамжуулалт

正强化
positive reinforcement
положительное подкрепление
эерэг бэхжүүлэлт

正确否定
correct rejection
правильный отказ
зөв татгалзал

正式群体
formal group
формальная группа
албан ёсны бүлэг

正式学习
formal learning
формальное обучение
албан ёсны сургалт

正态分布
normal distribution
нормальное распределение

эерэг сэтгэл хөдлөл
положительная эмоция
positive emotion

正性情绪
эерэг хамаарал
положительная корреляция
positive correlation

正相关
хэвийн муруй
нормальная кривая
normal curve

正态曲线
хэвийн болгох
нормализация
normalization

正态化
хэвийн тархалт

scaffolding instruction

支架式教学
дэмжих сэтгэц засал
психотерапия
поддерживающая
supportive psychotherapy

支持性心理治疗

zhī

гэрчлэлийн сэтгэл зүй
психология показаний
psychology of testimony

证言心理学
эерэг өдөөгч
положительный стимул
positive incentive

正诱因

perceptual representation

知觉表征系统
хүртэхүйн ялгаварлал
перцептивное различение
perceptual discrimination

知觉辨认
хүртэхүй
восприятие
perception

知觉
Чикагогийн урсгал
Чикагская школа
Chicago school

芝加哥学派
тулгуурлах заавaрчилгаа
инструкция
строительные леса

хүртэхүйн үргэлжилсэн шинж
перцепционное последствие
perceptual aftereffect

知觉后效
хүртэхүйн тогтмол байдал
перцепционное постоянство
perceptual constancy

知觉恒常性
хүртэхүйн хамгаалал
перцептивная защита
perceptual defense

知觉防御
тогтолцоо
хүртэхүйн төлөөллийн
репрезентации
система перцептивной
system

шинж
хүртэхүйн шилэн сонгох
избирательность восприятия
selectivity of perception

知觉选择性
хүртэхүйн гажуудал
перцептивное искажение
perceptual distortion

知觉歪曲
хүртэхүйн сонор сэрэмж
перцепционная бдительность
perceptual vigilance

*知觉敏感（知觉警觉）
хүртэхүйн сонор сэрэмж
перцепционная бдительность
perceptual vigilance

知觉警觉（知觉敏感）

知识
таниулсан зөвшөөрөл
информированное согласие
informed consent

知情同意
хүртэхүйн зохион байгуулалт
перцептивная организация
perceptual organization

知觉组织
хүртэхүйн бүхэллэг шинж
целостность восприятия
wholeness of perception

知觉整体性
хүртэхүйн сургалт
перцептивного обучения
perceptual learning

知觉学习

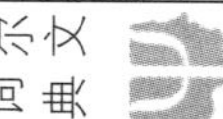

гистограмма
histogram

直方图
гүйцэтгэх үүрэг
исполнительная функция
executive function

执行功能

zhí

мэдлэгийн төсөөлөл
представление знаний
knowledge representation

知识表征
мэдлэг
знание
knowledge

зөн совин
интуиция
intuition

直觉
шууд дүгнэлт
прямой вывод
direct inference

直接推理
шууд нийлэмж (холбоо)
непосредственная ассоциация
immediate association

*直接联想（即时联想）
шууд заавар
прямое указание
direct instruction

直接教学
гистограмм

ажлын зураг төсөл
дизайн работ
job design

职位设计
зөн билгийн үзэл
интуитивизм
intuitionalism

直觉主义
зөн билгийн сэтгэхүй
интуитивное мышление
intuitive thinking

直觉思维
зөн билэг-үйлдлийн сэтгэхүй
мышления
интуитивно-действие
intuitive-action thinking

直觉动作思维

职业倦怠
job burnout
профессиональное выгорание
ᠠᠵᠢᠯ ᠮᠡᠷᠭᠡᠵᠢᠯ ᠦᠨ ᠵᠠᠯᠬᠠᠭᠤᠷᠠᠯ
ажлаас халшрах

职业能力倾向测验
vocational aptitude test
профессиональный тест
способности
ᠠᠵᠢᠯ ᠮᠡᠷᠭᠡᠵᠢᠯ ᠦᠨ ᠴᠢᠳᠠᠪᠤᠷᠢ ᠶᠢᠨ ᠬᠠᠨᠳᠤᠯᠭ᠎ᠠ ᠶᠢᠨ
ᠰᠢᠯᠭᠠᠯᠲᠠ
мэргэжлийн чадварын тест

职业生涯发展
career development
развитие карьеры
ᠠᠵᠢᠯ ᠮᠡᠷᠭᠡᠵᠢᠯ ᠦᠨ ᠠᠮᠢᠳᠤᠷᠠᠯ ᠤᠨ ᠬᠦᠭᠵᠢᠯ
ажил мэргэжлийн хөгжил

职业心理学
occupational psychology
профессиональная
психология
ᠠᠵᠢᠯ ᠮᠡᠷᠭᠡᠵᠢᠯ ᠦᠨ ᠰᠡᠳᠬᠢᠯ ᠵᠦᠢ
мэргэжлийн сэтгэл судлал

职业兴趣问卷
vocational interest blank
профессиональный бланк
интереса
ᠠᠵᠢᠯ ᠮᠡᠷᠭᠡᠵᠢᠯ ᠦᠨ ᠰᠣᠨᠢᠷᠬᠠᠯ ᠤᠨ ᠠᠰᠠᠭᠤᠯᠲᠠ ᠶᠢᠨ
ᠬᠦᠰᠦᠨᠦᠭ
мэргэжлийн сонирхлын
бланк

职业选择
occupational choice
выбор профессии
ᠠᠵᠢᠯ ᠮᠡᠷᠭᠡᠵᠢᠯ ᠦᠨ ᠰᠣᠩᠭᠣᠯᠲᠠ
мэргэжлээс шалтгаалсан
сонголт

职业咨询
occupational counseling
профессиональная
рекомендация
ᠠᠵᠢᠯ ᠮᠡᠷᠭᠡᠵᠢᠯ ᠦᠨ ᠵᠥᠪᠯᠡᠭᠡ
мэргэжлийн зөвлөгөө

zhǐ

纸笔测验
paper-pencil test
индикаторная
бумага-карандаш
ᠴᠠᠭᠠᠰᠤ ᠪᠢᠷ ᠦᠨ ᠰᠢᠯᠭᠠᠯᠲᠠ
шалгах цаас-харандаа

纸笔迷津
paper-pencil maze
лабиринт бумага-карандаши
ᠴᠠᠭᠠᠰᠤ ᠪᠢᠷ ᠦᠨ ᠲᠥᠭᠥᠷᠢᠭ
лабиринтын цаас харандаа

指导语
instruction
инструкция
ᠵᠢᠭᠠᠨ ᠵᠢᠭᠠᠬᠤ ᠦᠭᠡ
сургалт, заавар

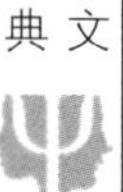

мудрость
wisdom

智慧
сэтгэцэд нөлөөлөх бодис
психоделики
psychedelics

致幻剂
нийлбэрийн эрэмбэ
сумма рангов
sum of ranks

秩和
сөргөлдөөн
конфронтация
confrontation

质对

zhì

оюун ухааны нас
· MA
умственный возраст
mental age, MA

*智力年龄（心理年龄）
оюун ухааны хомсдол
умственная отсталость
mental retardation

智力落后（精神发育迟缓）
оюун ухааны тест
теста интеллекта
intelligence test

智力测验
оюун ухаан
интеллект
intelligence

智力
мэргэн ухаан

интеллектуальный дефицит
deficiency
hypophrenia, intellectual

智能缺陷
оюун ухааны нас
· MA
умственный возраст
mental age, MA

*智龄（心理年龄）
оюун ухааны гурвалсан онол
тернарная теория интеллекта
triarchic theory of intelligence

智力三元论（成分智力说）
оюуны хөгжлийн бэрхшээл
нетрудоспособность
интеллектуальная
intellectual disability

智力缺陷

оюуны дутагдал, оюуны
хомсдол

智能衰退
intellectual deterioration
интеллектуальное ухудшение
ᠣᠶᠤᠨ ᠴᠢᠳᠠᠯ ᠤᠨ ᠮᠠᠭᠤᠳᠠᠯ
оюун ухаан муудах

智商
intelligence quotient, IQ
коэффициент интеллекта
ᠣᠶᠤᠨ ᠤ ᠢᠯᠭᠠᠮᠵᠢ, IQ
оюун ухааны коэффициент

智育心理学
psychology of intellectual
education
психология
интеллектуального
образования
ᠣᠶᠤᠨ ᠤᠬᠠᠭᠠᠨ ᠤ ᠪᠣᠯᠪᠠᠰᠤᠷᠠᠯ ᠤᠨ ᠰᠡᠳᠬᠢᠯ ᠵᠦᠢ
оюун ухааны боловсролын
сэтгэл зүй

置信区间
confidence interval
доверительный интервал
ᠢᠲᠡᠭᠡᠮᠵᠢᠯᠡᠯ ᠦᠨ ᠵᠠᠭᠤᠷᠠ
итгэх завсар

置信系数
confidence coefficient
коэффициент доверия
ᠢᠲᠡᠭᠡᠮᠵᠢᠯᠡᠯ ᠦᠨ ᠢᠯᠭᠠᠮᠵᠢ
итгэлийн коэффициент

置信限
confidence limit
доверительный предел
ᠢᠲᠡᠭᠡᠮᠵᠢᠯᠡᠯ ᠦᠨ ᠬᠢᠵᠠᠭᠠᠷ
итгэлийн хязгаар

zhōng

中断时间序列设计
interrupted time-series design
прерванный дизайн
временных рядов
ᠲᠠᠰᠤᠷᠠᠯᠲᠠᠲᠤ ᠣᠯᠠᠨ ᠤᠳᠠᠭᠠ ᠶᠢᠨ ᠴᠤᠪᠠᠭᠠ ᠵᠢᠷᠤᠭ ᠲᠥᠰᠥᠯ
тасалдсан олон удаагийн
цуврал зураг төсөл

中耳
middle ear
среднее ухо
ᠳᠤᠮᠳᠠ ᠴᠢᠬᠢ
дунд чих

中间色律
law of intermediary color
закон промежуточного цвета
ᠵᠠᠭᠤᠷ ᠤᠨ ᠥᠩᠭᠡ ᠶᠢᠨ ᠬᠠᠤᠯᠢ
завсрын өнгөний хууль

中介变量
intervening variable
промежуточной переменной
ᠵᠠᠭᠤᠷᠠᠳᠤ ᠬᠤᠪᠢᠰᠤᠭᠴᠢ
завсрын хувьсагч

中介反应
mediation response

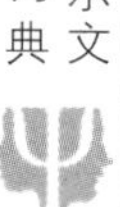

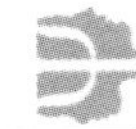

центральная нервная система
central nervous system

中枢神经系统
төвийг барьсан үзэл
централизм
centralism

中枢论
дунд насны хямрал
кризис среднего возраста
midlife crisis

中年危机
дунд тархи
средний мозг
midbrain

中脑
хүсэлтийн хариу
ответ посредничество

теорема
центральная предельная
central limit theorem

中心极限定理
дундаж
медиана
median

*中位数（中数）
дундаж туршилтын арга
метод срединного испытания
method of median test

中数检验法
дундаж
медиана
median

中数（中位数）
төв мэдрэлийн тогтолцоо

нейтрализация
neutralization

中性化
саармаг өдөөгч
нейтральный стимул
neutral stimulus, NS

中性刺激
төвийг олох
центровка
centration

中心性
төв шинж чанар
центральная черта
central trait

中心特质
төв хязгаарын теорем

исполнительной системы
центральный орган
central executive system

中央执行系统
төв хараа
центральное зрение
central vision

中央视觉
төв ховил
центральная борозда
central sulcus

中央沟
төв ухархайн хараа
фовеальное зрение
foveal vision

中央凹视觉
хоргүйжүүлэх

种族差异
нийтлэг түүхэн хөгжил
филогенез
phylogeny

种系发生

zhǒng

эцсийн утга
конечное значение
terminal value

终极性价值观
дундаж утга
средние значения
mid-value

中值
мэдрэлийн тогтолцоо
төв гүйцэтгэх тогтолцоо, төв

racial discrimination, racism

种族歧视
олон ургальч үзэл
мультикультурализм
multiculturalism

种族平等论
угсаатны хохирол
этнические предрассудки
ethnic prejudice

种族偏见
арьсны үзэлтний хагарал
расовый расщепление
racial cleavage

种族隔阂
угсаатны ялгаа
этническое различие
ethnic difference

режим
mode
众数

zhòng

угсаатан төвт үзэл
[illegible]
энтоцентризм
ethnocentrism
*种族中心主义（民族中心主义）
угсаатны сэтгэл судлал
[illegible]
этнопсихология
race psychology
种族心理学
гадуурхах, арьсны үзэл
арьс өнгөөр ялгаварлан
[illegible]
расизма
расовой дискриминации,
захын хараа
[illegible]
периферийное зрение
peripheral vision
周边视觉
контекст гүйцэтгэл
[illegible]
производительность
контекстная
contextual performance
周边绩效

zhōu

бусад чухал нь
[illegible]
важные другие
important other
重要他人
горим
[illegible]
пошаговый регрессионный
stepwise regression analysis
逐步回归分析

zhú

хоногийн хэмнэл
[illegible]
циркадный ритм
circadian rhythm
昼夜节律

zhòu

мэдрэлийн эсийн урт сэртэн
[illegible]
аксон
axon
轴突

zhóu

талбарын давуу тал
гэрийн давуу тал, гэрийн
преимущество
домашнее полевое
домашнее преимущество,
advantage
home advantage, home-field

*主场优势（主场效应）
гэрийн нөлөө
домашний эффект
home effect

主场效应（主场优势）

zhǔ

шинжилгээ
бууралтын шаталсан
анализ

равенства
точка субъективного
point of subjective equality, PSE

主观相等点
хийсвэр зүйл
субъективный элемент
subjective item

主观题
хийсвэр эгнээ
субъективный контур
subjective contour

主观轮廓
дүн шинжилгээ
үндсэн бүрэлдэхүүн хэсгийн
анализ главных компонентов
principal component analysis

主成分分析

subjective psychology

主体心理学
сэдэвчилсэн хүртэхүйн тест
апперцептивный тест
тематический
thematic apperception test, TAT

主题统觉测验
зонхилох сэтгэл судлал
психология
неспециализированные
mainstream psychology

主流心理学
хийсвэр сайн сайхан
субъективное благополучие
subjective well-being

主观幸福感
цэг
хийсвэр тэгш байдлыг хангах

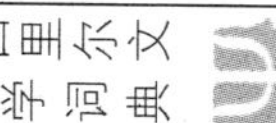

самоцентр
self-focus

主位定向
дотоод
[illegible]
эмическая
emic

主位
ухамсрын субъект
[illegible]
субъект сознания
subject consciousness

主体意识
субьектив шинжтэй
[illegible]
субъективность
subjectivity

主体性
субъектив сэтгэл судлал
[illegible]
субъективная психология

хүндэтгэлтэй харагдаж байгаа
[illegible]
парадигма
предпочтительно выглядящая
preferential looking paradigm

注视偏好范式
тэмдэглэлт цэг
[illegible]
точка фиксации
fixation point

注视点

zhù

гол нөлөө
[illegible]
основной эффект
main effect

主效应
өөртөө төвлөрсөн
[illegible]
концентрации внимания
продолжительность
attention span

注意广度
анхаарлын хуваарилалт
[illegible]
распределение внимания
distribution of attention

注意分配
анхаарал төвлөрөх хэв маяг
[illegible]
внимания
стиль сосредоточения
attention style

注意方式
анхаарал
[illegible]
внимание
attention

注意
парадигм

ᠠᠩᠬᠠᠷᠤᠯ ᠤᠨ ᠲᠠᠲᠠᠯᠲᠠ
анхаарлын тогтворжилт

注意紧张性
strain of attention
напряжение внимания
ᠠᠩᠬᠠᠷᠤᠯ ᠤᠨ ᠠᠴᠢᠶᠠᠯᠠᠯ
анхаарлын ачаалал

注意控制训练
attention control training
обучение контроля внимания
ᠠᠩᠬᠠᠷᠤᠯ ᠢ ᠬᠢᠨᠠᠯᠲᠠ ᠶᠢᠨ ᠰᠤᠷᠭᠠᠯᠲᠠ
анхаарлаа хянах сургалт

注意缺陷多动障碍
attention deficit hyperactivity
disorder, ADHD
дефицита внимания и
гиперактивности
ᠠᠩᠬᠠᠷᠤᠯ ᠤᠨ ᠳᠤᠲᠠᠭᠳᠠᠯ ᠬᠡᠲᠦ
ᠬᠥᠳᠡᠯᠦᠩᠭᠦᠢ ᠡᠮᠭᠡᠭ
анхаарал алдагдал хэт
идэвхижих эмгэг синдром

注意稳定性
stability of attention
устойчивость внимания
ᠠᠩᠬᠠᠷᠤᠯ ᠤᠨ ᠲᠣᠭᠲᠠᠪᠤᠷᠢᠯ ᠴᠢᠨᠠᠷ
анхаарлын тогтворжилт

注意障碍
attention deficit disorder, ADD
дефицита внимания
ᠠᠩᠬᠠᠷᠤᠯ ᠤᠨ ᠡᠮᠭᠡᠭ
анхаарал сарних эмгэг

注意转移
shifting of attention
отвлечение внимания
ᠠᠩᠬᠠᠷᠤᠯ ᠤᠨ ᠰᠢᠯᠵᠢᠯᠲᠡ
анхаарлын шилжих

zhuā

抓握反射（达尔文反射）
grasp reflex
хватательный рефлекс
ᠠᠰᠠᠷᠬᠤ ᠤᠨ ᠨᠢᠭᠤᠯᠲᠠ
ухаарах рефлекс

zhuān

专家型教师
expert teacher
преподаватель эксперт
ᠮᠡᠷᠭᠡᠵᠢᠯᠲᠡᠨ ᠪ ᠪᠠᠭᠰᠢ
шинжээч багш

专门化知觉
special perception
особое восприятие
ᠣᠨᠴᠠᠭᠠᠢᠯᠠᠭᠰᠠᠨ ᠬᠦᠷᠲᠡᠬᠦᠢ
онцгой хүртэхүй

专项成就测验
specialized achievement test
специализированное
испытание достижение
ᠮᠡᠷᠭᠡᠵᠢᠯ ᠦᠨ ᠠᠮᠵᠢᠯᠲᠠ ᠶᠢᠨ ᠰᠢᠯᠭᠠᠯᠲᠠ
амжилтын мэргэшсэн тест

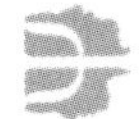

дүрэм
дамжуулагчийн үүсгэгчийн
генеративные
трансформационные правила
rule
transformational generative

转换生成规则
шилжилтийн дүрэм
трансформационное правило
transformational rule

转换规则

zhuǎn

захирангуй эцэг эх
авторитарные родители
authoritarian parenting

专制型教养
грамматика
трансформационная
transformational grammar

转换语法
хувиргах эмгэг
расстройство преобразования
conversion disorder

转换性障碍
хувиргах хий өвчин
конверсивная истерия
conversion hysteria

转换性癔症（癔症躯体症状）
шилжилтийн үүсгэгч дүрэм
порождающей грамматики
трансформационной
grammar
transformational generative

转换生成语法
намтар, хувийн түүх
биографические сведения
biodata

传记数据
намтрын арга
биографический метод
biographical method

传记法

zhuàn

чиг хандлага
направление
referral

转介
шилжилтийн дүрэм

zhuàng

状态焦虑
state anxiety
состояние тревоги
түгшүүрийн байдал

状态自信
state confidence
состояние доверия
итгэх байдал

zhuī

追踪器
pursuitmeter
прибор для
исследования реакции
слежения
хариу үйлдэл хэмжих багаж

zhǔn

*准备电位（运动关联电位）
readiness potential, RP
потенциал готовности
бэлэн байдлын эрч хүч

准实验
quasi-experiment
квази-эксперимент
хагас туршилт

准实验设计（类似实验设计）
quasi-experimental design
квази-эксперимента
дизайн
хагас туршилтын загвар

zī

咨询心理学
counseling psychology
психологическое
консультирование
зөвлөгөө өгөх сэтгэл зүй

姿态表情
gesture expression
жест выражение
дохио илэрхийлэл

资源管理策略
resource management strategy
стратегия управления
ресурсами
нөөцийн удирдлагын
стратеги

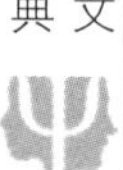

independent variable

自变量

хүүхдийн аутизм

аутизм детский аутизм

autism, infantile autism

*自闭症（孤独症）

дутуугийн бүрдэл шинж

комплекс неполноценности

inferiority complex

自卑情结

дутуугаа мэдрэх мэдрэмж

неполноценность

чувство неполноценности,
inferiority

feeling of inferiority,

自卑感

zì

автоматическая мысль

automatic thought

自动思维

автомат үйл явц

автоматический процесс

automatic process

自动过程

автомат код

автоматическое кодирование

automatic coding

自动编码

өөрийн тайлан тооллого хийх

инвентаризации самоотчета

self-report inventory

自陈问卷

үл хамаарах хувьсагч

независимая переменная

автоматическая генерация

automatic item generation

*自动项目生成（自动项目产生）

нэг зүйлийн автомат үе

пункт

автоматическая генерация

automatic item generation

自动项目产生（自动项目生成）

мөшгих механизм

сервомеханизм

servomechanism

自动调整机制

бие даасан зохицуулалт

автономное регулирование

autonomous regulation

自动调节

автомат бодол

self-serving bias

*自利偏误（防御性归因）

ижилсүүлэлт, адилсал

[illegible]

идентификация

identification

*自居（认同）

аяндаа нөхөн сэргээх

[illegible]

спонтанное восстановление

spontaneous recovery

自发性恢复

хүч

аяндаа гарч болзошгүй эрч

[illegible]

спонтанный потенциал

spontaneous potential

自发电位

нэг зүйлийн автомат үе

[illegible]

пункт

бие даасан зан суртахуун

[illegible]

автономная мораль

autonomous morality

自律道德

эмгэг

бие хүний өөртөө дурлах

[illegible]

[illegible]

личности

нарциссическое расстройство

narcissistic personality disorder

自恋型人格障碍

өөрийгөө дөвийлгөх үзэл

[illegible]

нарциссизм

autophilia, narcissism

自恋

өөрөө өөртөө үйлчлэх хазайлт

[illegible]

корыстный уклон

спонтанная ремиссия эффект

spontaneous remission effect

自然缓解作用

ажиглалт

байгалийн нөхцөл дэх

[illegible]

условиях

наблюдение в естественных

naturalistic observation

自然观察法

байгалийн үзэл баримтлал

[illegible]

[illegible]

естественная концепция

natural concept

自然概念

өөрийгөө хууран мэхлэх

[illegible]

самообман

self-deception

自欺

Z

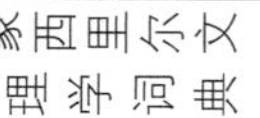

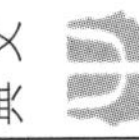

interface
adaptive human-computer

自适应人机界面
өөрийгөө жолоодох амралт
аутогенной релаксации
autogenic relaxation

自生放松
дээрээс доош боловсруулах
обработка сверху вниз
top-down processing

自上而下加工（概念驱动加工）
байгалийн туршилт
естественный эксперимент
natural experiment

自然实验
нөлөө
аяндаа бий болох уучлалын

өөрийгөө ил тод харуулах
самораскрытие
self-disclosure

自我表露
өөрийгөө итгүүлэх сургалт
обучение самовнушение
self-suggestion training

自我暗示训练
эго
эго
ego

自我
зохицлын уулзвар
хүн-компьютерийн дасан
человек-компьютер
адаптивный интерфейс

自我防御
эго чиг баримжаа
эго ориентация
ego orientation

自我定向
өөрийгөө загвар болгох
самообразец
self-archetype

自我的原始意象
өөрийгөө ялах
пагубный
self-defeating

自我挫败
өөрийгөө сэдэлжүүлэх
самостимуляция
self-stimulation

自我刺激

self-worth orientation

自我价值定向
өөрийн үнэ цэнэ
самоценность
self-worth

自我价值
өөрийн үзэл баримтлал
самопонятие
self-concept

自我概念
эго хамгаалалтын механизм
эго защитный механизм
ego defense mechanism

自我防御机制
эго хамгаалалт
эго защита
ego defense

самоконтроль
self-monitoring

自我监控
мэдрэх мэдрэмж
өөрийгөө үнэ цэнэтэйгээр
чувство самоценности
feeling of self-value

自我价值感
бариmжааны онол
өөрийн үнэ цэнийн чиг
самооценки
теория ориентация
self-worth orientation theory

自我价值定向理论
баримжаа
өөрийн үнэ цэнийн чиг
ориентация самооценки

самоконтроль
self-control

自我控制
өөрийгөө тодорхойлох онол
теория самоопределения
self-determination theory

自我决定理论
эго-хамрагдсан суралцагчид
учащихся
эго-активное участие
ego-involved learner

自我卷入学习者
өөрийгөө хүлээн зөвшөөрөх
самопринятие
self-acceptance

自我接纳
өөрөө өөртөө тавих хяналт

өөрийгөө хянах чадвар

自我强化
self-reinforcement
самоусиления
ᠥᠪᠡᠷ ᠢ ᠪᠠᠲᠤᠵᠢᠭᠤᠯᠬᠤ
өөрийгөө батжуулах

自我确证
self-verification
самопроверка
ᠥᠪᠡᠷ ᠢ ᠰᠢᠯᠭᠠᠬᠤ
өөрийгөө шалгах

自我认同
self-identification
самоидентификация
ᠥᠪᠡᠷ ᠦᠨ ᠢ ᠠᠳᠠᠯᠢᠳᠬᠠᠯ
өөрийн адилтсал

自我认同感
sense of self-identity
чувство собственной
идентичности
ᠥᠪᠡᠷ ᠦᠨ ᠢ ᠠᠳᠠᠯᠢᠳᠬᠠᠬᠤ ᠰᠡᠷᠡᠮᠵᠢ
өөрийгөө адилтгах мэдрэмж

自我设障
self-handicapping
самостоятельно
препятствования
ᠥᠪᠡᠷ ᠲᠡᠭᠡᠨ ᠰᠠᠭᠠᠳ ᠲᠦᠳᠭᠡᠷ ᠪᠣᠯᠬᠤ
өөртөө саад тотгор болох

自我实现
self-actualization
самореализация
ᠥᠪᠡᠷ ᠢ ᠪᠣᠳᠠᠲᠠᠭᠠᠬᠤ
өөрийгөө идэвхжүүлэх

自我实现预言
self-fulfilling prophecy
накликать пророчество
ᠥᠪᠡᠷ ᠢ ᠪᠡᠶᠡᠯᠡᠭᠦᠯᠬᠦ ᠢ ᠵᠥᠭᠨᠢᠭᠡᠯᠡᠯ
өөрийгөө хангалуунаар
үзүүлэх

自我提高内驱力
ego-enhancement drive
эго-повышение привода
ᠥᠪᠡᠷ ᠤ ᠪᠡᠨ ᠰᠠᠶᠢᠵᠢᠷᠠᠭᠤᠯᠬᠤ ᠬᠥᠳᠡᠯᠭᠡᠭᠦᠷ ᠬᠦᠴᠦᠨ
эго-сайжруулах хөтөч

自我提升
self-enhancement
самоулучшение
ᠥᠪᠡᠷ ᠢ ᠰᠠᠶᠢᠵᠢᠷᠠᠭᠤᠯᠬᠤ
өөрийгөө сайжруулах

自我调节
self-regulation
саморегулирование
ᠥᠪᠡᠷ ᠢ ᠵᠣᠬᠢᠴᠠᠭᠤᠯᠤᠯᠲᠠ
өөрөө зохицуулалт

自我调节学习
self-regulated learning
саморегулированное
обучение
ᠥᠪᠡᠷ ᠤ ᠪᠡᠨ ᠵᠣᠬᠢᠴᠠᠭᠤᠯᠬᠤ ᠰᠤᠷᠤᠯᠴᠠᠬᠤ
өөрийгөө зохицуулахад
суралцах

自我同一性
ego-identity

самоосознание
self-awareness

自我意识
эго сэтгэл зүй
эгопсихология
ego psychology

自我心理学
өөрийн үр дүнтэй шинж
самоэффективность
self-efficacy

自我效能感
өөрийн схем
самосхема
self-schema

自我图式
эго-адилтгал
эго-идентичность

эгоцентрическая речь
egocentric speech

自我中心言语
би үзэлт сэтгэхүй
эгоцентричное мышление
egocentric thinking

自我中心思维
эго төвт үзэл
эгоцентризм
egocentrism

自我中心
өөрийгөө хүртэх онол
теория самовосприятия
self-perception theory

自我知觉理论
өөрийн ухамсар

степень свободы
degree of freedom

自由度
сургалт
өөртөө итгэлтэй байдлын
обучение напористость
assertiveness training

自信训练
доороос дээш боловсруулах
обработка снизу вверх
bottom-up processing

自下而上加工（数据驱动加工）
би төвт үзэл
эгоцентризм
self-absorption

自我专注
эго төвт яриа

либертарианизм
libertarianism

自由意志论
шинжилгээ
чөлөөт нийлэмжийн дүн
анализ
свободный ассоциативный
free association analysis

自由联想法
чөлөөт нийлэмж
свободная ассоциация
free association

自由联想
чөлөөт дуудлага
свободный отзыв
free recall

自由回忆
эрх чөлөөний зэрэг

autonoetic consciousness

自主意识
автономит сургалт
вегетативное обучение
autonomic learning

自主学习
ургал мэдрэлийн тогтолцоо
· ANS
автономная нервная система
ANS
autonomic nervous system,

自主神经系统（内脏神经系统）
өөрийн зохицуулалт
ауторегуляция
autoregulation

自主调节
төлөө тэмцэгч үзэл
хувь хүний эрх чөлөөний

самооценка
self-esteem

自尊
өөрөө өөртөө туслах бүлэг
группа самопомощи
self-help group

自助小组
аутокинетик хуурмаг үзэгдэл
аутокинетическая иллюзия
autokinetic illusion

自主运动错觉
зориудын хөдөлгөөн
произвольное движение
autokinetic movement

自主运动
өөрийн ухамсар
самосознание

өөрийн үнэлгээ

zōng

宗教心理学
psychology of religion
психология религии
шашны сэтгэл судлал

宗教行为
religious behavior
религиозное поведение
шашны зан үйл

综合成就测验
comprehensive achievement test
всестороннее испытание достижение
бүх талын амжилтын тест

综合告警
integrated alerting
интегрированное приведение в готовность
бэлэн байдалд нэгтгэх

zǒng

*总括学习（上位学习）
superordinate learning
вышестоящая обучения
дээд зэргийн сургалт

总体
population
население
хүн ам

zòng

纵向迁移（垂直迁移）
vertical transfer
вертикальный перенос
босоо дамжуулалт

纵向设计
longitudinal design
продольная конструкция
урт хугацааны зураг төсөл

纵向研究
longitudinal research
лонгитюдное исследование
урт хугацааны судалгаа

zǔ

阻抗

resistance
сопротивление
[illegible]
эсэргүүцэл

组间设计（独立组设计，被试间设计）
between-group design
дизайн между группами
[illegible]
бүлэг хоорондын дизайн

组块
chunk
кусок
[illegible]
зүсэм

组内设计（被试内设计）
within-group design
дизайн в пределах группы
[illegible]
бүлгийн урьдаас төлөвлөсөн
загвар

组织变革
organizational change
организационные изменения
ᠵᠣᠬᠢᠶᠠᠨ ᠪᠠᠶᠢᠭᠤᠯᠤᠯᠲᠠ ᠲᠠᠢ ᠥᠭᠡᠷᠡᠴᠢᠯᠡᠯᠲᠡ
зохион байгуулалттай
өөрчлөлт

组织策略
organizational strategy
организационная стратегия
ᠵᠣᠬᠢᠶᠠᠨ ᠪᠠᠶᠢᠭᠤᠯᠤᠯᠲᠠ ᠶᠢᠨ ᠰᠲᠷᠠᠲᠧᠭᠢ
зохион байгуулалтын
стратеги

组织承诺
organizational commitment
организационная
приверженность
ᠵᠣᠬᠢᠶᠠᠨ ᠪᠠᠶᠢᠭᠤᠯᠤᠯᠲᠠ ᠶᠢᠨ ᠠᠮᠠᠯᠠᠯᠲᠠ
зохион байгуулалтын амлалт

组织发展
organization development
организационное развитие
ᠵᠣᠬᠢᠶᠠᠨ ᠪᠠᠶᠢᠭᠤᠯᠤᠯᠲᠠ ᠶᠢᠨ ᠬᠥᠭᠵᠢᠯ
байгууллагын хөгжил

组织公民行为
organizational citizenship
behavior, OCB
организационное поведение
гражданства
ᠵᠣᠬᠢᠶᠠᠨ ᠪᠠᠶᠢᠭᠤᠯᠤᠯᠲᠠ ᠶᠢᠨ [illegible]
иргэний байгууллагын зан
[illegible]، OCB

组织结构
organizational structure
организационная структура
ᠵᠣᠬᠢᠶᠠᠨ ᠪᠠᠶᠢᠭᠤᠯᠤᠯᠲᠠ ᠶᠢᠨ ᠪᠦᠲᠦᠴᠡ
байгууллагын зохион
байгуулалтын бүтэц

组织气氛
organizational climate
климат организации
ᠵᠣᠬᠢᠶᠠᠨ ᠪᠠᠶᠢᠭᠤᠯᠤᠯᠲᠠ ᠶᠢᠨ [illegible]

байгууллагын сургалт
[illegible]
организационное обучение
organizational learning

组织学习
байгууллагын зан төлөв
[illegible]・OB
организационное поведение
organizational behavior, OB

组织行为
байгууллагын сэтгэл судлаач
[illegible]
психолог организаций
organizational psychology

组织心理学
байгууллагын соёл
[illegible]
организационная культура
organizational culture

组织文化
байгууллагын уур амьсгал
peak performance

最佳竞技状态
тохиромжтой хөөрөл
[illegible]
оптимальное возбуждение
optimal arousal

最佳唤醒
хамгийн их магадлалын арга
[illegible]
правдоподобия
метод максимального
maximum likelihood method

最大似然法

zuì

Премакын зарчим
[illegible]
принцип Премака
Premack principle

*祖母原则（普雷马克原理）
дөрвөлжингийн арга
багасгасан шоо
[illegible]
метод наименьших квадратов
method of least square

最小二乘法
бага өөрчлөлтийн арга
[illegible]
изменения
метод минимального
method of minimal change

最小变化法
ойрын хөгжлийн бүс
[illegible]
зона ближайшего развития
zone of proximal development

最近发展区
оргил гүйцэтгэл
[illegible]
пиковая производительность

*最小可觉差（差别阈限）

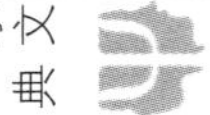

тюрем
психология реформирования prisoner
psychology of reforming

罪犯改造心理学
хамгийн бага дуут талбар
ᠬᠠᠮᠤᠭ ᠤᠨ ᠪᠠᠭ᠎ᠠ ᠰᠣᠩᠰᠣᠭᠳᠠᠬᠤᠢᠴᠠ ᠣᠷᠣᠨ
звуковое поле
минимальное слышимое
minimum audible field, MAF

最小可听野
хамгийн бага дуут даралт
ᠬᠠᠮᠤᠭ ᠤᠨ ᠪᠠᠭ᠎ᠠ ᠰᠣᠩᠰᠣᠭᠳᠠᠬᠤᠢᠴᠠ ᠳᠠᠷᠤᠯᠲᠠ
давления
минимального слышимого
minimum audible pressure

最小可听压
энгийн мэдэгдэхүйц ялгаа
ᠬᠠᠮᠤᠭ ᠤᠨ ᠪᠠᠭ᠎ᠠ ᠮᠡᠳᠡᠭᠳᠡᠬᠦᠢᠴᠡ ᠢᠯᠭᠠ᠎ᠠ
просто заметная разница
just noticeable difference, JND

罪犯申诉心理
ялтан бие хүний тест
ᠶᠠᠯᠠᠲᠠᠨ ᠤ ᠪᠡᠶ᠎ᠡ ᠬᠦᠮᠦᠨ ᠦ ᠪᠠᠢᠴᠠᠭᠠᠯᠲᠠ
тест личности осужденного
personality test of convict

罪犯人格测验
хоригдол бие хүн
ᠶᠠᠯᠠᠲᠠᠨ ᠤ ᠪᠡᠶ᠎ᠡ ᠬᠦᠮᠦᠨ
личность заключенного
personality of prisoner

罪犯人格
ялтны үүргийн гажуудал
ᠶᠠᠯᠠᠲᠠᠨ ᠤ ᠦᠦᠷᠭᠡ ᠶᠢᠨ ᠭᠠᠵᠠᠢᠷᠠᠯ
осужденному
роль отклонение
role deviation of convict

罪犯角色偏差
сэтгэл зүй
шинэчлэсэн шоронгийн
ᠶᠠᠯᠠᠲᠠᠨ ᠢ ᠰᠢᠨᠡᠴᠢᠯᠡᠨ ᠬᠦᠮᠦᠵᠢᠭᠦᠯᠬᠦ ᠰᠡᠳᠬᠢᠯ ᠦᠨ ᠤᠬᠠᠭᠠᠨ
ᠶᠠᠯᠠᠲᠠᠨ ᠤ ᠰᠢᠨᠡᠴᠢᠯᠡᠯᠲᠡ ᠶᠢᠨ ᠰᠡᠳᠬᠢᠯ ᠦᠨ ᠤᠬᠠᠭᠠᠨ᠂
convict
psychological analysis of

罪犯心理分析
хэрэг
ялтны сэтгэл зүйн хавтаст
ᠶᠠᠯᠠᠲᠠᠨ ᠤ ᠰᠡᠳᠬᠢᠯ ᠦᠨ ᠬᠡᠷᠡᠭ ᠬᠠᠪᠲᠠᠰᠤ
осужденному
психологический файл
psychological file of convict

罪犯心理档案
механизм
ялтны дасан зохицох
ᠶᠠᠯᠠᠲᠠᠨ ᠤ ᠲᠣᠬᠢᠷᠠᠯ ᠤᠨ ᠮᠧᠬᠠᠨᠢᠽᠮ
преступника
адаптивный механизм
adaptive mechanism of convict

罪犯适应机制
ялтны өргөдөл гаргах ухаан
ᠶᠠᠯᠠᠲᠠᠨ ᠤ ᠥᠷᠭᠥᠳᠬᠡᠯ ᠭᠠᠷᠭᠠᠬᠤ ᠰᠡᠳᠬᠢᠯ
ум прошения преступника
petition mind of convict

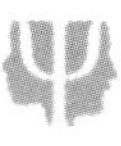

психологический кризис
psychological crisis of convict

罪犯心理危机
санааны үнэлгээ
ялтан этгээдийн оюун
оценка ума арестанта
evaluation of convict’s mind

罪犯心理评估
ялтны засан эмчилгээ
осужденному
коррекционная обработка
convict
correctional treatment of

罪犯心理矫治
шинжилгээ
ялтны сэтгэл зүйн дүн
осужденному
психологический анализ

dispersion of liability for guilt

罪责扩散
гэм буруугийн мэдрэмж
чувство вины
sense of guilt

罪责感
ялтны сэтгэл засал
психотерапия осужденному
psychotherapy of convict

罪犯心理治疗
ялтны сэтгэцийн оношлогоо
осужденной
умственная диагноз
mental diagnosis of convict

罪犯心理诊断
ялтны сэтгэл зүйн хямрал
осужденному

бүтээгдэхүүний шинжилгээ
метод анализа продукта
product analysis method

作品分析法

zuò

зүүн гартан
левый рукость
left-handedness

左利手

zuǒ

хариуцлагын тархалт
гэм буруугаа хүлээх
вины
дисперсия ответственности за

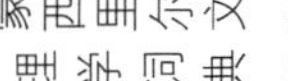

хийх арга

作战单元组织心理健康
organizational psychological
health of fighting unit
организационное
психологическое здоровье
боевую единицу
ᠪᠠᠢᠯᠳᠤᠭᠠᠨ ᠤ ᠨᠢᠭᠡᠴᠡ ᠶᠢᠨ ᠪᠠᠢᠭᠤᠯᠤᠯᠭ᠎ᠠ ᠶᠢᠨ
ᠰᠡᠳᠬᠢᠯ ᠵᠦᠢ ᠶᠢᠨ ᠡᠷᠡᠭᠦᠯ ᠮᠡᠨᠳᠦ
байлдааны нэгжийн
байгууллагын сэтгэл зүйн
эрүүл мэнд

*作战疲劳（慢性战场心理应激
反应）
combat fatigue
невроз военного времени
ᠪᠠᠢᠯᠳᠤᠭᠠᠨ ᠤ ᠶᠠᠳᠠᠷᠭ᠎ᠠ
байлдааны үеийн ядаргаа

作战应激反应
combat stress reaction, CSR
боевая реакция на стресс
ᠪᠠᠢᠯᠳᠤᠭᠠᠨ ᠤ ᠳᠠᠷᠤᠯᠲᠠ ᠲᠡᠮᠡᠴᠡᠬᠦ ᠶᠢᠨ ᠬᠠᠷᠢᠭᠤ᠃
CSR
стресстэй тэмцэх хариу
үйлдэл

英 文 索 引

Index of English Entries

γ-aminobutyric acid, GABA ············ 2
δ wave ························ 16
θ wave ························ 16
Φ coefficient ·················· 279
5-hydroxytryptamine, 5-HT ········ 194
I/O psychology ················· 92

A

ABBA counterbalancing ·········· 185
ability ························ 179
ability grouping ················ 179
ability test ···················· 179
abnormal behavior ··············· 12
abnormal offence ················ 12
abnormal personality ············ 12
abnormal psychology ············· 12
abnormal sexual behavior ········ 305
abnormal trait ·················· 12
absolute error ·················· 137
absolute frequency ········· 38, 185
absolute sensitivity ············ 137
absolute threshold ·············· 138
abstinence ····················· 130
abstinence violation effect, AVE ···· 186
abstract behavior ··············· 31
abstract concept ················ 31
abstract factor ················· 32
abstract idea ··················· 31
abstract intelligence ············ 32
abstract learning ················ 31
abstract operation ·············· 32
abstract reasoning ·············· 31
abstract system ················· 31
abstract thinking ················ 31
abstraction ····················· 31
abstract-logic thinking ·········· 31
abulia ························· 322
academic achievement ··········· 310
academic achievement test ······· 311
academic environment ··········· 310
acalculia ······················ 229
acceleration effect ·············· 120
accident analysis ··············· 232
accident proneness ·············· 232
acclimatization ················· 278
accommodation ············ 243, 255
acenesthesia ··················· 113
acetylcholine, ACh ·············· 320
achievement attributional theory ····· 28
achievement motivation ·········· 27
achievement motivation theory ······ 28
achievement test ················ 27
achromatic color ················ 74

acoustic agnosia ··· 257
acoustic memory ··· 256
acoustic nerve ··· 258
acoustic pressure level ··· 228
acoustic reflex ··· 256
acoustic shadow ··· 228
acquisition ··· 278
act ··· 54
act psychology ··· 321
action orientation ··· 54
action potential ··· 54
action research ··· 300
action stability ··· 55
activation pattern ··· 190
activity theory ··· 111
actor-observer effect ··· 300
acute battlefield psychological stimulus response ··· 116
acute psychogenic reaction ··· 116
adaptation ··· 236
adaptive human-computer interface ··· 361
adaptive instruction ··· 236
adaptive mechanism of convict ··· 369
addiction ··· 28
addiction behavior ··· 28
addictive personality ··· 28
additive color mixture ··· 120
adjacent association ··· 128, 158
adjustment ··· 255
adjustment disorder ··· 236
Adlerian counseling ··· 1
Adlerian psychology ··· 1
adolescence ··· 194
adolescent growth spurt ··· 194
adoption study ··· 159
adrenal gland ··· 225
adrenaline ··· 225
adrenocorticotropic hormone, ACTH ··· 39
adulthood ··· 28
advance organizer ··· 281
advertising psychology ··· 99
aerial perspective ··· 144
aerospace ergonomics ··· 104
aerospace psychology ··· 104
aesthesiometer ··· 33
aesthetic feeling ··· 165
affection ··· 195
affectional efficacy ··· 196
affectional need ··· 196
affective disorder ··· 196
affective education ··· 195
affective experience ··· 195
affective fixation ··· 195
affective psychosis ··· 196
affiliating motive ··· 105
affiliation ··· 194
affiliation-oriented ··· 105
affiliative need ··· 105
affinitive drive ··· 81
afterimage ··· 108
age characteristics ··· 181
aggression ··· 94, 194
aggressive behavior ··· 94
aging psychology ··· 149
aging regressive behavior ··· 239
aging ··· 149

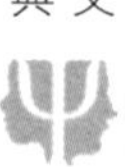

agnosia……229
agonist……115
agoraphobia……99, 148
agrammatism……329
agraphia……229
aircrew fatigue……74
alcohol addiction……134
alexia……37, 228
alexithymia……238
algesia……261
algesimeter……261
algorithm……247
allergy……12
all-or-none law……199
Allport's trait theory……3
alpha coefficient……279
alternative hypothesis……7
altruism……154
altruistic behavior……154
Alzheimer's disease, AD……1
ambiguity……189
ambivalence……165
amentia……132
amnesia……124, 320
amnestic aphasia……171, 319
amnestic syndrome……320
amplitude……16
amygdala……304
amygdaloid body……304
amygdaloid complex……304
amygdaloid nucleus……304
anal stage……87
analogical reasoning……150
analogies test……150
analogy……150
analogy association……150
analysis……78
analysis by filtering……102
analysis of covariance……288
analysis of variance……72
analysis of variance of factorial design……278
analytical counseling……78
analytical psychotherapy……78
anchor test……165
anchored instruction……165
anchoring effect……165
anchoring heuristics……165
androgen……305
anesthesia……86
anhedonia……147
animal courtship behavior……54
animal psychology……54
anomia……229
anomic aphasia……171, 319
anorexia nervosa……224
anosmia……307
antagonist……129
anterograde amnesia……243
anthropometry……207
anthropomorphism……180
antibody-mediated immunity……141
anticipation……332
anticipation anxiety……332
anticipation error……332
anticipatory anxiety……332
antisocial behavior……67
antisocial personality……67

antisocial personality disorder ········· 67
antisociality ································ 67
anxiety ···································· 126
anxiety direction theory ················· 126
anxiety disorder ·························· 126
anxiety neurosis ·························· 126
anxiety-like behavior ···················· 150
apathy ····································· 195
aphasia ···································· 229
aphonia ···································· 229
apparent movement perception ······· 245
apparent movement phenomenon ······ 245
apperception ······························ 261
appetitive behavior ······················ 332
applied psychology ······················ 326
approach-approach conflict ··········· 128
approach-avoidance conflict ·········· 128
apraxia ···································· 229
apriorism ································· 281
aptitude ························· 19, 180
aptitude test ······························ 180
aptitude-treatment interaction,
ATI ·· 180
archaic thinking ·························· 334
archetype ·································· 334
Aristotle illusion ························· 312
arithmetic mean, AM ··················· 247
Armed General Classification Test,
AGCT ······································· 138
Armed Service Vocational Aptitude
Battery, ASVAB ························ 138
Army Alpha and Beta Test ············ 161
Army Officer Selection Battery,
OSB ·· 161
Arnold's appraisal-excitation theory
of emotion ······························· 1
arousal ···································· 110
arrhythmic insomnia ··················· 229
articulation ································ 64
articulation disorder ···················· 64
articulation index ······················· 195
articulation process ····················· 64
artificial concept ························ 205
artificial intelligence, AI ············· 206
artificial language ······················ 205
artificial memory ······················· 205
artistic imagination ···················· 320
ascending series ························· 49
Asch experiment ························· 1
asemia ···································· 79
aspiration level ··························· 6
assertiveness training ················· 364
assessment ······························· 186
assessment center ······················ 186
assimilation ····························· 259
assimilation theory ···················· 259
association by causation ·············· 323
association by contrast ················ 57
association by similarity ········ 151, 284
association cortex ······················ 155
association law ························· 155
association psychology ··············· 155
association value ······················· 155
associationism ·························· 156
associative learning ···················· 155
associative memory ···················· 155
associative network model ··········· 155
associative thinking ··················· 155

atmosphere effect ······················ 190
atomism ································ 334
atomistic psychology ················· 334
attachment ····························· 319
attending skill ························ 194
attention ······························ 355
attention control training ············ 356
attention deficit disorder, ADD ······ 356
attention deficit hyperactivity
disorder, ADHD ···················· 356
attention span ························· 355
attention style ························· 355
attenuation theory ····················· 239
attitude ································ 249
attitude change ························ 249
attitude formation ····················· 249
attitude inoculation ··················· 249
attitude measurement ·················· 249
attitude scale ·························· 249
attraction ······························ 278
attribute variable ······················ 238
attribution ······························ 99
attribution bias ························ 100
Attribution Styles Questionnaire,
ASQ ································ 100
attribution theory ······················ 100
audibility curve ························ 142
audience effect ························· 98
audiogram ······························ 258
audiometer ····························· 257
audiometry ····························· 257
audition ································ 255
auditory acuity ························· 256
auditory adaptation ···················· 257
auditory afterimage ···················· 256
auditory center ························· 257
auditory coding ························ 256
auditory cortex ························· 258
auditory display ························ 257
auditory fatigue ························ 256
auditory flicker ························ 257
auditory hallucination ················ 110
auditory localization ·················· 256
auditory masking ······················ 257
auditory perception ··················· 258
auditory range ························· 256
auditory register ······················· 256
auditory threshold ····················· 257
auditory threshold curve ·············· 257
auditory tolerance threshold curve ···· 256
Austrian school ························· 3
Ausubel's problem-solving pattern ····· 3
authentic assessment ·················· 342
authoritarian parenting ················ 357
authoritarian personality ·············· 200
authoritarianism ······················· 200
authoritative parenting ················ 200
autism ······························ 96, 359
autistic thinking ······················· 274
autogenic relaxation ·················· 361
autokinetic illusion ··················· 365
autokinetic movement ················· 365
automatic coding ······················ 359
automatic item generation ············ 359
automatic process ······················ 359
automatic thought ····················· 359
autonoetic consciousness ············· 365
autonomic learning ···················· 365

autonomic nervous system, ANS ····365
autonomous morality ··················360
autonomous regulation ················359
autophilia·······························360
autoregulation ························365
availability heuristics ················142
aversive conditioning··················316
aversive therapy ······················316
aviation psychology ···················104
avoidance behavior ····················110
avoidance learning················ 60, 110
avoidance training ····················110
avoidant attachment style ·············110
avoidant personality ··················110
avoidant personality disorder·········110
axon ···································353

B

babbling ·······························319
Babinski reflex ·························4
background characteristic················7
background variable ····················7
backward elimination··················285
backward inference ····················180
backward masking ·····················108
balance theory ························185
basal ganglia ··························114
base rate ······························114
base-rate fallacy ······················114
basic anxiety ··························114
bathypsychology ······················223
battlefield psychological effect·······340
battle-mind training···················341
Bayes' theorem ·························7
Bayley Scales of Infant Development, BSID ·································6
beat ···································324
behavior ·······························300
behavior analysis······················300
behavior disorder······················302
behavior emergence ···················301
behavior homology ····················301
behavior modification ·················300
behavior therapy ················301, 302
behavioral data ·······················301
behavioral decision-making ··········301
behavioral ecology·····················301
behavioral event interview···········301
behavioral genetics ···················302
behavioral measure ···················300
behavioral medicine ··················301
behavioral neuroscience···············301
behavioral science ····················301
behavioral sensitization ··············301
behavioral theory of leadership ······159
behavioral theory of learning·········309
behaviorism ···························302
behavioristic psychology··············302
belief ·································299
belief bias effect······················299
Bem Sex Role Inventory ················7
benign insomnia ······················121
between-group design ················367
between-subjects design ················8
Big Five Personality Inventory········ 42
Big Five personality model ··········· 42
bilingualism ··························242

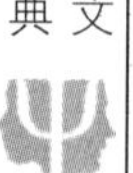

bimodal distribution ········ 240
binaural hearing ········ 240
binaural intensity difference ········ 240
binaural phase difference ········ 240
binaural time difference ········ 240
Binet-Simon Scale of Intelligence ········ 9
binge eating disorder (bulimia) ········ 6
binocular cue ········ 242
binocular depth cue ········ 241
binocular diplopia ········ 241
binocular fusion ········ 242
binocular parallax ········ 241
binocular rivalry ········ 241
binomial distribution ········ 63
biodata ········ 357
biofeedback ········ 227
biofeedback therapy ········ 227
biofeedback training ········ 227
biographical method ········ 357
biological determinism ········ 227
biologism ········ 227
biomedical model ········ 227
biopsychology ········ 227
biopsychosocial medical model ········ 227
bipolar disorder ········ 241
bipolarity of feeling ········ 195
birth injury ········ 24
birth trauma ········ 24, 32
biserial correlation ········ 62
black box theory ········ 106
blind spot ········ 165
blind-positioning movement ········ 165
blocking variable ········ 198
blood type theory of temperament ········ 190
blue-yellow blindness ········ 50, 149
body image ········ 222
body language ········ 222
borderline personality disorder ········ 11
bottom-up processing ········ 364
Boulder model ········ 17
boundary ········ 130
brain ········ 175
brain dominance ········ 42
brain stem ········ 176
brainstorming ········ 176
bright adaptation ········ 170
brightness ········ 170
brightness constancy ········ 170
brightness contrast ········ 170
British empiricism ········ 325
broad-external attention ········ 99
broad-internal attention ········ 99
Broca's aphasia ········ 18
Broca's area ········ 18
Brown-Peterson paradigm ········ 18
Bruner's instructional principle ········ 18
burnout ········ 291
bystander effect ········ 182

C

C1 component ········ 27
California Psychological Inventory, CPI ········ 121
Cannon-Bard theory of emotion ········ 140
canonical correlation analysis ········ 51
canonical correlation variable ········ 51

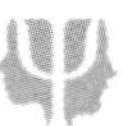

cardinal trait ······ 237
care of young ······ 108, 316
career counseling ······ 228
career development ······ 348
cargo cult science ······ 112
case study ······ 3, 89
case study method ······ 90
catastrophe model ······ 115
catecholamine ······ 61
categorical perception ······ 72, 77
categorical perception of speech ······ 313
categorical response data ······ 76
catharsis ······ 308
Cattell's Sixteen Personality Factor Questionnaire, 16 PF ······ 140
Cattell-Horn theory of intelligence ······ 140
causal attribution ······ 323
causal inference ······ 323
ceiling effect ······ 254
cell body ······ 5
cell-mediated immunity ······ 280
central executive system ······ 352
central limit theorem ······ 351
central nervous system ······ 351
central sulcus ······ 352
central tendency ······ 117
central tendency analysis ······ 117
central trait ······ 106, 351
central vision ······ 352
centralism ······ 351
centration ······ 351
cerebellum ······ 287
cerebral cortex ······ 42
cerebral dominance ······ 41
cerebral hemisphere ······ 41
cerebral integration ······ 42
cerebrum ······ 41
channel capacity ······ 258
character ······ 305
charismatic leadership theory ······ 166
Chicago school ······ 345
child psychology ······ 61
child-directed speech, CDS ······ 61
childhood ······ 61, 260
Children's Apperception Test, CAT ······ 61
chi-square distribution ······ 76
chi-square test ······ 123
choice reaction time ······ 69, 308
choleric temperament ······ 45
chromatic adaptation ······ 215, 315
chromatic color ······ 19
chromaticity ······ 215
chromaticity diagram ······ 215
chromosome ······ 202
chronic battlefield psychological stimulus response ······ 164
chronic mild stress ······ 164
chronic pain ······ 164
chronic strain ······ 164
chronological age ······ 226
chunk ······ 367
cingulate gyrus ······ 146
circadian rhythm ······ 226, 353
clang color ······ 324
clarification ······ 29
classical conditioning ······ 131
classical test theory, CTT ······ 130
classroom management ······ 143

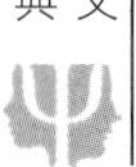

client-centered therapy ·········· 45, 149
climacteric syndrome ··················· 92
clinical method ························ 158
clinical psychology ···················· 158
clinical test ·························· 158
closed motor skill ····················· 10
closed-loop control ···················· 10
cluster analysis ······················· 136
cluster sampling ················· 136, 343
cochlea ································ 62
coding ································· 11
coding of controls ····················· 145
coding strategy ························ 11
coefficient of correlation ············· 284
coefficient of determination ··········· 136
coefficient of multiple correlation ···· 82
coefficient of multiple determination ·· 81
coefficient of variation ··············· 12
cognition ······························ 208
cognition resource theory ·············· 211
cognitive ability ······················ 210
cognitive anxiety ······················ 209
cognitive apprenticeship ··············· 210
cognitive behavioral therapy ··········· 210
cognitive consonance ··················· 209
cognitive development ·················· 209
cognitive disorder ····················· 211
cognitive dissonance ··················· 210
cognitive dissonance theory ············ 210
cognitive drive ························ 210
cognitive ergonomics ··················· 209
cognitive evaluation theory ············ 210
cognitive insight therapy ·············· 208
cognitive learning ····················· 210
cognitive linguistics ·················· 211
cognitive map ·························· 208
cognitive neuroscience ················· 210
cognitive personality theory ··········· 210
cognitive process ······················ 209
cognitive psychology ··················· 210
cognitive revolution ··················· 209
cognitive science ······················ 209
cognitive skill ························ 209
cognitive sport psychology ············· 211
cognitive strategy ····················· 208
cognitive structure ···················· 209
cognitive style ························ 209
cognitive theory of learning ··········· 309
cognitive therapy ······················ 209
cognitive walkthrough ·················· 211
cohesion ······························· 181
cohesiveness ··························· 181
cohort ································· 259
cold effect ···························· 151
cold point ····························· 151
cold sensation ························· 151
collective unconscious ················· 116
collectivism ··························· 116
color appearance system ················ 215
color blindness ························ 215
color blindness test ··················· 215
color circle ··························· 215
color constancy ························ 314
color contrast ····················· 215, 314
color equation ····················· 183, 314
color matching ····················· 183, 315
color mixture ·························· 314
color perception ······················· 315

color preference ········ 314
color saturation ········ 214
color square ········ 315
color temperature ········ 98, 216
color tolerance ········ 314
color triangle ········ 315, 333
color vision ········ 215, 315
color weakness ········ 216, 320
color wheel ········ 111, 215
color zone ········ 216, 315
color-matching function ········ 215
color-rendering index ········ 281
color-rendering properties of light source ········ 98
Columbia school ········ 88
combat fatigue ········ 371
combat psychiatric casualty ········ 133
combat psychological operation ········ 341
combat stress reaction, CSR ········ 371
combat-oriented theory ········ 340
combination tone ········ 105
combinational learning ········ 15
comfortable temperature ········ 238
common element theory ········ 95
common therapeutic factor ········ 95
common trait ········ 95
communality ········ 95
communication ········ 96
communication behavior ········ 125
communication disorder ········ 125
communication network ········ 96
community psychology ········ 222
comparative cognition ········ 9
comparative psychology ········ 9
compensation ········ 17, 43
compensation system ········ 298
compensatory tracking ········ 17
competence ········ 228
competency ········ 228
competition ········ 134
complementary color ········ 17
completely randomized design ········ 267
completion test ········ 254
complex ········ 196
compliance ········ 243, 318
composite score ········ 104
compound bilingualism ········ 81
compound tone ········ 81
comprehension ········ 159
comprehension strategy ········ 152
comprehensive achievement test ········ 366
compulsion ········ 193
compulsive personality disorder ········ 193
computer model ········ 118
computer simulation ········ 118
computer-aided instruction, CAI ········ 117
computer-supported cooperative work, CSCW ········ 118
computerized adaptive test, CAT ········ 117
concentrative meditation ········ 117
concept ········ 83
concept acquisition ········ 84, 85
concept assimilation ········ 84
concept connotation ········ 83
concept counter-example ········ 83
concept extension ········ 83
concept formation ········ 85
concept identification ········ 84

concept learning ········ 85
concept mediation model ········ 85
concept positive example ········ 83
concept structure ········ 84
conception of science ········ 141
conceptual abstractness ········ 83
conceptual change teaching ········ 84
conceptual generality ········ 83
conceptual network ········ 84
conceptual preparation ········ 85
conceptual system ········ 84
conceptual thinking ········ 84
conceptualization ········ 84
conceptualization process ········ 84
conceptually driven process ········ 84
concrete operational stage ········ 135
concrete thinking ········ 135
concrete visual thinking ········ 135
concreteness ········ 135
concurrent estimation ········ 259
concurrent validity ········ 259
condition of worth ········ 122
conditional knowledge ········ 255
conditioned immunity ········ 255
conditioned place preference, CPP ········ 255
conditioned reflex, CR ········ 254
conditioned reinforcer ········ 255
conditioned response, CR ········ 254
conditioned stimulus, CS ········ 254
conditioned taste aversion ········ 272
conduction aphasia ········ 34
cone cell ········ 235
confabulation ········ 306
confidence coefficient ········ 350
confidence interval ········ 350
confidence limit ········ 350
confidentiality ········ 6
confirmatory factor analysis ········ 316
conflict ········ 30
conflict management ········ 30
conflict theory ········ 30
conformity ········ 39
conformity behavior ········ 39
confounding variable ········ 111
confrontation ········ 349
confronting training ········ 57
congenital attribute ········ 281
congruent validity ········ 284
congruity theory ········ 255, 318
conjunctive concept ········ 105
connectionism psychology ········ 155
consanguinity study ········ 311
consciousness ········ 321
consciousness psychology ········ 321
consensus ········ 318
conservation ········ 237
conservation-withdrawal response ········ 6
conservative focusing ········ 6
consideration and initiating structure ········ 253
consistency ········ 318
consistency of estimator ········ 186
consolidation ········ 94
consonantal perception ········ 80
constant error ········ 107
construct validity ········ 96, 129
constructional apraxia ········ 129
construction-integration model ········ 123
constructive theory of learning ········ 309

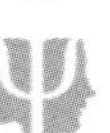

constructivism ···· 96, 123
consultation ···· 111
consumer behavior ···· 287
consumer psychology ···· 286
content psychology ···· 178
content validity ···· 177
context ···· 329
context effect ···· 7
contextual intelligence ···· 197
contextual performance ···· 353
contextualism ···· 196
contingency contract ···· 285
contingency table ···· 157
contingency theory of leadership ···· 159
contingent negative variation, CNV ·· 5, 97
continuity of development ···· 65
continuity-discontinuity issue ···· 155
continuous motor skill ···· 154
continuous operation ···· 154
continuous reinforcement, CRF ···· 154
continuous variable ···· 154
contour ···· 161
control group, CG ···· 57, 145
control program ···· 144
control-display compatibility ···· 145
control-display ratio ···· 145
controlled association ···· 145, 237, 283
controlled process ···· 145
controlled variable ···· 144
controller ···· 145
controls ···· 145
controls resistance ···· 145
conventional morality ···· 279
convergence effect ···· 136
convergent thinking ···· 80
convergent validity ···· 135
conversation method ···· 249
conversion disorder ···· 357
conversion hysteria ···· 322, 357
cooing ···· 274
cooperation ···· 105
cooperative learning ···· 105
cooperative play ···· 105
coordinate bilingualism ···· 15
coordinate concept ···· 15
coping strategy ···· 325
coping style ···· 325
Coriolis illusion ···· 141
corpus callosum ···· 185
correct rejection ···· 344
correction ···· 306
correctional psychology ···· 126
correctional treatment of convict ···· 370
corrective emotional experience ···· 126
correlation ···· 284
correlation analysis ···· 284
correlation matrix ···· 284
correlational method ···· 284
correlational research ···· 284
corresponding retinal points ···· 235
cortex ···· 183, 184
corticotropin-releasing hormone,
CRH ···· 39
counseling psychology ···· 358
counselling ···· 289
counter conditioning ···· 57
counterbalanced design ···· 185
counterirritation ···· 67

countertransference ······ 68
cranial nerve ······ 176
craving ······ 142
created image ······ 35, 338
creation ······ 34
creative education ······ 35
creative fantasy ······ 34
creative game ······ 35
creative imagination ······ 35
creative impulse ······ 34
creative learning ······ 35
creative personality ······ 35
creative problem-solving ······ 35
creative self ······ 35
creative thinking ······ 34, 35
creativeness ······ 34
creativity ······ 34
crew resource management ······ 114, 122
criminal affinity ······ 70
criminal habituation ······ 70
criminal motivation ······ 69
criminal personality ······ 70
criminal profiling ······ 71
criminal psychology ······ 71
crisis intervention ······ 268
criterion ······ 287
criterion validity ······ 287
criterion-referenced test ······ 13, 173
criterion-related validity ······ 287
critical flicker frequency, CFF ······ 217
critical fusion point in taste ······ 272
critical incident technique, CIT ······ 97
critical period ······ 97
critical value ······ 158
Cronbach's α coefficient ······ 142
cross-coupling rotation illusion ······ 124
cross-cultural management ······ 146
cross-cultural psychology ······ 147
cross-cultural research ······ 147
cross-cultural social psychology ······ 146
cross-cultural test ······ 146
cross-functional team ······ 124
cross-modal comparison ······ 124
cross-modality matching ······ 146
cross-sectional design ······ 107
cross-transfer ······ 124
cross-validation analysis ······ 124
crystallized intelligence ······ 132
cue ······ 283
cue-dependent forgetting ······ 283
cued recall ······ 283
culpability of victim ······ 237
cultural determinism ······ 273
cultural integration ······ 273
cultural model ······ 273
cultural psychological warfare ······ 273
cultural psychology ······ 273
cultural turn ······ 273
cultural-historical psychology ······ 273
culture fair test ······ 273
cumulative frequency polygon ······ 150
curiosity ······ 103
curiosity drive ······ 103
cutaneous sensation ······ 78
cytokin ······ 280

D

daltonism ······ 47

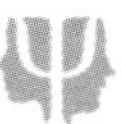

dance therapy ······ 277
dark adaptation ······ 3
dark adaptation curve ······ 3
Darwin reflex ······ 41
data collection ······ 239
data-driven process ······ 238
death instinct ······ 245
decentration ······ 199
decision making ······ 136
decision making theory ······ 136
declarative knowledge ······ 26, 168
declarative memory ······ 26
declarative organizer ······ 26
decoding ······ 321
deconditioning ······ 199
deconstruction ······ 129
deductive inference ······ 316
deductive thinking ······ 315
deductive thought ······ 315
deep dyslexia ······ 222
deep structure ······ 222
defective child ······ 222
defense mechanism ······ 73
defensive attribution ······ 73
deferred imitation ······ 312
degree of freedom ······ 364
deindividuation ······ 199
delay of gratification ······ 312
delirium ······ 340
delusion ······ 268
delusion of jealousy ······ 117
delusion of negation ······ 78
delusion of persecution ······ 7
delusion of reference ······ 97
delusional disorder ······ 268
dementia ······ 29, 229
dendrite ······ 238
denial ······ 78
dentate gyrus ······ 29
Denver Development Screening Test, DDST ······ 43
deoxyribonucleic acid, DNA ······ 265
dependent personality disorder ······ 319
dependent variable ······ 322
depersonalization ······ 204
depression ······ 321
depressive-like behavior ······ 151
deprivation ······ 16
deprivation study ······ 16
depth cue ······ 222
depth of criminal behavior ······ 71
depth of processing ······ 120
depth perception ······ 223
depth psychology ······ 222
derangement ······ 132
derivation theory of complexity ······ 82
derived score ······ 46
descending series ······ 49
descriptive statistics ······ 168
desynchronized wave ······ 199
deterioration ······ 239
determinism ······ 136
detour behavior ······ 329
detour problem ······ 329
deuteranopia ······ 49, 161
development of metacognition ······ 333
development pattern ······ 65
developmental age ······ 65

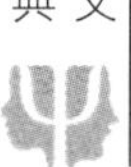

developmental cognitive neuroscience ·· 65
developmental coordination disorder ·· 66
developmental crisis ···················· 65
developmental disorder ················ 66
developmental dyslexia ················ 66
developmental dyspraxia ··············· 66
developmental norm ···················· 64
developmental plasticity ··············· 65
developmental psychology ············· 66
developmental psychopathology ······ 65
developmental resilience ··············· 65
developmental stage ···················· 65
developmental task ····················· 65
developmental trend ···················· 65
deviation ································ 151
deviation intelligence quotient ······· 151
dexterity of action ······················ 55
dialectical thinking ····················· 12
diary method ··························· 212
diathesis ································ 246
dichotic listening ······················ 241
dichotomous item ······················ 62
dichromatic vision ······················ 62
dichromatopsia ························· 63
diencephalon ··························· 122
difference tone ·························· 23
Differential Aptitude Test, DAT ······· 198
differential emotion theory ··········· 197
differential item functioning ·········· 286
differential limen method ············· 23
differential psychology ················ 23
differential sensitivity ················· 23
differential threshold ·················· 23
differentiation ·························· 76
diffusion of responsibility ············ 339
digit span ······························· 239
dilemma problem ······················ 157
direct inference ························ 347
direct instruction ······················ 347
direction illusion ························ 73
disaster psychology ··················· 338
discontinuous motor skill ·············· 77
discounting principle ··················· 41
discourse ······························· 109
discourse psychology ·················· 109
discoursive social psychology ········ 109
discovery learning ······················ 64
discrete variable ······················· 152
discriminability ························ 198
discriminant analysis ············· 76, 182
discrimination ···················· 76, 189
discrimination index ·················· 124
discrimination learning ················ 12
discrimination validity ················ 198
discriminative reaction time ······· 12, 69
dishabituation ························· 199
disjunctive concept ··················· 278
disorientation ·························· 52
dispersion of liability for guilt ········ 370
dispersion tendency analysis ········· 152
displaced aggression ·················· 254
dispositional attribution ··········· 9, 246
dissociative fugue ····················· 130
dissociative identity disorder ·········· 77
distance constancy ···················· 135
distance cue ··························· 135
distance learning ······················ 334
distance perception ··················· 135

distinctiveness ············ 251
distraction ············ 78
distress ············ 146
distribution of attention ············ 355
distributive justice ············ 77
divergence tendency ············ 152
divergent thinking ············ 64
divided attention ············ 77
domain-general theory ············ 159
domain-specific theory ············ 159
door-in-the-face technique ············ 160
dopamine, DA ············ 58
dorsal stream ············ 7, 343
double blind ············ 240
double dissociation ············ 240
double image ············ 241
Down syndrome ············ 250
dramaturgy ············ 180
dream interpretation ············ 236
dream work ············ 166
dreamy state ············ 166
drinking center ············ 325
drive ············ 177
drive theory ············ 177
drug abuse ············ 317
drug addiction ············ 317
drug dependence ············ 317
dual attitude ············ 240
dual coding hypothesis ············ 239
dual personality ············ 240
dual psychology ············ 62
dual relationship ············ 240
dual-process theory of memory ············ 119
dualism ············ 63
Duncan multiple-range test ············ 48
duplex theory of vision ············ 234, 241
duplicity theory of vision ············ 234, 241
dynamic psychology ············ 54
dynamic stereotype ············ 54
dynamic stereotype of crime ············ 69, 70
dynamic theory of personality ············ 203
dynamic visual acuity ············ 54
dynorphin ············ 193
dysarthria ············ 64
dysbulia ············ 322
dyscalculia ············ 118
dysgraphia ············ 238
dyskinesia ············ 337
dyslexia ············ 335
dysphonia ············ 64
dysphrenia ············ 133
dysthymia ············ 288

E

eardrum ············ 62, 96
early childhood ············ 260
early childhood education ············ 339
early experience ············ 339
early selective model ············ 339
Ebbinghaus Forgetting Curve ············ 1
Ebbinghaus illusion ············ 1
echoic memory ············ 228
echolalia ············ 172
eclectic psychotherapy ············ 342
ecological approach ············ 227
ecological psychology ············ 226
ecological system theory ············ 226

economic principle of motion ········· 55
economic psychological warfare ····· 131
economic psychology ················· 131
educational psychology ··············· 127
Edwards Personal Preference
Schedule, EPPS ························ 2
effect of social facilitation ············ 221
effect of teacher expectancy ·········· 127
effector ·································· 287
ego ······································· 361
ego defense ····························· 362
ego defense mechanism ··············· 362
ego orientation ························· 361
ego psychology ························· 364
ego-enhancement drive ················ 363
ego-identity ···························· 363
ego-involved learner ·················· 362
egocentric speech ······················ 364
egocentric thinking ···················· 364
egocentrism ···························· 364
eidetic image ··························· 319
eigenvalue ···························· 9, 252
elaboration strategy ··················· 133
elaborative rehearsal ·················· 133
Electra complex ························ 156
electroconvulsive shock, ECK ········ 51
electroconvulsive therapy, ECT ······· 51
electroencephalogram, EEG ·········· 175
electrolytic lesion ······················ 51
electrooculogram, EOG ··············· 315
elementalism ··························· 333
embodied cognition ···················· 135
embryonic period ······················ 183
emic ····································· 355
emotion ································· 197
emotion regulation ····················· 197
emotional dimension ·················· 197
emotional experience ·················· 195
emotional expression ·················· 14
emotional intelligence ················· 197
emotional memory ····················· 197
emotional response ···················· 197
emotional support ······················ 196
empathy ··························· 95, 259
empirical psychology ·················· 131
empirical thinking ····················· 131
empirical validity ······················ 232
empiricism ····························· 131
empty nest ······························ 144
empty nest syndrome ·················· 144
encoding specificity principle ········· 11
encounter group ························ 111
endocrine gland ························ 177
endocrine system ······················ 177
endogenous attention orienting ······· 179
endorphin ······························· 177
endurance training ····················· 175
engineering anthropometry ············ 92
engineering psychology ················ 92
engram ·································· 106
enkephalin ······························ 176
enrichment study ······················· 78
enthusiasm ····························· 202
environmental psychology ············ 109
environmentalism ······················ 109
epilepsy ································· 50
epileptoid personality ·················· 50
epiphenomenalism ····················· 82

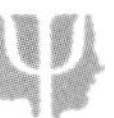

episodic memory ······ 196
epistemology ······ 208
epithalamus ······ 217
equal internal variable ······ 47
equal loudness contour ······ 48
equal pitch contour ······ 47
equilibratory sensation ······ 185
equity theory ······ 94
equivalent form ······ 48
ERG theory ······ 152
ergonomics ······ 92
Erikson's eight stages of development ······ 1
Eros ······ 61
error ······ 277
error mean square ······ 277
error of the first kind ······ 50
error of the second kind ······ 49
error variance ······ 277
escape learning ······ 250
essential character ······ 9
essential property ······ 9
essentialism ······ 9
estrogen ······ 38
ethnic difference ······ 352
ethnic discrimination ······ 168
ethnic mentality characteristic ······ 169
ethnic prejudice ······ 352
ethnocentric monoculturalism ······ 169
ethnocentrism ······ 169, 353
ethology ······ 54, 279
euphoria ······ 297
evaluation of convict's mind ······ 370
evaluation of man-machine system ······ 206
event-related potential, ERP ······ 232
everyday concept ······ 211
evoked potential ······ 328
evolutionary psychology ······ 130
examination anxiety ······ 141
exceptional child ······ 251
excitation ······ 304
executive function ······ 347
exemplar ······ 72
exemplar theory ······ 317
exercise ······ 156
exercise addiction ······ 56, 335
exercise adherence ······ 56
exercise psychology ······ 57
exhibitionism ······ 161
existential counseling ······ 40
existential psychology ······ 40
exogenous attention orienting ······ 267
expectancy ······ 189
expectancy effect ······ 189
expectancy theory ······ 189
expectancy wave ······ 189
expectant anxiety ······ 189
expectation ······ 332
experiential intelligence ······ 131
experiential learning ······ 253
experiment of open window ······ 140
experimental control ······ 231
experimental design ······ 231
experimental dissociation ······ 231
experimental group, EG ······ 231
experimental method ······ 231
experimental paradigm ······ 231
experimental psychology ······ 231
experimental social psychology ······ 231

experimenter effect ········ 231
expert teacher ········ 356
explicit knowledge ········ 266
explicit learning ········ 266
explicit memory ········ 266
exploratory behavior ········ 250
exploratory factor analysis ········ 250
explosive personality ········ 6
exposure therapy ········ 6
expressive language disorder ········ 14
expressive aphasia ········ 14
external attribution ········ 267
external imagery ········ 266
external reinforcement ········ 266
external validity ········ 266
externalizing problem ········ 266
extinction ········ 287
extraneous variable ········ 61
extrasensory perception ········ 26
extraversion ········ 266
extrinsic motivation ········ 267
extrinsic motivation of learning ········ 309
eye blink response ········ 340
eye movement ········ 315
eyeball accommodation ········ 315
eyewitness testimony ········ 174
Eysenck Personality Questionnaire, EPQ ········ 2

F

face ········ 167
face-saving behavior ········ 2
face validity ········ 14
facial expression ········ 167
facial recognition ········ 167
factor analysis ········ 323
factor loading ········ 323
factor rotation ········ 323
factorial validity ········ 323
faculty psychology ········ 98
failure orientation ········ 228
false alarm ········ 306
false belief task ········ 40
family therapy ········ 121
far transfer ········ 334
fast mapping ········ 147
fast pain ········ 147, 212
F-distribution ········ 76
fear ········ 144
fear appeal ········ 144
feature comparison model ········ 251
feature detector ········ 251
feature integration theory ········ 251
Fechner's law ········ 75
feedback ········ 67
feedback of criminal mind ········ 70
feedback-related negativity, FRN, FN ········ 67
feeding center ········ 222
feeling of inferiority ········ 359
feeling of self-value ········ 362
feeling tridimensional theory ········ 195
feminist psychology ········ 181
Fere phenomenon ········ 75
fetal stage ········ 249
fetus period ········ 249
fetishism ········ 156
field dependence ········ 25
field experiment ········ 282

field independence ······ 25
field psychology ······ 25
field research ······ 282
field theory ······ 25
fighting morale ······ 340
figure-ground ······ 263
filter model ······ 102
finger maze ······ 236
first impression ······ 50
first language ······ 50
first language acquisition ······ 50
first language transfer ······ 173
first signal system ······ 50
Fisher scoring ······ 75
Fisher's Z transformation ······ 75
fitness training ······ 236
Fitts' law ······ 75
five-factor model ······ 277
five-factor personality model, FFM ······ 205
fixation point ······ 355
fixation ······ 97
fixed facet ······ 96
fixed role therapy ······ 97
flash blindness ······ 216
flash signal ······ 217
flavor ······ 190
flexible working hours ······ 250
flextime ······ 250
flicker photometry ······ 217
flicker-fusion apparatus ······ 217
flight behavior ······ 250
flight illusion ······ 73
flight of thought ······ 244
floor effect ······ 49
flow state ······ 160
fluency of thinking ······ 244
fluid intelligence ······ 160, 317
flying behavior disorder ······ 74
focal awareness ······ 126
focus gambling ······ 17
folk psychology ······ 169
foot-in-the-door effect ······ 47
forced-choice method ······ 186
forced-choice test ······ 186
forebrain ······ 191
forensic psychology ······ 244
forgetting ······ 319
forgetting curve ······ 319
form perception ······ 303
formal group ······ 344
formal learning ······ 344
formal operation ······ 302
formal operational stage ······ 302
formatic reticularis ······ 268
formation of morality ······ 185
formulation processes ······ 314
forward association ······ 243
forward masking ······ 191
forward selection ······ 285
foundationalism ······ 114
foveal vision ······ 352
fractionation method ······ 76
frame of reference ······ 19
framing of decision ······ 136
free association ······ 365
free association analysis ······ 365
free recall ······ 365
frequency distribution ······ 11, 38,185

frequency theory of hearing ··········257
Freudian school ·························79
Friedman test ·························79
frontal lobe ·························61
frustration ·························40
frustration-aggression hypothesis ·····40
frustration-aggression theory ··········40
F-test ·························122
functional asymmetry of cerebral
hemispheres ·························41
functional connectivity ·················94
functional fixedness ·················94
functional magnetic resonance
imaging, fMRI ·························94
functional psychology ·················113
functionalism ·························113
fundamental attribution error, FAE ·····114
fundamental color ················115, 333
fundamental tone ·························115

G

g factor ·························323
Gagne's accumulative learning
theory ·························120
gain-loss effect ·························340
galvanic skin response ·················183
gambler's fallacy ·························56
game theory ·························17
gang culture ·························5
gang violence ·························5
Garcia effect ·························121
gate control theory ·························340
gender identity ·························304
gender role ·························304
gender schema ·························304
gender stereotype ·························304
gene ·························115
general ability ·························317
general ability test ················188, 317
general adaptation syndrome,
GAS ················187, 188, 318
general factor ·························323
general psychology ·························188
general transfer ·············187, 188,318
generalizability theory, GT ············83
generalization ·························83
generalized anxiety disorder ···········99
generalized other ·························83
generation gap ·························43
generative grammar ·························225
generative learning ·························225
generative semantics ·························225
generative theory ·························225
genetic determinism ·························319
genetic epistemology ·························64
genetic psychology ·························64
Geneva school ·························212
genuineness ·························342
geometric average ·························117
geometric mean ·························117
geometrical optical illusion ···········117
Gesell Development Test ·············89
Gestalt field theory ·························89
gestalt organizing principle ···········267
gestalt perception ·························267
Gestalt principle of
organization ·························89

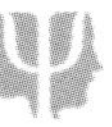

Gestalt psychology ······ 89
Gestalt therapy ······ 89, 267
gesture expression ······ 358
gifted child ······ 254
glare ······ 308
glass ceiling ······ 16
glucocorticoid ······ 250
glucocorticoid receptor, GR ······ 250
goal setting theory ······ 173
goal setting training ······ 173
goal-directed learning ······ 173
goal-directed thinking ······ 173
gonad ······ 305
good figure ······ 157
good-at-competition athlete ······ 10
good-at-training athlete ······ 311
Goodenough-Harris Drawing Test ······ 96
goodness of fit test ······ 180, 235
graded activation account ······ 23
gradient of crime vice ······ 70
gradualness of development ······ 65
grammar ······ 329
grammatical encoding ······ 329
graphic representation ······ 263
graphical interface ······ 263
grasp reflex ······ 356
gray matter ······ 110
gregarious personality ······ 105
grooming behavior ······ 305
group ······ 200
group climate ······ 201
group cohesion ······ 201
group counseling ······ 264
group decision making ······ 201
group dynamics ······ 200, 264
group dynamics of crime ······ 70
group dynamics theory ······ 200
group extremity shift ······ 201
group norm ······ 200
group polarization ······ 200
group pressure ······ 201
group test ······ 264
group therapy ······ 264
groupthink ······ 201, 287
growth curve model ······ 228
growth group ······ 28
growth motive ······ 28
Guilford's three-dimensional structure model of intelligence ······ 116
gustatory sensation ······ 271
gustum ······ 44

H

habituation ······ 278
hallucination ······ 109
halo effect ······ 98, 337
handicapped child ······ 20
harmonic mean ······ 255
Hawthorne effect ······ 112
health behavior ······ 123
health psychology ······ 123
healthy personality ······ 124
hearing ······ 255
heat effect ······ 202
hedonic theory of motivation ······ 53
Heider's attribution theory ······ 103
Helmholtz illusion ······ 103

Helmholtz's theory of color vision ···· 103
Helmholtz's trichromatic theory ····· 103
helplessness ····· 276
heredity ····· 319
Hering's illusion ····· 106
Hering's theory of color vision ····· 106
hermeneutics ····· 236
heteronomous morality ····· 249
heuristic bias ····· 190
heuristic evaluation ····· 190
heuristics ····· 190
hierarchical cluster ····· 22
hierarchical linear model ····· 58
hierarchical network model ····· 23
hierarchical structure ····· 23
hierarchical theory of needs ····· 306
hierarchy of needs ····· 306
higher mental process ····· 88
higher order conditioning ····· 88, 338
high-road transfer ····· 88
hippocampal formation ····· 103
hippocampus ····· 103
Hippocrate's theory of humor ····· 278
histogram ····· 347
historicism ····· 153
historiography ····· 153
histrionic personality disorder ····· 15
hit ····· 113
holism ····· 344
holistic health ····· 344
Holland vocational model ····· 112
home advantage ····· 354
home effect ····· 354
home-field advantage ····· 354
homeostasis ····· 177, 253
homogeneity ····· 260
homogeneity of variance ····· 72
homosexuality ····· 260
hopelessness ····· 138
horizontal-vertical illusion ····· 107
hormic psychology ····· 22
horopter ····· 235
hostile aggression ····· 48
hostility ····· 48
human behavior genetics ····· 207
human error ····· 207
human error analysis ····· 207
human factor ····· 208
human intelligence ····· 203
human reliability ····· 203
human resource ····· 207
human resources management ····· 207
human transfer function ····· 203
human-computer dialogue ····· 206
human-computer interaction ····· 206
human-machine system ····· 206
human-potential movement ····· 207
humanism ····· 202, 207
humanistic perspective ····· 202
humanistic psychology ····· 202
humanistic psychotherapy ····· 202
humoral immunity ····· 253
humoral regulation ····· 253
hyperlexia ····· 88, 335
hyperosmia ····· 307
hyperthymia ····· 195
hypnolepsy ····· 66
hypnosis ····· 39

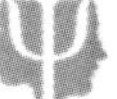

hypnotism ························ 39
hypochondriacal delusion ············ 320
hypochondriasis ······················ 320
hypomnesia ··························· 119
hypophrenia ·························· 349
hypophysis ··························· 36
hypothalamic-pituitary-adrenal axis, HPA ································ 280
hypothalamus ························· 280
hypothesis testing ··················· 121
hypothesis testing theory ············ 121
hysteria ····························· 322

I

iceberg profile ······················ 15
iconic memory ························ 263
id ·································· 9, 318
ideal self ··························· 153
identifiability ······················ 230
identification ······················· 360
identity ····························· 208
identity confusion ·············· 208, 260
identity crisis ················· 208, 260
identity foreclosure ················· 260
identification ······················· 208
ill-defined problem ·················· 52
illuminance ························· 342
illusion ······················· 40, 110
image world ························· 322
imageless thinking ··················· 276
imageless thought ··················· 276
imagery intervention ················· 15
imagery thinking ···················· 302
imagery training ····················· 15
imaginal memory ················ 14, 302
imagination ························· 285
imaginative image ··················· 285
imitation learning ··················· 171
imitative play ······················· 171
immature personality ················· 17
immediacy ··························· 116
immediate association ·········· 116, 347
immediate memory ···················· 243
implicit association test ············ 178
implicit attitude ···················· 178
implicit behavior ···················· 179
implicit knowledge ·················· 179
implicit learning ···················· 179
implicit memory ····················· 178
implicit personality theory ·········· 178
implicit priming paradigm ··········· 178
implicit stereotype ·················· 178
implicit use of memory ·············· 118
important other ····················· 353
impossible figure ···················· 17
impression management ··············· 325
imprinting ·························· 325
impulse ····························· 29
impulse disorder ····················· 30
impulse personality ·················· 30
impulsive aggression ················· 29
in-basket test ······················· 94
incarceration ·················· 89, 327
incentive ··························· 328
independent component analysis, ICA ································ 55
independent construal of self ········ 55

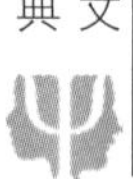

independent group design ············· 55
independent variable ················· 359
indigenization ··························· 8
indigenous psychology ················· 8
indirect inference ···················· 123
individual consciousness ············· 90
individual constructivism ············ 90
individual difference ················· 90
individual need ························ 90
individual psychology ················· 90
individual zone of optimal function theory ····························· 91
individualism ·························· 91
individualized instruction ············ 91
induced color ························· 328
induced movement ···················· 328
inductive inference ···················· 99
inductive-deductive reasoning ······· 99
industrial/organizational psychology ··· 92
inert knowledge ······················· 60
infancy ································ 325
infantile autism ················· 96, 359
inference ······························ 264
inferential statistics ·················· 264
inferiority ···························· 359
inferiority complex ··················· 359
informal group ························· 75
informal learning ······················ 75
information ··························· 299
information display ··················· 300
information function ················· 299
information matrix ··················· 299
information overload ················· 299
information processing model ········ 299
information processing theory ········ 299
information processing theory of personality ························· 205
information retrieval ·················· 300
information storage ··················· 299
information trauma ··················· 300
information warfare ·················· 300
informed consent ····················· 346
ingratiation ··························· 251
ingroup ································ 177
ingroup bias ·························· 177
inhibition ····························· 321
inkblot test ··························· 173
innate behavior ······················· 281
inner ear ······························ 176
inner speech ·························· 176
innovation ····························· 34
inquiry learning ······················ 250
insanity ······························· 132
insight ································· 58
insight learning ························ 58
insight theory ·························· 58
insightful solution ····················· 58
insomnia ······························ 229
inspiration ···························· 158
instinct ································· 8
instinct drift ···························· 8
instinct of curiosity ·················· 103
instinct theory ·························· 8
instinct theory of motivation ········· 53
instinctive behavior ···················· 8
instinctive impulse ····················· 8
instinctive theory of crime ············ 69
instruction ···························· 348

instructional design ···· 127
instructional goal ···· 127
instructional psychology ···· 127
instructional strategy ···· 127
instrumental aggression ···· 92
instrumental conditioning ···· 92
instrumental value ···· 92
insufficient justification effect ···· 17
intake interview ···· 128
integrated alerting ···· 366
integrationism ···· 343
integrative psychotherapy ···· 343
intellectual deficiency ···· 349
intellectual deterioration ···· 350
intellectual disability ···· 349
intelligence ···· 349
intelligence quotient, IQ ···· 350
intelligence test ···· 349
intelligibility ···· 142
intensity ···· 192
intentional learning ···· 328
intentional memorization ···· 328
intentionalism ···· 322
interaction ···· 125
interaction anxiety ···· 125
interaction of sense organs ···· 86
interactional justice ···· 108
interactionism ···· 108, 284
interdependent self-construal ···· 108
interest test ···· 304
interference theory ···· 85
internal attribution ···· 179
internal frame of reference ···· 176
internal imagery ···· 176
internal representation ···· 176
internal working model ···· 176
internalization ···· 177
internalization of social norm ···· 218
internalizing problem ···· 177
International Association for Cross-Cultural Psychology ···· 100
International Association of Applied Psychology ···· 101
International Congress of Psychology ···· 100
International Union of Psychological Science ···· 100
internet addiction disorder ···· 268
internet navigation ···· 108
interpersonal distance ···· 207
interpersonal relation ···· 207
interpersonal skill ···· 125
interpretation ···· 130
interrole conflict ···· 137
interrupted time-series design ···· 350
interval estimation ···· 198
interval of uncertainty ···· 18
interval scale ···· 47
interval schedule of reinforcement ···· 193
intervening variable ···· 350
interview method ···· 73
intonation expression ···· 329
intonation pattern ···· 329
intrarole conflict ···· 137
intrinsic motivation ···· 176, 178
intrinsic motivation of learning ···· 309
introjection ···· 178
introspection ···· 178

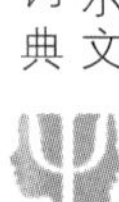

introspective method ················ 178
introversion ···················· 177, 178
intuition ······························· 347
intuitionalism ························ 347
intuitive thinking ···················· 347
intuitive-action thinking ·············· 347
inverted U hypothesis ················· 46
involuntary attention ············· 18, 276
involuntary imagination ··········· 18, 276
involuntary movement ················ 18
involutional depression ················ 92
involutional neurosis ················· 92
involutional psychosis ················ 92
irrational belief ······················· 74
irrelevant variable ···················· 275
isolation ······························· 89
isosensitivity curve ··················· 47
itching sensation ····················· 316
item analysis ························· 286
item characteristic curve, ICC ········ 286
item characteristic function ··········· 286
item difficulty ························ 286
item discrimination ··················· 286
item parameter ························ 285
item response theory, IRT ············ 285

J

James-Lange theory of emotion ······ 340
job analysis ··························· 87
job burnout ··························· 348
job characteristic model ··············· 93
job design ···························· 347
job enlargement ······················· 93
job enrichment ························ 93
job evaluation ························· 88
job rotation ··························· 87
job satisfaction ······················· 93
Jost's law ···························· 334
judgement ···························· 182
judicial psychology ··················· 225
Jung's personality theory ············ 212
just noticeable difference, JND ······ 369
juvenile period ······················· 217

K

Kelley's theory of attribution ········ 140
Kendall's concordance coefficient ····· 143
Kendall's consistency coefficient ···· 143
Kendall's U consistency
coefficient ·························· 143
Kendall's W concordance
coefficient ·························· 143
key-word method ····················· 97
kinesthesiometer ······················ 54
kinesthesis ···························· 53
kinesthetic aftereffect, KAE ·········· 53
kinesthetic feedback ·················· 53
kinesthetic imagery ··················· 53
kleptomania ························· 261
k-means clustering ·············· 139, 147
knowledge ··························· 347
knowledge representation ············ 347
Kohlberg's theory of moral
development ························ 141
Kuder-Richardson reliability ········ 146
Külpe school ························· 198

L

Landolt ring ··· 149
language acquistion device, LAD ··· 330
language comprehension ··· 330
language disorder ··· 330
language experience ··· 330
language production ··· 329
large sample ··· 42
late adulthood ··· 149
latent learning ··· 192
latency learning ··· 192
latent trait theory, LTT ··· 192
lateral transfer ··· 107, 242
lateralization of brain function ··· 41
Latinsquare design ··· 149
law of assimilation ··· 259
law of causation ··· 323
law of color mixture ··· 314
law of complementary color ··· 17
law of contiguity ··· 128
law of contrast ··· 57
law of effect ··· 287
law of equipotentiality ··· 47
law of exercise ··· 156
law of frequency ··· 185
law of intermediary color ··· 350
law of parsimony ··· 128
law of recency ··· 130
law of similarity ··· 150, 285
law of specific sense energy ··· 85
law of substitution ··· 43
law of vividness ··· 281, 282
leader-member exchange theory ··· 159
leaderless group discussion ··· 275
leadership ··· 159
learnability approach to language acquisition ··· 330
learned behavior ··· 278
learned helplessness ··· 278
learned taste aversion ··· 272
learning ··· 309
learning activity ··· 310
learning by insight ··· 58
learning difficulty ··· 310
learning disability ··· 310
learning disorder ··· 310
learning motivation ··· 309
learning set ··· 309
learning strategy ··· 309
learning style ··· 309
learning theory ··· 310
learning theory of crime ··· 71
left-behind child ··· 160
left-handedness ··· 370
legal consciousness ··· 66
Leipzig Psychological Laboratory ··· 149
length illusion ··· 24
level of processing ··· 120
Lewin's change model ··· 149
lexical agraphia ··· 36
lexical ambiguity ··· 36
lexical bias effect ··· 36
lexical hypothesis ··· 37
lexical identification shift ··· 37
lexical representation ··· 36
lexical selection by competition account ··· 37

lexically driven model 36
libertarianism 322, 365
libido 153
lie detector 21
life events 226
Life Events Scale, LES 226
life instinct 225
life stress 226
life style 226
life style disease 226
life-change unit, LCU 225
life-span perspective 10
light-dark ratio 157
likelihood ratio 111, 245
Likert scale 154
limbic system 10
limit method 116
linear perspective 283
linear regression 283
linear relation 283
linear relationship 283
linguistic competence 330
linguistic psychology 330
linguistic sign 330
linguistic symbol 330
link analysis 156
litigation psychology 246
locality effect 271
localization of brain function 41
localization of mental function 290
locus of control 144
logarithmic law 57
logical thinking 162
longitudinal design 366
longitudinal research 366
long-term memory, LTM 24
long-term potentiation, LTP 24
long-term psychotherapy 24
long-term working memory, LT-WM 24
looking-glass self 134
loss 214
loudness 285
low-road transfer 48
luminance 157
luminance contrast 157
luminosity function 98, 233
lunacy 132
lust murderer 216
lymphatic temperament 181

M

Mach band 163
magnetic resonance imaging, MRI 38
magnetoencephalography, MEG 175
main effect 355
mainstream psychology 354
maintenance rehearsal 5
managerial grid theory 98
managerial psychology 98
mania 339
manic-depressive psychosis 339
manipulative skill 20
man-machine dialogue 206
man-machine function allocation 206
man-machine interface 206
man-machine matching 206

man-machine system ······ 206
man-machine-environment system ······ 206
Mann-Whitney U test ······ 164
marginal consciousness ······ 11
marginal distribution ······ 10
marginal effect ······ 10
marginal personality ······ 10
marginalization ······ 152
marine psychology ······ 104
marker ······ 13
Marr computational theory ······ 163
marriage therapy ······ 111
Marxist psychology ······ 163
masculinity-femininity ······ 175
masking ······ 315
Maslow's hierarchy of needs ······ 163
Maslow's motivational hierarchy ······ 163
Maslow's theory of human motivation ······ 163
masochism ······ 237
mass communication ······ 42, 43
massed learning ······ 117
mastery learning ······ 342
matched samples t-test ······ 183
matched-group design ······ 184
matrix reasoning ······ 134
matrix structure ······ 134
maturation ······ 28
maximization of morale ······ 232
maximum likelihood method ······ 368
Maxwell color triangle ······ 164
maze ······ 166
maze learning ······ 167
McCollough effect ······ 164
McDougall's theory of instinct ······ 163
mean ······ 186
mean square ······ 139
mean-square of treatment ······ 33
meaningful learning ······ 322
meaningful memorization ······ 322
means-ends analysis, MEA ······ 236
measure of central tendency ······ 116
measure of difference ······ 23, 152
measurement error ······ 21
median ······ 351
mediation ······ 255
mediation response ······ 350
medical model ······ 318
medical psychology ······ 318
medicinal insomnia ······ 317
meditation ······ 171
medulla oblongata ······ 313
melancholic temperament ······ 321
memorization ······ 230
memory ······ 118
memory coding ······ 118
memory disorder ······ 119
memory impairment ······ 119
memory illusion ······ 118
memory image ······ 118
memory organization ······ 120
memory search ······ 119
memory span ······ 119
memory strategy ······ 118
memory system ······ 119
memory trace ······ 119
mental activism ······ 291
mental activity ······ 290

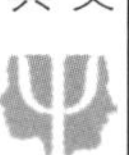

mental age, MA ··· 291, 349
mental chemistry ··· 290
mental deterioration ··· 133
mental development ··· 289
mental diagnosis of convict ··· 370
mental disorder ··· 133, 296
mental disorder in epilepsy ··· 50
mental dysfunction ··· 290
mental essence ··· 293
mental experiment ··· 293
mental fatigue ··· 291
mental health ··· 288, 290
mental health education ··· 291
mental hygiene ··· 293
mental illness ··· 290
mental image ··· 14, 288
mental lexicon ··· 289
mental mechanism ··· 290
mental mechanism of crime ··· 71
mental orientation in competition ··· 10
mental phenomenon ··· 294
mental process ··· 290
mental regulation ··· 293
mental representation ··· 288
mental retardation ··· 132, 349
mental rotation ··· 294
mental scale ··· 291
mental scanning ··· 292
mental set ··· 289
mental status ··· 296
mental test ··· 289
mental test for police ··· 133
mental trace of crime ··· 70
mental workload ··· 290
mentalism ··· 296
me-self ··· 143
meta theory ··· 333
meta-analysis ··· 333
metacognition ··· 333
metacognition strategy ··· 333
metamemory ··· 333
metaphor ··· 325
metapsychology ··· 333
method of abstract analysis ··· 31
method of adjustment ··· 255
method of average error ··· 185
method of constant stimulus ··· 106
method of dichotomic classification ··· 62
method of elimination ··· 286
method of equal interval ··· 47
method of least square ··· 368
method of magnitude estimation ··· 239
method of median test ··· 351
method of minimal change ··· 368
method of paired comparison ··· 57
method of systematic observation ··· 280
methodological behaviorism ··· 72
methodology ··· 72
methodology in psychology ··· 294
microdialysis ··· 269
microelectrode ··· 268
microelectrode array ··· 269
microgenetic design ··· 269
microinjection ··· 269
midbrain ··· 351
middle childhood ··· 260
middle ear ··· 350

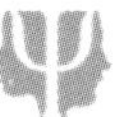

midlife crisis ············ 351
mid-value ············ 352
mild cognitive impairment ············ 194
Milgram's obedience experiment ············ 167
military psychology ············ 138
military stress ············ 138
mind ············ 288
mind of group crime ············ 200
mind of prisoner of war ············ 341
mind-body interactionism ············ 222, 297
mind-body isomorphism ············ 297
mind-body parallelism ············ 297
mind-body problem ············ 297
minimum audible field, MAF ············ 369
minimum audible pressure ············ 369
Minnesota Multiphasic Personality Inventory, MMPI ············ 170
minority influence ············ 217
mirror drawing ············ 134
misconception ············ 40, 167
mismatch negativity, MMN ············ 229
miss ············ 160
missing data ············ 200
mixed design ············ 111
mnemonics ············ 119
mode ············ 353
modernism ············ 282
modularity theory ············ 172
molecular theory of memory ············ 118
monaural hearing ············ 44
monism ············ 318
monochromatism ············ 44, 200
monochromator ············ 44
monocular depth cue ············ 44
monocular movement parallax ············ 45
monozygotic twins ············ 259
mood ············ 288
mood disorder ············ 288
moon illusion ············ 335
moral belief ············ 46
moral dilemma ············ 46
moral internalization ············ 46
moral judgement ············ 46
moral reasoning ············ 46
morale ············ 232
morality ············ 46
moratorium ············ 104
Morgan's canon ············ 172
Morita therapy ············ 216
Moro reflex ············ 173
morpheme ············ 37
morpheme identification ············ 37
Morris water maze ············ 172
motility of consciousness ············ 321
motion illusion ············ 335
motion parallax ············ 337
motion perception ············ 337
motivated forgetting ············ 53
motivation ············ 52
motivation of confession ············ 95
motivation theory ············ 115
motivation transfer ············ 53
motivational conflict ············ 53
motive and effect ············ 53
motor area ············ 336
motor coordination ············ 337
motor cortex ············ 336
motor learning ············ 337

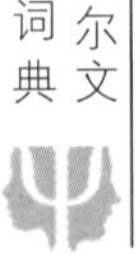

motor memory ······ 336
motor neuron ······ 337
motor skill ······ 336
movement afterimage ······ 336
movement imagery ······ 335
movement-related potential ······ 336
Müller-Lyer illusion ······ 167
multi-channel interface ······ 59
multicollinearity ······ 58
multiculturalism ······ 59, 352
multidimensional anxiety theory ······ 59
multilevel model ······ 59
multiple analysis ······ 59
multiple comparison ······ 58
multiple correlation ······ 58
multiple functional display ······ 59
multiple linear regression ······ 59
multiple personality ······ 58
multiple regression ······ 59
multiple relationship ······ 240
multiple-response learning ······ 60
Munsell color solid ······ 164
muscle sensation ······ 114
music therapy ······ 324
musical perception ······ 324
musical tone ······ 335
mutism ······ 122
Myers-Briggs Type Indicator, MBTI ······ 163

N

N400 component ······ 27
N-Affil ······ 99
Nagel Chart Test ······ 175
Nancy school ······ 175
narcissism ······ 360
narcissistic personality disorder ······ 360
narcolepsy ······ 66
narrative psychology ······ 307
narrative therapy ······ 307
narrow-external attention ······ 280
narrow-internal attention ······ 280
national assimilation ······ 169
national awareness ······ 169
national character ······ 101, 169
national child psychology ······ 168
national cohesive psychology ······ 168
national common psychological quality ······ 168
national feeling of identification ······ 169
national identity ······ 169
national inferiority feeling ······ 170
national personality ······ 168
national prejudice ······ 168
national pride ······ 170
national sentiment ······ 169
national spirit ······ 168
nationality ······ 169
native language ······ 173
nativism ······ 254
nativistic theory ······ 281
natural concept ······ 360
natural experiment ······ 361
naturalistic observation ······ 360
near transfer ······ 130
need ······ 306
need for achievement ······ 28

need for affiliation ················ 99, 105
need for transcendence ················ 26
negative after-effect ················ 80
negative afterimage ················ 80
negative correlation ················ 81
negative emotion ················ 81
negative hallucination ················ 80
negative incentive ················ 81
negative reinforcement ················ 81
negative transfer ················ 81
negativism ················ 270
negotiation ················ 250
neo-behaviorism ················ 298
neo-Piagetian theory ················ 297
neo-psychoanalysis ················ 297
neocortex ················ 297
Neonatal Behavioral Assessment Scale ················ 298
neonatal period ················ 298
nerve cell ················ 224
nerve impulse ················ 223, 224
nervous system, NS ················ 224
nested design ················ 192
network of words ················ 37
network psychological warfare ················ 268
neural computation ················ 223
neural plasticity ················ 223
neurohormone ················ 223
neurolinguistics ················ 224
neuron ················ 224
neuron network ················ 224
neuropeptide ················ 223
neuropsychological test ················ 224
neuropsychology ················ 224
neuroscience ················ 223
neurosis ················ 224
neuroticism ················ 224
Neuroticism Extroversion Openness Personality Inventory, NEO-PI ················ 203
neurotoxicology ················ 223
neurotransmitter ················ 223
neutral stimulus, NS ················ 351
neutralization ················ 351
newborn reflex ················ 298
Newman-Keuls test ················ 181
N-methyl-D-aspartate receptor, NMDAR ················ 121
Noctambulism ················ 166
noise ················ 339
nominal scale ················ 27
non-associative learning ················ 75
non-cognitive factor ················ 75
non-formal learning ················ 75
non-normal data ················ 75
non-parametric test ················ 74
non-participant observation ················ 74
nonconscious ················ 192, 276
nondeclarative memory ················ 74
nonsense syllable ················ 276
nonverbal communication ················ 75
noradrenaline, NA ················ 199
norepinephrine, NE ················ 199
norm ················ 25, 100
normal child ················ 25
normal curve ················ 345
normal distribution ················ 25, 344
normalization ················ 345
normative investigation ················ 25

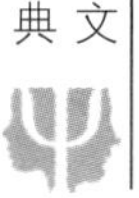

norm-referenced test ······ 25
novice teacher ······ 298
nuclear family ······ 106
nuclear magnetic resonance, NMR ······ 105
null hypothesis ······ 158, 306
nursing psychology ······ 108

O

obedience ······ 79
object constancy ······ 277
object perception ······ 143
object permanence ······ 143
objective item ······ 143
objective test ······ 143
objectivism ······ 143
oblique rotation ······ 288
observational learning ······ 98
observational method ······ 97
observed score ······ 97
obsessive-compulsive disorder, OCD ······ 193
occipital lobe ······ 343
occupational choice ······ 348
occupational counseling ······ 348
occupational psychology ······ 348
Oedipus complex ······ 61, 156
offense with unconscious motivation ······ 276
olfactometer ······ 307
olfactory area ······ 307
olfactory sensation ······ 307
olfactory threshold ······ 307
one group design ······ 45
one-factor analysis of variance ······ 45
one-sample t-test ······ 45
one-tailed test ······ 44
ontology ······ 8
open field test ······ 147
open motor skill ······ 140
open-end interview ······ 140
open-loop control ······ 140
operant behavior ······ 20
operant behaviorism ······ 20
operant conditioning ······ 21
operant extinction ······ 21
operant learning ······ 21
operational definition ······ 20
operational thinking ······ 20
operative reflection ······ 20
operative temperature ······ 20
opponent-process theory ······ 129
oppositional defiant disorder ······ 57
optical illusion ······ 233
optimal arousal ······ 368
oral stage ······ 145
ordered recall ······ 243
ordinal scale ······ 243
ordinal variable ······ 243
organic mental disorder ······ 191
organic psychosis ······ 190
organic sensation ······ 113
organismic valuing process ······ 113
organization development ······ 367
organizational behavior, OB ······ 368
organizational change ······ 367
organizational citizenship behavior, OCB ······ 367
organizational climate ······ 367

organizational commitment……367
organizational culture……368
organizational learning……368
organizational psychological health of fighting unit……371
organizational psychology……368
organizational strategy……367
organizational structure……367
orientation perception……73
orientation……52
orienting response……52
origin of consciousness……321
originality of thinking……244
orthogonal rotation……344
out-group……266
overcompensation……101
overgeneralization……101
overjustification effect……101
overlearning……101
oversocialization……101
overtone……7
overtraining……101

P

P3 component……27
P300 component……27
pain control……252
pain spot……261
pain-prone personality……252
panic disorder……132
panpsychism……72
pansexualism……72
paper-pencil maze……348
paper-pencil test……348
paradigm……72
paradigm theory……72
parallax……233
parallel distributed processing model……15, 172
parallel processing……15
parallel search……16
parallel test……186
parameter……19
parameter estimation……19
parametric statistical test……19
paranoid personality disorder……184
paranoid psychosis……184
paraphrasing……236
parapsychology……26, 296
parasexuality……304
parasympathetic nervous system……82
parathymia……195
parent-child relationship……194
parenting style……80
parietal lobe……52
Paris school……4
partial correlation……184
partial regression……184
partial reinforcement……18
partial reinforcement effect, PRE……18
partial strategy……18
partial-report procedure……18
participant observation……19
participative management……19
passion……115
passionate crime……115
passionate love……115

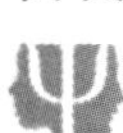

passive-aggressive personality ·········· 7
path analysis ···························· 161
path-goal theory ························ 258
pathological stealing ···················· 16
pattern recognition ····················· 172
Pavlovian conditioning ··················· 4
PDP model ························ 15, 172
peak experience ····················· 51, 88
peak performance ······················ 368
peak performance experience ········ 335
Pearson correlation ···················· 183
pedophilia ······························· 156
peer acceptance ························ 258
peer culture ···························· 258
peer learning ··························· 258
peer rating ····························· 258
peer rejection ·························· 258
penal psychology ······················ 300
percentile ································· 4
percentile rank ···························· 4
perception ······························· 345
perceptual aftereffect ················· 346
perceptual constancy ·················· 346
perceptual defense ····················· 346
perceptual discrimination ············· 345
perceptual distortion ·················· 346
perceptual learning ···················· 346
perceptual organization ··············· 346
perceptual representation system ···· 345
perceptual vigilance ··················· 346
perfect correlation ····················· 267
perfectionism ·························· 267
performance appraisal ················· 117
performance intelligence ·············· 21
performance test ························ 20
perimeter ······························· 235
peripheral theory of thinking ········· 244
peripheral vision ······················ 353
peripheralism ·························· 267
permissive parenting ·················· 147
person perception ······················ 57
persona ································· 204
personal attribution ··················· 246
personal construct theory ·············· 90
personal distance ······················· 90
personal equation ······················ 203
personal psychology ···················· 90
personal space ·························· 90
personal unconscious ··················· 90
personality ························ 91, 203
personality assessment ·········· 203, 204
personality change ····················· 204
personality development ·············· 204
personality dimension ················· 205
personality disorder ··················· 205
personality dynamics ··················· 91
personality labeling ··················· 203
personality of prisoner ················ 369
personality psychology ··········· 91, 205
personality questionaire ·············· 205
personality scale ······················ 204
personality structure ·················· 204
personality test ························ 203
personality test of convict ············ 369
personality theory ····················· 204
personality trait ·················· 91, 205
personality trend ················· 91, 204
personality type ······················· 204

personalized interface ················· 91
person-centered psychotherapy ······ 320
person-job fit ·························· 208
personnel psychology ················ 207
personnel selection ···················· 208
person-organization fit ··············· 208
perspective illusion ··················· 262
perspective taking ················ 98, 110
persuasion ······························ 243
pessimism ································ 6
petition mind of convict ·············· 369
phallic stage ···························· 228
phenomenological method ············ 283
phenomenological psychology ······· 282
phenomenology ························ 283
pheromone ······················ 266, 299
phi coefficient ························· 279
phi phenomenon ························ 282
phobia ··································· 144
phoneme ································· 324
phoneme awareness ···················· 324
phoneme perception ··················· 324
phonetic encoding ····················· 331
phonetic perception ··················· 332
phonetic production ··················· 331
phonological awareness ··············· 331
phonological development ··········· 331
phonological representation ········· 331
phonological structure ················ 331
phonological structure-syntactic
structure interface rule ·············· 331
photopic vision ························· 170
photoreceptor cell ······················· 85
phrase structure grammar ············· 56
phrase structure rule ··················· 56
phrenology ······························ 160
phylogeny ································ 352
physical abuse ·························· 198
physical anthropology ················ 253
physical exercise therapy ············ 253
physical self ···························· 222
physiological psychology ············ 226
physiological zero ····················· 226
Piagetian school ······················· 184
Piagetian theory ······················· 183
pilot situational awareness ············ 74
pilot workload ·························· 74
pitch ······································ 324
pitch of speech sound ················· 331
pituitary gland ························· 175
place theory of hearing ··············· 257
placebo ····································· 2
placebo control ··························· 2
placebo effect ····························· 2
plateau period ··························· 88
plateau phenomenon ···················· 88
play instinct ···························· 327
play therapy ···························· 327
pleasure center ························· 329
Poggendorff illusion ···················· 16
point biserial correlation ··············· 51
point estimate ··························· 51
point of subjective equality, PSE ······· 354
polygraph ································ 59
polytomous item ························ 59
Ponzo illusion ·························· 183
popular psychology ····················· 43
population ······························ 366

position effect ························271
position-based learning experiment····271
positive afterimage····················344
positive correlation ···················345
positive emotion·······················345
positive hallucination··················344
positive incentive ·····················345
positive psychology····················114
positive reinforcement·················344
positive transfer ······················344
positivism ·····························232
post cognitivism·······················107
post empiricism ·······················107
post hoc comparison···················232
post modernism ·······················108
post positivism ························107
post voluntary attention ·········247, 328
postconventional morality ············107
post-traumatic stress disorder,
PTSD ································34
power law ·····························167
power of test ··························123
power test ····························175
P-O-X triads ··························152
practical intelligence··················230
practice curve·························156
practice limit··························156
practitioner model·····················230
pragmatism····························231
preattentive processing ···············192
precompetition apathy state··········213
precompetition mental preparation ····213
precompetition overconfidence
state ·······························213
precompetition overexciting state····213
precompetition psychological state ···213
preconsciousness ······················191
preconventional morality ·············191
prediction of criminal mind··········· 71
predictive inference····················332
predictive validity······················332
predictive variable ····················332
predilection ···························184
preference rules system ···············327
preferential looking paradigm········355
preferred speech interference
level-4 ·····························327
prefrontal cortex······················191
prejudice·····························184
prejudice effect ························ 27
Premack principle···············187, 368
premotor area ·························336
premotor potential ····················191
prenatal period··················· 24, 249
preoperational stage ··················191
preschool period·······················308
preschool psychology ·················308
present-focus··························· 45
pressure sensation·····················312
pressure sensation adaptation·········312
prevention of criminal mind ·········· 71
primacy effect ························237
primary color ··················115, 333
primary group ························237
primary memory ······················ 32
primary need················ 50, 227, 333
primary prevention····················318
primary reinforcer·····················318

primer ········ 189
priming ········ 189
priming stimulus ········ 189
priming paradigm ········ 190
principal component analysis ········ 354
principle learning ········ 100
principle of Bayesian ········ 7
principle of continuity ········ 155
principle of determinism ········ 136
principle of equipotentiality ········ 47
principle of proximity ········ 128
principle of similarity ········ 285
proactive inhibition ········ 191
proactive interference ········ 191
problem child ········ 274
problem representation ········ 274
problem situation ········ 274
problem solving ········ 274
problem solving set ········ 274
problem space ········ 274
problem-based learning ········ 274
procedural justice ········ 29
procedural knowledge ········ 29
procedural memory ········ 29
process consultation ········ 101
process-focus ········ 101
product analysis method ········ 370
production rule ········ 24
production system ········ 24
productive imaginary ········ 35
productive imagination ········ 35
productive memory ········ 35
productive thinking ········ 35
product-moment correlation ········ 114
programmed instruction ········ 29
progressive amnesia ········ 130
progressive relaxation ········ 124
project-based learning ········ 286
projection ········ 262
projective identification ········ 262
projective method ········ 262
projective technique ········ 262
projective test ········ 262
propositional code theory ········ 171
propositional construct ········ 171
propositional learning ········ 171
propositional network ········ 171
propositional network model ········ 171
propositional representation ········ 171
proprioception ········ 8
prosocial behavior ········ 194
prosopagnosia ········ 167
prospect theory ········ 340
protanopia ········ 121
protective inhibition ········ 6
protocol ········ 146
prototype ········ 334
prototype theory ········ 334
proximal-distal development ········ 327
pseudodementia ········ 121
pseudohermaphroditism ········ 121
psychagogia ········ 291
psychedelics ········ 349
psychiatric social worker ········ 132
psychic ability ········ 251
psychic determinism ········ 296
psychic trauma ········ 132
psychicalization ········ 290

psychoacoustics ························ 293
psychoanalysis··························· 133
psychoanalytic theory ················· 133
psychoanthropology ··················· 292
psychobiography ······················ 296
psychobiology ························· 293
psychodiagnosis ······················ 296
psychodrama··························· 291
psychodynamic personality theory···· 289
psychodynamics······················· 289
psychogenetics ························ 295
psychogenic disorder ················· 297
psychohygiene························· 293
psychokinesis, PK····················· 296
psycholinguistics ····················· 295
psychological analysis of convict···· 369
psychological androgyny ············· 293
psychological assessment ············ 289
psychological compatibility ·········· 294
psychological contract················ 292
psychological counseling ······· 289, 296
psychological crisis of convict ······ 370
psychological defense ················ 295
psychological dependence ············ 295
psychological diagnosis ·············· 296
psychological ecology················ 293
psychological essence ················ 293
psychological field ··················· 289
psychological file of convict ········ 369
psychological group ················· 292
psychological health ················· 293
psychological life space ·············· 292
psychological logic ·················· 291
psychological mechanism ············ 290
psychological moratorium ············ 104
psychological nature ················· 293
psychological operation ·············· 295
psychological reactance ·············· 291
psychological refractory period ······ 288
psychological science ················ 291
psychological stage ·················· 292
psychological statistics ··············· 293
psychological substance ·············· 293
psychological system ················· 294
psychological tactics················· 295
psychological test ···················· 289
psychological testing ················· 289
psychological training ················ 295
psychological training in
hypothesized battlefield ············ 306
psychological trait ··················· 292
psychological warfare ················ 295
psychological warfare by
propaganda··························· 307
psychological weaning ··············· 289
psychological weapon ················ 293
psychologization ····················· 290
psychologicalization·················· 290
psychology ···························· 294
psychology of aging ·················· 149
psychology of art····················· 320
psychology of confession ············· 95
psychology of esthetic education ···· 166
psychology of help and education ······ 5
psychology of intellectual
education ···························· 350
psychology of interrogation ·········· 225
psychology of investigation ·········· 342

psychology of law……66
psychology of learning……310
psychology of physical education……253
psychology of reforming prisoner……369
psychology of religion……366
psychology of testimony……345
psychology of victim……237
psychometrics……289
psychomorphology……294
psychomotor……295
psychomotor ability……295
psychomotor model……295
psychoneuroimmunology……292
psychoneuromuscular theory……292
psychopathic personality……16
psychopathology……132, 288
psychopharmacology……295
psychophylaxis……293
psychophysical method……294
psychophysical scale……293
psychophysics……294
psychophysiology……292
psychosexual stages of development……294
psychosis……132
psychosocial deprivation……292
psychosocial stress……292
psychosomatic disease……296
psychosomatic disorder……297
psychotherapy of convict……370
psychotherapy……296
psychoticism……133
puberty……194
public communication……42, 43
public distance……94
public opinion……329
public opinion poll……168
Pulfrich effect……187
punisher……29
pure psychology……36
pure tone……36
Purkinje effect……187
Purkinje phenomenon……187
Purkinje shift……187
purposive behaviorism……173
pursuit tracking……271
pursuitmeter……358
Pygmalion effect……183

Q

Q sort……76
qualitative research……52
quality of life……226
quality of worklife……93
quartile deviation……245
quasi-experiment……358
quasi-experimental design……151,358
questioning age……104
questionnaire……274

R

race psychology……353
racial cleavage……352
racial discrimination……352
racism……352
radiant-heat method……202

radical behaviorism ········ 115
random group design ········ 247
random measurement error ········ 247
random sampling ········ 247
randomization ········ 247
randomized block design ········ 247
range ········ 199
rank order correlation ········ 47
ranking method ········ 47
rapid eye movement sleep, REM ········ 147
rater's error ········ 186
rating scale ········ 186
ratio intelligence quotient ········ 9
ratio scale ········ 9
ratio schedule of reinforcement ········ 193
rational emotive behavior therapy, REBT ········ 153
rational feeling ········ 153
rational psychology ········ 153
rational-emotive therapy ········ 105
rationalism ········ 153
rationalization ········ 104, 274
rationalization of crime ········ 70
Raven's Progressive Matrices ········ 212
Raven's Progressive Matrices Test ········ 150
raw score ········ 333
reach envelope ········ 142
reactance ········ 180
reaction ········ 325
reaction formation ········ 67
reaction pattern ········ 68
reaction time ········ 68
reaction to detention ········ 134
reactive psychosis ········ 69
reactology ········ 69
readiness potential, RP ········ 358
reading disorder ········ 335
reading span test ········ 335
reading test ········ 335
real movement perception ········ 342
real self ········ 343
realism ········ 232
reality ········ 231
reality therapy ········ 282
reality thinking ········ 282
reason by analogy ········ 151
reasoning ········ 264
recall ········ 111
recall method ········ 111
recapitulation ········ 82
receiver-operating characteristic curve ········ 128, 198
recency effect ········ 130
reception learning ········ 128
receptive field ········ 87
receptor ········ 238
reciprocal determinism ········ 125
reciprocal inhibition ········ 125
reciprocal teaching ········ 125
recognition ········ 338
recognition span ········ 338
recognition threshold ········ 338
reconstruction method ········ 31
recursive model ········ 49
red blindness ········ 50, 107
red weakness ········ 107
red-green blindness ········ 107
reductionism ········ 109

reference group ······ 20
referral ······ 357
reflection in advance ······ 26
reflection of feeling ······ 195
reflection of meaning ······ 236
reflection strategy ······ 68
reflection system in advance ······ 26
reflectionism ······ 69
reflective cognition ······ 68
reflective thinking ······ 68
reflex ······ 67
reflex arc ······ 67
reflexology ······ 67
reframing ······ 30
regression ······ 264
rehabilitation ······ 141
rehabilitation psychology ······ 141
rehearsal ······ 82
rehearsal strategy ······ 82
reinforcement ······ 193
reinforcement contingency ······ 193
reinforcement of criminal mind ······ 71
reinforcement theory ······ 193
reinforcer ······ 193
rejection region ······ 135
relapse ······ 81
relationship ······ 97
relative deprivation ······ 284
relative standard deviation, RSD ······ 283
relativism ······ 284
relaxation training ······ 73
relearning method ······ 338
relegation learning ······ 99
reliability ······ 298
religious behavior ······ 366
reminiscence ······ 81, 119
remote association ······ 123, 334
repeated measures design ······ 30
replication ······ 30
representation ······ 15
representation in general ······ 317
representational thought ······ 14
representative heuristics ······ 43
repression ······ 312
repression effect ······ 312
reproduction ······ 338
reproductive imagination ······ 339
reproductive thinking ······ 339
residual standard deviation ······ 228
resistance ······ 367
resonance theory ······ 95
resource limitation model ······ 327
resource management strategy ······ 358
response ······ 68, 325
response bias ······ 68
response time, RT ······ 68
response variable ······ 68
retarded child ······ 212
retention ······ 5
retention curve ······ 5
retest reliability ······ 30, 338
reticular activating system, RAS ······ 268
retinal disparity ······ 235
retinal illuminance ······ 235
retrieval ······ 252
retrieval cue ······ 252
retroactive inhibition ······ 46
retroactive interference ······ 46

reversal theory ··· 181
reversible figure ··· 142
reversible thinking ··· 142
reward ··· 124
rhetoric ··· 305
right-handedness ··· 328
risky shift ··· 165
ROC curve ··· 128, 198
rod cell ··· 233
Rogers' self theory ··· 161
Rokeach value system ··· 161
role ··· 136
role acquisition ··· 137
role bearing ··· 137
role conflict ··· 137
role deviation of convict ··· 369
role expectation ··· 137
role identity ··· 137
role of rationalization ··· 104
role play ··· 136
role positioning ··· 137
role schema ··· 137
role taking ··· 136
role theory ··· 137
Romeo and Juliet effect ··· 162
rooting reflex ··· 167
Rorschach Inkblot Test ··· 162
Rosenthal effect ··· 162
rote learning ··· 113
rote memorization ··· 113
rote memory ··· 113
Rubin's goblet profile figure ··· 160
rule learning ··· 100
runner's high ··· 182

S

s factor ··· 323
sadism ··· 230
safety need ··· 2
safety psychology ··· 2
sample ··· 316
sampling ··· 32
sampling bias ··· 32
sampling distribution ··· 32
sampling survey ··· 32
sanguine temperament ··· 59
saturation ··· 5
saving method ··· 128
scaffolding instruction ··· 345
scale value ··· 157
scatterplot ··· 214
scatter diagram ··· 214
Schachter's experiment on emotion ··· 216
schedule of reinforcement ··· 193
Scheffé test ··· 216
schema ··· 262
schema theory ··· 263
schizoid personality disorder ··· 77
schizophrenia ··· 132
schizotypal personality disorder ··· 77
Scholastic Assessment Test, SAT ··· 311
school adjustment ··· 310
school of form-quality ··· 303
school phobia ··· 310
school psychology ··· 310
school-age children ··· 308
scientism ··· 141
scorer reliability ··· 186

scotopic vision······3
script······126
second language······49, 63
second language acquisition······49, 63
second language representation······63
second signal system······49
secondary memory······38
secondary need······49, 182
secondary prevention······62
secondary reinforcement······62
secondary reinforcer······62
secondary sex characteristic······49
secondary trait······38
secure attachment······2
selection time······308
selective attention······308
selectivity of perception······346
self-absorption······364
self-acceptance······362
self-actualization······363
self-archetype······361
self-awareness······364
self-concept······362
self-control······362
self-deception······360
self-defeating······361
self-determination theory······362
self-disclosure······361
self-efficacy······364
self-enhancement······363
self-esteem······365
self-focus······355
self-fulfilling prophecy······363
self-handicapping······363
self-help group······365
self-identification······363
self-monitoring······362
self-perception theory······364
self-regulated learning······363
self-regulation······363
self-reinforcement······363
self-report inventory······359
self-schema······364
self-serving bias······360
self-stimulation······361
self-suggestion training······361
self-verification······363
self-worth······362
self-worth orientation······362
self-worth orientation theory······362
semanteme······330
semantic coding······330
semantic memory······331
semantic network······331
semantic priming······331
semicircular canal······5
sensation······85
sensation and perception psychology······87
sensationalism······87
sense modality······86
sense of adult······28
sense of guilt······370
sense of motion······55
sense of self-identity······363
sense of tactics······341
sensitive period······170
sensitivity······87
sensitivity training······170

sensorimotor stage ······ 87
sensory adaptation ······ 86
sensory aphasia ······ 87
sensory coding ······ 85
sensory compensation ······ 86
sensory contrast ······ 86
sensory deprivation ······ 86
sensory interaction ······ 86
sensory mix ······ 86
sensory neuron ······ 86
sensory receptor ······ 87
sensory register ······ 86
separate verbal resource theory ······ 55
separation anxiety ······ 77
septal area ······ 89
sequential design ······ 57, 154, 307
serial learning ······ 279
serial position curve ······ 279
serial position effect ······ 279
serial processing ······ 279
serial recall ······ 279
serial search ······ 279
serotonin ······ 311
serviceman psychological selection ······ 138
serviceman psychological training ······ 138
servomechanism ······ 359
set ······ 52
set theory ······ 52
seven-factor personality model ······ 204
sex facilitation ······ 305
sex identity ······ 304
sex role ······ 304
sexual abuse ······ 305
sexual deviation ······ 305
sexual instinct ······ 304
shape constancy ······ 303
shape perception ······ 303
shaping ······ 246
shared mental model ······ 95
shell shock ······ 45, 182
shifting of attention ······ 356
shock therapy ······ 30
short-term psychotherapy ······ 56
short-term working memory, ST-WM ······ 56
shuttle box ······ 33
sign Gestalt expectancy theory ······ 79
sign language ······ 80, 236
sign test ······ 79
signal detection ······ 298
signal detection theory ······ 298
signal light ······ 298
signal-to-noise distribution ······ 298
significance level ······ 282
significance of difference ······ 23
significant difference ······ 282
significant trait ······ 282
signified ······ 248
signifier ······ 180
similarity effect ······ 285
simple reaction time, SRT ······ 69, 123
simulation ······ 172
simulation method ······ 172
simulation training ······ 172
simultaneous contrast ······ 259
simultaneous discrimination ······ 259
simultaneous scanning ······ 260
single verbal resource theory ······ 45

single-case experimental design …… 44
single-parent family …… 44
single-word sentence …… 44
situated learning …… 197
situational attribution …… 196
situational insomnia …… 196
situational interview …… 196
situational test …… 196
situationalism …… 196
size constancy …… 42
size illusion …… 42
size perception …… 42
size-weight illusion …… 303
skewed distribution …… 184
skill …… 120
skill learning …… 120
Skinner box …… 244
sleep …… 242
sleep center …… 242
sleep deprivation, SD …… 242
sleeper effect …… 242
sleepwalking disorder …… 242
slow pain …… 58, 164
slow wave sleep …… 164
small probability event …… 287
smiling response …… 269
social anxiety …… 221
social attitude …… 220
social behavior …… 220
social cognition …… 219
social cognitive neuroscience …… 219
social cohesion …… 219
social comparison theory …… 218
social constructivism …… 219
social desirability …… 218
social development …… 220
social exchange theory …… 219
social facilitation …… 218, 221
social identity theory …… 219
social impact theory …… 221
social inhibition …… 221
social interest …… 220
social learning theory …… 221
social loafing …… 218
social network …… 220
social norm …… 218
social penetration theory …… 219
social perception …… 221
social phobia …… 222
social psychology …… 220
social readjustment …… 221
social representation …… 218
social role …… 219
social rule …… 218
social schema …… 220
social self …… 221
social smile …… 220
social stereotype …… 219
social support …… 221
social taboo …… 219
social-cultural-historical school …… 220, 271
socialization …… 218
sociobiology …… 220
sociocultural environment …… 220
sociocultural theory …… 220
sociometric technique …… 218
sociotechnical system, STS …… 219
soldier load …… 232

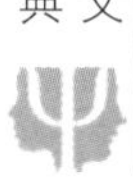

solution-focused therapy ······ 126
soma ······ 5
somatic anxiety ······ 198
somatization ······ 198
somnambulism ······ 166
sound cage ······ 256, 324
sound level meter ······ 228
source trait ······ 91
Soviet-Russian psychology ······ 246
space perception ······ 144
space phobia ······ 99, 148
space psychology ······ 104
spatial disorientation in flight ······ 74
spatial orientation in flight ······ 73
Spearman’s rank correlation ······ 244
Spearman-Brown formula ······ 244
special perception ······ 356
specialized achievement test ······ 356
specific factor ······ 323
specific function theory of pain ······ 261
specific phobia ······ 251
specific projection system ······ 251
specific transfer ······ 135, 251
spectral color ······ 98
speech activity ······ 313
speech articulation ······ 313
speech communication ······ 313
speech disorder ······ 314
speech intelligibility ······ 313
speech learning ······ 314
speech perception ······ 314
speech processing ······ 313
speech production ······ 313
speech recognition ······ 313
speech signal ······ 313
speed test ······ 246
sphericity test ······ 197
spiral curriculum ······ 162
spiritualism ······ 270
split brain ······ 89
split personality ······ 77
split-half reliability ······ 76
spoken language ······ 145
spontaneous potential ······ 360
spontaneous recovery ······ 360
spontaneous remission effect ······ 360
sport anxiety ······ 336
sport anxiety symptom ······ 336
sport cognition ······ 336
sport psychology ······ 337
spreading activation model ······ 115
stability of attention ······ 356
stage theory ······ 127
staircase method ······ 127
standard deviation ······ 13
standard error ······ 13
standard error of estimate ······ 13
standard error of measurement ······ 21
standard model of pragmatic ······ 13
standard nine ······ 13
standard normal distribution ······ 13
standard score ······ 13, 114
standardization ······ 13
standardized test ······ 13
Stanford-Binet Intelligence Scale ······ 244
stanine ······ 13
state anxiety ······ 358
state confidence ······ 358

station illusion ··· 342
statistic ··· 261
statistic of test ··· 123
statistical analysis ··· 260
statistical chart ··· 261
statistical decision ··· 261
statistical probability ··· 260
statistical significance ··· 261
statistical table ··· 260
stepwise regression analysis ··· 353
stereoscope ··· 154
stereoscopic perception ··· 154
stereotaxic technique ··· 154
stereotype ··· 142
stereotype reaction ··· 142
Sternberg's information processing theory of intelligence ··· 245
Stevens' law ··· 232
stigma ··· 275
Stile-Crawford effect ··· 244
stimulus dimension ··· 39
stimulus discrimination ··· 38
stimulus generalization ··· 39
stimulus variable ··· 38
stimulus-response theory ··· 38
storage ··· 32
strain of attention ··· 356
strange situation test ··· 172
stranger anxiety ··· 172
strategic processing ··· 22
strategic psychological operation ··· 341
stratified sampling ··· 76
stream of consciousness ··· 321
stress ··· 326
stress casualty ··· 326
stress control training ··· 326
stress management ··· 326
stress offence ··· 326
stress training ··· 326
stress-coping strategy ··· 326
stress-related disorder ··· 326
stressor ··· 326
stroboscope ··· 53
Strong-Campbell Interest Inventory ··· 245
Stroop effect ··· 245
structural equation model, SEM ··· 129
structural psychology ··· 96
structuralism ··· 129
structure of criminal mind ··· 71
structure-building model ··· 129
structured interview ··· 129
structuring ··· 129
student-centered instruction ··· 309
student team-achievement division, STAD ··· 308
stuttle reflex ··· 132
stylus maze ··· 33
subconscious ··· 281
subject consciousness ··· 355
subject psychology ··· 308
subject variable ··· 8
subjective contour ··· 354
subjective item ··· 354
subjective psychology ··· 354
subjective well-being ··· 354
subjectivity ··· 355
sublimation ··· 225
subliminal perception ··· 332

subnormal child ························ 48
subordinate concept····················281
subordinate learning ············150, 281
subordinative bilingualism············· 39
substance P, SP·························277
substitute satisfaction··················254
substitution····························253
subthalamus····························· 48
subtractive color mixture···············122
success orientation ····················· 27
successful experience··················· 27
successive scanning····················120
sucking reflex··························242
suggestibility···························237
suggestion································3
suggestive therapy ······················3
Sullivanism ·····························216
sum of deviation square ···············151
sum of ranks ···························349
super consciousness ···················· 26
superego································ 26
supernormal child······················ 25
superordinate concept ·················217
superordinate learning···········217, 366
supervision····························· 55
supportive psychotherapy············345
suppression····························312
surface color ··························· 14
surface representation ·················· 14
surface structure······················· 14
surface trait ··························· 14
swallowing reflex ······················264
swinging lexical network account ···· 54
syllable awareness ·····················324
syllogism ·····························213
symbol learning theory ················ 80
symbolic interaction ··················· 80
symbolic interactionism················ 79
symbolic language ····················· 80
symbolic representation················ 79
symbolic scheme ······················· 79
symbolic thinking ····················· 79
symbolization·························· 79
sympathetic division··················124
sympathetic nervous system ··········125
synaesthesia···························155
synapse ·······························262
synaptic plasticity ·····················262
synaptic vesicle························262
synchronized wave·····················259
syntactic ambiguity ···················135
syntax ·································134
synthetic agent theory of crime ······ 72
system feedback·······················279
system of concept ····················· 85
system of psychology ················294
system theory ·························280
systematic approach in psychology····295
systematic desensitization ···········280
systematic error ······················280

T

T maze································302
tachistoscope··························246
tacit knowledge························321
tactical psychological operation······341
tactical thinking ······················341

tactile agnosia ……… 33
tactual display ……… 33
tactual localization ……… 33
talent selection by psychology ……… 294
target cell ……… 4
task analysis ……… 211
task cohesion ……… 211
task orientation ……… 211
task performance ……… 211
task-involved learner ……… 211
taste absolute threshold ……… 271
taste acuity ……… 271
taste adaptation ……… 272
taste area ……… 272
taste frequency theory ……… 271
taste tetrahedron ……… 272
taste threshold ……… 272
taste-aversion learning ……… 272
t-distribution ……… 76
teacher psychology ……… 127
teacher role ……… 127
teacher-centered instruction ……… 127
teaching efficacy ……… 127
team adaptation and coordination training ……… 263
team building ……… 263
team diversity ……… 263
team efficacy ……… 264
team leader training ……… 263
team spirit ……… 263
teamwork skill ……… 264
technological aesthetics ……… 120
telegraphic sentence ……… 51
telegraphic speech ……… 51
telencephalon ……… 56
teleology ……… 173
temperament ……… 190
temperament type ……… 190
temperature effect ……… 272
temperature sensation ……… 272
temporal lobe ……… 181
temporal summation ……… 230
terminal value ……… 352
territorial behavior ……… 159
territoriality ……… 159
tertiary prevention ……… 213
test anxiety ……… 22, 141
test bias ……… 22
test construction ……… 11, 21
test difficulty ……… 22
test item ……… 22
test manual ……… 22
test method ……… 21
test of criminal mind ……… 70
test of independence ……… 55
test reliability ……… 22
test score ……… 22
test standardization ……… 21
test validity ……… 22
testosterone ……… 88
test-retest reliability ……… 30, 338
text blindness ……… 37
thalamus ……… 197
Thanatos ……… 213
the speech learning model ……… 146
the split-brain study ……… 158
thematic apperception test, TAT ……… 354
theoretical psychology ……… 153

theoretical thinking ···················· 153
theory of character function type ···· 305
theory of common mediation ·········· 95
theory of componental intelligence ··· 27
theory of formal discipline ············ 302
theory of functional system ··········· 113
theory of genetics and evolution ····· 319
theory of hearing ······················· 256
theory of information ·················· 299
theory of limited memory storage ··· 119
theory of mind ·························· 291
theory of perceived ability ··········· 179
theory of play ··························· 327
theory of reflection ················· 68, 69
theory of specific nerve energy ······ 224
theory of subcultural group ··········· 312
theory of tabula rasa ···················· 4
theory X ································ 152
theory Y ································ 152
theory Z ································ 153
thermalgesia ···························· 202
thinking ································· 244
thinking aloud ··························· 32
Thorndike's learning law ············· 214
thought control training ·············· 244
three-dimensional display ······· 214, 282
three-factor personality model ······· 204
three-line relaxation ··················· 214
threshold ································ 332
time and motion study ················· 230
time and action study ·················· 230
time limit ······························· 230
time management ······················· 230
time perception ························· 230
time-accuracy trade-off ··············· 246
time-lag design ························· 230
timeliness ······························· 236
tip-of-the-tongue phenomenon,
TOT phenomenon ············· 109, 218
toilet training ····················· 42, 182
token economy ·························· 43
token economy method ················· 13
token reinforcer ························· 43
tolerence ································ 212
tonal gap ································ 324
tonal island ····························· 324
top-down processing ··················· 361
topological psychology ················ 265
totem and taboo ························ 263
touch receptive field ··················· 33
touch sensation ························· 33
touch spot ······························· 33
trace theory ····························· 106
training transfer ························ 311
trait ····································· 252
trait activation theory ················· 252
trait anxiety ···························· 252
trait profile ····························· 252
trait psychology ························ 252
trait theory ····························· 252
trait theory of leadership ············· 159
trait theory of personality ············ 205
tranquillizer ···························· 343
transactional leadership ·············· 125
transactionism ·························· 284
transactive memory system ··········· 125
transcortical aphasia ············· 131, 146
transcranial magnetic stimulation,

TMS 131
transfer 191
transfer of learning 310
transference 319
transformational generative grammar 357
transformational generative rule 357
transformational grammar 357
transformational leadership 11
transformational rule 357
transitional period 101
transpersonal psychology 26
transsexualism 321
transvestism 320
trauma 34
traveling wave theory 300
tree diagram 238
trend test 199
trial and error 24, 235
trial and error theory 24
trial-and-error learning 25
triangular theory of love 2
triarchic theory of intelligence 214, 349
trichromatic theory 214
tritanopia 50
true score 77, 342
trust 299
t-test 122
tube theory 214
twin study 241
twisted cord illusion 181
two signaling system 157
two-factor theory 242
two-parameter logistic model, 2PLM 239
two-point limen 157
two-sided test 239
two-stage sampling 157
two-tailed test 241
two-word sentence 240
type A behavior pattern 303
type A personality 303
type B behavior pattern 303
type B personality 303
type C behavior pattern 303
type D personality 303
type Ⅰ error 303
type Ⅱ error 303
type theory 151

U

unbiased estimator 275
unconditional positive regard 275
unconditional reflex 75, 275
unconditioned response 275
unconditioned stimulus, US 275
unconscious 192, 276
unconscious drive 276
unconscious inference 276
unconscious influence on some body's character 192
unconscious mind 276
underload 48
understanding 152
unfinished business 271
unintentional memorization 276
uninvolved parenting 73

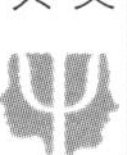

universal grammar ····· 187
universalism ····· 187
universality ····· 187
US Unified Tri-Service Cognitive Performance Assessment Battery, UTCPAB ····· 166
usability test ····· 142
user experience ····· 327
user research ····· 327

V

Vail model ····· 272
validity ····· 22, 287
value ····· 122
value orientation ····· 122
values clarification ····· 122
variable ····· 11
variable error ····· 11
variance ····· 12
variation ····· 11
vector psychology ····· 285
velocity constancy ····· 246
ventral stream ····· 82, 343
ventral thalamus ····· 82
ventricle ····· 176
ventromedial hypothalamus ····· 82
verbal communication ····· 313
verbal intelligence ····· 314
verbal report ····· 145, 313
vertical transfer ····· 36, 366
vibration adaptation ····· 343
vibration effect ····· 343
vibration sensation ····· 343
vicarious learning ····· 254
vicarious reinforcement ····· 254
victim's scotoma ····· 237
victim's sequelae ····· 237
Vienna school ····· 271
vigilance ····· 133, 134
Vincent curve ····· 273
virtual reality ····· 306
virtual team ····· 306
visceral nervous system ····· 179
visceral sensation ····· 179
vision ····· 233
visionary leadership ····· 334
visual acuity ····· 234
visual adaptation ····· 234
visual afterimage ····· 233
visual agnosia ····· 234
visual angle ····· 233
visual cliff ····· 235
visual coding ····· 233
visual cortex ····· 233, 235
visual display ····· 234
visual display terminal ····· 234
visual fatigue ····· 233
visual field ····· 235
visual hallucination ····· 109
visual image ····· 233
visual memory ····· 233
visual noise ····· 234
visual perception ····· 235
visual threshold ····· 234
visual-motor behavioral rehearsal ····· 234
vocal organ ····· 64

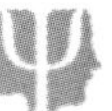

vocational aptitude test ··· 348
vocational interest blank ··· 348
volley theory ··· 182
voluntarism ··· 270
voluntary attention ··· 247, 328
voluntary behavior ··· 328
voluntary imagination ··· 247, 328
voluntary movement ··· 247
voyeurism ··· 148

W

war neurosis ··· 341
war psychosis ··· 341
warm sensation ··· 273
warm spot ··· 272
warming-up decrement ··· 202
warmth ··· 273
warm-up effect ··· 332
warning signal ··· 88
wartime mental disorder ··· 341
waterfall illusion ··· 188
Watson's behavioral perspective on development ··· 108
wave α ··· 16
wave β ··· 16
weapons effect ··· 277
Weber's fraction ··· 269
Weber's law ··· 269
Weber's ratio ··· 269
Wechsler Adult Intelligence Scale, WAIS ··· 269, 270
Wechsler Intelligence Scale for Children, WISC ··· 269, 270
weighted mean ··· 120
weightlessness ··· 158, 229
Weiner's attribution theory ··· 271
well-defined problem ··· 52
Wernicke's aphasia ··· 270
Wernicke's area ··· 270
western psychology ··· 278
white matter ··· 4
whole strategy ··· 344
wholeness of perception ··· 346
whole-report procedure ··· 199
Whorfian hypothesis ··· 275
Wilcoxon's signed rank test ··· 268
will ··· 322
will training ··· 322
wisdom ··· 349
withdrawal symptom ··· 130
within-group design ··· 367
within-subjects design ··· 8
women psychology ··· 81
word association model ··· 36
word blindness ··· 37
word deafness ··· 37
word identification ··· 37
word recognition ··· 37
word superiority effect ··· 38
word-form encoding ··· 38
work posture ··· 94
work space ··· 93
work stress ··· 93
work-family balance ··· 93
working alliance ··· 93
working memory ··· 93
working through ··· 306

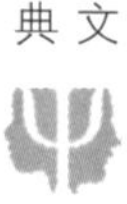

workplace design ······················· 93
written language ······················· 238
Wundt illusion ························· 78
Würzburg school ················· 80, 270

Y

Y maze ······························· 302
Yerkes-Dodson law ···················· 317

Z

Z score ································· 78
Zeigarnik effect ······················· 19
zero correlation ······················· 158
zone of proximal development ······· 368
Z-test ·································· 123
Zürich school ························· 246

俄 文 索 引

Российский индекс

5-гидрокситриптамина ············ 194
ABBA уравновешивающей ········ 185
F-тест ································ 122
McCollough эффект ················ 164
N-метил-D-аспартат-рецептора ··· 121
P-O-X триад ························· 152
Q сорт ································ 76
T лабиринт ·························· 302
Теория обработки информации ··· 299
U Коэффициент консистенция
Кендалла ···························· 143
U тест Манна-Уитни ·············· 164
W коэффициент Кендалла ········· 143
Y лабиринт ·························· 302
Z оценка ······························ 78
Z преобразование Фишера ·········· 75
Z-тест ································ 123
δ дельта волна ······················ 16
θ тета волна ························· 16

Aa

абсолютная ошибка ················ 137
абсолютная частота ············ 38, 185
абсолютная чувствительность ···· 137
абсолютный порог ················· 138
абстиненция ························ 130
абстрактная идея ···················· 31
абстрактная концепция ·············· 31
абстрактная операция ··············· 32
абстрактная система ················ 31
абстрактное мышление ·············· 31
абстрактное обучение ··············· 31
абстрактное поведение ·············· 31
абстрактно-логическое
мышление ···························· 31
абстрактные рассуждения ··········· 31
абстрактный интеллект ·············· 32
абстрактный фактор ················· 32
абстракция ··························· 31
абулия ······························· 322
аверсивное кондиционирование ··· 316
авиакосмическая психология ······ 104
авиакосмическая эргономика ······ 104
авиационная психология ··········· 104
Австрийская школа ·················· 3
автоматическая генерация пункт ·· 359
автоматическая мысль ············· 359
автоматический процесс ··········· 359
автоматическое кодирование ······ 359
автономная мораль ················ 360
автономная нервная система ······ 365

автономное регулирование ········359
авторитаризм ························200
авторитарная личность ··············200
авторитарные родители ··············357
авторитетное воспитание ············200
агнозия ································229
агонист ································115
агорафобия ···························· 99
аграмматизм ·························329
аграфия ·······························229
агрессивное поведение ·············· 94
агрессия ························ 94, 194
адаптация вибрации ··················343
адаптация вкуса ······················272
адаптация к темноте ····················3
адаптация команды и координация
обучения ·························263
адаптация ощущения давления ····312
адаптация ·····························236
адаптивная инструкция ··············236
адаптивный интерфейс
человек-компьютер ···········361
адаптивный механизм
преступника ······················369
адаптированный для
детскоговозраста ················ 61
аддитивная цветная смесь ··········120
адреналин ·····························225
адренокортикотропный гормон ···· 39
академическая среда ·················310
академический тест достижение ····311
акалькулия ····························229
акклиматизация ·······················278
аккомодация ···················243, 255
аксон ····································353
акт ·· 54
акустическая агнозия ················257
акустическая память ·················256
акустическая тень ····················228
акустический рефлекс ················256
алгезиметр ·····························261
алгоритм ·······························247
алексия ·································228
алкогольная зависимость ···········134
аллергия ································ 12
альтернативная гипотеза ··············7
альтруизм ······························154
альтруистическое поведение ·······154
альфа волна ··························· 16
амбивалентность ······················165
амнезия ···················· 124, 320
амнестическая афазия ··· 171, 229, 319
амнестическое синдром ·············320
амплитуда ····························· 16
анализ главных компонентов ······354
анализ задач ··························211
анализ ковариации ··················288
анализ независимого компонента ·· 55
анализ основной тенденции ········117
анализ поведения ····················300
анализ причин несчастных
случаев ···························232
анализ пункта ························286
анализ работы ························ 87
анализ с помощью фильтрации ····102
анализ связи ··························156
анализ траектории ···················161
анализ человеческой ошибки ·······207

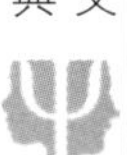

анализ ············ 78
аналитическая консультирования ··· 78
аналитическая психотерапия ········ 78
аналогичное рассуждение ·········· 150
аналогия ассоциации ·········· 150
аналогия ·········· 150
анальная стадия ·········· 87
ангедонию ·········· 147
андроген ·········· 305
анестезия ·········· 86, 113
анкерные эвристики ·········· 165
аномическая афазия ·········· 171, 319
аносмия ·········· 307
антагонист ·········· 129
антероградная амнезия ·········· 243
антисоциальная личность ·········· 67
антисоциальное поведение ·········· 67
антисоциальность ·········· 67
антитело-опосредованного иммунитета ·········· 141
антропометрия ·········· 207
антропоморфизм ·········· 180
апатия ·········· 195
апелляция страх ·········· 144
апостериорное сравнение ·········· 232
аппарат сплава вспышки ·········· 217
апперцепция ·········· 261
аппетитивное поведение ·········· 332
апраксия ·········· 229
априоризм ·········· 281
аритмичные бессонница ·········· 229
армейский альфа и бета-тест ······· 161
артикуляция ·········· 64
артикуляция расстройство ·········· 64
архаичное мышление ·········· 334
асемия ·········· 79
ассимиляция ·········· 259
ассоцианизм ·········· 156
ассоциативная память ·········· 155
ассоциативная психология ·········· 155
ассоциативная сетевая модель ····· 155
ассоциативное мышление ·········· 155
ассоциативное обучение ·········· 155
ассоциация коры головного мозга 155
ассоциация по контрасту ·········· 57
ассоциация попричинно-следственной связи ·········· 323
ассоциация по сходству ······· 151, 284
атомизм ·········· 334
атомистическая психология ········ 334
атрибутивный стильный опросник ·········· 100
атрибуция ·········· 99
аудиограмма ·········· 258
аудиометр ·········· 257
аудиометрия ·········· 257
аутентичная оценка ·········· 342
аутизм ·········· 96
аутистическое мышление ·········· 274
аутогенной релаксации ·········· 361
аутокинетическая иллюзия ········ 365
ауторегуляция ·········· 365
афазии Брока ·········· 18
афазия Верника ·········· 270
Афазия ·········· 229
афония ·········· 229
аффективное крепление ·········· 195
аффективное образование ·········· 195

аффективное расстройство ········ 196
аффективный психоз ················ 196
аффилиативные потребность ······ 105
аффилированный мотив ············ 105
ахроматический цвет ················ 74
ацетилхолин ··························· 320

Бб

базовая норма ························ 114
барабанная перепонка ············ 62, 96
баскет-тест ····························· 94
батарея выбора офицера ··········· 161
беглость мышления ················· 244
бегство ·································· 250
бедствие ································ 146
безнадежность ························ 138
безобразное мышление ············· 276
безопасная привязанность ············ 2
безусловное положительное отношение ························ 275
безусловный ответ ··················· 275
безусловный раздражитель ········ 275
безусловный рефлекс ··········· 75, 275
белое вещество ························· 4
беспокойство разделения ··········· 77
беспомощность ······················· 277
бессмысленный слог ················ 276
бессознательная ····················· 192
бессознательное влияние на некоторые тела характер ········ 192
бессознательное умозаключение ··· 276
бессознательный стимул ··········· 276
бессознательный ум ················· 276
бессознательный ···················· 276
бессонница ···························· 229
бетта волна ····························· 16
билингвизм ···························· 242
бимодальное распределение ······ 240
бинауральное слушание ··········· 240
бинокулярная глубина разметки ··· 241
бинокулярний параллакс ··········· 241
бинокулярний сигнал ··············· 242
бинокулярного диплопия ·········· 241
бинокулярного слияния ············ 242
бинокулярного соперничества ···· 241
биномиальное распределение ······ 63
биографические сведения ·········· 357
биографический метод ············· 357
биологизм ····························· 227
биологический детерминизм ······ 227
биомедицинская модель ··········· 227
биопсихология ······················· 227
биопсихосоциальная медицинская модель ································· 227
биполярное расстройство ·········· 241
биполярность чувства ·············· 195
бисериальная корреляция ··········· 62
бихевиоризм ·························· 302
бихевиористская психология ······ 302
ближайшее периферическое развитие ····························· 327
блок жизни изменения ·············· 225
блокирование переменной ········· 198
боевая подготовка осведомленность ························ 341
боевая психологическая операция ······························ 341

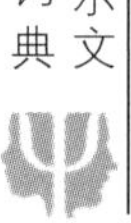

боевая реакция на стресс ············ 371
боковая передача ······················ 107
боковой перенос ······················ 242
Болезнь Альцгеймера ··················· 1
болезнь образа жизни ················ 226
болезнь-эффект ························ 2
болтовня ······························ 319
большая выборка ······················ 42
борьба с боевой дух ·················· 340
борьба с психическими заболеваниями ·················· 133
брачная терапия ······················ 111
бред отношения ······················ 97
бред ревности ························ 117
бредовое расстройство ················ 268
Британский эмпиризм ·················· 325
брэд ·································· 268
быстрая боль ·················· 147, 212
быстрое отображение ·················· 147
быстрое течение иллюзий ·············· 73

Вв

в бессознательном состоянии ······ 192
важные другие ························ 353
валидность конструкта ········ 96, 129
валидность лица ······················ 14
валидность теста ······················ 22
валидность ···························· 287
вдохновение ·························· 158
вегетативное обучение ················ 365
векторная психология ················ 285
Венская школа ························ 271
вентральный поток ············ 82, 343
вентральный таламус ·················· 82
вера оказывает влияние на эффект ···· 299
вера ·································· 299
вербальная коммуникация ············ 313
Вербальное ·························· 314
вербальный интеллект ················ 314
вертикальный перенос ·········· 36, 366
вершинное переживание ········· 52, 88
веса точность скорости ·············· 246
вещество П ·························· 277
взаимное обучение ············ 125, 259
взаимное сдерживание ················ 125
взаимный детерминизм ················ 125
взаимодействие органов чувств ···· 86
взаимодействие способности обработки ···························· 180
взаимодействие человека с компьютером ························ 206
взаимодействие ······················ 125
взаимозависимые трактовки самого себя ································ 108
взрывная личность ······················ 6
взятие роли ·························· 136
визуальная агнозия ·················· 234
визуальная адаптация ················ 234
визуальная галлюцинация ············ 109
визуальная скала ···················· 235
визуальное восприятие ·············· 235
визуальное втечение ················ 233
визуальное кодирование ············ 233
визуальное отображение ············ 234
визуально-моторная поведенческая репетиция ························ 234
визуальный образ ···················· 233

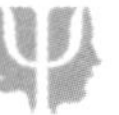

визуальный порог······234
визуальный шум······234
виновность жертвы······237
виртуальная реальность······306
виртуальный чирок······306
височная доля······181
висцеральное ощущение······179
витой шнур иллюзия······181
включенное наблюдение······19
вкус острота······271
вкус тетраэдр······272
вкус······190
вкусовое ощущение······44, 271
вкусовый абсолютный порог······271
влияние меньшинства······217
влияние продолжительности учителей······127
влияние социального содействия······221
влияние температуры······273
вложенный дизайн······192
вмешательство изображения······15
вмешательство обратной силы······46
вмешивающимся переменная······111
вне группы······266
внешнее ориентирующееся внимание······267
внешнее подкрепление······266
внешние изображения······266
внешняя атрибуция······267
внешняя валидность······266
внешняя мотивация обучения······309
внешняя мотивация······267
внимание······355
внутреннее представление······176
внутреннее ухо······177
внутренние образы······176
внутренняя атрибуция······179
внутренняя мотивация обучения······309
внутренняя мотивация······176, 179
внутренняя нервная система······179
внутренняя рабочая модель······176
внутренняя речь······176
внутренняя система отсчета······176
внутриролевой конфликт······137
внушаемость······237
внушение······3
водопад иллюзия······188
военная психология······138
военное расстройство психики······341
военнослужащий психологическая подготовка······138
военный невроз······45, 341
военный психоз······341
военный стресс······138
возбуждение······304
воздушная перспектива······144
возраст опроса······104
возраст развитии······65
возрастающий ряд······49
возрастная психология······149
возрастные характеристики······181
вокальный орган······64
волна быстрой фазы сна······199
волюнтаризм······270
воображение······285
вообразительная память······14, 302
воплощение проблемы······266
воплощенное познание······135

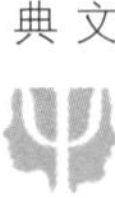

вопросник ···················· 274
ворковали ···················· 274
восемь стадий развития Эриксона ····· 1
воспоминание ···················· 81
восприятие времени ···················· 230
восприятие глубины ···················· 223
восприятие движения ···················· 337
восприятие объекта ···················· 143
восприятие ориентации ···················· 73
восприятие пространства ···················· 144
восприятие размера ···················· 42
восприятие расстояния ···················· 135
восприятие речи ···················· 314
восприятие фонемы ···················· 324
восприятие цвета ···················· 315
восприятие человеком ···················· 57
восприятие ···················· 303, 345
воспроизведение ···················· 338
вперед ассоциации ···················· 243
впредметного дизайна ···················· 8
враждебная агрессия ···················· 48
враждебность ···················· 48
вращение фактор ···················· 323
времени и движения
исследования ···················· 230

временное суммирование 230

время выбора ···················· 308
время и исследование действия ···················· 230
время ответа ···················· 68
время принятия решения ···················· 308
время простой реакции ···················· 69
время реакции ···················· 68
время реакции выбора ···················· 69
врожденная атрибут ···················· 281
врожденное поведение ···················· 281
всестороннее испытание
достижение ···················· 366
вспомнить ···················· 111
вся стратегия ···················· 344
вторая сигнальная система ···················· 49
вторичная память ···················· 38
вторичная потребность ···················· 49, 182
вторичная профилактика ···················· 62
вторичное подкрепление ···················· 62
вторичные половые признаки ···················· 49
вторичный подкрепляющий
стимул ···················· 62
вторичный признак ···················· 38
второй язык ···················· 49, 63
выбор профессии ···················· 348
выборка ···················· 32
выборочное исследование ···················· 32
выборочное распределение ···················· 32
выжидательная тревога ···················· 189
вызванный потенциал ···················· 328
вызывающая отвращение терапия
тавгүйцэл төрүүлэх засал ···················· 316
вымирание ···················· 287
выполнение задач ···················· 211
выражение интонация ···················· 329
выражение лица ···················· 167
выразительная афазия ···················· 14
высший психический процесс ···················· 88
вычисление нейронные ···················· 223
вычислительная теория Марра ···················· 163
вышестоящая обучения ···················· 217, 366

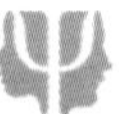

вышестоящий концепция ··········217
Вюрцбургская школа ·········· 80, 270

Гг

галлюцинация ························109
гало эффект ···················· 98, 337
гальваническая реакция кожи······183
гамма-аминомасляной кислоты ······3
гедоническая теория мотивации··· 53
гематоэнцефалический барьер ·····311
ген·····································115
гендерная поддержка ···············305
гендерная роль ······················304
гендерная схема·····················304
гендерной идентичности ···········304
гендерный стереотип ···············304
генерализованное тревожное расстройство························· 99
генеративная теория ················225
генетика поведения человека ······207
генетика поведения ·················302
генетическая психология ··········· 64
генетическая эпистемология ······· 64
генетический детерминизм ·········319
геометрическая оптическая иллюзия·························117
геометрическое среднее ············117
герменевтика ·························236
гетерономная мораль ················249
гештальт восприятия················267
Гештальт психология ··············· 89
Гештальт-теория поля ·············· 89
гештальт-терапия ················ 89, 267
гибкий график работы··············250
гибкий график·······················250
гибкость развитии ···················· 65
гиперлексия························ 88, 335
гиперосмия···························307
гипертимия···························195
гипноз ································· 39
гипнотизм ····························· 39
гипоксия, гипомнезия···············119
гипоталамо-гипофизарно-надпочечниковой оси ············281
гипоталамус··························280
гипотеза Сепира-Уорфа ············275
гипофиз ························· 36, 175
гиппокамп ···························103
гиппокампальная формация ·······103
гистограмма··························347
глазный ответ мигания ············340
глотательный рефлекс ··············264
глубина обработки ··················120
глубина преступного поведения··· 71
глубина разметки ···················223
глубокая дислексия ················222
глубокая психология ·········222, 223
глубокая структура·················222
глюкокортикоид ····················250
глюкокортикоидных рецепторов····250
Голландская профессиональная модель·····························112
головной мозг ··················· 41, 175
гомеостаз ···················· 177, 253
гомогенность ························260
гомосексуализм ·····················260
горизонтально-вертикальная

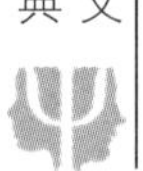

иллюзия ······························· 107
гормическая психология ············· 22
горoптер ································· 235
градиент преступности порока ····· 70
грамматика непосредственно
составлящих ························· 56
грамматика ······························ 329
грамматическое кодирование ······ 329
граница ·································· 130
график подкрепления ················ 193
график соотношения подкрепления ·· 193
графический интерфейс ·············· 263
графических изображений ··········· 263
громкость ································ 285
грунтовка ································ 189
группа поляризации ·················· 200
группа роста ···························· 28
группа самопомощи ··················· 365
группа ··································· 200
группировка способности ··········· 179
групповая встреча ···················· 111
групповая выборка ············· 136, 343
групповая давления ·················· 201
групповая динамика
преступности ························ 70
групповая динамика ··········· 200, 264
групповая консультация ············ 264
групповая норма ······················ 200
групповая психотерапия ············ 264
групповая сплоченность ············ 201
групповое мышление ·········· 201, 287
групповое насилие ····················· 5
групповое принятие решений ······ 201
гудамжнаас айх ······················· 148
гуманизм ······················· 202, 207
гуманистическая перспектива ····· 202
гуманистическая психология ······ 202
гуманистическая психотерапия ···· 202
гуморальная регуляция ·············· 253
гуморальный иммунитет ············ 253
г-фактор ································· 323

Дд

дальная передача ····················· 334
дальновидное руководство ·········· 334
дальтонизм на красный цвет ········ 50
дальтонизм ······················ 47, 215
Дверь в лицо техника ················ 160
двигательная зона коры головного
мозга ···································· 336
двигательная зона ···················· 336
двигательный нейрон ················ 337
движение в защиту окружающей
среды ··································· 109
движение связанных с
потенциалом ························ 336
движения глаз ························· 315
движения параллакса ················ 337
двойная гипотеза кодирования ···· 239
двойная диссоциация ················ 240
двойная психология ·················· 62
двойное изображение ················ 241
двойное слепое ························ 241
двойственное отношение ··········· 240
двусторонний тест ············ 239, 241
двух слов предложение ·············· 240
двухпараметрическое

логистическая модель ··········· 239
двухточечный порог ··················· 157
двухцветное зрение ··················· 62
двухэтапная выборка ················· 157
дедуктивное мышление ············· 316
дедуктивную мысль ·················· 316
дедуктивный вывод ·················· 316
дезадаптация ························· 199
дезоксирибонуклеиновая
кислота ······························· 265
дезориентация ························ 52
деиндивидуация ······················ 199
дейтеранопия ··················· 49, 161
декларативная память ················ 26
декларативное знание ················ 26
декларативный организатор ········ 26
декодирование ························ 321
деконструкция ························ 129
делирий ······························· 340
деменция ······················· 29, 229
Денверский скрининговый тест
оценки развития ребенка ········· 44
дендрит ······························· 238
депрессивного типа поведения ···· 151
депрессия ····························· 321
детектор лжи ·························· 21
детектор функция ···················· 251
детерминизм ·························· 136
дети школьного возраста ··········· 308
детская психология ·················· 61
детский аутизм ················· 96, 359
детство ························· 61, 260
дефект речи ···························· 64
дефектный ребенок ·················· 222
дефицита внимания и
гиперактивности ···················· 356
дефицита внимания ·················· 356
децентрация ·························· 199
диаграмма дерева ···················· 238
диаграмма рассеяния ················ 214
диаграмма цветность ················ 215
диалектическое мышление ·········· 12
диатез ································· 246
дивергентное мышление ············· 64
дизайн в пределах группы ·········· 367
дизайн временной задержки ········ 230
дизайн между группами ············ 367
дизайн повторных измерений ······· 30
дизайн подобранной группы ······· 184
дизайн работ ························· 347
дизайн рабочего места ··············· 93
дизъюнктивная концепция ·········· 278
динамика личности ··················· 91
динамическая острота зрения ······· 54
динамическая психология ··········· 54
динамическая теория личности ···· 203
динамический стереотип
преступления ················· 69, 70
динамический стереотип ············· 54
динорфин ····························· 193
дисграфия ···························· 238
дискалькулия ························ 118
дискинезия ··························· 337
дисконтирование принцип ··········· 41
дискретная переменная ············· 152
дискриминантная валидность ······ 198
дискриминантный анализ ······ 76, 182
дискриминационный время

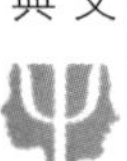

реакции ···························· 12, 69
дискриминация пункт ··············· 286
дискриминация стимула ············ 38
дискриминация ··········· 76, 189, 198
дискурс психологии ················· 109
дискурсивная социальная
психология ·························· 109
дискуссионная группа безлидера ···· 275
дислексия ··························· 335
дисперсионный анализ факторного
дизайна ····························· 278
дисперсионный анализ ·············· 72
дисперсия ответственности за
вины ································· 370
дисперсия ошибки ··················· 277
дисперсия ···························· 12
диспозиционная атрибуция ············ 9
диспозиционные анализы
тенденции ··························· 152
диспозиционные атрибуции ········· 246
диспраксия развития ················ 66
диссоциативное расстройство
личности ····························· 77
дистанционная ассоциация ········· 123
дистанционное обучение ············ 334
дистанционное объединение ········ 334
дистимия ···························· 288
дисфония, дизартрия ················ 64
дисфрения ··························· 133
дифференциальная психология ····· 23
дифференциальная теория
эмоций ······························ 197
дифференциальная
чувствительность ··················· 23
дифференциальные тесты
способностей ······················· 198
дифференциальный порог ··········· 23
дифференциальный пороговый
метод ································· 23
дифференциальный
функционирования пункт ········· 286
дифференциация ······················ 76
дифференцировка ···················· 57
дифференцировочное обучение ···· 12
диффузия ответственности ········ 339
дихотического прослушивания ···· 241
дихотомические пункты ············· 62
дихромазия ··························· 63
длина иллюзии ······················· 24
дневное зрение ····················· 170
добровольное воображение ···· 247, 328
добровольное поведение ··········· 328
доброкачественные бессонницы ···· 121
доверие ······························ 299
доверительный интервал ··········· 350
доверительный предел ·············· 350
доконвенциональная мораль ······· 191
доктрина Салливана ················ 216
долгосрочная память ················ 24
долгосрочная психотерапия ········ 24
долгосрочное потенцирование ····· 24
домашнее полевое преимущество ··· 354
домашнее преимущество ············ 354
домашний эффект ··················· 354
доминант мозга ······················ 42
домогательство ····················· 305
дополнительный цвет ··············· 17
допуск цвета ························ 314

достичь конверт ········· 142
дофамин ········· 58
дошкольная психология ········· 308
дошкольное образование ········· 339
дошкольный период ········· 308
драматургия ········· 180
дуализм ········· 63
дуальные отношения ········· 240
дуплексная теория зрения ········· 234, 241
душевное здоровье ········· 288, 290, 293

Ее

единая словесная теория ресурсов · 45
естественная концепция ········· 360
естественная теория ········· 254
естественный эксперимент ········· 361

Жж

желудочек мозга ········· 176
жест выражение ········· 358
жизненное напряжение ········· 226
жизненные события ········· 226
жизненный масштаб событий ········· 226
жилье глазного яблока ········· 315

Зз

заблуждение отрицания ········· 78
забывание кривая ········· 319
забывание ········· 319
зависимая переменная ········· 68, 322
зависимое расстройство
личности ········· 319
зависящее от кейса забывание ········· 283
задача развития ········· 65
задача сплоченности ········· 211
задача-обучаемый участие ········· 211
задержка обучения ········· 192
задержка реакции ········· 68
задержка удовлетворения ········· 312
заискивание ········· 251
заказал отзыв ········· 243
закон ассимиляции ········· 259
закон ассоциативности ········· 155
закон бережливости ········· 128
закон Вебера ········· 269
закон Все или ничего ········· 199
закон дополнительного цвета ········· 17
закон живостью ········· 281, 282
закон замещения ········· 43
закон Йеркса-Додсона ········· 317
закон Йоста ········· 334
закон контраста ········· 57
закон новизны ········· 130
закон обучения Торндайка ········· 214
закон подобия ········· 150, 285
закон причинно-следственной
связи ········· 323
закон промежуточного цвета ········· 350
закон смежности ········· 128
закон смешения цветов ········· 314
закон специфической энергии
чувств ········· 85
закон Стивенса ········· 232
закон упражнения ········· 156
закон Фехнера ········· 76

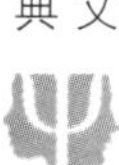

закон Фитса ··· 75
закон частоты ··· 185
закон эквипотенциальности ··· 47
закон эффекта ··· 287
закрепляющий эффект ··· 165
заменить удовлетворение ··· 254
заменшение ··· 253
заместительное укрепление ··· 254
замкнутость личности ··· 110
замкнутых двигательных навыков ··· 10
западная психология ··· 278
запоминание ··· 230
запрограммированная инструкция ··· 29
затылочная доля ··· 343
защитный механизм ··· 73
звук клетка ··· 256, 324
звукоподражательная память ··· 228
здоровой личности ··· 124
зеленый слепой ··· 161
зеркальное Я ··· 134
зеркальноотраженный рисунок ··· 134
злоупотребление наркотиками ··· 317
знак подкрепления ··· 43
знание ··· 347
значение ассоциации ··· 155
значение разности ··· 23
значение шкалы ··· 157
значимое различие ··· 282
значительная черта ··· 282
зона ближайшего развития ··· 368
зона Брока ··· 18
зоопсихология ··· 54
зоркость ··· 133, 134
зрение ··· 233
зрительная кора ··· 233, 235
зрительная память ··· 233
зрительное утомление ··· 233
зубрежки ··· 113
зубчатые извилины ··· 29

Ии

игровая терапия ··· 327
ид ··· 9, 318
идеаль я ··· 153
идеальное соотношение ··· 267
идентификация концепции ··· 84
идентификация морфемы ··· 37
идентификация слово ··· 37
идентификация ··· 208, 360
идентифицируемость ··· 230
идентичность роли ··· 137
иерархическая линейная модель ··· 58
иерархическая модель сети ··· 23
иерархическая структура ··· 23
иерархическая теория потребностей306
иерархический кластер ··· 23
иерархия потребностей Маслоу ··· 163
иерархия потребностей ··· 306
избегающие поведение ··· 110
избегающий стиль привязанности 110
избирательное внимание ··· 308
избирательность восприятия ··· 346
извращённая эмоциональная реакция ··· 195
изменение личности ··· 204

изменение Пуркинье ······ 187
изменение ······ 12
изменить отношение ······ 249
измерение личности ······ 205
измерение отношения ······ 249
измеритель уровня звука ······ 228
изображение тела ······ 222
изоляция ······ 89
изоморфизм разума и тела ······ 297
изучение деятельности ······ 300
изучение отвращения вкуса ······ 272
изученное отвращение вкуса ······ 272
иллюзия Аристотеля ······ 312
иллюзия веса размера ······ 303
Иллюзия Вундта ······ 78
иллюзия Гельмгольца ······ 103
иллюзия Геринга ······ 106
иллюзия движения ······ 335
иллюзия Мюллера-Лайера ······ 167
иллюзия памяти ······ 118
иллюзия Поггендорфа ······ 16
иллюзия Понзо ······ 183
Иллюзия Эббингауза ······ 1
иллюзия ······ 40, 110
имплицитная память ······ 178
импринтинг ······ 325
импульс ······ 29
импульсивная агрессия ······ 30
импульсивное расстройство ······ 30
импульсная личность ······ 30
инвалид ребенок ······ 20
инвентаризации самоотчета ······ 359
инвентаризация интереса
Стронга-Кэмпбелла ······ 245
инволюционная депрессия ······ 92
инволюционные психозы ······ 92
индекс цветопередачи ······ 282
индексдискриминации ······ 124
индивидуализированная
инструкция ······ 91
индивидуализм ······ 91
индивидуальная зона теории
оптимального функционирования ······ 91
индивидуальная потребность ······ 90
индивидуальная психология ······ 90
индивидуальное сознание ······ 90
индивидуальные различия ······ 90
индивидуальный конструктивизм ······ 90
индикаторная бумага-карандаш ······ 348
индуктивно-дедуктивное
рассуждение ······ 99
индуктивный вывод ······ 99
индустриальная ······ 93
индуцированное движение ······ 328
индуцированный цвет автсан ······ 328
инертное знание ······ 60
инженерия антропометрии ······ 92
инженерная психология ······ 92
инновация ······ 34
инсайт ······ 58
инстинкт жизни ······ 225
инстинкт игры ······ 327
инстинкт любопытства ······ 103
инстинкт смерти ······ 245
инстинкт ······ 8
инстинктивная теория
преступления ······ 69
инстинктивная теория ······ 8

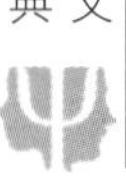

инстинктивное поведение ············ 8
инстинктивный дрейф ················· 8
инстинктивный импульс ··············· 8
инструкция ························· 348
инструмент измеряющий восприятия ··· 33
инструментальная агрессия ········· 92
инструментальная ценность ········· 92
инструментальное обусловливание ··· 92
интегративная психотерапия ······· 343
интеграционизм ···················· 343
интегрированное приведение в готовность ······················ 366
интеллект производительности ····· 21
интеллект ························· 349
интеллектуальная нетрудоспособность ················ 349
интеллектуальное ухудшение ······· 350
интеллектуальный дефицит ········ 349
интенсивное непрерывное обучение ························ 117
интенсивность ····················· 192
интенционализм ··················· 322
интенциональное обучение ········· 328
интерактивная система памяти ···· 125
интеракций правосудия ············ 108
интеракционизм разума и тела ····· 297
интеракционизм ················ 108, 284
интервал графика подкрепления ····· 193
интервал неопределенности ········ 18
интервальная оценка ·············· 198
интервальная шкала ················ 47
интервью ·························· 140
интернализации проблема ·········· 177
интернализация мораль ············ 46
интернализация социальныхнорм ··· 218
интернализация ···················· 177
интерпретация ····················· 130
интерфейс многоканального ········ 59
интонация узор ···················· 329
интроверсия ················· 177, 178
интроекция ························ 178
интуитивизм ······················· 347
интуитивно-действие мышления ···· 347
интуитивное мышление ············· 347
интуиция ·························· 347
информационная война ············· 300
информационная матрица ·········· 299
информационная перегрузка ······· 299
информационная травма ··········· 300
информационная функция ········· 299
информационный дисплей ········· 300
информация ······················· 299
информированное согласие ········ 346
ипохондрический синдром ········· 320
ипохондрическое заблуждением ···· 320
иррациональная вера ··············· 74
искажение ответа ·················· 68
исключительный ребенок ·········· 251
искренность ······················· 342
искусственная концепция ·········· 205
искусственная память ············· 205
искусственный интеллект ·········· 206
искусственный язык ··············· 206
исполнительная функция ·········· 347
испуга рефлекс ···················· 132
испытание мощности ··············· 175
испытание преступного ума ········ 70
испытательное отклонениетеста ··· 22

испытательное строительство······ 11
исследование близнецов ············241
исследование кровногородства····311
исследование лишения ················ 16
исследование принятия··············159
исследования пользователей ·······327
исследовательское поведение······250
истерическое расстройство
личности······························· 15
истерия···································322
истинная оценка ················ 77, 342
историзм·································153
историография ························153
источник черта ························· 91

Кк

Калифорнийский психологический
опросник·····························121
каноническая переменная
корреляция ··························· 51
канонический корреляционный
анализ ·································· 51
кардинальная черта ··················237
катарсис···································308
категориальное восприятие ····72, 77
категориченные данные ответа····· 77
категорическое восприятиеречи···313
катехоламин ··························· 61
каузальная атрибуция················323
качественное исследование········· 52
качество жизни························226
качество трудовой жизни ·········· 93
качество цветопередачиисточника
света ····································· 98
квази-эксперимент ····················358
квази-эксперимента ··················358
квазиэкспериментальной дизайн ·· 151
квартальное отклонение············245
кинестезиометр ························ 54
кинестезия, мышечное чувство···· 53
кинестетическая обратная связь··· 53
кинестетическое воображение····· 53
классическая теория теста ·········131
классическое кондиционирование 131
классное руководство···············143
кластеризация методом k-
средних ·······················139, 147
кластерный анализ ··················136
клептомания ···························261
клетка - мишень························4
клетка фоторецептора ·············· 85
клеточный иммунитет ··············280
клиент-центрированная
терапия······················· 45, 149
климактерический синдром ········ 92
климат группы ························201
климат организации·················367
клиническая психология ···········158
клинические испытания············158
клинический метод·················158
когнитивная карта ···················208
когнитивная лингвистика··········211
когнитивная наука···················209
когнитивная психология спорта···211
когнитивная психология ···········210
когнитивная революция············209
когнитивная стратегия··············208

когнитивная структура ··············209
когнитивная теория диссонанса ···210
когнитивная теория личности······210
когнитивная теория обучения······309
когнитивная теория оценки ········210
когнитивная терапия ··················209
когнитивная тревога ··················209
когнитивная эргономика ·············209
когнитивное обучение ················210
когнитивное прозрение терапия ···208
когнитивное развитие··················209
когнитивное расстройство ···········211
когнитивное умение····················209
когнитивной нейронауки·············210
когнитивно-поведенческая
терапия ·································210
когнитивный диск ······················210
когнитивный диссонанс ···············210
когнитивный консонанс ···············209
когнитивный процесс ··················209
когнитивный сквозной контроль ····211
когнитивный стиль ·····················209
когнитивный ученичества ···········210
когорта ····································259
кодирование контроля ·················145
кодирование памяти ···················118
кодирование ····························· 11
кожная чувствительность ··········· 78
колбочки ··································235
коллективизм ····························116
коллективная ментальная модель ··· 95
коллективное управление············ 19
коллективный бессознательный ···116
кольцо Ландольта·······················149
команда разнообразие ················263
команда эффективность ···············264
командный дух ···························263
комбинаторное обучение ············ 15
комбинационный тон ·················105
коммуникабельность···················125
коммуникативного поведения ·····125
коммуникация ··························· 96
компенсационная отслеживания ··· 17
компенсация ························17, 43
компетентность ·························228
комплекс неполноценности ········359
комплекс Эдипа ··················· 61, 156
комплекс Электры ······················156
комплекс····································196
композитная оценка····················104
компонент C1 ··························· 27
компонент N400 ······················· 27
компонент P3 ·························· 27
компонент P300 ······················· 27
компульсивное расстройство
личности·······························193
компьютеризированной адаптивный
тест ···································117
компьютерная модель ················118
компьютерное моделирование·····118
комфортная температура···········238
конвергентная валидность ·········135
конвергентное мышление··········· 80
конвергенция эффект ················136
конверсивная истерия ·········322, 357
кондиционером иммунитет········255
кондиционером подкреплением ···255
конечное значение·····················352

конечный (концевой) мозг ········· 56
конкретная оперативная стадия ··· 135
конкретная передача ·········· 135, 251
конкретная теория функции боли ··· 261
конкретное визуальное мышление··· 135
конкретное мышление ·············· 135
конкретность ························ 135
конкурс лексического выбора
счёт ································· 37
коннекционизма психология ······ 155
консенсус ··························· 318
консервативное фокусирование ····· 6
консистенция ······················· 318
консолидация ························ 94
константа размера ·················· 42
конструктивизм ················ 96, 123
конструктивная апраксия ·········· 129
конструктивная теория обучения··· 309
конструкция поперечного
сечения ···························· 107
консультация Адлера ················· 1
консультация ························ 111
консультирование по вопросам
карьеры ···························· 228
консультирование ··················· 289
контекст ···························· 329
контекстная производительность ··· 353
контекстный интеллект··············· 197
контекстуализм ······················ 196
контракт непредвиденного
обстоятельства ····················· 285
контраст яркости ············ 157, 170
контролируемые
ассоциации ·········· 145, 237, 283
контроллер ·························· 145
контроль боли ······················ 252
контрольная группа ········ 20, 57, 145
контрольная программа ············ 144
контрперенос ························· 68
контртрансфер ························ 68
контузия ···························· 182
контур ······························ 161
конфабуляция ······················· 306
конфиденциальность··················· 6
конфликт ····························· 30
конфронтации обучения ·············· 57
конфронтация ······················· 349
концентрирующего медитации ···· 117
концептуализация ···················· 84
концептуальная общность ··········· 83
концептуальная подготовка ········· 85
концептуальная сеть ················ 84
концептуальная система ············ 84
концептуально-управляемый
процесс ····························· 84
концептуальные абстрактность····· 83
концептуальные изменения
обучения···························· 84
концепции обучения ················· 85
концепция ассимиляции ············· 84
концепция контр-пример ············ 83
концепция науки···················· 141
концепция положительного
примера ····························· 83
концепция ··························· 83
конъюнктивная концепция ········ 105
координат двуязычие ················ 15
координировать концепцию········· 15

кора головного мозга ····· 42, 183, 184
коренизация ····· 8
коренная психология ····· 8
Кориолиса иллюзия ····· 141
корректирующее эмоциональное
переживание ····· 126
коррекционная обработка
осужденному ····· 370
коррекционная психология ····· 126
коррекция ····· 306
корреляционная матрица ····· 284
корреляционного исследования ····· 284
корреляционный анализ ····· 284
корреляционный метод ····· 284
корреляция в двух сериях ····· 62
корреляция Пирсона ····· 183
корреляция продуктового
момента ····· 114
корреляция ····· 284
кортикотропин-рилизинг гормон ·· 39
корыстный уклон ····· 360
косвенный вывод ····· 123
космическая психология ····· 104
косой поворот ····· 288
коэффициент α Кронбаха ····· 142
коэффициент альфа ····· 279
коэффициент вариации ····· 12
коэффициент детерминации ····· 136
коэффициент доверия ····· 350
коэффициент интеллекта ····· 350
Коэффициент консистенция
Кендалла ····· 144
коэффициент корреляции ····· 284
коэффициент множественной
корреляции ····· 82
коэффициент множественной
определения ····· 81
коэффициент согласования
Кендалла ····· 143
коэффициент Ф ····· 279
красная слабость ····· 107
красно-зеленая слепота ····· 107
кратковременное ослепление
вспышкой ····· 216
краткосрочная психотерапия ····· 56
креативное мышление ····· 34
креативность ····· 34
кривая адаптация к темноте ····· 3
кривая Винсент ····· 273
Кривая забывания Эббингауза ····· 1
кривая практика ····· 156
кривая слышимость ····· 142
кривое сохранение ····· 5
кризис идентичности ····· 208, 260
кризис развитии ····· 65
кризис среднего возраста ····· 351
кризисное вмешательство ····· 268
криминальная психология ····· 71
кристаллизованный интеллект ····· 132
критерий ····· 287
критерий валидность ····· 287
критерий Ньюмена-Кеулса ····· 181
критерий привязкой тест ····· 173
критерий согласия ····· 235
критерий сферичности ····· 198
критерий Фридмана ····· 79
критерий Шеффе ····· 216
критерий ····· 287

критическая частота мерцания ····· 217
критический период ····· 97
критический пункт сплава во вкусе ····· 272
критическое значение ····· 158
кросс-культурные исследования ····· 147
кросс-культурный менеджмент ····· 146
кросс-культурный тест ····· 146
кросс-модальное сравнение ·· 124, 146
кросс-передачи ····· 124
кросс-сочетания вращения иллюзия ····· 124
культовая память ····· 263
культура бригада ····· 5
культура справедливой тест ····· 273
культурная интеграция ····· 273
культурная модель ····· 273
культурная психологическая война ····· 273
культурная психология ····· 273
культурно-историческая психология ····· 273
культурный детерминизм ····· 273
культурный поворот ····· 273
кусок ····· 367

Лл

лабиринт бумага-карандаши ····· 348
лабиринт воды Морриса ····· 173
лабиринт граммофоной ····· 33
лабиринт ····· 166
латентное обучение ····· 192
латентное обучение ····· 192
латентный период реакции ····· 68
латерализация функции мозга ····· 41
левый рукость ····· 370
Лейпцигская психологическая лаборатория ····· 149
лекарственная бессонница ····· 317
лексема экономика ····· 43
лексическая аграфия ····· 37
лексическая ведомая модель ····· 36
лексическая гипотеза ····· 37
лексический эффект смещения ····· 36
лексическое представление ····· 36
лексической идентификации сдвига ····· 37
лексической неоднозначности ····· 36
летающий расстройства поведения ····· 74
лечебное раздражение ····· 67
либертарианизм ····· 322, 365
либидо ····· 153
лидерство ····· 159
лимбическая система ····· 11
лимит времени ····· 230
лимфатический темперамент ····· 181
лингвистическая психология ····· 330
лингвистический символ ····· 330
линейная зависимость ····· 283
линейная перспектива ····· 283
линейная регрессия ····· 283
лицо ····· 167
личная теория конструкции ····· 90
личное бессознательное ····· 90
личное пространство ····· 90
личное расстояние ····· 90

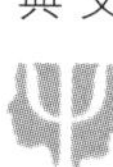

личное уравнение ············ 203
личностная тревожность ············ 252
личностный опросник Айзенка ······ 2
личностный тест ············ 203
личность заключенного ············ 369
личность преступника ············ 70
личность ············ 91, 203
личностьная анкета ············ 205
личностьная тенденция ············ 91
личный атрибуции ············ 246
лишение свободы ············ 89, 327
лишение ············ 16
лобная доля ············ 61
ловкость действия ············ 55
логарифмический закон ············ 57
логическое мышление ············ 162
ложная задача вера ············ 40
ложная сигнализация ············ 306
локализация психических
функций ············ 290
локализация функции мозга ········ 41
локус контроля ············ 144
лонгитюдное исследование ········ 366
лунатизм, расстройство сна ········ 242
лунная иллюзия ············ 335
любопытство ············ 104
лязгать цвет ············ 324

Мм

магнитно-резонансная
томография ············ 38
магнитоэнцефалография ············ 175
мазохизм ············ 237
Майерс-Бриггстипа индикатор ···· 163
максимизация морали ············ 232
маниакально-депрессивный
психоз ············ 339
манипулятивные умение ············ 20
мания преследования ············ 7
мания ············ 339
маргинализация ············ 152
маргинальное распределение ······ 10
маргинальное сознание ············ 11
маргинальной личности ············ 10
маркер ············ 13
маркировка личности ············ 203
Марксистская психология ········ 163
маскировка ············ 315
массовая коммуникация ········ 42, 43
массовая связь ············ 42, 43
матричная структура ············ 134
матричное рассуждение ············ 134
машинное обучение ············ 117
медиана ············ 351
медитация ············ 171
медицинская модель ············ 318
медицинская психология ············ 318
медленная боль ············ 58, 164
медленная волна сона ············ 164
медсестринская психология ········ 108
между работой и личной жизнью ·· 93
между субъектами-дизайна ············ 8
Международная ассоциация кросс-
культурной психологии ········ 100
Международная ассоциация
прикладной психологии ········ 101
Международный конгресс по

психологии ···························· 100
Международный союз
психологических наук ············· 100
межкультурная психология ········ 147
межкультурная социальная
психология ···························· 146
межличностное расстояние ········· 207
межличностные отношение ········ 207
межфункциональная команда ······ 124
меланхоличный темперамент ······ 321
ментализм ······························ 296
ментальная химия ····················· 290
ментального лексикона ·············· 289
ментальное представление ········· 288
ментальное сканирование ··········· 292
ментальный образ ·············· 14, 288
мера разности ··················· 23, 152
мера центральной тенденции ······ 116
мета теория ··························· 333
мета-анализ ··························· 333
метакогнитивная стратегия ········ 333
мета-память ··························· 333
метапознание ·························· 333
мета-психология ······················ 333
метафора ······························ 325
метод «жетонная система
вознаграждений» ···················· 13
метод абстрактного анализа ········ 31
метод анализа продукта ············ 370
метод беседы ························· 249
метод вспоминания ·················· 111
метод дихотомической
классификации ······················ 62
метод дневника ······················ 212
метод интервью ······················ 73
метод ключевых слов ················ 97
метод латинского квадрата ········ 149
метод лучистой теплоты ··········· 202
метод максимального
правдоподобия ······················ 368
метод минимального
изменения ···························· 368
метод моделирования ·············· 172
метод наименьших квадратов ······ 368
метод оценки величины ············ 239
метод парного сравнения ··········· 57
метод переучивания ················· 338
метод постоянных стимулов ······· 106
метод принудительного выбора ···· 186
метод проб и ошибок ··········· 24, 235
метод равного интервала ············ 47
метод регулировки ·················· 255
метод сбережения ··················· 128
метод систематического
наблюдения ························· 280
метод срединного испытания ······ 351
метод средней ошибки ············· 185
метод тематического
исследования ························ 90
метод теста ···························· 21
метод упорядочения ·················· 47
метод фракционирования ············ 76
методологический Бихевиоризм ··· 72
методология в психологии ········· 294
методология ··························· 72
механизм овладения языком ······· 330
механическое запоминание ········ 113
механическое изучение ············ 113

микродиализ ····· 269
микро-инъекции ····· 269
микроэлектродный ····· 268
миндалевидная тела ····· 304
миндалевидной комплекс ····· 304
миндалине ····· 304
миндалевидная ядра ····· 304
минимального слышимого
давления ····· 369
минимальное слышимое
звуковое поле ····· 369
Миннесотский многоаспектный
личностный опросник ····· 170
мир изображения ····· 322
младенчество ····· 325
мнемоника ····· 119
многомерная теория тревоги ····· 59
многоуровневая модель ····· 59
множественного отношения ····· 240
множественное сравнение ····· 58
множественной корреляции ····· 58
множественной личности ····· 58
множественной регрессии ····· 59
множественный анализ ····· 59
множественный функциональный
дисплей ····· 59
множество микроэлектрода ····· 269
модель ассоциации слова ····· 36
модель Боулдера ····· 17
модель Вейла ····· 272
модель изменения Левина ····· 149
модель интеграции конструкции ····· 123
модель катастрофы ····· 115
модель кривой роста ····· 228
Модель личностных черт
Большая пяторка ····· 42
модель обработки информации ····· 299
модель обучения речи ····· 146
модель ограничение ресурсов ····· 327
модель семи факторов
личности ····· 204
модернизм ····· 282
модификация поведения ····· 301
мозг разделения ····· 89
мозговая атака ····· 176
мозговая интеграция ····· 42
мозжечок ····· 287
мозолистое тело ····· 185
молекулярная теория памяти ····· 118
монизм ····· 318
монозиготных близнецов ····· 259
монокулярный глубинний
признак ····· 44
монокулярный параллакс
движения ····· 45
монофонический слух ····· 44
монохроматизм ····· 44
монохроматичность ····· 200
монохроматор ····· 44
мораль ····· 46, 232
моральная дилемма ····· 46
моральное суждение ····· 46
моральные рассуждения ····· 46
Морган канон ····· 172
Морита терапия ····· 216
морская психология ····· 104
морфема ····· 37
мотив аффилиативные ····· 105

мотив и эффект ··· 53
мотив роста ··· 28
мотивационная иерархия
Маслоу ··· 163
мотивационный конфликт ··· 53
мотивация достижения ··· 27
мотивация обучения ··· 309
мотивация ··· 52
мотивированное забывание ··· 53
мотивирующий стимул ··· 189
моторная координация ··· 337
моторная память ··· 336
мощность теста ··· 123
мудрость ··· 349
мужественность-женственность ··· 175
музыкальное восприятие ··· 325
музыкальный тон ··· 335
музыкотерапия ··· 324
мультиколлинеарность ··· 58
мультикультурализм ··· 59, 352
мысли вслух ··· 32
мышечное ощущение ··· 114
мышление ··· 244

Нн

на внешней периферии ··· 267
наблюдаемая отметка ··· 97
наблюдательное обучения ··· 98
наблюдательный метод ··· 97
наблюдение в естественных
условиях ··· 360
набор обучения ··· 309
набор ··· 52
навигация интернета ··· 108
награда ··· 124
над эффектом оправдания ··· 101
надежность Кудер-Ричардсона ··· 146
надежность маркера ··· 186
надежность повторного
тестирования ··· 30, 338
надежность теста ··· 22
надежность ··· 298
надзор, контроль ··· 55
надпочечник ··· 225
наказатель ··· 29
накликать пророчество ··· 363
накопительная теория обучения
Гагне ··· 120
намеренное запоминание ··· 328
направление иллюзии ··· 73
направление ··· 357
напряжение внимания ··· 356
нарколепсии ··· 66
наркомания ··· 28
наркотическая зависимость ··· 317
наркотической зависимости ··· 317
народная психология ··· 169
нарушение памяти ··· 119
нарушение речи ··· 314
нарушение с несознающей
мотивацией ··· 276
нарциссизм ··· 360
нарциссическое расстройство
личности ··· 360
население ··· 366
наследственность ··· 319
настоящий фокус ··· 45

настроение ························288
насыщение ······························5
насыщенность цвета ·················215
насыщенность ···························5
нативизм·······························281
наука грузового культа ·············112
наукообразие ·························141
научённая беспомощность·········278
научные достижения················310
национальная гордость ············170
национальная детская психология 168
национальная идентичность········169
национальная целостная
психология ·························168
национальное самосознание········169
национальное чувство
идентификации···················169
национальное чувство
неполноценности ·················170
национальное чувство ·············169
национальность ·····················169
национальные общие
психологические качества ·······168
национальные особенности ·······169
национальные персоналии·········168
национальные предрассудки·······168
национальный дух ··················168
национальный характер ·······101, 169
начинающий учитель ···············298
неассоциативное обучение ·········75
небольшой вероятности события····287
невербальная коммуникация ·······75
невесомость···················158, 229
невовлеченным воспитание детей··· 73
невозможная фигура ················17
невроз военного времени ··········371
невроз инволюционная ··············92
невроз страха ·······················126
невроз ·································224
неврология ··························223
невротизм, экстраверсия, открытость
личностный опросник ···········203
негативизм ··························270
негативное подкрепление ···········81
негативность рассогласования·····229
негативный трансфер ················81
недекларативная память ·············74
недогрузка ····························48
недостаток сна ·····················242
недостаточный эффект
обоснования ······················17
недостающие данные ··············200
независимая переменная ···········359
независимый групповой дизайн ···· 55
независимый от себя трактовке ···· 55
незаконченное дело ················271
незнакомая тревога·················172
незрелая личность ····················17
нейрогормон ························223
нейролингвистика ···················224
нейромодулятор·····················223
нейрон·································224
нейронная пластичность ···········223
нейронная сеть ·····················224
Нейропептид·························223
нейропсихологических тест ·······224
нейропсихология ···················224
нейротизм ···························224

нейротоксикология ··· 223
нейротрансмиттер ··· 223
нейтрализация ··· 351
нейтральный стимул ··· 351
немедленная память ··· 243
немота ··· 122
ненормальная личность ··· 12
ненормальная психология ··· 12
ненормальная черта ··· 12
ненормальное поведение ··· 12
ненормальное преступление ··· 12
ненормальное сексуальное поведение ··· 305
ненормальные данные ··· 75
необихевиоризм ··· 298
необучаемостью ··· 310
неоднозначность ··· 189
неокортекс ··· 297
неонатальный период ··· 298
нео-Пиаже теория ··· 297
неопсихоанализ ··· 297
неофициальная группа ··· 75
непараметрический тест ··· 74
неподвижная фаска ··· 97
непознавательный фактор ··· 75
неполная семья ··· 44
неполноценность ··· 359
непосредственная ассоциация ··· 347
непосредственная связь ··· 116
непосредственность ··· 116
неправильное представление ··· 40, 167
непреднамеренное запоминание ··· 276
непрерывная операция ··· 154
непрерывная переменная ··· 154
непрерывное укрепление ··· 154
непрерывное умение двигателя ··· 154
непрерывность развития ··· 65
непроизвольное внимание ··· 18, 276
непроизвольное воображение ··· 18, 276
непроизвольное движение ··· 18
неравномерное распределение ··· 184
нервная анорексия ··· 224
нервная клетка ··· 224
нервная система ··· 224
нервный импульс ··· 223, 224
несколько ответов обучения ··· 60
несмещенная оценка ··· 275
несоответствие сетчатки глаза ··· 235
несоответствующая переменная ··· 275
неспециализированные психология ··· 354
неспособность к обучению ··· 310
неустойчивый интеллект ··· 317
неучаствующее наблюдение ··· 74
неформальное обучение ··· 75
неявная парадигмавоспламенения ··· 178
неявная теорияиндивидуальности ··· 178
неявное знание ··· 179
неявное изучение ··· 179
неявное отношение ··· 178
неявное поведение ··· 179
неявные знания ··· 321
неявные использования памяти ··· 118
неявный стереотип ··· 178
неявный тест ассоциации ··· 178
новорожденное отражение ··· 298
номинальная шкала ··· 27
Норадреналин ··· 199

норма развитии ························ 64
норма ···························· 25, 100
нормализация ························· 345
нормальная кривая ···················· 345
нормальное распределение ···· 25, 344
нормальный ребенок ···················· 25
нормативное исследование ·········· 25
нормативно-ориетированный тест ··· 25
норэпинефрин ························ 199
ночное зрение ··························· 3
нравственная вера ····················· 46
нуклеарная семья ····················· 106
нулевая гипотеза ··············· 158, 306
нулевая корреляция ··················· 158

Oo

обезличение ··························· 204
обертон ·································· 7
область Верника ······················ 270
область вкуса ························ 272
обнаружение сигнала ·················· 298
обобщение стимула ····················· 39
обобщение ······························ 83
обобщенный другой ······················ 83
обогащение исследования ·············· 78
обонятельная область ················· 307
обонятельное ощущение ··············· 307
обонятельный порог ·················· 307
оборонительный атрибуции ············ 73
обработка сверху вниз ················ 361
обработка снизу вверх ················ 364
обработки речи ······················· 313
образец ·················· 72, 316, 334
образное изображение ················ 285
образное мышление ····················· 14
образность движение ·················· 335
образность мышления ················· 302
образование душевного
здоровья ································ 291
образование условного рефлекса
высшего порядка ·············· 88, 338
обратите внимание на трансфер ····· 356
обратимое мышление ·················· 142
обратимым фигура ···················· 142
обратная связь ························· 67
обратная связь в биологических
объектах ································ 227
обратная связь преступного ума ··· 70
обратное устранение ················· 285
обратной связи ························· 67
обратный вывод ······················· 180
обсессивно-компульсивное
расстройство ·························· 193
обслуживание репетиция ················ 5
обусловило отвращение вкуса ······ 272
обучаемость подход к освоению
языка ···································· 330
обучающее принцип Брунера ········ 18
обучающее психология ················ 127
обучающее стратегия ················· 127
обучающее цель ······················· 127
Обучение ······························ 309
обучение воля ························ 322
обучение двигателя ··················· 337
обучение запрос ······················ 250
обучение избегание ···················· 60
обучение избегания ··················· 110

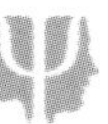

обучение имитацией ··· 171
обучение контроля внимания ··· 356
обучение лабиринтом ··· 167
обучение мастерство ··· 342
обучение моделирования ··· 172
обучение на основе проектов ··· 286
обучение напористость ··· 364
обучение обратной связи в биологических объектах ··· 227
обучение открытие ··· 64
обучение передачи ··· 99
обучение побег ··· 250
обучение прием ··· 128
обучение пропозициональное ··· 171
обучение релаксации ··· 73
обучение руководителя группы ··· 263
обучение самовнушение ··· 361
обучение стресс ··· 326
обучение умения ··· 120
обучение управления мышления ··· 244
обучение управления стрессом ··· 326
обучение целенаправленным ··· 173
обучение через инсайта ··· 58
обучение чувствительности ··· 170
обучение ··· 314, 309
обучения правило ··· 100
обучения расстройства ··· 310
обучения трудности ··· 310
общая классификационная проверка на военную службу ··· 138
общая область теория ··· 159
общая передача ··· 187, 188, 318
общая психология ··· 188
общая способность ··· 317
общая теория элементов ··· 95
общая черта ··· 95
общественное мнение ··· 329
общественное расстояние ··· 94
общественный интерес ··· 220
общий адаптационный синдром ··· 187, 188, 318
общий образ ··· 317
общий терапевтический фактор ··· 95
общий тест на способность ··· 188, 317
общий фактор ··· 323
объединенное три служебное познавательное выполнение батарейка оценки ··· 166
объект постоянство ··· 143, 277
объективизм ··· 143
объективный пункт ··· 143
объём памяти ··· 119
обьективный тест ··· 143
овладение второго языка ··· 49, 63
огонь явление ··· 75
одаренный ребенок ··· 254
один дисперсионный анализ ··· 45
один образец Т-теста ··· 45
одна группа дизайн ··· 45
одновременная дискриминация ··· 259
одновременно валидность ··· 259
одновременное сканирование ··· 260
одновременный контраст ··· 259
однородность дисперсии ··· 72
однословные предложение ··· 44
односторонний тест ··· 44
ожидаемая волна ··· 189
ожидание роли ··· 137

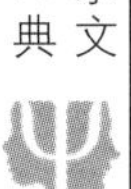

ожидание ··· 189, 332
оздоровительное поведение ··· 123
означается ··· 248
околорезонансный перенос ··· 130
ольфактометр ··· 307
онтология ··· 8
оперантное исчезновение ··· 21
оперантное кондиционирование ··· 21
оперантное обучение ··· 21
оперантное поведение ··· 20
оперантный бихевиоризм ··· 20
оперативное мышление ··· 20
оперативное отражение ··· 20
описательная психология ··· 307
описательная статистика ··· 168
описательные знания ··· 168
опосредованное изучение ··· 254
оппозиционно-вызывающее расстройство ··· 57
опрос общественного мнения ··· 168
оптимальное возбуждение ··· 368
оптическая иллюзия ··· 233
опыт язык ··· 330
опытный образец ··· 334
оральная стадия ··· 145
организационная культура ··· 368
организационная приверженность ··· 367
организационная психология ··· 93
организационная стратегия ··· 367
организационная структура ··· 367
организационное обучение ··· 368
организационное поведение гражданства ··· 367
организационное поведение ··· 368
организационное психологическое здоровье боевую единицу ··· 371
организационное развитие ··· 367
организационные изменения ··· 367
организация памяти ··· 120
организмический оценивающий процесс ··· 113
органический психоз ··· 190
органическое ощущение ··· 113
органическое психическое расстройство ··· 191
оригинальность мышления ··· 244
ориентация действия ··· 54
ориентация задачи ··· 211
ориентация провал ··· 228
ориентация самооценки ··· 362
ориентация успеха ··· 27
ориентация ··· 52
ориентированное на студентов ··· 309
ориентировочная реакция ··· 52
ортогональное вращение ··· 344
осведомленность фонематическое ··· 324
осветление ··· 29
освещенность сетчатки глаза ··· 235
освещенность ··· 342
ослепить-расположение движения ··· 165
осмысленное обучение ··· 322
основная группа ··· 237
основная тенденция ··· 117
основная тревога ··· 114
основного тона речевого звука ··· 331
основной тон ··· 115

основной цвет ···················· 115, 333
основной эффект ···················· 355
основные нервные узлы ············ 114
особенность модели сравнения ···· 251
особое восприятие ···················· 356
особый навык нации ················· 169
оставленный позади ребенок ······· 160
остаточное изображение
движения ··························· 336
остаточное изображение ············ 108
остаточное стандартное
отклонение ························· 228
острая психогенная реакция ········ 116
острота зрения ························ 234
острый психологический ответ
стимула поле битвы ················ 116
отбор талантов по психологии ····· 294
отвержение сверстников ············ 258
ответ посредничество ················ 351
ответ сохранения-вывода ············· 6
ответная реакция ······················ 67
отвлечение ······························ 78
отвлечение внимания ················ 356
ответ ····································· 68
отклонение выборки ·················· 32
отклонение коэффициент
интеллекта ························· 152
отклонение ···························· 151
открытое умение двигателя ········· 140
отложенный имитация ················ 312
относительная депривация ·········· 284
относительное стандартное
отклонение ························· 284
отношение Вебера ···················· 269
отношение правдоподобия ··· 112, 246
отношение прививка ·················· 249
отношение ······························ 249
отношения родитель-ребенок ······ 194
отношения ································ 97
отображение памяти ················· 118
отражательная познанием ··········· 68
отражение заранее ····················· 26
отражение смысла ···················· 236
отражение чувств ····················· 195
отрицание ································ 78
отрицательная галлюцинация ······· 80
отрицательная корреляция ·········· 81
отрицательная эмоция ················ 81
отрицательное последействие ······ 80
отрицательный последовательный
образ ··································· 80
отрицательный стимул ················ 81
отсталой маскирования ·············· 108
отчетливость ··························· 251
охранительное торможение ··········· 6
оценка корреляции Спирмена ······ 244
оценка личности ············· 203, 204
оценка производительности ········ 117
оценка работы ·························· 88
оценка системы человеко-
машинного ·························· 206
оценка ума арестанта ················ 370
оценка ··································· 186
очевидное восприятие
движения ···························· 245
очевидное явление движения ······ 245
очищение ценностей ················· 122
ошибка второго рода ·················· 49

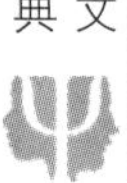

ошибка игрока 56
ошибка первого рода 50
ошибка предвосхищение 332
ошибка среднего квадрата 277
ошибка типа II 303
ошибка типа I 303
ошибка эксперта 186
ошибка 277
ошибочность базовые ставки 114
ощущение вибрации 343
ощущение давления 312
ощущение зуда 316
ощущение и восприятие психологии 87
ощущение канала 86
ощущение прикосновения 33
ощущение трехмерной теории 195
ощущение холода 151
ощущение 85

Пп

Павловская кондиционирования 4
пагубный 361
палец лабиринт 236
палочкоподобная клетка 233
память 118
паническое расстройство 132
панпсихизм 72
пансексуализм 72
парадигма Брауна-Петерсона 18
парадигма прайминга 190
парадигма 72
параллакс 233
параллельная модель распределенной обработки 15, 172
параллельная обработка 15
параллельная оценка 259
параллельный поиск 16
параллельный тест 186
параметр оценки 19
параметр пункт 285
параметр 19
параметрический статистический тест 19
параноидальное расстройство личности 184
параноидальный психоз 184
парапсихология 26, 296
парасексуальность 304
парасимпатическая нервная система 82
Парижская школа 4
парные образцы t-тест 183
пассивно-агрессивная личность 7
патологическое воровство 16
паттерн активации 190
педагогическая психология 127
педагогическое проектирование 127
педофилия 156
пенитенциарная психология 300
первая передача языка 173
первая сигнальная система 50
первичная память 32
первичная подкреплением 318
первичная профилактика 318
первое впечатление 50
первое приобретение языка 50

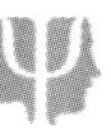

первостепенная
потребность ············ 50, 227, 333
первый язык ························ 50
перевернутая гипотеза U ············ 46
перевод обучения ··················· 311
переговоры ························· 250
перегорание ························ 291
перед соревнованием слишком
возбужденном состоянии ········ 213
передаточная функция
человеческого ···················· 203
передача мотивации ················· 53
передача низкого дорожного
движения ························· 48
передача обучения ·················· 310
передача прямой пути ··············· 88
передачи ···························· 324
передний мозг ······················ 191
передовой организатор ·············· 281
перекомпенсация ···················· 101
перекрестная проверка ·············· 124
переменная атрибут ················· 238
переменная ошибка ·················· 11
переменная стимула ················· 38
переменная ························· 11
перенос ····························· 319
переобучения ······················· 101
пересоциализация ··················· 101
перетренированность ················ 101
Перефразирование ··················· 236
переходный период ·················· 101
периметр ···························· 235
период плато ························ 88
периферийное зрение ················ 353
периферическая теория
мышления ························ 244
персона ····························· 204
персонал психология ················ 207
персонализированный
интерфейс ························ 91
перспективная иллюзия ·············· 262
перфекционизм ······················ 267
перцептивная защита ················ 346
перцептивная организация ··········· 346
перцептивного обучения ············· 346
перцептивное искажение ············· 346
перцептивное различение ············ 345
перцепционная бдительность ········· 346
перцепционное последствие ·········· 346
перцепционное постоянство ·········· 346
пессимизм ··························· 6
Пиаже теория ······················· 183
пигмалион эффект ··················· 183
пиковая производительность ········ 368
пиковый опыт
производительности ············· 335
пилот нагрузка ······················ 74
пилот ситуационной
осведомленности ················· 74
Пи-распределение ··················· 76
письменный язык ···················· 238
питьевой центр ····················· 325
пластичность развития ·············· 65
плато феномен ······················ 88
плацебо ······························ 2
плацебо-контроля ···················· 2
плохо структурированная задача ··· 52
по решению проблем модели

Ausubel-a ······ 3
побуждение признания ······ 95
поведение наркомании ······ 28
поведение объезд ······ 329
поведение соответствия ······ 39
поведение сохранения лица ······ 2
поведение ухаживания животных ··· 54
поведение ······ 300
поведенческая гомология ······ 301
поведенческая медицина ······ 301
поведенческая мера ······ 300
поведенческая наука ······ 301
поведенческая нейробиология ······ 301
поведенческая сенсибилизация ······ 301
поведенческая теория лидерства ··· 159
поведенческая теория обучения ······ 309
поведенческая терапия ······ 301, 302
поведенческая экология ······ 301
поведенческие данные ······ 301
Поведенческий подход развития Уотсона ······ 108
поведенческое интервью события ······ 301
поведенческое принятие решений ······ 301
поверхностная структура ······ 14
поверхностная черта ······ 14
поверхностный цвет ······ 14
повествование терапия ······ 307
повествовательное расстройство ··· 238
повседневная концепция ······ 212
повторение ······ 81
повторное тестирование надежности ······ 338
повторять ······ 30
повышенная чувствительность к боли ······ 261
повышенная чувствительность к тепловому раздражителю ······ 202
повышенная эмоциональная возбудимость ······ 195
пограничное расстройство личности ······ 11
погрешность измерения ······ 21
подавление ······ 312
подбор персонала ······ 208
подвижность сознания ······ 321
подвижный интеллект ······ 160
подготовка изображений ······ 15
поддерживающая психотерапия ··· 345
подкрепление ······ 193
подкреплением ······ 193
подписанны тест разряда Вилкоксона ······ 268
подражательная игра ······ 172
подростковый возраст ······ 194
подросток скачок роста ······ 194
подсознательное восприятие ······ 332
подсознательный ······ 281
подтверждающий факторный анализ ······ 316
подход к подходу конфликт ······ 128
подход-избегание конфликта ······ 128
подчиненная концепция ······ 281
подчиненное обучение ······ 150, 281
подчиненный двуязычие ······ 39
позднее взросление ······ 149
позитивизм ······ 232

позитивная психология ············ 114
позиция на основе эксперимента
обучения ···························· 271
познавательная способность ······ 210
Познавательная теория эмоций
Арнольда ····························· 1
познание ···························· 208
поиск информации ················· 300
поиск памяти ······················· 119
поиск ································· 252
поисковый анализ фактор ·········· 250
поисковый сигнал ··················· 252
показатель разборчивости ·········· 195
покачивание лексического
сетевого счета ······················ 54
пола личности ······················ 304
поле зрения ························· 235
поле независимости ················· 25
полевая зависимость ················ 25
полевой опыт ······················· 282
полевые исследования ·············· 282
полет мысли ························ 244
полиграф, детектор лжи ············ 59
политомических пункты ············· 59
полностью рандомизированный ··· 267
половая зрелость ··················· 194
половая роль ························ 304
половина разделения надежности ··· 76
половое извращение ················ 148
половой инстинкт ··················· 304
положительная галлюцинация ······ 344
положительная корреляция ········ 345
положительная эмоция ············· 345
положительное подкрепление ······ 344
положительный перевод ············ 344
положительный последовательный
образ ································· 344
положительный стимул ············· 345
полукруглый канал ···················· 5
получение ··························· 278
полученная оценка ··················· 46
полушария головного мозга ········· 41
пользовательский опыт ············· 327
поля психологии ····················· 25
помешательство ····················· 132
понимание ··························· 152
понятие коннотации ·················· 83
понятийное мышление ················ 84
популярная психология ·············· 43
порог вкусовой
чувствительности ··················· 272
порог распознавания ··············· 338
порог слышимости кривой ·········· 257
порог слышимости ·················· 257
порог ································· 332
порождающая грамматика ·········· 225
порождающая обучения ············ 225
порождающая семантика ··········· 225
порядковая переменная ············ 243
порядковая шкала ·················· 243
порядок ранговой оценки
корреляции ··························· 47
последовательная обработка ······· 279
последовательное кинестетическое
ощущение ···························· 53
последовательное
сканирование ······················· 120
последовательной кривой

позиции ··· 279
последовательный дизайн 57, 154, 307
последовательный отзыв ··· 279
последовательный поиск ··· 279
последовательный эффект положения ··· 279
последствия жертвы ··· 237
послушание эксперимент Милграма ··· 167
послушание ··· 79
посредническая модель концепции ··· 85
посредничество ··· 255
постановка целей обучения ··· 173
постепенность развития ··· 65
пост-когнитивизм ··· 107
постконвенциональная мораль ··· 107
постмодернизм ··· 108
посторонняя переменная ··· 61
постоянная ошибка ··· 107
постоянство расстояния ··· 135
постпозитивизм ··· 107
посттравматическое стрессовое расстройство ··· 34
пост-эмпирицизм ··· 107
потенциал готовности ··· 358
потенциал действия ··· 54
потеря навыка ··· 199
потеря пространственной ориентации в полете ··· 74
потеря ··· 214
потерянные данные ··· 200
поток сознания ··· 321
потребительское поведение ··· 287
потребность безопасности ··· 2
потребность в принадлежности ··· 99, 105
потребность в трансцендентности ··· 26
потребность в успехе ··· 28
потребность ··· 306
пошаговый регрессионный анализ ··· 353
появление поведения ··· 301
поясная извилина ··· 146
пояснительная репетиция ··· 133
правила производства ··· 24
правила фонологические синтаксические структуры ··· 331
правило развёртывания по непосредственно-составляющим ·· 56
правильный отказ ··· 344
право рукость ··· 328
правосознание ··· 66
прагматизм ··· 231
практика ограничения ··· 156
практикующий модель ··· 230
практический интеллект ··· 230
предварительное искание ··· 285
предварительный счет ··· 333
предвнимательная обработка ··· 192
предвосхищение тревога ··· 332
предельный эффект ··· 10
предмет психологии ··· 308
предметно-ориентированная теория ··· 159
предотвращение преступного ума ··· 71

предпочтительно выглядящая парадигма 355
предпочтительный речевой уровень 4 вмешательства 327
предрасположенность к аварийным ситуациям 232
предродовой период 24
предсознание 191
представительные эвристики 43
представление второго языка 63
представление знаний 347
представление поверхности 14
представление 15
предубеждение эффект 27
предубеждение 184
предупредительный сигнал 88
предэксплуатационной этап 192
премоторная зона коры 336
премоторной потенциал 191
преподаватель эксперт 356
прерванный дизайн временных рядов 350
преступная мотивация 69
преступная сродства 70
преступник привыкания 70
префронтальная кора 191
привлекательная перспектива 98, 110
привлечение 278
привыкание личность 28
привыкание 278
привязанного инструкция 165
привязанность 195, 319
приёмное интервью 128
признак удалённости 135
признание сверстников 258
признание 338
прикладная психология 326
принадлежность-ориентированной .. 105
принимать решение 136
принуждение 193
принцип Байеса 7
принцип близости 128
Принцип гештальта организации 89
принцип детерминизма 136
принцип непрерывности 155
принцип обучения 100
принцип организации гештальта 267
принцип подобия 285
принцип Премак 187
принцип Премака 368
принцип специфичности кодирования 11
принцип эквипотенциальности 47
принцип экономии движений 55
приобретение концепции 84, 85
приобретение роли 137
присоединение 194
пристрастие 184
присутствовать умение 194
причина по аналогии 151
причинная умозаключение 323
приязненной необходимость 196
приязненной эффективность 196
проактивная интерференция 191
проактивное торможение 191
проб и ошибок 25
проблема дилеммы 157
Проблеманепрерывности-

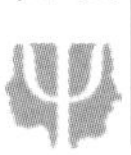

прерывности ······················ 155
проблема обхода ···················· 329
проблема разума и тела ··········· 297
проблемная ситуация ·············· 274
проблемное обучение ··············· 274
проблемное представление ········ 274
проблемный ребенок ················ 274
пробуждение ························ 110
проверка гипотезы ·················· 121
проводниковая афазия ·············· 34
прогнозирование преступного
ума ··································· 71
прогнозирующая переменная ······ 332
прогностическая валидность ······ 332
прогностическая умозаключение ··· 332
прогрессивная амнезия ············ 130
прогрессивной релаксации ········· 124
прогрессивные матрицы
Равена ······················· 150, 212
продолговатый мозг ················ 313
продолжительность жизни в
перспективе ························ 10
продолжительность концентрации
внимания ························· 355
продольная конструкция ··········· 366
продуктивная память ·············· 35
продуктивного воображаемый ······ 35
продуктивное воображение ········· 35
продуктивное мышление ············ 35
проективная идентификация ······ 262
проективный метод ················ 262
проективный тест ·················· 262
проекционный метод ·············· 262
проекция ··························· 262
прозопагнозия ······················ 167
производственная система ·········· 24
производство речи ·················· 313
производство языка ················ 329
произвольное внимание ······· 247, 328
произвольное движение ······· 247, 365
произнесение звуков ················ 64
происходит ························· 269
происхождение сознания ··········· 321
промежуточной переменной ······· 350
промежуточный мозг ·············· 122
проницательные решения ··········· 58
пропозициональная конструкция · 171
пропозициональная модель сети ·· 171
пропозициональная теория кода ·· 171
пропозициональное представление171
пропозициональное сеть ··········· 171
проприоцепция ························ 8
пропускная способность канала связи258
прослеживание преследования ···· 271
просоциальное поведение ········· 194
просто заметная разница ·········· 369
простое время реакции ············ 123
пространственная индикация ······ 214
пространственная ориентация
в полете ···························· 73
пространство задач ················ 274
протанопия ·························· 121
протокол ···························· 146
профессиональная психология ···· 348
профессиональная рекомендация ··· 348
профессиональное выгорание ····· 348
профессиональный бланк
интереса ··························· 348

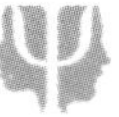

профессиональный тест
способности······348
профиль айсберг······15
профиль кубком фигура Рубина······160
процедура целого отчета······199
процедура частичного отчета······18
процедурная память······29
процедурные знания······29
процентиль······4
процесс артикуляции······64
процесс консультаций······101
процесс произнесения звуков······64
процесс фокусировки······101
процессуальной справедливости······29
процессы концептуализации······84
прямая маскировка······191
прямое указание······347
прямой вывод······347
псевдогермафродитизм······121
псевдодеменция······121
психагогика······291
психиатрический социальный
работник······132
психическая травма······132
психический детерминизм······296
психический процесс······290
психическое заболевание······290
психическое расстройство при
эпилепсии······50
психический тест
для полиции······133
психическое расстройство······133, 296
психическое состояние······296
психическое явление······294
психической регуляции······293
психоакустика······293
психоанализ······133
психоаналитическая теория······133
психоантропология······292
психобиография······296
психобиология······293
психогенетика······295
психогенное расстройство······297
психоделики······349
психодинамика······289
психодинамическая теория
личности······289
психодрама······291
психоз······132
психокинез······296
психолингвистика······295
психолог организаций······368
психологизация······290
психологическая война······295
психологическая группа······292
психологическая диагностика······296
психологическая зависимость······295
психологическая защита······295
психологическая логика······291
психологическая наука······291
психологическая операция······295
психологическая отъема······289
психологическая оценка······289
психологическая подготовка в
гипотетического боя······306
психологическая система······294
психологическая совместимость······294
психологическая статистика······293

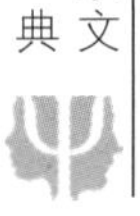

психологическая черта ············ 292
психологическая шкала ············ 293
психологическая экология ·········· 293
психологические тактики ·········· 296
психологический анализ
осужденному ······················ 370
психологический выбор
военнослужащего ················· 138
психологический контракт ········ 292
психологический кризис
осужденному ······················ 370
психологический механизм ········ 290
психологический мораторий ········ 104
психологический невосприимчивый
период ··························· 288
психологический реактанс ········· 291
психологический стресс ··········· 292
психологический тест ············· 289
психологический файл
осужденному ······················ 369
психологический этап ············· 292
психологический эффект поля
битвы ···························· 340
психологическое жизненное
пространство ····················· 292
психологическое
консультирование ················· 289
психологическое
консультирование ··········· 296, 358
психологическое обучение ········· 295
психологическое оружие ··········· 293
психологическое поле ············· 289
психологическое состояние перед
соревнованием ···················· 213
психологической андрогинности ··· 293
психологической войны
пропагандой ······················ 307
психологической подготовки перед
соревнованием ···················· 213
психология Адлера ················· 1
психология акта ·················· 321
психология безопасности ············ 2
психология допроса ··············· 225
психология женщины ················ 81
психология жертвы ················ 237
психология здоровья ·············· 123
психология интеллектуального
образования ······················ 350
психология искусства ············· 320
психология личности ······· 90, 91, 205
психология обучения ·············· 310
психология показаний ············· 345
психология помощи и образования ··· 5
психология потребителя ··········· 286
психология права ·················· 66
психология признания ·············· 95
психология развития ··············· 66
психология расследования ········· 342
психология рекламы ················ 99
психология религии ··············· 366
психология реформирования
тюрем ···························· 369
психология содержания ············ 178
психология сознания ·············· 321
психология способностей ··········· 98
психология старения ·············· 149
психология стихийного
бедствия ························· 338

психология учителя ················ 127
психология физического
образования ························ 253
психология эстетического
воспитания ························ 166
психология ························ 294
психометрия ························ 289
психо-морфология ························ 294
психомоторная модель ················ 295
психомоторная способность ········ 295
психомоторный ························ 295
психонейроиммунология ············ 292
психонейромускульная теория ···· 292
психопатическая личность············ 16
психопатология развития ············ 66
психопатология ················ 132, 288
психосексуальные этапы
развития ························ 294
психосоматическое заболевание ···· 296
психосоматическое расстройство ···· 297
психосоциологическое лишение ···· 292
психотерапия осужденному ········ 370
психотерапия ························ 296
психотизм ························ 133
психофармакология ················ 295
психофизика ························ 294
психофизиология ···················· 292
психофизический метод············ 294
Пульфриха эффект ················ 187
лунатизм························ 166
пункт трудности ···················· 286
пункт характеристической
кривой························ 286
пункт характеристической
функции ························ 286
пустое гнездо ························ 144
пятифакторная модель личности ·· 205
пятифакторная модель············ 277
Пятифакторный опросник личности42
пятно боли ························ 261

pp

работа мечты ························ 166
работа через························ 306
рабочая память долгосрочная······ 24
рабочая память кратковременная ·· 56
рабочая память ························ 93
рабочая температура················ 20
рабочая характеристика
приёмника···················· 12, 198
рабочее напряжение················ 93
рабочее определение················ 20
рабочее положение················ 94
рабочее пространство············ 93
рабочий альянс ···················· 93
равной переменной интервал ······ 47
равный контур громкости ·········· 48
равный контур основного тона ···· 47
радикальный бихевиоризм ········ 115
разборчивость речи ················ 313
разборчивость ························ 142
развивающее проверочный тест
Денвера ························ 43
развитие карьеры ···················· 348
развитие личности···················· 204
развитие метапознания ············ 333
развития когнитивной

нейронауки ··· 65
разговор ··· 109
раздвоение личности ··· 77, 240
разделение внимания ··· 77
разлука ··· 77
размер иллюзия ··· 42
размер стимула ··· 39
разминка эффект ··· 332
разница бинауральных времени ··· 240
разница бинауральных интенсивности ··· 240
разница между поколениями ··· 43
разница тона ··· 23
разность фаз бинауральных ··· 240
разогрева декремент ··· 202
разочарование ··· 40
разрешающее воспитание ··· 147
разрывное умение двигателя ··· 77
разряд процентили ··· 4
разум ··· 288
разъединяющая фуга ··· 130
рандомизация ··· 247
рандомизированы дизайн блока ··· 247
ранее детство ··· 260
ранний опыт ··· 339
ранняя модель выбора ··· 339
расизма ··· 353
расовой дискриминации ··· 353
расовый расщепление ··· 352
распознавание диапазона ··· 338
распознавание образов ··· 172
распознавание речи ··· 313
распознавание слов ··· 37
распознавания лиц ··· 167
расположение роли ··· 137
распределение внимания ··· 355
распределение сигнала к шуму ··· 298
распределение функции человеко-машинного ··· 206
распределение частоты ··· 11, 38, 185
распространение модели активации ··· 115
Рассеяния ··· 214
рассмотрение инициирование структуры ··· 253
расстояние ··· 199
расстройства коммуникации ··· 125
расстройства поведения ··· 302
расстройство адаптации ··· 236
расстройство воля ··· 322
расстройство интернет-зависимость ··· 268
расстройство личности антисоциальная ··· 67
расстройство личности шизойд ··· 77
расстройство личности ··· 205
расстройство настроения ··· 288
расстройство пищевого поведения разгула ··· 6
расстройство преобразования ··· 357
расстройство развития координации ··· 66
расстройство развития ··· 66
расстройство языка ··· 330
рассуждение ··· 264
расхождение тенденция ··· 152
расширение концепции ··· 83

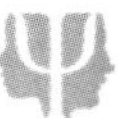

рационализация преступления ······ 70
рационализация ················ 104, 274
рационализм ························153
рациональная психология ············153
рациональное чувство ···············153
рационально-эмотивная
терапия ····························105
рационально-эмоционально-пове
денческая терапия ··················153
реабилитация психология ············141
реабилитация ·······················141
реактивное сопротивление ···········180
реактивный психоз ·················· 69
реактология ························ 69
реакция модели ····················· 68
реакция на задержание ··············134
реакция стереотипа ·················142
реакция ·······················68, 325
реализация ·························159
реализм ····························232
реальное восприятие движения ······342
реальное я ·························343
реальность мышления ················282
реальность ·························231
ребенок-направленный речи ·········· 61
регион отклонения ··················135
регрессия ··························264
регулирование без обратной
связи ······························140
регулирование эмоций ···············197
регулировка школы ··················310
регулировка ························255
регулируемый параметр ··············144
редукционизм ·······················109
режим ······························353
рейтинг сверстников ················258
рекапитуляция ······················ 82
рекурсивная модель ················· 49
релаксации три линии ···············214
религиозное поведение ··············366
релятивизм ·························284
реминисценция ······················ 81
реминисценция ······················119
репетиция ·························· 82
репрессия ··························312
репродуктивное воображение ·········339
репродуктивное мышление ············339
ретикулярная активирующая
система ····························268
ретроактивное торможение ··········· 46
рефлекс Бабинского ················· 4
рефлекс Дарвина ···················· 41
рефлекс моро ·······················173
рефлекс ···························· 67
рефлексивное мышление ·············· 68
рефлексология ······················ 67
рефлекторная дуга ·················· 67
рефрейминг ························· 30
рецептивное поле прикосновении · 33
рецептивное поле ··················· 87
рецептор ···························238
речь ·······························109
речевая деятельность ···············313
Речевое ····························314
речевой сигнал ·····················313
речи артикуляция ···················313
решение проблем набор ··············274
решение проблем ····················274

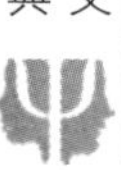

рискованными сдвиг ··· 165
риторика ··· 305
родной язык ··· 173
родовая травма ··· 24
родовые травмы ··· 32
подшипники ··· 137
ролевая игра ··· 136
ролевая теория ··· 137
ролевой конфликт ··· 137
роль в конфликте ··· 137
роль в сексе инвентаризации Бема ··· 7
роль отклонение осужденному ··· 369
роль рационализации ··· 104
роль схемы ··· 137
роль учителя ··· 127
роль ··· 136
Ромео и Джульетта эффект ··· 162
ротация работы ··· 87
ручной тест ··· 22

Сс

с открытым концом ··· 140
с фактор ··· 323
садизм ··· 230
самоанализ ··· 178
самоидентификация ··· 363
самоконтроль ··· 362
самообман ··· 360
самообразец ··· 361
самоосознание ··· 364
самооценка ··· 365
самопонятие ··· 362
самопринятие ··· 362
самопроверка ··· 363
самораскрытие ··· 361
самореализация ··· 363
саморегулирование ··· 363
саморегулированное обучение ··· 363
самосозерцательный метод ··· 178
самосознание ··· 365
самостимуляция ··· 361
самостоятельно препятствования ··· 363
самосхема ··· 364
самоулучшение ··· 363
самоусиления ··· 363
самоценность ··· 362
самоцентр ··· 355
самоэффективность ··· 364
сангвиник темперамент ··· 59
сбалансированное ощущение ··· 185
сбор данных ··· 239
сверстников культуры ··· 258
сверхспособностями ребенок ··· 25
сверх-я ··· 26
световой сигнал ··· 298
свет-темнота отношение ··· 157
свидетельские показания ··· 174
свободная ассоциация ··· 365
свободный ассоциативный анализ ··· 365
свободный отзыв ··· 365
своевременность ··· 236
связанные со стрессом расстройства ··· 326
связанных с валидность ··· 287
связанных с негатива ··· 67

связанных с событиями
потенциала ··· 232
сдвиг конечность группы ··· 201
сексуальное отклонение ··· 305
семантема ··· 330
семантическая память ··· 331
семантическая сеть ··· 331
семантическое грунтование ··· 331
семантическое кодирование ··· 330
семейная терапия ··· 121
Сенатос ··· 213
сенсорная адаптация ··· 86
сенсорная депривация ··· 86
сенсорная недостаточность ··· 86
сенсорное взаимодействие ··· 86
сенсорное кодирование ··· 86
сенсорное пятно ··· 33
сенсорное соединение ··· 86
сенсорной афазии ··· 87
сенсорно-моторная стадия ··· 87
сенсорные компенсации ··· 86
сенсорный контраст ··· 86
сенсорный нейрон ··· 86
сенсорный регистр ··· 86
сенсорный рецептор ··· 87
сенсуализм ··· 87
септальная область ··· 89
сервомеханизм ··· 359
сериальное научение ··· 279
серое вещество ··· 110
серотонин ··· 311
сетевая психологическая война ··· 268
сеть связи ··· 96
сеть слов ··· 37
сигнал воспоминания ··· 283
сигнал ··· 283
сигнал-зависимой забывание ··· 283
сила закона ··· 167
силлогизм ··· 213
символ ··· 180
символизация ··· 79
символическая схема ··· 79
символический интеракционизм ··· 79
символический язык ··· 80
символическое взаимодействие ··· 80
символическое мышление ··· 79
символическое представление ··· 79
симпатическая нервная система ··· 125
симпатическая часть ··· 124
симуляция ··· 172
синапс ··· 262
синаптические везикулы ··· 262
синаптической пластичности ··· 262
синдром Дауна ··· 250
синдром отмены ··· 130
синдром пустого гнезда ··· 144
сине-желтая слепота ··· 149
сине-желтый слепота ··· 50
синестезия ··· 155
синтаксис ··· 134
синтаксической
неоднозначности ··· 135
синтетическая теория агент
преступления ··· 72
синхронизируются волна ··· 259
система двух сигнальных ··· 157
система компенсации ··· 298
система концепции ··· 85

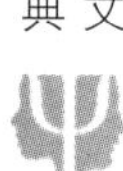

система обратной связи ………… 279
система отражения заранее ……… 26
система памяти ………………… 119
система перцептивной
репрезентации ……………… 346
система правил предпочтения …… 327
система речевой связи ………… 313
система цвета внешний вид ……… 215
система ценностей Рокича ……… 161
система человек-машина-среда … 206
систематическая
десенсибилизация …………… 280
систематическая ошибка ……… 280
системный подход в
психологии ………………… 295
системы психологии ………… 294
системы человек-машина ……… 206
ситуативное обучение ………… 197
ситуацизм ……………………… 196
ситуационная атрибуция ……… 196
ситуационная бессонница …… 196
ситуационное интервью ……… 196
ситуационный тест …………… 196
склонная к боли
индивидуальность …………… 252
склонность …………………… 184
скорость постоянство ………… 246
скотома жертвы ……………… 237
скрипт ………………………… 126
скрытая теория черта ………… 192
скучать ………………………… 160
слабоумие ……………………… 132
слаженность …………………… 181
след в памяти ………………… 119
слепая зона …………………… 165
слово глухота ………………… 37
слово слепота ………………… 37
слово эффект превосходства …… 38
слово-форма кодирования ……… 38
слог осведомленность ………… 324
слуха …………………………… 255
слуховая адаптация …………… 257
слуховая галлюцинация ……… 110
слуховая кора ………………… 258
слуховая локализация ………… 256
слуховая острота ……………… 256
слуховая пороговая кривая
терпимости ………………… 256
слуховая усталость …………… 256
слуховое восприятие ………… 258
слуховое маскирование ……… 257
слуховой диапазон …………… 256
слуховой нерв ………………… 258
слуховой регистр ……………… 256
слуховой центр ……………… 257
слуховые втечение …………… 256
слуховые дисплей …………… 257
слуховые кодирование ……… 256
слуховые фликера …………… 257
случайная выборка …………… 247
случайная погрешность
измерения ………………… 247
случайная проектная группа …… 247
смежная ассоциация ………… 128
смежно ассоциация ………… 158
смешанный дизайн …………… 111
смещения атрибуции ………… 100
смещения ингруппы ………… 177

смещенная агрессия ······ 254
смысл запоминанию ······ 322
соблюдение упражнения ······ 56
соблюдение ······ 243, 318
собственное значение ······ 9, 252
совершеннолетие ······ 28
Советская психология ······ 246
совместимость с контрольно-дисплеем ······ 145
совместная игра ······ 105
совместная работа на базе ······ 118
совместное обучение ······ 105
совокупный многоугольник частоты ······ 150
согласное восприятие ······ 80
содержательная валидность ······ 178
соединение двуязычие ······ 81
соединение тон ······ 81
создание решения ······ 136
создание ······ 34
созданный образ ······ 35, 338
сознание ······ 321
созревание ······ 28
сокращённое предложение ······ 51
солдат нагрузки ······ 232
соматизация ······ 198
соматическая тревога ······ 198
сомнамбулизм ······ 166
сон ······ 242
сообщение произвольного внимания ······ 247, 328
сообщество психологии ······ 222
соответствие ······ 39
соответствия цветов ······ 315, 183
соответствующие точки сетчатки глаза ······ 235
соответствующий валидность ······ 284
соответствующий человек-машина ······ 206
соотношение контрольно-дисплей ······ 145
соотношение коэффициент интеллекта ······ 9
соотношение масштаба ······ 9
сопереживание ······ 95, 259
сопротивление управления ······ 145
сопротивление ······ 367
соревнование ······ 134
сортовой счет активации ······ 23
сосательный рефлекс ······ 243
сосредоточенная людьми психотерапия ······ 320
составление психологического портрета преступника ······ 71
состояние апатии перед соревнованием ······ 213
состояние доверия ······ 358
состояние мечтательной ······ 166
состояние потока ······ 160
состояние самоуверенность перед соревнованием ······ 213
состояние тревоги ······ 358
состояние ценности ······ 122
состоятельность оценки ······ 186
сотрудничество ······ 105
сохранение ······ 5, 237
социализация ······ 219
социальная желательность ······ 218

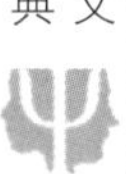

социальная леность ··· 218
социальная переналадка ··· 221
социальная поддержка ··· 221
социальная правила ··· 218
социальная психология ··· 220
социальная роль ··· 219
социальная сеть ··· 220
социальная схема ··· 220
социальная тревожность ··· 221
социальная улыбка ··· 220
социальная установка ··· 220
социальная фобия ··· 222
социальное восприятие ··· 221
социальное поведение ··· 220
социальное познание ··· 219
социальное представительство ··· 218
социальное развитие ··· 220
социальное содействие ··· 218, 221
социальное табу ··· 219
социальное торможение ··· 221
социальное-я ··· 143, 221
социальной когнитивной нейронауки ··· 219
социальной сплоченности ··· 219
социально-культурно-историческая школа ··· 220, 271
социально-техническая система ··· 219
социальные нормы ··· 218
социальный конструктивизм ··· 219
социальный стереотип ··· 219
социобиология ··· 220
социокультурная среда ··· 220
социокультурная теория ··· 220
социометрическая техника ··· 218
сочленение ··· 64
сочувствие ··· 95
Сочувствие ··· 259
спектральный цвет ··· 98
специализированное испытание достижение ··· 356
специфическая система проекции ··· 251
специфическая фобия ··· 251
специфический фактор ··· 323
спинной поток ··· 7, 343
спираль учебный план ··· 162
спиритуализм ··· 270
сплит-исследования головногомозга ··· 158
сплоченность ··· 181
спонтанная ремиссия эффект ··· 360
спонтанное восстановление ··· 360
спонтанный потенциал ··· 360
спортивная психология ··· 337
спортивная тревога ··· 336
спортивное познание ··· 336
спортивный признак беспокойства ··· 336
способ ограничения ··· 116
способ реконструкции ··· 31
способ устранения ··· 286
способность пси ··· 251
способность ··· 19, 179, 180
справедливость распределения ··· 77
справляясь стиль ··· 325
спутанность идентичности ··· 208, 260
спящий эффект ··· 242
сравнительная психология ··· 9

сравнительное познание ··············9
средневзвешенное значение ········120
среднее арифметическое ············247
среднее гармоническое ··············255
среднее геометрическое ·············117
среднее детство ························260
среднее значение······················186
среднее ухо·····························350
среднеквадратичное иследования ···· 33
средние значения ······················352
средний квадрат······················139
средний мозг···························351
средств и целей анализа··············236
стабильность действия ··············· 55
стадия развития ······················ 65
стадная личность ····················105
станайн································· 13
стандартизация тестирования······· 21
стандартизация ······················· 13
стандартизированный тест ·········· 13
стандартная модель прагматики···· 13
стандартная оценка············· 13, 114
стандартная ошибка измерения ···· 21
стандартная ошибка··················· 13
стандартное нормальное
распределение ······················· 14
стандартное отклонение оценки···· 13
стандартное отклонение············· 13
станционная иллюзия ···············342
старение регрессивного
поведения ·····························239
старение ································149
статистика вывода ···················264
статистика теста ·····················123
статистика·································261
статистическая вероятность ········260
статистическая значимость·········261
статистическая таблица ············260
статистический анализ ·············260
статистический график··············261
статистическое решение ············261
ствола мозга ···························176
стеклянный потолок ················· 16
степень свободы ······················364
стереоскоп ·····························154
стереоскопическое восприятие···· 154
стереотаксическая техника ········154
стереотип·······························142
стигма ··································275
стиль воспитания ····················· 80
стиль жизни···························226
стиль обучения························309
стиль сосредоточения внимания ··355
стимул любопытства················103
стимул··································328
странный ситуацинный тест ·······172
страстная любовь ·····················115
страстное желание····················142
страстное преступление·············115
страсть ··································115
стратегическая обработка··········· 22
стратегическая психологическая
операция ······························341
стратегия кодирования ·············· 11
стратегия обучения··················309
стратегия отражения ················ 68
стратегия памяти ····················118
стратегия понимания ···············152

стратегия преодоления стресса ···· 326
стратегия преодоления ············ 325
стратегия разработки ·············· 133
стратегия репетиции ··············· 82
стратегия управления ресурсами ···· 358
стратифицированная выборка ······ 76
страх ······························· 144
стресс от несчастных случаев ······ 326
стресс преступление ················ 326
стресс ······························ 326
стресс-менеджмент ·················· 326
стресс-фактор ······················ 326
стробоскоп ························· 53
строительные леса инструкция ···· 345
структура концепции ··············· 84
структура личности ················· 204
структура преступного ума ·········· 71
структурализм ······················ 129
структурированное интервью ······· 129
структурировать-строительная
модель ·························· 129
структурирующий ··················· 129
структурная психология ············ 96
структурное моделирование
уравнения ······················ 129
студенческих команд-достижение
подразделение ·················· 308
ступенчатый метод ·················· 128
субкультурных группы ·············· 312
сублимация ························· 225
субнормальный ребенок ············ 48
субталамус ·························· 49
субтрактивная цвет смеси ·········· 122
субъект переменная ················· 8
субъект сознания ··················· 355
субъективная психология ··········· 355
субъективное благополучие ········ 354
субъективность ····················· 355
субъективный контур ··············· 354
субъективный элемент ············· 354
суггестивная терапия ··············· 3
судебная психология ···· 225, 244, 246
суждение ··························· 182
сумасшествие ······················· 132
сумма отклонения квадрата ········ 151
сумма рангов ······················· 349
существенная собственность ········ 9
существенный характер ············· 9
схема развития ····················· 65
схема ······························· 262
схоластическое оценочное
испытание ······················ 311
сциентизм ·························· 141
сэтгэлийн тэнхээ ··················· 322

Тт

таблица сопряженности ············ 157
тайм-менеджмент ··················· 230
тактильная агнозия ················· 33
тактильная локализация ············ 33
тактильный индикатор ·············· 33
тактические психологические
операции ······················· 341
тактическое мышление ·············· 341
таламус ····························· 197
танцевальная терапия ··············· 277
татпроверка пригодности ··········· 180

тахистокоп ············ 246
творческая игра ············ 35
творческая личность ············ 35
творческая фантазия ············ 34
творческий импульс ············ 34
творческий подход к решению проблем ············ 35
творческого воображения ············ 35
творческое мышление ············ 35
творческое образование ············ 35
творческое обучение ············ 35
творческой самореализации ············ 36
творчество ············ 35
текст слепота ············ 37
телеграфная речь ············ 51
телеология ············ 173
тело клетки ············ 5
тематический апперцептивный тест ············ 354
тематическое исследование ······ 3, 89
теменная доля ············ 52
темперамент ············ 190
температурное ощущение ············ 272
тенденция личности ············ 205
тенденция развития ············ 65
теорема Байеса ············ 7
теоретическая психология ············ 153
теоретическое мышление ············ 153
теория ERG ············ 152
теория X ············ 152
теория Y ············ 152
теория Z ············ 153
теория ассимиляции ············ 259
теория атрибуции Вайнера ············ 271
теория атрибуции достижения ······ 28
теория атрибуции Келли ············ 140
Теория атрибуции Хайдера ············ 103
теория атрибуции ············ 100
теория баланса ············ 185
теория волны путешествия ············ 300
Теория Гельмгольца цветового зрения ············ 103
теория генетики и эволюции ············ 319
теория Геринга цветового зрения ············ 106
теория Гиппократа юмора ············ 278
теория групповой динамики ············ 200
теория двойного процесса памяти ············ 119
теория двуличие зрения ······ 234, 241
теория двухфакторная ············ 242
теория деятельности ············ 111
теория залпа ············ 182
теория затухания ············ 239
теория игры ············ 17, 327
теория инсайта ············ 58
теория инстинктов мотивации ······ 53
теория интеллекта Кеттела-Хорни ··· 140
теория интерференции ············ 85
теория информации ············ 299
теория когнитивного ресурса ······ 211
теория компонентной интеллекта ··· 27
теория конгруэнтность ······ 255, 318
теория конфликта ············ 30
теория крови темперамента ············ 190
теория лидерства в чрезвычайных ситуациях ············ 159
теория личности Юнга ············ 212

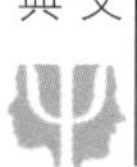

теория личности ··· 204
Теория Макдугалла инстинкта ··· 163
теория Маслоу человеческой мотивации ··· 163
теория места слушания ··· 257
теория множеств ··· 52
теория множественного интеллекта ··· 59
теория модульность ··· 172
теория мотивации достижения ··· 28
теория мотивации ··· 115
теория направления тревоги ··· 126
теория независимых речевых ресурсов ··· 55
теория обмена лидер-член ··· 159
теория обнаружения сигнала ··· 298
теория обобщаемость ··· 83
теория обработки информации личности ··· 205
теория обработки информации Штернберга интеллекта ··· 245
теория образца ··· 317
теория обучения символа ··· 80
теория обучения ··· 310
теория общего посредничества ··· 95
теория ограниченного хранения памяти ··· 119
теория ожидания знаковая Гештальта ··· 79
теория ожидания ··· 189
теория оппонента-процесс ··· 129
теория ориентация самооценки ··· 362
теория ориентированная на бой ··· 340
теория ответа изделия ··· 286
теория ответа стимула ··· 38
теория отражения ··· 68, 69
теория парадигма ··· 72
теория перспективы ··· 340
теория подкрепления ··· 193
теория поля ··· 25
теория постановки целей ··· 173
теория предполагаемой способности ··· 179
теория преступления обучения ··· 71
теория принятия решений ··· 136
теория проб и ошибок ··· 24
теория проверки гипотезы ··· 121
теория происхождения сложности ··· 82
теория прототипов ··· 334
теория разворота ··· 181
теория разума ··· 291
теория резонанса ··· 95
теория самовосприятия ··· 364
теория самодетерминации Роджерса ··· 161
теория самоопределения ··· 362
теория системы ··· 280
теория следа ··· 106
теория слуха ··· 256
теория соответствие целей и средств ··· 258
теория социального воздействия ··· 221
теория социального обмена ··· 219
теория социального обучения ··· 221
теория социального проникновения ··· 219

теория социального сравнения ····218
теория социальной
идентичности ·····················219
теория справедливости ·············· 94
Теория стадии нравственного
развития ···························141
теория стадии·························127
теория схемы ·························263
теория типа ··························151
теория трубки ························214
теория удельной энергии нерва···224
теория управления воротами·······340
теория управления··················177
теория управленческой сетки ······· 98
теория формальной дисциплины ····302
теория фрустрации-агрессии ········ 40
теория функционально
интеграции ·························251
теория функциональной
системы ·····························113
теория функцирования характера
тип ···································305
теория частоты вкуса ···············272
теория частоты слуха ···············257
теория черного ящика ···············106
теория черта Олпорта···················3
теория чистого листа····················4
теория экологической системы ····226
теория эмоции Джеймса-Ланга ····340
теория эмоций Кэннона-Барда·····141
тепло ································273
тепловой эффект ····················202
теплое ощущение ····················273
теплое пятно ························272
терапия действительности ··········282
терапия обратной связи в
биологических объектах ·········227
терминал визуального
отображения ······················234
тернарная теория интеллекта ······349
территориальное поведение········159
территориальность ·················159
тесно связанный двигатель ········· 81
тест аналогий ························150
тест вооруженная служба
профессиональной пригодности
батареи ·····························138
тест группы ··························264
тест Гудинафа-Хариса рисование ··· 96
тест дальтонизма ····················215
тест диаграммы Нагеля··············175
тест для проверки способностей ··180
тест достижения ····················· 27
тест завершения······················254
тест знаков ··························· 79
тест конструкция ···················· 21
тест критерий привязкой тест······ 13
тест личности осужденного ·········369
тест множественного диапазона
Дункан ······························ 48
тест на запоминание цифр ··········239
тест на интерес ······················304
тест на принудительный выбор····186
тест независимости··················· 55
тест открытое поле ··················147
тест производительности ············ 20
Тест Роршаха с чернильным
пятном ····························162

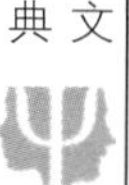

тест скорости ········ 246
тест способностей ········ 179
тест тематической апперцепции ···· 61
тест тенденция ········ 199
тест тревожности ········ 141
тест тревожности ········ 22
тест трудности ········ 22
тест хи-квадрат ········ 123
тест чернильных пятен ········ 173
тест чтения ········ 335
тест якорь ········ 165
теста интеллекта ········ 349
тестирование на практичность ····· 142
тестовое изделие ········ 22
тестостерон ········ 88
тест-оценка ········ 22
техника выбора релевантных
образцов поведения ········ 97
технологическая эстетика ········ 120
тип личности B ········ 303
тип личности D ········ 303
тип личности A ········ 303
тип личности ········ 204
тип модель поведения A ········ 303
тип модель поведения B ········ 303
тип модель поведения C ········ 303
тип темперамента ········ 190
Ти-распределение ········ 76
тождественное обращение
взыскания ········ 260
тождество ········ 208
толерантность ········ 212
толкование снов ········ 236
тон ········ 324
тональный разрыв ········ 324
тональных остров ········ 324
тонизм на красный цвет ········ 107
топологическая психология ········ 265
торможение ········ 321
тотем и табу ········ 263
точечная оценка ········ 51
точечно-бисериальная
корреляция ········ 51
точка зрения ········ 19
точка субъективного равенства ···· 354
точка фиксации ········ 355
травма ········ 34
традиционная мораль ········ 279
транквилизатор ········ 343
трансакционное лидерство ········ 125
трансвестизм ········ 320
Транскортикал ········ 131
транскортикальная афазия ···· 146, 131
транскраниальная магнитная
стимуляция ········ 131
трансперсональная психология ····· 26
транссексуализм ········ 321
транс-сознание ········ 26
трансфер ········ 191
трансформационная грамматика ··· 357
трансформационное лидерство ····· 11
трансформационное правило ······ 357
трансформационной порождающей
грамматики ········ 357
трансформационные правила
генеративные ········ 357
тревога ········ 126
тревожная типа поведения ········ 150

тревожное расстройство личности ··· 110
тревожное расстройство ··· 126
тревожность взаимодействия ··· 125
тревожный невроз ··· 126
трейнинг избегания ··· 110
тренировка на выносливость ··· 175
третичная профилактика ··· 214
треугольная теория любви ··· 2
треугольник цвета Максвелла ··· 164
треугольник цвета ··· 333
трехмерная структура модели по интеллекте Гилфорда ··· 116
трехмерный дисплей ··· 214, 282
трехфакторная модель личности ··· 204
трехцветных теория Гельмгольца ··· 103
трехцветных теория ··· 214
тританопия ··· 50
тройственная теория интеллекта ··· 214
Т-тест ··· 122
туалет тренировка ··· 42, 182

Уу

убедительность ··· 243
убийца жажды ··· 216
убывающий последовательность ··· 49
увеличение работы ··· 93
угол зрения ··· 233
удар ··· 113
удовлетворение работы ··· 93
узкий вненний сосредоточения внимания ··· 280
узкий внутренний сосредоточения внимания ··· 280
узкий круг заинтересованных лиц ··· 177
укоренения рефлекс ··· 167
укрепление на случай непредвиденных ··· 193
улитка ··· 62
улучшение организации труда ··· 93
улыбается ответ ··· 269
ум военнопленного ··· 341
ум группового преступления ··· 200
ум прошения преступника ··· 369
умение двигателя ··· 336
умение работы в команде ··· 264
умение, способности ··· 120
умеренных когнитивных нарушений ··· 194
умозаключение ··· 264
умственная активность ··· 291
умственная деятельность ··· 290
умственная диагноз осужденной ··· 370
умственная дисфункция ··· 290
умственная нагрузка ··· 290
умственная ориентация в конкуренции ··· 10
умственная отсталость ··· 132, 349
умственная сущность ··· 293
умственная усталость ··· 291
умственная шкала ··· 291
умственно отсталый ребенок ··· 212
умственное вращение ··· 294

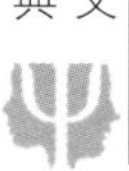

умственное развитие ··· 289
умственный возраст ··· 291, 349
умственный механизм преступления ··· 71
умственный набор ··· 289
умственный след преступления ··· 70
умственный тест ··· 289
умственный эксперимент ··· 293
ум-тело интеракционизм ··· 222
ум-тело параллелизм ··· 297
универсальная грамматика ··· 187
универсальность ··· 187
управление конфликтами ··· 30
управление людскими ресурсами ··· 207
управление ресурса команды ··· 114
управление ресурсами кабины ··· 122
управление с замкнутым контуром ··· 10
управления ··· 145
управления впечатлением ··· 325
управленческая психология ··· 98
управляемый данными процесс ··· 238
управляемый процесс ··· 145
управлять ··· 177
упражнение ··· 156
упражнения наркомании ··· 56, 335
упражнения психологии ··· 57
упреждающая тревога ··· 332
уравнение цвета ··· 183, 314
уравновешенный дизайн ··· 185
уровень аспирации ··· 6
уровень звукового давления ··· 228
уровень значимости ··· 282
уровень обработки ··· 120
усвоенное поведение ··· 278
усиление преступного намерения ··· 71
условная реакция ··· 254
условное знание ··· 255
условное отрицательное изменение ··· 5, 97
условный предпочтение место ··· 255
условный раздражитель ··· 254
условный рефлекс ··· 254
успешный опыт ··· 27
усталость экипажа самолета ··· 74
устная речь ··· 145
устный доклад ··· 145, 313
устойчивость внимания ··· 356
устройство захвата языка ··· 330
уход за молодой ··· 108, 316
уход за поверхностью тела ··· 305
ухудшение памяти ··· 119
ухудшение ··· 239
ухудшения психического состояния ··· 133
учебная деятельность ··· 310
учебник для начинающих ··· 189
учитель-центрированная инструкция ··· 127

Фф

фаза быстрого сна ··· 147
факториальная надежность ··· 323
факторная нагрузка ··· 323
факторный анализ ··· 323

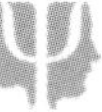

фаллическая стадия ········ 228
феминистская психология ········ 181
феномен Кончика языка ······ 109, 218
феномен Пуркинье ········ 187
феноменологическая
психология ········ 283
феноменологический метод ········ 283
феноменология ········ 283
феромон ········ 266, 300
Фетишизм ········ 156
фи феномен ········ 282
фигура-фон ········ 263
физиологическая психология ······ 226
физиологический нуль ········ 226
физическая антропология ········ 253
физическая я ········ 222
физические упражнения
терапия ········ 253
физическое насилие ········ 198
фиксация ········ 97
фиксированная терапия роли ······· 97
филогенез ········ 352
фильтр модели ········ 102
фитнес тренировка ········ 236
Фишер подсчета очков ········ 75
фликер фотометрии ········ 217
флэш-сигнал ········ 217
фобия пространства ········ 99
фобия ········ 144
фовеальное зрение ········ 352
фокус играть в азартные игры ······ 17
фокусированная решением
терапия ········ 126
фокусное осознание ········ 126
фонема ········ 324
фонетическое восприятие ········ 332
фонетическое кодирование ········ 331
фонетическое производство ········ 331
фоновые переменные ········ 7
фоновые характеристики ········ 7
фонологическая
осведомленность ········ 331
фонологическая структура ········ 331
фонологическое представление ··· 331
фонологическое развитие ········ 331
форма восприятия ········ 303
форма неизменность ········ 303
формальная группа ········ 344
формальная операция ········ 302
формальная эксплуатационная
стадия ········ 302
формальное обучение ········ 344
формальный сетчатой ········ 268
формирование команды ········ 263
формирование концепции ········ 85
формирование нравственности ···· 185
формирование отношения ········ 249
формирование ········ 246
формирования реакции ········ 67
формула Спирмена-Брауна ········ 244
формулировка процессов ········ 314
фракция Вебером ········ 269
френология ········ 160
фрустрация ········ 40
фрустрация-агрессия гипотеза ······ 40
фундаментализм ········ 114
фундаментальная ошибка
атрибуции ········ 114

фундаментальный цвет ········ 115, 333
функционализм ························ 113
функциональная асимметрия
полушарий головного мозга ······ 41
функциональная
магнитно-резонансная
томография ···························· 94
функциональная психология ······· 113
функциональная связность ·········· 94
функциональная
фиксированность ···················· 94
функция соответствия цветов ······ 216
функция яркости света ········· 98, 233

Хх

характер ································ 305
характерная модель работы ········· 93
харизматическая теория
лидерства ···························· 166
хариу прибор для исследования
реакции слежения ··················· 358
хватательный рефлекс ·············· 356
хи-квадрат распределение ··········· 76
холерик темперамент ················ 45
холизм ·································· 344
холодная точка ······················· 151
холодный эффект ····················· 151
хорошая фигура ······················· 157
хороший в обучении спортсмен ··· 311
хороший спортсмен на конкурсе ··· 10
хранение информации ··············· 299
хранение ································· 32
хроматическая адаптация ····· 215, 315
хроматические цвета ················· 19
хромосома ······························ 202
хроническая боль ····················· 164
хронический мягкий стресс ········ 164
хронический ответ
психологического стимула в поле
боя ······································ 164
хроническое напряжение ············ 164
хронологический возраст ··········· 226
художественное воображение ····· 320

Цц

цвет постоянство ····················· 314
цвет предпочтения ···················· 314
цвет слабость ···················· 216, 320
цвет смеси ······························ 314
цветной квадрат ······················· 315
цветность ······························· 215
цветовая зона ··················· 216, 315
цветовая температура ············ 98, 216
цветовое зрение ················· 215, 315
цветовое колесо ················· 111, 215
цветовое тело системы
Манселла ······························ 165
цветовой контраст ··············· 215, 314
цветовой круг ·························· 215
цветовой треугольник ················ 315
целенаправленное бихевиоризм ···· 173
целенаправленное мышление ······ 174
целостное здоровье ··················· 344
целостность восприятия ············· 346
ценностная ориентация ·············· 122
ценность ································ 122

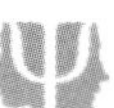

центр кормления ········ 222
центр оценки ········ 186
центр сна ········ 242
центр удовольствия ········ 329
централизм ········ 351
центральная борозда ········ 352
центральная нервная система ········ 351
центральная предельная теорема ········ 351
центральная черта ········ 351
центральное зрение ········ 352
центральные черты ········ 106
центральный орган исполнительной системы ········ 352
центровка ········ 351
церебральная доминантность ········ 41
циркадный ритм ········ 226, 353
цитокины ········ 280

Чч

частичная корреляция ········ 184
частичная регрессия ········ 184
частичная стратегия ········ 18
частичное укрепление ········ 18
челночная коробка ········ 33
человек-компьютер диалог ········ 206
человеко-машинные системы ········ 206
человеко-машинный диалог ········ 206
человеко-машинный интерфейс ········ 206
человек-организация подходит ········ 208
человек-работа подходит ········ 208
человеческая надежность ········ 203
человеческая ошибка ········ 207
человеческие ресурсы ········ 207
человеческие факторы ········ 208
человеческий интеллект ········ 203
человеческого потенциала движения ········ 207
черепно-мозговой нерв ········ 176
черта профиль ········ 252
черта психологии ········ 252
черта теории активации ········ 252
черта теории лидерства ········ 159
черта теории личности ········ 205
черта теории ········ 252
черта характера ········ 91, 205
черта ········ 252
четко определенные проблемы ········ 52
Чикагская школа ········ 345
чистая психология ········ 36
чистый тон ········ 36
чрезмерное обобщение ········ 101
чтение расстройства ········ 335
чтение сложного промежутка ········ 335
чувствительность кривой ········ 47
чувствительность ········ 87
чувствительный период ········ 170
чувство взрослого ········ 28
чувство вины ········ 370
чувство движения ········ 55
чувство неполноценности ········ 359
чувство общности ········ 95
чувство самоценности ········ 362
чувство собственной идентичности ········ 363
чувство тактики ········ 341

Шш

шестнадцатифакторный личностный опросник Кеттела 140
шизойдное расстройство личности 77
шизофрения 132
широко-внешнее внимание 99
широко-внутреннее внимание 99
шкала Векслера для измерения интеллекта взрослых 269, 270
шкала Векслера для измерения интеллекта детей 269, 270
шкала интеллекта Бине-Симона 9
шкала интеллекта Стэнфорда-Бине 245
шкала Лайкерта 154
шкала личности 204
шкала личностного предпочтения Эдвардса 2
шкала отношения 249
шкала оценок 186
шкала поведенческой оценки для новорожденных 298
шкалы развития Гезелля 89
шкалы развития младенцев Бейли 6
школа Женева 212
школа качества формы 303
школа Колумбии 89
школа Кульпе 198
школа Нэнси 175
школа Пиаже 184
школа Фрейда 79
школа Цюриха 246
школофобия 310
школьная психология 310
шоковая терапия 30
шум 339

Ээ

эволюционная психология 130
эвристика доступности 142
эвристика 190
эвристическая оценка 190
эвристическая смещения 190
эвристическая эхография 165
эго защита 362
эго защитный механизм 362
эго ориентация 361
эго 361
эго-активное участие учащихся 362
эго-идентичность 364
эго-повышение привода 363
эгопсихология 364
эгоцентризм 364
эгоцентрическая речь 364
эгоцентричное мышление 364
эйдетический представление 319
эйфория бегуна 182
эйфория 297
эквивалентная форма 48
экзистенциальная консультация 40
экзистенциальная психология 40
эклектичная психотерапия 342
экологическая психология 109, 226
экологический подход 227
экономическая психологическая война 131

экономическая психология ········ 131
эксгибиционизм ························ 161
эксперимент Аша ························ 1
эксперимент открытого окна ······· 140
эксперимент Шахтером на
эмоции ································ 216
экспериментальная группа ········· 231
экспериментальная парадигма ····· 231
экспериментальная психология ··· 231
экспериментальная социальная
психология ···························· 231
экспериментальное обучение ······ 253
экспериментальное разобщение ··· 231
экспериментальный контроль ······ 231
экспериментальный метод ·········· 231
экспериментальный план
единственного случая ·············· 44
экспериментальный план ··········· 231
экспериментатор эффект ············ 231
экспертиза тревоги ················· 141
экспозиционная терапия ·············· 6
экстраверсия ························· 266
экстрасенсорное восприятие ········ 26
электролитическое поражение ······ 51
электроокулограмма ················· 315
электросудорожной терапии ········ 51
электроэнцефалограмма ············ 175
элементализм ························· 333
эмбриональная стадия ········· 183, 249
эмическая ····························· 355
эмоциональная память ·············· 197
эмоциональная поддержка ·········· 196
эмоциональное выражение ·········· 14
эмоциональное измерение ·········· 197
эмоциональный интеллект ·········· 197
эмоциональный опыт ················ 196
эмоциональный ответ ··············· 197
эмоция ································· 197
эмпатия ························· 95, 259
эмпиризм ······························ 131
эмпирическая валидность ·········· 232
эмпирическая психология ·········· 131
эмпирический интеллект ············ 131
эмпирическое мышление ············ 131
энграмма ······························ 106
эндогенное ориентирующееся
внимание ······························ 179
эндокринная железа ················· 177
эндокринная система ················ 177
эндорфин ······························ 177
энкефалина ···························· 176
энтоцентризм ························· 353
энтоцентризм, расизм ·············· 169
энтузиазм ····························· 202
эпизодическая память ·············· 196
эпилепсия ······························ 50
эпилептоид личность ················ 50
эпистемология ······················· 208
эпиталамус ··························· 217
эпифеноменализм ····················· 82
Эрос ···································· 61
эргономика ···························· 92
эссенциализм ··························· 9
эстетическое чувство ··············· 165
эстроген ································ 38
этническая дискриминация ········· 168
этнические предрассудки ··········· 352
этнический менталитетный

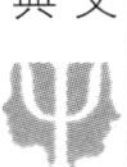

характеристик ······ 169
этническое различие ······ 352
этнопсихология ······ 353
этноцентричный монокультурализм ······ 169
этология ······ 54, 279
эффект акселеряции ······ 120
эффект актер-наблюдатель ······ 300
эффект атмосферы ······ 190
эффект аудитории ······ 98
эффект вибрации ······ 343
эффект вытеснения ······ 312
эффект Гарсия ······ 121
эффект Зейгарника ······ 19
эффект контекста ······ 7
эффект нарушения воздержания ······ 187
эффект новизны ······ 130
эффект ожидания ······ 189
эффект оружия ······ 277
эффект первенства ······ 237
эффект пола ······ 49
эффект полос Макса ······ 163
эффект потолка ······ 254
эффект приема в ноги дверь ······ 47
эффект Пуркинье ······ 187
эффект Розенталя ······ 162
эффект свидетеля ······ 182
эффект Стила-Кроуфорда ······ 244
эффект усиления потери ······ 340
эффект Хоторна ······ 112
эффект частичного подкрепления ······ 18
эффект Штруп ······ 245
эффективность обучения ······ 127
эффектор ······ 287
эффекты местности ······ 271
эффекты подобия ······ 285
эхолалия ······ 172

Юю

юношеский период ······ 217

Яя

явная память ······ 266
явное обучение ······ 266
явные знания ······ 266
ядерный магнитный резонанс ······ 105
язык жестов ······ 80
язык знаков ······ 236
язык понимание ······ 330
язык тела ······ 222
языковая компетентность ······ 330
языковой беспорядок выражения ······ 14
языковой знак ······ 330
яичник ······ 305
яркая адаптация ······ 171
яркий свет ······ 308
яркость постоянство ······ 170
яркость ······ 157, 170
ящик Скиннера ······ 244

蒙古文索引

ᠠ [a]

[illegible] …… 49
[illegible] …… 196
[illegible] …… 197
[illegible] …… 196
[illegible] …… 196
[illegible] …… 197
[illegible] …… 197
[illegible] …… 196
[illegible] …… 282
[illegible] …… 282
[illegible] …… 124
[illegible] …… 104
[illegible] …… 144
[illegible]
[illegible] …… 104
[illegible] …… 104
[illegible] …… 178
[illegible] …… 178
[illegible] …… 99
[illegible] …… 99
[illegible] …… 33
[illegible] …… 147
[illegible] …… 190
[illegible] …… 308
[illegible] …… 116
[illegible] …… 243
[illegible] …… 116
[illegible] …… 145
[illegible] …… 227
[illegible] …… 226
[illegible] …… 227
[illegible] …… 54
[illegible] …… 54
[illegible] …… 54
[illegible] …… 225
[illegible] …… 226
[illegible] …… 226
[illegible] …… 226
[illegible] …… 226
[illegible] …… 226
[illegible] …… 226
[illegible] …… 226
[illegible] …… 228
[illegible] …… 308
[illegible]
[illegible]
[illegible]
[illegible] …… 166
[illegible] …… 271
[illegible] …… 272
[illegible]
[illegible] …… 272
[illegible]
[illegible] …… 271
[illegible] …… 271
[illegible] …… 272
[illegible]
[illegible] …… 272
[illegible] …… 272
[illegible] …… 272
[illegible] …… 272
[illegible] …… 27
[illegible] …… 27
[illegible] …… 28
[illegible] …… 28
[illegible] …… 27
[illegible]
[illegible] …… 28
[illegible] …… 27
[illegible] …… 334
[illegible]
[illegible] …… 94
[illegible] …… 186
[illegible]
[illegible] …… 186
[illegible] …… 193
[illegible] …… 193
[illegible]
[illegible] …… 193
[illegible]
[illegible] …… 354
[illegible] …… 225
[illegible] …… 277
[illegible] …… 277
[illegible] …… 277
[illegible] …… 214
[illegible] …… 3
[illegible] …… 1
[illegible] …… 349
[illegible] …… 104
[illegible] …… 274
[illegible] …… 274

[illegible] …… 274
[illegible] …… 274
[illegible] …… 274
[illegible]
[illegible] …… 274
[illegible] …… 274
[illegible] …… 274
[illegible] …… 316
[illegible] …… 108
[illegible] …… 154
[illegible] …… 154
[illegible] …… 287
[illegible] …… 287
[illegible]
[illegible] …… 287
[illegible] …… 287
[illegible] …… 157
[illegible] …… 266
[illegible] …… 1
[illegible] …… 117
[illegible] …… 334
[illegible] …… 334
[illegible] …… 259

[illegible] …… 259
[illegible] …… 57
[illegible] …… 150
[illegible] …… 150
[illegible] …… 150
[illegible] …… 9
[illegible] …… 9
[illegible] …… 150
[illegible] …… 57
[illegible] …… 150
[illegible] …… 356
[illegible] …… 1
[illegible] …… 1
[illegible]
[illegible] …… 112
[illegible] …… 98
[illegible] …… 97
[illegible] …… 97
[illegible] …… 93
[illegible] …… 93
[illegible] …… 93
[illegible] …… 93
[illegible] …… 87

[illegible] …… 88
[illegible] …… 87
[illegible] …… 93
[illegible]
[illegible] …… 117
[illegible] …… 92
[illegible] …… 93
[illegible] …… 93
[illegible] …… 93
[illegible] …… 94
[illegible] …… 94
[illegible] …… 93
[illegible] …… 93
[illegible]
[illegible] …… 348
[illegible] …… 348
[illegible] …… 348
[illegible]
[illegible] …… 348
[illegible]
[illegible] …… 348
[illegible] …… 348
[illegible] …… 348

[illegible] …… 20
[illegible] …… 20
[illegible] …… 21
[illegible] …… 20
[illegible] …… 20
[illegible] …… 20
[illegible] …… 21
[illegible] …… 20
[illegible] …… 21
[illegible] …… 21
[illegible] …… 21
[illegible] …… 20
[illegible] …… 111
[illegible] …… 113
[illegible] …… 113
[illegible]
[illegible] …… 113
[illegible] …… 208
[illegible] …… 131
[illegible] …… 207
[illegible] …… 131
[illegible]
[illegible] …… 93

[illegible] ······ 286
[illegible] ······ 287
[illegible] ······ *287*
[illegible] ······ 352
[illegible] ······ 352
[illegible] ······ 353
[illegible] ······ 353
[illegible] ······ 352
[illegible] ······ 352
[illegible] ······ 353
[illegible] ······ 183
[illegible] ······ 78
[illegible] ······ 125
[illegible] ······ 2
[illegible] ······ 2
[illegible] ······ 144
[illegible] ······ 361
[illegible] ······ 361
[illegible] ······ 360
[illegible] ······ 360
[illegible] ······ 360
[illegible] ······ 361
[illegible] ······ 243, 318

[illegible] ······ 188, 318
[illegible] ······ 317
[illegible] ······ *273*

ᠧ [e]

[illegible] ······ 320
[illegible] ······ 320
[illegible] ······ 1
[illegible]
[illegible] ······ 312
[illegible] ······ 326
[illegible] ······ 325
[illegible] ······ 72
[illegible] ······ 73
[illegible] ······ 72
[illegible] ······ 161
[illegible] ······ 22
[illegible] ······ 236
[illegible] ······ 128
[illegible] ······ 108
[illegible] ······ 7
[illegible] ······ 7
[illegible] ······ 7

[illegible]
[illegible] ······ 156
[illegible] ([illegible])
[illegible] ······ 173
[illegible] ······ 50, 173
[illegible] ······ 342
[illegible] ······ 255
[illegible] ······ 185
[illegible] ······ 16
[illegible] ······ 16
[illegible] ······ 252
[illegible] ······ 252
[illegible] ······ 261
[illegible] ······ 261
[illegible] ······ 261
[illegible]
[illegible] ······ 261
[illegible] ······ 57
[illegible] ······ 188
[illegible] ······ 317
[illegible]
[illegible] ······ 317
[illegible] ······ 25

[illegible] ······ 211
[illegible] ······ 211
[illegible] ······ 211
[illegible] ······ 211
[illegible] ······ 34
[illegible] ······ 34
[illegible] ······ 47
[illegible] ······ 225
[illegible] ······ 225
[illegible] ······ 225
[illegible] ······ 225
[illegible] ······ 46
[illegible] ······ *182*
[illegible] ······ 34
[illegible] ······ 34
[illegible] ······ 64
[illegible] ······ 64
[illegible] ······ 189
[illegible] ······ 190
[illegible] ······ 190
[illegible] ······ 189
[illegible] ······ *189*
[illegible] ······ 358

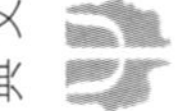

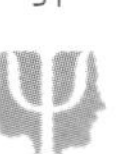

[illegible] …… 211
[illegible] …… 228
[illegible] …… 344
[illegible] …… 36
[illegible] …… 38
[illegible] …… 38
[illegible] …… 317
[illegible] …… 317
[illegible] …… 317
[illegible] …… 317
[illegible] …… 317
[illegible] …… 368
[illegible] …… 181
[illegible] …… 81
[illegible] …… 144
[illegible] …… 144
[illegible] …… 191
[illegible] …… 191
[illegible] …… 158
[illegible] …… 158
[illegible] …… 158
[illegible] …… 333
[illegible] …… 5
[illegible] …… 280
[illegible] …… 68
[illegible] …… 68
[illegible] …… 67
[illegible] …… 57
[illegible] …… 57
[illegible] …… 57
[illegible] …… 212
[illegible] …… 353
[illegible] …… 212
[illegible] …… 223
[illegible] …… 334
[illegible] …… 334
[illegible] …… 334
[illegible] …… 80
[illegible] …… 194
[illegible] …… 156
[illegible] …… 352
[illegible] …… 355
[illegible] …… 355
[illegible] …… 355
[illegible] …… 365
[illegible] …… 365
[illegible] …… 365
[illegible] …… 276
[illegible] …… 276
[illegible] …… 276
[illegible] …… 276
[illegible] …… 276
[illegible] …… 148
[illegible] …… 147
[illegible] …… 342
[illegible] …… 145
[illegible] …… 145
[illegible] …… 145
[illegible] …… 237
[illegible] …… 145
[illegible] …… 145
[illegible] …… 144
[illegible] …… 145
[illegible] …… 145
[illegible] …… 144
[illegible] …… 145
[illegible] …… 145
[illegible] …… 16
[illegible] …… 16
[illegible] …… 357
[illegible] …… 345
[illegible] …… 344
[illegible] …… 344
[illegible] …… 191
[illegible] …… 344
[illegible] …… 243
[illegible] …… 191
[illegible] …… 345
[illegible] …… 345
[illegible] …… 243
[illegible] …… 344
[illegible] …… 305
[illegible] …… 123
[illegible] …… 123
[illegible] …… 124
[illegible] …… 141

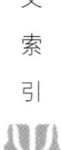

[illegible] …… 68
[illegible] …… 68
[illegible] …… 178
[illegible] …… 178
[illegible] …… 159
[illegible] …… 111
[illegible] …… 162
[illegible] …… 98
[illegible] …… 190
[illegible] …… 191
[illegible] …… 200
[illegible] …… 200
[illegible] …… 365
[illegible] …… 365
[illegible] …… 281
[illegible] - [illegible] …… 175
[illegible] - [illegible] …… 175
[illegible] …… 300
[illegible] …… 141
[illegible] …… 141
[illegible] - [illegible] …… 280
[illegible] …… 92
[illegible] …… 92
[illegible] …… 108
[illegible] …… 108
[illegible] …… 269
[illegible] …… 319

ᠢ [i]

[illegible] …… 176
[illegible] …… 61
[illegible] …… 1
[illegible] …… 2
[illegible] …… 1
[illegible] …… 1
[illegible] …… 177
[illegible] …… 339
[illegible] …… 68
[illegible] …… 111
[illegible] …… 124
[illegible] …… 182
[illegible] …… 230
[illegible] …… 15
[illegible] …… 15
[illegible] …… 14
[illegible] …… 14
[illegible] …… 15
[illegible] …… 14
[illegible] …… 64
[illegible] …… 282
[illegible] …… 282
[illegible] …… 281, 282
[illegible] …… 282
[illegible] …… 14
[illegible] …… 14
[illegible] …… 61
[illegible] …… 266
[illegible] …… 266
[illegible] …… 266
[illegible] …… 6
[illegible] …… 228
[illegible] - [illegible] …… 280
[illegible] …… 298
[illegible] …… 299
[illegible] …… 299
[illegible] …… 299
[illegible] …… 115
[illegible] …… 115
[illegible] …… 114
[illegible] …… 318
[illegible] …… 350
[illegible] …… 350
[illegible] …… 350
[illegible] …… 76
[illegible] …… 76
[illegible] …… 76
[illegible] …… 12
[illegible] …… 12
[illegible] …… 198
[illegible] …… 198
[illegible] …… 76
[illegible] …… 198
[illegible] …… 76

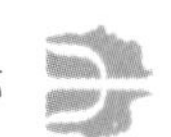

[illegible] ······ 335
[illegible] ······ 115
  [illegible] ······ 229
[illegible]
[illegible] ······ 259
[illegible] ······ 259
[illegible] ······ 259
[illegible] ······ 105
[illegible] ······ 105
[illegible] ······ 105
[illegible] ······ 105
[illegible] ······ 260
[illegible] ······ 260
[illegible] ······ 260
[illegible] ······ 260
[illegible] ······ 260
  [illegible] ······ 259
[illegible] ([illegible])
[illegible] ······ 48
[illegible] ······ 259
[illegible] ······ 243
[illegible] ······ 351
[illegible] ······ 167
[illegible] ······ 153
[illegible] ······ 113
[illegible] ······ 113
[illegible] – [illegible] ······ 128
[illegible] – [illegible] ······ 128
[illegible] ······ 158
[illegible] ······ 130
[illegible] ······ 130
[illegible] ······ 130
  [illegible] ······ 327
[illegible]
[illegible] ······ 67
[illegible] ······ 67
[illegible] ······ 67
[illegible] ······ 142
[illegible] ······ 152
[illegible] ······ 152

ᠣ [o]

[illegible] ······ 115
[illegible] ······ 168
[illegible] ······ 101
[illegible] ······ 114
[illegible] ······ 252
[illegible] ······ 251
[illegible] ······ 251
[illegible] ······ 90
[illegible] ······ 89
[illegible] ······ 251
[illegible] ······ 251
[illegible] ······ 252
[illegible] ······ 252
[illegible] ······ 252
[illegible] ······ 252
[illegible] ······ 252
[illegible] ······ 252, 252
[illegible] ······ 251
[illegible] ······ 252
[illegible] ······ 184
[illegible] ······ 251
[illegible] ······ 12
[illegible] ······ 12
[illegible] ······ 147
[illegible] ······ 320
[illegible] ······ 189
[illegible] ······ 153
[illegible]
  [illegible] ······ 100
[illegible]
  [illegible] ······ 101
[illegible]
[illegible] ······ 39
[illegible] ······ 39
[illegible] ······ 59
[illegible] ······ 59
[illegible] ······ 232
[illegible] ······ 232
[illegible] ······ 56
[illegible] ······ 56
[illegible] ······ 360
[illegible] ······ 249
[illegible] ······ 249
[illegible] ······ 249
[illegible] ······ 249
[illegible] ······ 249
[illegible] ······ 249
[illegible] ······ 9
[illegible] ······ 251
[illegible] ······ 251

[illegible] …… 100
[illegible] …… 100
[illegible] …… 59
[illegible] …… 59
[illegible] …… 59
[illegible] …… 59
[illegible] …… 59
[illegible] …… 43
[illegible] …… 42
[illegible] …… 43
[illegible] …… 58
[illegible] …… 59
[illegible] …… 59
[illegible] …… 59
[illegible] …… 59
[illegible] …… 58
[illegible] …… 60
[illegible] …… 58
[illegible] …… 58
[illegible] …… 58
[illegible] …… 96
[illegible] …… 96
[illegible] …… 341
[illegible] …… 174
[illegible] …… 282
[illegible] …… 282
[illegible] …… 45
[illegible] …… 132
[illegible] …… 349
[illegible] …… 350
[illegible] …… 133
[illegible] …… 133
[illegible] …… 133
[illegible] …… 133
[illegible] …… 133
[illegible] …… 350
[illegible] …… 349
[illegible] …… 349
[illegible] …… 349
[illegible] …… 132
[illegible] …… 132
[illegible] …… 133
[illegible] …… 132
[illegible] …… 133
[illegible] …… 296
[illegible] …… 296
[illegible] …… 26
[illegible] …… 296
[illegible] …… 133
[illegible] …… 153
[illegible] …… 349
[illegible] …… 349
[illegible] …… 27
[illegible] …… 349
[illegible] …… 349
[illegible] …… 350
[illegible] …… 349
[illegible] …… 153
[illegible] …… 153
[illegible] …… 271
[illegible] …… 73
[illegible] …… 271
[illegible] …… 25
[illegible] …… 25
[illegible] …… 25
[illegible] …… 25
[illegible] …… 144
[illegible] …… 106, 325
[illegible] …… 106
[illegible] …… 43
[illegible] …… 254
[illegible] …… 253
[illegible] …… 254
[illegible] …… 254
[illegible] …… 254
[illegible] …… 43
[illegible] …… 19
[illegible] …… 246
[illegible] …… 40
[illegible] …… 40

[illegible] …… 335
[illegible] …… 335
[illegible] …… 88
[illegible] …… 39
[illegible] …… 39
[illegible] …… 242
[illegible] …… 242
[illegible] …… 50
[illegible] …… 9
[illegible] …… 246
[illegible] …… 9, 318
[illegible] …… 333
[illegible] …… 333

ᠤ [u]

[illegible] …… 61
[illegible] …… 109
[illegible] …… 109
[illegible] …… 251
[illegible] …… 52
[illegible] …… 88
[illegible] …… 83
[illegible] …… 85
[illegible] …… 84
[illegible] …… 85
[illegible] …… 84
[illegible] …… 83
[illegible] …… 84
[illegible] …… 83
[illegible] …… 83
[illegible] …… 84
[illegible] …… 84
[illegible] …… 83
[illegible] …… 307
[illegible] …… 159
[illegible] …… 229
[illegible] …… 152
[illegible] …… *159*
[illegible] …… 229
[illegible] …… 335
[illegible] …… 335
[illegible] …… 335
[illegible] …… 264
[illegible] …… 306
[illegible] …… 88
[illegible] …… 321
[illegible] …… 321
[illegible] …… 321
[illegible] …… 321
[illegible] …… 321
[illegible] …… 321
[illegible] …… 84
[illegible] …… 84
[illegible] …… 85
[illegible] …… 83
[illegible] …… 84
[illegible] …… 85
([illegible]) …… 84
[illegible] …… 83
[illegible] …… 85
[illegible] …… 84
[illegible] …… 85
[illegible] …… 84
[illegible] …… 107
[illegible] …… 107
[illegible] …… 107
[illegible] …… 191
[illegible] …… 192
[illegible] …… 192
[illegible] …… 352
[illegible] …… 126
[illegible] …… 8
[illegible] …… 8
[illegible] …… 334
[illegible] …… 334
[illegible] …… 53
[illegible] …… 53
[illegible] …… 53
[illegible] …… 53
[illegible] …… 53
[illegible] …… 53
[illegible] …… 52

[illegible] …… 159
[illegible]
[illegible] …… 159
[illegible] 159
[illegible] 159
[illegible] …… 275
[illegible]
[illegible] …… 159
[illegible] …… 319
319
[illegible]
[illegible] …… 319
[illegible] …… 319
[illegible] …… 319
…… 164
[illegible]
[illegible] …… 164
[illegible]
[illegible]
[illegible] …… 164
[illegible] …… 164
[illegible] …… 164
[illegible] …… 325
[illegible] …… 300
[illegible] …… 26
[illegible] …… 26
[illegible] …… 281
[illegible] …… 191
[illegible] …… 192
[illegible] …… 194
…… 194
[illegible]
[illegible] …… 320
[illegible] …… 320
[illegible] …… 120
[illegible] …… 164
[illegible] …… 322
[illegible] …… 322
[illegible] …… 330
[illegible] …… 331
[illegible] …… 236
[illegible] …… 331
[illegible] …… 276
[illegible] …… 331
[illegible] …… *330*
[illegible] …… 159
[illegible] …… 195
[illegible] …… 147
[illegible] …… 197
[illegible] …… 365
[illegible] …… 68
[illegible] …… 160
[illegible] …… 10
[illegible] …… 10
[illegible] …… 213
[illegible]
[illegible] …… 213
[illegible]
[illegible] …… 213
[illegible]
[illegible] …… 213
[illegible]
[illegible] …… 213
[illegible]
[illegible] …… 130
[illegible] …… 285
[illegible] …… 145
[illegible] …… 111
[illegible] …… 160, 317
[illegible] …… 215
[illegible] …… 120
[illegible] …… 74
[illegible] …… 282
[illegible] …… 19, 215
[illegible] …… 274

[illegible] [ö]

[illegible] …… 24
[illegible] …… 24
[illegible] …… 24
[illegible] …… 24
[illegible] …… 313
[illegible] …… 24
[illegible] …… 115
[illegible] …… 197
[illegible] …… 197
[illegible] …… 147
[illegible] …… 197
[illegible] …… 197
[illegible] …… 197
[illegible] …… 197
[illegible] …… 14

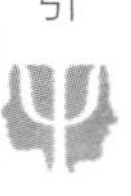

[illegible] …… 122
[illegible] …… 315, 183
[illegible] …… 183
[illegible] …… 216
[illegible] …… 314
[illegible] …… 314
[illegible] …… 215
[illegible] …… 200
[illegible] …… 215
[illegible] …… 315
[illegible] …… 315
[illegible] …… 215
[illegible] …… 314
[illegible] …… 314
[illegible] …… 215
[illegible] …… 315
[illegible] …… 315
[illegible] …… 215
[illegible] …… 314
[illegible] …… 314
[illegible] …… 216
[illegible] …… 314
[illegible] …… 315
[illegible] …… 215, 315
[illegible] …… 215
[illegible] …… 215
[illegible] …… 216
[illegible] …… 215
[illegible] …… 215
[illegible] …… 88
[illegible] …… 88
[illegible] …… 88
[illegible] …… 359
[illegible] …… 361
[illegible] …… *361*
[illegible] …… 361
[illegible] …… 359
[illegible] …… 362
[illegible] …… 360
[illegible] …… 363
[illegible] …… 365
[illegible] …… 363
[illegible] …… 364
[illegible] …… 362
[illegible] …… 361
[illegible] …… 362
[illegible] …… 362
[illegible] …… 361
[illegible] …… 364
[illegible] …… 362
[illegible] …… 364
[illegible] …… 362
[illegible] …… 362
[illegible] …… 362
[illegible] …… 363
[illegible] …… 363
[illegible] …… 364
[illegible] …… 362
[illegible] …… 362
[illegible] …… 363
[illegible] …… 364
[illegible] …… 361
[illegible] …… 363
[illegible] …… 361
[illegible] …… 363
[illegible] …… 361
[illegible] …… 363
[illegible] …… 364
[illegible] …… 363
[illegible] …… 361
[illegible] …… 362
[illegible] 〔[illegible]〕 [illegible] …… 364
[illegible] …… 363
[illegible] …… 363
[illegible] …… 362
[illegible] …… 364
[illegible] …… 251
[illegible] …… 91
[illegible] …… 91
[illegible] …… 91
[illegible] …… 91

[illegible] …… 149
[illegible] …… 225
[illegible] …… 228
[illegible] …… 78
[illegible] …… 192
[illegible] …… 74
[illegible] …… 150
[illegible] …… 151
[illegible] …… 317
[illegible] …… 72
[illegible] …… 72
[illegible] …… 72
[illegible] …… 32
[illegible] …… 32
[illegible] …… 32
[illegible] …… 316
[illegible] …… 135
[illegible]
[illegible] …… 134
[illegible] …… 82
[illegible] …… 91
[illegible] …… 91
[illegible] …… 91
[illegible] …… 122
[illegible] …… 342
[illegible]
[illegible] …… 155
[illegible] …… 155
[illegible]
[illegible] …… 154
[illegible] …… 154
[illegible]
[illegible] …… 120
[illegible] …… 154
[illegible] …… 154
[illegible] …… 154
[illegible] …… 44
[illegible] …… 278
[illegible] …… 95
[illegible] …… 95
[illegible] …… 22
[illegible] …… 328
[illegible] …… 328
[illegible] …… 328
[illegible] …… 328
[illegible] …… 150
[illegible] …… 302
[illegible] …… 301
[illegible] …… 301
[illegible]
[illegible] …… 300
[illegible] …… 302
[illegible] …… 302
[illegible] …… 302
[illegible] …… 301
[illegible] …… 302
[illegible] …… 301
[illegible] …… 301
[illegible] …… 301
[illegible] …… 300
[illegible]
[illegible] …… 300
[illegible] …… 300
[illegible] …… 300

ᠦ [ü]

[illegible] …… 122
[illegible] …… 122
[illegible] …… 122
[illegible] …… 96
[illegible] …… 36, 175
[illegible] …… 44
[illegible] …… 186
[illegible] …… 186
[illegible] …… 186
[illegible] …… 186
[illegible] …… 246
[illegible] …… 342
[illegible] …… 343
[illegible] …… *287*
[illegible] …… 287
[illegible] …… 108
[illegible] …… 108
[illegible] …… 230
[illegible] …… 230
[illegible] …… 300
[illegible] …… 301
[illegible] …… 301
[illegible] …… 301
[illegible] …… 301
[illegible] …… 301
[illegible] …… 301

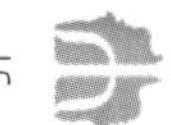

[illegible] …… 175
[illegible] …… 194
[illegible] …… 305
[illegible] …… 273
[illegible] …… 255
[illegible] …… 255
[illegible] …… 319
[illegible]

ᠨ [na]

[illegible] …… 134
[illegible] …… 114
[illegible] …… 159
[illegible] …… 287
[illegible] …… 43
[illegible] …… 324
[illegible] …… 56
[illegible] …… 98
[illegible] …… 196
[illegible] …… 98
[illegible] …… 233
[illegible] …… 283
[illegible] …… 283
[illegible] …… 283
[illegible] …… 15
[illegible]
[illegible] …… 160
[illegible] …… 108
[illegible] …… 228
[illegible] …… 78
[illegible] …… 37
[illegible] …… 37
[illegible]
[illegible] …… 36
[illegible] …… 37
[illegible] …… 37
[illegible] …… 36
[illegible] …… 36
[illegible] …… 36
[illegible]
[illegible] …… 37
[illegible]
[illegible] …… 36
[illegible] …… 37
[illegible] …… 37
[illegible] …… 37
[illegible] …… 37
[illegible] …… 38
[illegible] …… 38
[illegible] …… 329
[illegible] …… 329
[illegible] …… 109
[illegible] …… 245
[illegible] …… 142
[illegible] …… 142
[illegible] …… 78
[illegible] …… 168
[illegible] …… 169
[illegible] …… 169
[illegible] …… 169
[illegible] …… 169
[illegible] …… 169
[illegible] …… 169
[illegible] …… 170
[illegible] …… 169
[illegible] …… 168
[illegible] …… 168
[illegible] …… 168
[illegible]
[illegible] …… 168
[illegible] …… 168
[illegible] …… 170
[illegible] …… 169
[illegible] …… 169
[illegible] …… 169
[illegible] …… 169
[illegible] …… 170
[illegible]
[illegible] …… 169
[illegible] …… 114
[illegible] …… 114
[illegible]
[illegible] …… 237
[illegible] …… 115
[illegible] …… 91
[illegible] …… 307
[illegible] …… 307
[illegible] …… 307
[illegible] …… 307
[illegible] …… 307
[illegible] …… 307
[illegible] …… 190

[illegible] ······· 218, 221
[illegible] ······· 194
[illegible] ······· 67
[illegible]
[illegible] ······· 67
[illegible] ······· 67
[illegible] ······· 67

[illegible] [ne]

[illegible] ······· 72
[illegible] ······· 72
[illegible] ······· 133
[illegible] ······· 133
[illegible]
[illegible] ······· 149
[illegible] ······· 10
[illegible]
[illegible] ······· 181
[illegible] ······· 343
[illegible] ······· 357
[illegible] ······· 357
[illegible] ······· 175
[illegible]
[illegible] ······· 220
[illegible] ······· 220
[illegible] ······· 221
[illegible] ······· 219
[illegible] ······· 221
[illegible] ······· 219
[illegible] ······· 218
[illegible] ······· 218
[illegible] ······· 219
[illegible] ······· 220
[illegible] ······· 221
[illegible] ······· 222
[illegible]
[illegible] ······· 220
[illegible] ······· 219
[illegible] ······· 220
[illegible] ······· 221
[illegible] ······· 221
[illegible] ······· 220
[illegible] ······· 220
[illegible] ······· 218
[illegible] ······· 218
[illegible] ······· 221
[illegible] ······· 220
[illegible] ······· 222
[illegible] ······· 221
[illegible] ······· 220
[illegible] ······· 220
[illegible] ······· 220
[illegible] ······· 221
[illegible] ······· 219
[illegible] ······· 219
[illegible] ······· 218
[illegible]
[illegible] ······· 218
[illegible]
[illegible] ······· 218
[illegible] ······· 218
[illegible] ······· 219
[illegible] ······· 221
[illegible] ······· 221
[illegible] ······· 220
[illegible] ······· 219
[illegible]
[illegible] ······· 219
[illegible] ······· 219
[illegible]
[illegible] ······· 258
[illegible] ······· 146
[illegible] ······· 258
[illegible] ······· 343
[illegible] ······· 343
[illegible] ······· 116
[illegible] ······· 95
[illegible] ······· 51
[illegible] ······· 51
[illegible] ······· 95
[illegible] ······· 95
[illegible] ······· 95
[illegible] ······· 94
[illegible] ······· 116
[illegible] ······· 116
[illegible] ······· 82
[illegible] ······· 82
[illegible] ······· 104
[illegible] ······· 81
[illegible] ······· 81, 105
[illegible] ······· 219
[illegible] ······· 220

[illegible]
[illegible] …… 50
[illegible] …… 318
[illegible] …… 318
[illegible] …… 50
[illegible] …… 50
[illegible] …… 50
[illegible] …… 318

[ni]

[illegible] …… 268
[illegible] …… 268
[illegible] …… 268
[illegible] - [illegible] …… 181
[illegible] …… 27
[illegible] …… 171
[illegible]
[illegible] …… 340
[illegible] …… 120
[illegible] …… 191
[illegible] …… 340
[illegible] …… 140
[illegible] …… 180
[illegible] …… 181
[illegible] …… 2
[illegible] …… 6
[illegible] …… 178
[illegible] …… 178
[illegible] …… 179, 192
[illegible] …… 179
[illegible] …… 178
[illegible]
[illegible] …… 178
[illegible] …… 179
[illegible] …… 178
[illegible] …… 192
[illegible] …… 349
[illegible] …… 167
[illegible] …… 160
[illegible] …… 160
[illegible] …… 167
[illegible] …… 167
[illegible] …… 318
[illegible] …… 318
[illegible] …… 261
[illegible] …… 121
[illegible] …… 229
[illegible] …… 229

[no]

[illegible] …… 45
[illegible] …… 32
[illegible] …… 315
[illegible] …… 315
[illegible] …… 340
[illegible] …… 147
[illegible] …… 315
[illegible] …… 74
[illegible] …… 74
[illegible] …… 114
[illegible]
[illegible] …… 74
[illegible] …… 74
[illegible] …… 74
[illegible]
[illegible] …… 74
[illegible] …… 73
[illegible] …… 108
[illegible] …… 325
[illegible] …… 254

[nö]

[illegible] …… 345
[illegible] …… 344
[illegible] …… 345
[illegible] …… 75
[illegible] …… 8
[illegible] …… 8
[illegible] ([illegible]) [illegible]
[illegible] …… 232
[illegible] …… 232
[illegible] - [illegible] …… 40
[illegible] - [illegible] …… 40
[illegible] …… 40

[nu]

[illegible] …… 161
[illegible] …… 242
[illegible] …… 242
[illegible] …… 242
[illegible] …… 242
[illegible] …… 39

[illegible]
[illegible] ······ 341
[illegible] ······ 341
[illegible]
[illegible] ······ 371
[illegible]
[illegible] ······ 341
[illegible]
[illegible] ······ 341
[illegible] ······ 341
[illegible] ······ 360
[illegible] ······ 199
[illegible] ······ 25
[illegible] ······ 25
[illegible] ······ 25

ᠪ [ba]

[illegible] ······ 275
[illegible] ······ 275
[illegible] ······ 17
[illegible] ······ 17
[illegible] ······ 17
[illegible] ······ 17
[illegible] ······ 127
[illegible] ······ 127
[illegible] ······ 239
[illegible] ······ 92
[illegible] ······ 92
[illegible] ······ 92
[illegible] ······ 217
[illegible] ······ 287
[illegible] ······ 287
[illegible] ······ 260
[illegible] ······ 4
[illegible] ······ 110
[illegible] ······ 358
[illegible] ······ 358
[illegible] ······ 346
[illegible] ······ 232
[illegible] ······ 371
[illegible] ······ 340
[illegible] ······ 371
[illegible]
[illegible] ······ 341
[illegible]
[illegible] ······ 341
[illegible] ······ 328
[illegible] ······ 297
[illegible] ······ 329
[illegible] ······ 78
[illegible] ······ 326
[illegible] ······ 326
[illegible] ······ 326
[illegible] ······ 326
[illegible]
[illegible] ······ 326
[illegible] ······ 326
[illegible]
[illegible] ······ 326
[illegible]
[illegible] ······ 326
[illegible]
[illegible] ······ 326
[illegible] ······ 94
[illegible] ······ 334
[illegible] ······ 212
[illegible] ······ 127
[illegible]
[illegible] ······ 127
[illegible] ······ 305
[illegible] ······ 228
[illegible] ······ 161
[illegible] ······ 161
[illegible] ······ 321
[illegible] ······ 358
[illegible] ······ 173
[illegible]

ᠪ [be]

[illegible] ······ 13
[illegible] ······ 13
[illegible] ······ 13
[illegible] ······ 13
[illegible] ······ 126
[illegible] ······ 13
[illegible]
[illegible] ······ 13
[illegible] ······ 13
[illegible] ······ 13
[illegible] ······ 14
[illegible] ······ 13
[illegible] ······ 340

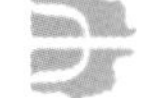

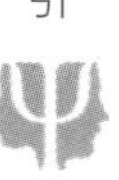

[illegible] …… 113
[illegible] …… 202
[illegible] …… 57
[illegible] …… 57
[illegible] …… 56
[illegible] …… 364
[illegible] …… 364
[illegible] …… 364
[illegible] …… 55
[illegible] …… 55
[illegible] …… 360
[illegible] …… 360
[illegible] …… 366
[illegible] …… 360
[illegible] …… 304
[illegible] …… 305
[illegible] …… 304
[illegible] …… 305
[illegible] …… 305
[illegible] …… 354
[illegible] …… 354
[illegible] …… 154
[illegible] …… 154
[illegible] …… 253
[illegible] …… 253
[illegible] …… 253
[illegible] …… 253
[illegible] …… 222
[illegible] …… 275
[illegible] …… 253
[illegible] …… 253
[illegible] …… 253
[illegible] …… 222
[illegible] …… 222
[illegible] …… 113
[illegible] …… 113
[illegible] …… 222
[illegible] …… 253
[illegible] …… 222
[illegible] …… 227
[illegible] …… 227
[illegible] …… 227
[illegible] …… 227

ᠪᠢ [bi]

[illegible] …… 18
[illegible] …… 18
[illegible] …… 18
[illegible] …… 18
[illegible] …… 198
[illegible] …… 7
[illegible] …… 7
[illegible] …… 7
[illegible] …… 7
[illegible] …… 198
[illegible] …… 198
[illegible] …… 360
[illegible] …… 354
[illegible] …… 354
[illegible] …… 348
[illegible] …… 229
[illegible] …… 238
[illegible] …… 268
[illegible] …… 269
[illegible] …… 269
[illegible] …… 269
[illegible] …… 269
[illegible] …… 348
[illegible] …… 238
[illegible] …… 212
[illegible] …… 10
[illegible] …… 10
[illegible] …… 243
[illegible] …… 158
[illegible] …… 10
[illegible] …… 227
[illegible] …… 227
[illegible] …… 227
[illegible] …… 227
[illegible] …… 227

[illegible] …… 254
[illegible] …… 275
[illegible] …… 275
[illegible] …… 75, 275
[illegible] …… 199
[illegible] …… 254
[illegible] …… 114
[illegible] …… 28
[illegible] …… 156
[illegible] …… 156
[illegible] …… 156
[illegible] …… 120
[illegible] …… 120
[illegible] …… 17
[illegible] …… 311
[illegible] …… 311
[illegible] …… 156
[illegible] …… 17
[illegible] …… 28
[illegible] …… 28
[illegible] …… 48

[bo]

[illegible] …… 135
[illegible] …… 135
[illegible] …… 277
[illegible] …… 156
[illegible] …… 156
[illegible] …… 238
[illegible] …… 91
[illegible] …… 90
[illegible] …… 90
[illegible] …… 91
[illegible] …… 90
[illegible] …… 90
[illegible] …… 199
[illegible] …… 90
[illegible] …… 90
[illegible] …… 332
[illegible] …… 255
[illegible] …… 255
[illegible] …… 255
[illegible] …… 255
[illegible] …… 254
[illegible] …… 143
[illegible] …… 143
[illegible] …… 143
[illegible] …… 143
[illegible] …… 143
[illegible] …… 143
[illegible] …… 83
[illegible] …… 146
[illegible] …… 24
[illegible] …… 24

[bu]

[illegible] …… 17
[illegible] …… 271
[illegible] …… 161
[illegible] …… 110
[illegible] …… 118
[illegible] …… 247
[illegible] …… 229
[illegible] …… 135
[illegible] …… 135
[illegible] …… 135
[illegible] …… 198
[illegible] …… 225
[illegible] …… 39
[illegible] …… 39
[illegible] …… 225
[illegible] …… 136
[illegible] …… 135

[bö]

[illegible] …… 40
[illegible] …… 40
[illegible] …… 109
[illegible] …… 82
[illegible] …… 202
[illegible] …… 74
[illegible] …… 19
[illegible] …… 249

[illegible] …… 184
[illegible] …… 183
[illegible] …… 183

[pi]

[illegible] …… 368
[illegible] …… 187
[illegible] …… 29
[illegible] …… 29
[illegible] …… 29
[illegible] …… 29

[pe]

[illegible] …… 4
[illegible] …… 4
[illegible] …… 19
[illegible] …… 74
[illegible] …… 19
[illegible] …… 19

[pa]

[illegible] …… 261
[illegible] …… 260
[illegible] …… 260
[illegible] …… 261
[illegible] …… 261
[illegible] …… 261
[illegible] …… 260
[illegible] …… 267
[illegible] …… 267
[illegible] …… 267
[illegible] …… 277
[illegible] …… 129
[illegible] …… 129
[illegible] …… 129
[illegible] …… 129
[illegible] …… 129
[illegible] …… 129
[illegible] …… 129
[illegible] …… 129
[illegible] …… 35
[illegible] …… 35
[illegible] …… 35
[illegible] …… 35
[illegible] …… 35
[illegible] …… 35
[illegible] …… 35
[illegible] …… 35
[illegible] …… 36
[illegible] …… 35
[illegible] …… 96
[illegible] …… 96
[illegible] - [illegible] …… 129
[illegible] …… 367
[illegible] …… 370
[illegible] ([illegible])
[illegible] …… 37
[illegible] …… 37
[illegible] …… 34
[illegible] …… 35
[illegible] …… 146
[illegible] …… 263
[illegible] …… 264
[illegible] …… 264
[illegible] …… 264
[illegible] …… 263
[illegible]
[illegible] …… 263
[illegible]
[illegible] …… 263
[illegible] …… 264
[illegible] …… 264
[illegible] …… 264
[illegible] …… 264
[illegible] …… 5
[illegible] …… 5
[illegible] …… 200
[illegible] …… 200
[illegible] …… 344
[illegible] …… 344
[illegible] …… 344
[illegible] …… 343
[illegible]
[illegible] …… 199
[illegible] …… 135
[illegible] …… 199
[illegible] …… 5
[illegible] …… 5

[bü]

[illegible] …… 258
[illegible] …… 66, 244
[illegible]
[illegible] …… 66
[illegible] …… 2
[illegible] …… 103
[illegible]
[illegible] …… 250
[illegible] …… 250

[illegible] [xa]

[illegible] …… 187
[illegible] …… 187
[illegible] …… 187
[illegible] …… 16

[illegible] [pü]

[illegible] …… 187
[illegible] …… 183
[illegible] …… 182

[illegible] [pu]

[illegible] …… 183
[illegible] …… 6
[illegible] …… 121
[illegible] …… 121
[illegible] …… 122
[illegible] …… 306
[illegible] …… 306
[illegible] …… 306
[illegible] …… 161
[illegible]
[illegible] …… 161
[illegible]
[illegible] …… 274
[illegible] …… 76
[illegible] …… 5
[illegible] …… 128
[illegible] …… 128
[illegible] …… 128
[illegible] …… 199
[illegible] …… 5
[illegible] …… 258
[illegible] …… 259
[illegible] …… 258
[illegible] …… 258
[illegible] …… 200
[illegible] …… 95
[illegible] …… 95
[illegible] …… 288
[illegible] …… 368
[illegible] …… 368
[illegible] …… 368
[illegible] …… 368
[illegible] …… 368
[illegible] …… 369
[illegible]
[illegible] …… 369
[illegible]
[illegible] …… 369
[illegible] …… 368
[illegible] …… 105
[illegible] …… 19
[illegible] …… 98
[illegible]
[illegible] …… 98
[illegible] …… 95
[illegible]
[illegible] …… 367
[illegible] …… 194
[illegible] …… 315
[illegible] …… 315
[illegible] …… 253
[illegible]
[illegible] …… 202
[illegible] …… 202
[illegible] …… 202
[illegible] …… 136
[illegible] …… 136
[illegible] …… 105
[illegible] …… 200
[illegible] …… 201
[illegible] …… 200
[illegible] …… 201
[illegible] …… 201
[illegible] …… 200
[illegible]
[illegible] …… 200
[illegible]
[illegible] …… 201
[illegible] …… 201
[illegible] …… 201

[illegible] …… 234
[illegible] …… 235
[illegible] …… 233
[illegible] …… 235
[illegible] …… 235
[illegible] …… 233
[illegible] …… 233
[illegible] …… 235
[illegible] …… 234
[illegible] – [illegible]
[illegible] …… 3
[illegible]
[illegible] …… 3
[illegible] …… 106
[illegible] …… 3
[illegible] …… 184
[illegible] …… 5
[illegible]
[illegible] …… 5
[illegible] …… 237
[illegible] …… 5, 32
[illegible] – [illegible] …… 6
[illegible] …… 187

[illegible] …… 233
[illegible] …… 234
[illegible] …… 233
[illegible] …… 234
[illegible] …… 234
[illegible]
[illegible] …… 233
[illegible] …… 234
…… 234
[illegible]
[illegible] …… 233
[illegible] …… 233
[illegible] …… 235
[illegible]
[illegible] …… 235
[illegible] …… 235
[illegible] …… 234
[illegible] …… 235
[illegible]
[illegible] …… 235
[illegible]
[illegible] …… 235
[illegible]

[illegible] …… 125
[illegible] …… 108
[illegible]
[illegible] …… 285
[illegible] …… 125
[illegible] …… 250
[illegible] …… 339
[illegible] …… 17
[illegible] …… 17
[illegible] …… 67
[illegible] …… 67
[illegible] …… 67, 325
[illegible] …… 262
[illegible] …… 173
[illegible] …… 173
[illegible]
[illegible] …… 173
[illegible] …… 173
[illegible] …… 233
[illegible] …… 234
[illegible] …… 233
[illegible] …… 234
[illegible] …… 234

[illegible] …… 99
[illegible] …… 281
[illegible] …… 281
[illegible] …… 138
[illegible] …… 137
[illegible] …… 137
[illegible] …… 57
[illegible] …… 9
[illegible] …… 9
[illegible] …… 97
[illegible] …… 97
[illegible] …… 284
[illegible] …… 284
[illegible] …… 284
[illegible] …… 125
[illegible] …… 125
[illegible] …… 125
[illegible] …… 125
[illegible] …… 125
[illegible] …… 125
[illegible] …… 125
[illegible]
[illegible] …… 284

[illegible] ………… 32
[illegible] ………… 31
[illegible] ………… 133
[illegible] ………… 110
[illegible] ………… 109
[illegible] ………… 306
[illegible] ………… 349
[illegible] ………… 109
[illegible] ………… 268
[illegible] ………… 268
[illegible] ………… 109
[illegible] ………… 322
[illegible] ………… 322

ᠬ [xe]

[illegible] ………… 129
[illegible] ………… 129
[illegible] ………… 85
[illegible] ………… 4
[illegible] ………… 238
[illegible] ………… 81
[illegible] ………… 159
[illegible] ………… 99, 150
[illegible] ………… 96
[illegible] ………… 156
[illegible] ………… 62
[illegible] ………… 260
[illegible] ………… 61
[illegible] ………… 61
[illegible]
[illegible] ………… 61, 260
[illegible] ………… 260
[illegible] ………… 249
[illegible] ………… 249
[illegible] ………… 31
[illegible] ………… 31
[illegible] ………… 31
[illegible] ………… 31
[illegible] ………… 31
[illegible] ………… 31
[illegible] ………… 31
[illegible] ………… 32
[illegible] ………… 31
[illegible] ………… 31
[illegible] ………… 32
[illegible] ………… 31
[illegible] ………… 21
[illegible] ………… 22
[illegible] ………… 22
[illegible] ………… 21
[illegible]
[illegible] ………… 11
[illegible] ………… 242
[illegible] ………… 6
[illegible] ………… 142
[illegible] ………… 142
[illegible] ………… 263
[illegible] ………… 262
[illegible] ………… 246
[illegible]
[illegible] ………… 246
[illegible] ………… 229
[illegible]
[illegible] ………… 172
[illegible] ………… 320
[illegible]
[illegible] ………… 12
[illegible] ………… 25
[illegible] ………… 25
[illegible] ………… 330
[illegible] ………… 330
[illegible] ………… 330
[illegible] ………… 329
[illegible] ………… 330
[illegible] ………… 330
[illegible] ………… 330
[illegible] ………… 330
[illegible] ………… 329
[illegible] ………… 229
[illegible] ………… 21
[illegible] ………… 21
[illegible] ………… 157
[illegible] ………… 22
[illegible] ………… 22
[illegible] ………… 22
[illegible] ………… 22
[illegible] ………… 22
[illegible] ………… 22
[illegible]
[illegible] ………… 21
[illegible]
[illegible] ………… 22

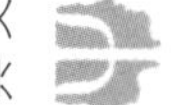

……………… 275

ᠱᠣ [xo]

ᠱᠢ [xi]

[illegible] …… 240
[illegible] …… 239
[illegible] …… 241
[illegible] …… 241
[illegible] …… 242
[illegible] …… 241
[illegible] …… 242
[illegible] …… 57
[illegible] …… 184
[illegible] …… 183
[illegible] …… 7
[illegible] …… 237
[illegible] …… 237
[illegible] …… 237
[illegible] …… 237
[illegible] …… 28
[illegible] …… 28
[illegible] …… 28
[illegible] …… 111
[illegible] …… 111
[illegible] …… 155
[illegible] …… 155
[illegible] …… 155
[illegible] …… 75
[illegible] …… 155
[illegible] …… 156
[illegible] …… 156
[illegible] …… 155
[illegible] …… 155
[illegible] …… 157
[illegible] …… 155
[illegible] …… 97
[illegible] …… 275
[illegible] …… 155
[illegible] …… 155
[illegible] …… 144
[illegible] …… 144
[illegible] …… 144
[illegible] …… 112
[illegible] …… 87
[illegible] …… 108
[illegible] …… 107
[illegible] …… 107
[illegible] …… 107
[illegible] …… 107
[illegible] …… 312
[illegible] …… 312
[illegible] …… 240
[illegible] …… 240
[illegible] …… 62
[illegible] …… 62
[illegible] …… 49
[illegible] …… 49
[illegible] …… 49
[illegible] …… 62
[illegible] …… 63
[illegible] …… 49
[illegible] …… 63
[illegible] …… 63
[illegible] …… 49
[illegible] …… 49
[illegible] …… 49
[illegible] …… 63
[illegible] …… 62
[illegible] …… 62
[illegible] …… 62
[illegible] …… 63
[illegible] …… 240
[illegible] …… 63
[illegible] …… 63
[illegible] …… 241
[illegible] …… 242
[illegible] …… 241
[illegible] …… 241
[illegible] …… 242
[illegible] …… 241
[illegible] …… 157
[illegible] …… 157
[illegible] …… 239, 241
[illegible] …… 62
[illegible] …… 241
[illegible] …… 240
[illegible] …… 240
[illegible] …… 240

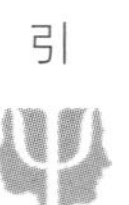

[illegible] …… 26
[illegible] …… 186
[illegible] …… 186

[illegible] [xu]

[illegible] …… 105
[illegible] …… 105
[illegible] …… 105
[illegible] …… 319
[illegible] …… 216
[illegible] …… 134
[illegible] …… 73
[illegible] …… 73
[illegible] …… 130
[illegible] …… 312
[illegible] …… 327
[illegible] …… 157
[illegible] …… 241
[illegible] …… 157
[illegible] …… 240
[illegible]
[illegible] …… 148
〔[illegible]〕 [illegible] …… 112
[illegible] …… 262
[illegible] …… 357
[illegible] …… 77
[illegible] …… 11
[illegible] …… 11
[illegible] …… 11
[illegible] …… 11
[illegible] …… 130
[illegible] …… 11
[illegible] …… 359
[illegible] …… 68, 323
[illegible] …… 12
[illegible] …… 12
[illegible] …… 360
[illegible] …… 203
[illegible] …… 90
[illegible] …… 90
[illegible] …… 90
[illegible] …… 107
[illegible] …… 107
[illegible] …… 182
[illegible] …… *89*
[illegible] …… 194
[illegible] …… 24

[illegible] [xö]

[illegible] …… *158*
[illegible] …… 147
[illegible] …… 246
[illegible] …… 246
[illegible] …… 246
[illegible] …… 120
[illegible] …… 99
[illegible] …… 99
[illegible] …… 150
[illegible] …… 80
[illegible] …… 111
[illegible] …… 21
[illegible] …… 65
[illegible] …… 65
[illegible] …… 65
[illegible] …… 64
[illegible] …… 65
[illegible] …… 65
[illegible] …… 65
[illegible] …… 65
[illegible] …… 65
[illegible] …… 239
[illegible] …… 149
[illegible] …… 29
[illegible] …… 30
[illegible] …… 30
[illegible] …… 30
[illegible] …… 335
[illegible] …… 115
[illegible] …… 304
[illegible] …… 243
[illegible] …… 149
[illegible] …… 149
[illegible] …… 107

[illegible] …… 66
[illegible] …… 66
[illegible] …… 66
[illegible] …… 65
[illegible] …… 65
[illegible] …… 66
[illegible] …… 66
[illegible] …… 66
[illegible] …… 65
[illegible] …… 320
[illegible] …… 203
[illegible] …… 203
[illegible] …… 207
[illegible] …… 207
[illegible] …… 207
[illegible] …… 57
[illegible] …… 203
[illegible] …… 203
[illegible] …… 207
[illegible] …… 208
[illegible] …… 208
[illegible] …… 208
[illegible] …… 206
[illegible] …… 206
[illegible] …… 206
[illegible] …… 206
[illegible] …… 207
[illegible] …… 206
[illegible] …… 206
[illegible] …… 206
[illegible] …… 207
[illegible] …… 207
[illegible] …… 180
[illegible] …… 202
[illegible] …… 202
[illegible] …… 202
[illegible] …… 202
[illegible] …… 207
[illegible] …… 207
[illegible] …… 54
[illegible] …… 54
[illegible] …… 7
[illegible] …… 54
[illegible] …… 66
[illegible] …… 54
[illegible] …… 55
[illegible] …… 55
[illegible] …… 55
[illegible] …… 54
[illegible] …… 55
[illegible] …… 189
[illegible] …… 245
[illegible] …… 245
[illegible] …… 335
[illegible] …… 336
[illegible] …… 335
[illegible] …… 336
[illegible] …… 336
[illegible] …… 336
[illegible] …… 336
[illegible] …… 337
[illegible] …… 336
[illegible] …… 337
[illegible] …… 337
[illegible] …… 336
[illegible] …… 337
[illegible] …… 53
[illegible] …… 53
[illegible] …… 53
[illegible] …… 53
[illegible] …… 54
[illegible] …… 337
[illegible] …… 335
[illegible] …… 336
[illegible] …… 337

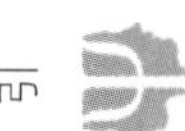

[illegible] …… 26
[illegible] …… 151
[illegible] …… 151
[illegible] …… 151
[illegible] …… 304
[illegible] …… 304
[illegible] …… 304
[illegible] …… 304
[illegible] …… 305

[xü]

[illegible] …… 131
[illegible]
[illegible] …… 146
[illegible]
[illegible] …… 183, 184
[illegible] …… 81
[illegible] …… 54
[illegible] …… 54
[illegible] …… 54
…… 53
[illegible] ……
[illegible] …… 336

[illegible]
[illegible] …… 189, 332
[illegible] …… 189
[illegible] …… 189
[illegible] …… 332
[illegible] …… 189
[illegible] …… 189, 332
[illegible] …… 153
[illegible] …… 6
[illegible] …… 332
[illegible] …… 189
[illegible] …… *238*
[illegible] …… 128
[illegible] …… 128
[illegible]
[illegible] …… 238
[illegible] …… 183
[illegible] …… 229
[illegible] …… 307
[illegible] …… 307
[illegible] …… 74
[illegible] …… 26
[illegible] …… 26

[illegible] …… 321
[illegible] …… 338

[ga]

[illegible] …… 142
[illegible] …… 188
[illegible] …… 262
[illegible] …… 262
[illegible] …… 262
[illegible] …… 33
[illegible] …… 33
[illegible] …… 33
[illegible] …… 33
[illegible] …… 33
[illegible] …… 33
[illegible] …… 33
[illegible]
[illegible] …… 159
[illegible] …… 159
[illegible] …… 160
[illegible] …… 192
[illegible] …… 175
[illegible] …… 265

[illegible]
[illegible] …… 266
[illegible] …… 266
[illegible] …… 42
[illegible] …… 182
[illegible] …… 128
[illegible] …… 120
[illegible]
[illegible] …… 44
[illegible]
[illegible] …… 44
[illegible] …… 45
[illegible]
[illegible] …… 45
[illegible] *t* [illegible]
[illegible] …… 44
[illegible] …… 160
[illegible] …… 82
[illegible] …… 82
[illegible]
[illegible] …… 151
〔[illegible]〕 [illegible]
[illegible] …… 321

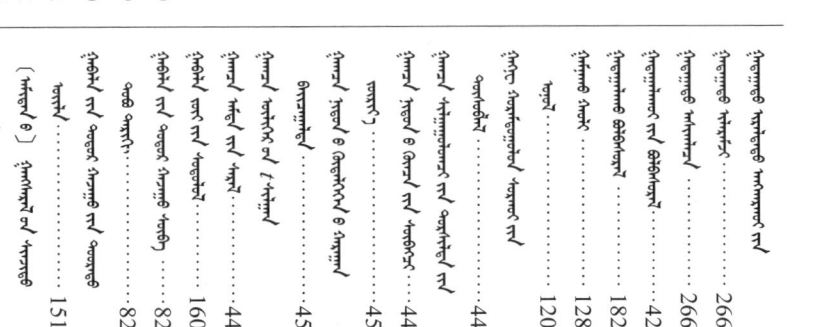

[illegible] …… 267
[illegible] …… 267
[illegible] …… 267
[illegible] …… 266
[illegible] …… 189
[illegible] …… 266
[illegible] …… 14
[illegible] …… 14
[illegible] …… 266
[illegible] …… 266
[illegible] …… 266
[illegible] …… 266
[illegible] …… 14
[illegible] …… 14
[illegible] …… 267
[illegible] …… 14
[illegible] …… 277
[illegible] …… 159
[illegible] …… 12
[illegible] …… 12
[illegible] …… 12
[illegible] …… 12
[illegible] …… 12
[illegible] …… 12
[illegible] …… 12
[illegible] …… 12
[illegible] …… 252
[illegible] …… 253
[illegible] …… 182
[illegible] …… 121

[ge]

[illegible] …… 80
[illegible] …… 117
[illegible] …… 117
[illegible] …… 267
[illegible] …… 89
[illegible] …… 89
[illegible] …… 89, 267
[illegible] …… 89, 267
[illegible] …… 115
[illegible] …… 165
[illegible] …… 232
[illegible] …… 232
[illegible] …… 58
[illegible] …… 58
[illegible] …… 170
[illegible] …… 171
[illegible] …… 157
[illegible] …… 98
[illegible] …… 98
[illegible] …… 98
[illegible] …… 85
[illegible] …… 98, 337
[illegible] …… 98
[illegible] …… 157
[illegible] …… 342
[illegible] …… 157
[illegible] …… 157
[illegible] …… 160
[illegible] …… 200
[illegible] …… 34
[illegible] …… 46
[illegible] …… 46
[illegible] …… 180
[illegible] …… 160
[illegible] …… 121
[illegible] …… 121
[illegible] …… 345
[illegible] …… 89

[gi]

[illegible] …… 157
[illegible] …… 308
[illegible] …… 216
[illegible] …… 217
[illegible] …… 217
[illegible] …… 217
[illegible] …… 217
[illegible] …… 217

[go]

[illegible] …… 152
[illegible] …… 106
[illegible] …… 354
[illegible] …… 355
[illegible] …… 355

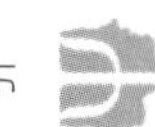

[illegible] …… 359
[illegible]
[illegible] …… 359
[illegible] …… 6
[illegible] …… *275*
[illegible] …… 366
[illegible] …… 366
[illegible] …… 366

ᠭᠤ [gu]

[illegible] …… 268
[illegible] …… 138
[illegible] …… 77
[illegible] …… 94
[illegible] …… 351
[illegible] …… 106
[illegible] …… 351
[illegible] …… 354
[illegible] …… 354
[illegible] …… 354
[illegible]
[illegible] …… 354
[illegible] …… 355

〔[illegible]〕[illegible]
[illegible] …… 222
[illegible] …… 142
[illegible] …… 347
[illegible] …… 17
[illegible] …… 116
[illegible]
[illegible] …… 304
[illegible]〔[illegible]〕[illegible] …… 304

ᠭᠦ [gü]

[illegible] …… 166
[illegible] …… 166
[illegible]
[illegible] …… 50
[illegible] …… 213
[illegible] …… 214
[illegible] …… 214
[illegible] …… 214
[illegible] …… 214
[illegible] …… 214
[illegible] …… 214
[illegible]

[illegible] …… 163
[illegible]
[illegible] …… 163
[illegible]
[illegible] …… 163
[illegible] …… 239
[illegible] …… *239*
[illegible] …… 182
[illegible] …… 112
[illegible] …… 232
[illegible] …… 231
[illegible] …… 61

ᠮᠠ [ma]

[illegible] …… 182
[illegible] …… 96
[illegible] - [illegible]
[illegible] …… 223
[illegible] …… 222
[illegible] …… 223
[illegible] …… 223
[illegible] …… 222
[illegible] …… 171

[illegible]
[illegible] …… 333
[illegible] …… 333
[illegible] …… 333
[illegible] …… 113
[illegible] …… 113
[illegible] …… 113
[illegible] …… 229

ᠮᠡ [me]

[illegible] …… 163
[illegible] …… 164
[illegible] …… 163
[illegible] …… 165
[illegible] …… 164
[illegible] - [illegible] *U* [illegible]
[illegible] …… 320
[illegible]
[illegible] …… 319
[illegible] …… 320
[illegible] …… 319
[illegible] …… 124, 320
[illegible] …… 163

[illegible] …… 346
[illegible] …… 346
[illegible] …… 346
[illegible] …… 346
[illegible] …… 346
[illegible] …… 319
[illegible] …… 345
[illegible] …… 346
[illegible] …… 346
[illegible] …… 345
[illegible] …… 109
[illegible]
[illegible] …… 347
[illegible] …… 321
[illegible] …… 347
[illegible] …… 121
[illegible] -*D*- [illegible]
[illegible] …… 199
[illegible]
[illegible] …… 333
[illegible] …… 333
[illegible] …… 333
[illegible] …… 333
[illegible] …… 224
[illegible] …… 224
[illegible] …… 223
[illegible] …… 224
[illegible] …… 224
[illegible] …… 224
[illegible] …… 224
[illegible]
[illegible] …… 224
[illegible] …… 223
[illegible] …… 224
[illegible] …… 223
[illegible] …… 223
[illegible] …… 224
[illegible] …… 223
[illegible] …… 223
[illegible] …… 224
[illegible] …… 224
[illegible] …… 224
[illegible] …… 87
[illegible] …… 346
[illegible] …… 346
[illegible] …… 346
[illegible] …… 138

[illegible] [mo]

[illegible] …… 167
[illegible] - [illegible] …… 167
…… 167
[illegible] …… 170
[illegible]

[illegible] [mi]

[illegible] …… 164
[illegible] …… 164
[illegible] …… 163
[illegible] - [illegible] …… 356
[illegible] …… 120
[illegible] …… 120
[illegible] …… 120
[illegible] …… 223
[illegible] …… 224
[illegible] …… 223
[illegible] …… 264
[illegible] …… 358
[illegible] …… 30
[illegible] …… 30
[illegible] …… 30
[illegible] …… 238
[illegible] …… 15
[illegible]
[illegible] …… 9
[illegible] …… 9
[illegible] …… 9

[illegible] [mö]

[illegible] …… 173
[illegible] …… 172
[illegible] …… 173
[illegible] …… 216

[illegible] [mu]

[illegible] …… 172
[illegible] …… 353
[illegible] …… 270

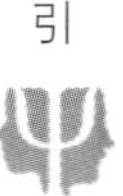

[illegible] …… 251

ᠰ [sa]

[illegible] …… 57

ᠯᠤ [lu]

[illegible] …… 162

ᠯᠣ [lo]

[illegible] …… 154
[illegible] …… 153

ᠯᠢ [li]

[illegible] …… 149

ᠯᠧ [le]

[illegible] …… 149
[illegible] …… 18
[illegible] …… 20
[illegible] …… 19
[illegible] …… 149
[illegible]

ᠯᠠ [la]

[illegible] …… 351
[illegible] …… 351
[illegible] …… 321
[illegible] …… 104
[illegible] …… 322
[illegible] …… 328
[illegible] …… 247, 328
[illegible] …… 328
[illegible] …… 247
[illegible] …… 328
[illegible] …… 247, 328
[illegible] …… 18, 276
[illegible] …… 276
[illegible] …… 18
[illegible] …… 18, 276
[illegible] …… 247, 328
[illegible]
[illegible] …… 110
[illegible] …… 236
[illegible] …… 111
[illegible] …… 2
[illegible] …… 322
[illegible] …… 276

[illegible] …… 298
[illegible]
[illegible] …… 89
[illegible] …… 312
[illegible]
[illegible] …… 182
[illegible] …… 189
[illegible] …… 130
[illegible]
[illegible] …… 77
[illegible]
[illegible] …… 77
[illegible] …… 181
[illegible] …… 216
[illegible] …… 114
[illegible] …… 115
[illegible] …… 114
[illegible] …… 114
[illegible] …… 114
[illegible] …… 115
[illegible] …… 325
[illegible] …… 325
[illegible] …… 325

[illegible] …… 58
[illegible] …… 58
[illegible]
[illegible] …… 58
[illegible] …… 153
[illegible] …… 74
[illegible] …… 110
[illegible] …… 190
[illegible] …… 190
[illegible] …… 190

ᠰᠧ [se]

[illegible] …… 72
[illegible] …… 72
[illegible] …… 151
[illegible] …… 152
[illegible] …… 151
[illegible] …… 152
[illegible] …… 152
[illegible] …… 335
[illegible] …… 298
[illegible]
[illegible] …… 298

[illegible] …… 78
[illegible] …… 288
[illegible] …… 288
[illegible] …… 288
[illegible] …… 96
[illegible] …… 244
[illegible] …… 244
[illegible]
[illegible] …… 244
[illegible] …… 244
[illegible] …… 244
[illegible] …… 244
[illegible] …… 171
[illegible] …… 171
[illegible] …… 171
[illegible] …… 171
[illegible] …… 171
[illegible] …… 171
[illegible] …… 39
[illegible] …… 38
[illegible] …… 39
[illegible] …… 38
[illegible] …… 38

[illegible] …… 288
[illegible] …… 196
[illegible] …… 238
[illegible] …… 196
[illegible] …… 196
[illegible] …… 195
[illegible] …… 196
[illegible] …… 195
[illegible] …… 195
[illegible] …… 195
[illegible] …… 196
[illegible] …… 195
[illegible]
[illegible] …… 195
[illegible] …… 195
[illegible]
[illegible] …… 196
[illegible] …… 319
[illegible] …… 95
[illegible] …… 195
[illegible] …… 196
[illegible] …… *195*
[illegible] …… 294

[illegible] …… 290
[illegible] …… 296
[illegible] …… 294
[illegible]
[illegible] …… 295
[illegible]
[illegible] …… 294
[illegible]
[illegible] …… 294
[illegible] …… 297
[illegible]
[illegible] …… 297
[illegible] …… 297
[illegible] …… 297
[illegible] …… 297
[illegible]
[illegible] …… 296
[illegible] …… 297
[illegible] …… 292
[illegible]
[illegible] …… 292
[illegible] …… 292
[illegible] …… 295

[illegible] …… 291
[illegible] …… 288
[illegible] …… 288
[illegible] …… 294
[illegible] …… 288
[illegible] …… 291
[illegible]
[illegible] …… 290
[illegible] …… 293
[illegible] …… 291
[illegible] …… 296
[illegible] …… 290
[illegible] …… 288
[illegible]
[illegible] …… 294
[illegible]
[illegible] …… 290
[illegible]
[illegible] …… 290
[illegible] …… 292
[illegible]
[illegible] …… 293
[illegible]

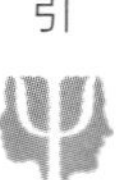

[illegible] ……296
[illegible] ……295
[illegible] ……294
[illegible] ……296
[illegible] ……295
[illegible] ……296
[illegible] ……291
[illegible] ……296
[illegible] ……296
[illegible] ……293
[illegible] ……295
[illegible] ……292
[illegible] ……293
[illegible] ……290
[illegible] ……292
[illegible] ……288
[illegible] ……292
[illegible] ……289
[illegible] ……291
[illegible] ……289
[illegible] ……289

[illegible] ……295
[illegible] ……294
[illegible] ……290
[illegible] ……289
[illegible] ……292
[illegible] ……291
[illegible] ……295
[illegible] ……295
[illegible] ……295
[illegible] ……289
[illegible] ……289
[illegible] ……292
[illegible] ……292
[illegible] ……293
[illegible] ……291
[illegible] ……296
[illegible] ……293
[illegible] ……289
[illegible] ……291

[illegible] ……294
[illegible] ……292
[illegible] ……296
[illegible] ……289
[illegible] ……290
[illegible] ……294
[illegible] ……293
[illegible] ……289
[illegible] ……289
[illegible] ……290
[illegible] ……293
[illegible] ……295
[illegible] ……295
[illegible] ……293
[illegible] ……297
[illegible] ……291
[illegible] ……291
[illegible] ……291
[illegible] ……293
[illegible] ……294
[illegible] ……291
[illegible] ……290

[illegible] ……294
[illegible] ……294
[illegible] ……293
[illegible] ……292
[illegible] ……290
[illegible] ……320
[illegible] ……320
[illegible] ……87
[illegible] ……87
[illegible] ……85
[illegible] ……86
[illegible] ……86
[illegible] ……86
[illegible] ……86
[illegible] ……86
[illegible] ……86
[illegible] ……86
[illegible] ……86
[illegible] ……87
[illegible] ……86
[illegible] ……86
[illegible] ……87

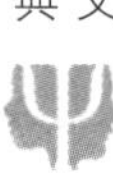

ᠰᠢ [si]

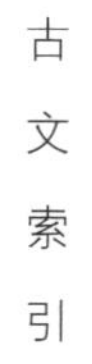
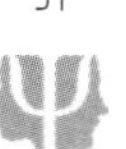

[illegible] …… 357
[illegible] …… 101
[illegible] …… 280
[illegible] …… 280
[illegible] …… 280
[illegible] …… 279
[illegible] …… 280
[illegible] …… 166
[illegible] …… 29
[illegible] …… 283
[illegible] …… 279
[illegible] …… 279
[illegible] …… 279
[illegible] …… 279
[illegible] …… 279
[illegible] …… 279
[illegible] …… 34
[illegible] …… 34
[illegible] …… 355
[illegible] …… 355

[illegible] [so]

[illegible] …… 103
[illegible] …… 103
[illegible] …… 104
[illegible] …… 79
[illegible] …… 142
[illegible] …… 256
[illegible] …… 256
[illegible] …… 257
[illegible] …… 257
[illegible] …… 256
[illegible] …… 257
[illegible] …… 256
[illegible] …… 257
[illegible] …… 257
[illegible] …… 258
[illegible] …… 258
[illegible] …… 258
[illegible] …… 255
[illegible] …… 256
[illegible] …… 257
[illegible] …… 256
[illegible] …… 256
[illegible] …… 256
[illegible] …… 256
[illegible] …… 257
[illegible] …… 257
[illegible] …… 257
[illegible] …… 256
[illegible] …… 256
[illegible] …… 256
[illegible] …… 257
[illegible] …… 257
[illegible] …… 258
[illegible] …… 257
[illegible] …… 308
[illegible] …… 308
[illegible] …… 308
[illegible] …… 131
[illegible] …… 131
[illegible] …… 131
[illegible] …… 165
[illegible] …… 165
[illegible] …… 165
[illegible] …… 357
[illegible] …… 357
[illegible] …… 357
[illegible] …… 357
[illegible] …… 357
[illegible] …… 132, 339
[illegible] …… 132
[illegible] …… 132
[illegible] …… 339
[illegible] …… 340
[illegible] …… 50
[illegible] …… 50, 77
[illegible] …… 77

[illegible]……370
[illegible]……125
[illegible]……125
[illegible]
[illegible]……124
[illegible]……124
[illegible]……124
[illegible]……124
[illegible]……124
[illegible]……132
[illegible]……132
[illegible]……273
[illegible]……273
[illegible]……273
[illegible]……273
[illegible]……273
[illegible]……273
[illegible]……273
[illegible]
[illegible]……147
[illegible]……146
[illegible]
[illegible]……146
[illegible]……147
[illegible]……147
[illegible]……273
[illegible]
[illegible]……38

[su]

[illegible]……216
[illegible]……73
[illegible]……299
[illegible]……300
[illegible]……299
[illegible]……299
[illegible]……300
[illegible]……299
[illegible]……300
[illegible]……299
[illegible]……299
[illegible]……300
[illegible]……299
[illegible]……299
[illegible]……278
[illegible]
[illegible]……309
[illegible]
[illegible]……308
[illegible]……310
[illegible]
[illegible]……311
[illegible]
[illegible]……311
[illegible]……73
[illegible]
[illegible]……149
[illegible]……309
[illegible]……309
[illegible]……310
[illegible]……309
[illegible]……309
[illegible]……310
[illegible]……309
[illegible]……310
[illegible]……309
[illegible]……310
[illegible]……310
[illegible]……309
[illegible]……309
[illegible]……309
[illegible]……170
[illegible]……278
[illegible]……310
[illegible]……310
[illegible]……310
[illegible]……310
[illegible]……309
[illegible]……127
[illegible]……310
[illegible]
[illegible]……308
[illegible]
[illegible]……308
[illegible]……308
[illegible]……310
[illegible]……310
[illegible]……127
[illegible]……127
[illegible]……278
[illegible]……278
[illegible]……278

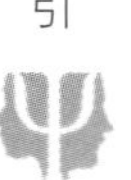

[illegible] …… 283
[illegible] …… 296
[illegible] …… 296
[illegible] …… 270

[sü]

[illegible] …… 180
[illegible] …… 142
[illegible] …… 142
[illegible] …… 180
[illegible] …… 181
[illegible] …… 45
[illegible] …… 81
[illegible] …… 81
[illegible] …… 80
[illegible] …… 81
[illegible] …… 80
[illegible] …… 81
[illegible] …… 81
[illegible] …… 80

[sö]

[illegible] …… 278
[illegible] …… 339

[šu]

[illegible] …… 216
[illegible] …… 216
[illegible] …… 127
[illegible] …… 128
[illegible] …… 357
[illegible] …… 366
[illegible] …… 366
[illegible] …… 49
[illegible] …… 124
[illegible] …… 124

[ša]

[illegible] …… 33
[illegible] …… 263
[illegible]
[illegible] …… 283
[illegible] …… 283
[illegible] …… 250
[illegible]
[illegible] …… 283
[illegible] …… 208
[illegible] …… 209
[illegible]
[illegible] …… 210
[illegible] …… 208
[illegible] …… 208
[illegible] …… 208
[illegible] …… 208
[illegible] …… 342
[illegible] …… 2
[illegible] …… 2
[illegible] …… 2
[illegible] …… 130

[ta]

[illegible] …… 102
[illegible] …… 102

[šü]

[illegible] …… 283
[illegible] …… 283
[illegible] …… 283
[illegible] …… 246
[illegible] …… 211
[illegible] …… 209
[illegible] …… 210
[illegible] …… 211
[illegible] …… 211
[illegible]
[illegible] …… 209
[illegible] …… 210
[illegible]
[illegible] …… 208
[illegible] …… 211
[illegible]
[illegible] …… 209
[illegible] …… 209
[illegible] …… 211
[illegible] …… 209
[illegible] …… 209
[illegible] …… 75
[illegible] …… 210
[illegible]
[illegible] …… 211
[illegible]
[illegible] …… 209

[illegible] …… 277
[illegible] …… 229
[illegible] …… 208
[illegible] …… 153
[illegible]
[illegible] …… 208
[illegible] …… 172
[illegible] …… 172
[illegible]
[illegible] …… 209
[illegible] …… 209
[illegible] …… 209
[illegible] …… 209
[illegible] …… 210
[illegible]
[illegible] …… 210
[illegible] …… 210
[illegible]
[illegible] …… 210
[illegible]
[illegible] …… 210
[illegible]
[illegible] …… 210

[illegible] …… 176
[illegible] …… 175
[illegible] …… 214
[illegible] …… 278
[illegible] …… 77
[illegible] …… 158
[illegible] …… 89
[illegible] …… 198
[illegible] …… 89
[illegible] …… 247
[illegible] …… 247
[illegible] …… 247
[illegible] …… 247
[illegible] …… 247
[illegible] …… 247
[illegible] …… 132
[illegible] …… 132
[illegible] …… 99
[illegible] …… 5
[illegible] …… 230
[illegible] …… 237
[illegible] …… 238
[illegible] …… 238

[illegible] …… 47
[illegible] …… 47
[illegible] …… 48
[illegible] …… 47
[illegible]
[illegible] …… 48
[illegible] …… 47
[illegible] …… 353
[illegible] …… 29
[illegible] …… 88
[illegible] …… 153
[illegible] …… 153

ᠲᠡ [te]

[illegible] …… 64
[illegible] …… 176
[illegible] …… 175
[illegible] …… 131
[illegible] …… 176
[illegible] …… 176
[illegible] …… 103
[illegible] …… 103
[illegible] …… 176

[illegible] …… 80
[illegible] …… 79
[illegible]
[illegible] …… 80
[illegible] …… 79
[illegible] …… 79
[illegible] …… 79
[illegible] …… 79
[illegible] …… 80
[illegible] …… 79
[illegible] …… 79
[illegible] …… 13
[illegible] …… 13
[illegible] …… 32
[illegible] …… 32
[illegible] …… 158
[illegible] …… 158
[illegible] …… 158
[illegible] …… 135
[illegible] …… 185
[illegible] …… 185
[illegible] …… 185
[illegible] …… 47

[illegible] …… 353
[illegible] …… 353
[illegible] …… 239
[illegible] …… 239
[illegible]
[illegible] …… 247
[illegible] …… 239
[illegible] …… 239
[illegible]
[illegible] …… 255
[illegible] …… 255
[illegible] …… 83
[illegible] …… 83
[illegible] …… 46
[illegible] …… 268
[illegible] …… 268
[illegible] …… 268

[to]

[illegible] …… 237
[illegible] …… 327
[illegible] …… 222
[illegible] …… 236
[illegible] …… 79
[illegible] …… 29
[illegible] …… 29
[illegible] …… 195
[illegible] …… 134
[illegible] …… 134
[illegible] …… 52
[illegible] …… 52
[illegible] …… 52
[illegible] …… 97
[illegible] …… 106
[illegible] …… 97
[illegible] …… 52
[illegible] …… 52
[illegible] …… 27
[illegible] …… 107
[illegible] …… 230
[illegible] …… 97
[illegible] …… 327
[illegible] …… 327
[illegible] …… 327
[illegible] …… 329
[illegible] …… 329
[illegible] …… 55
[illegible] …… 69
[illegible] …… 68
[illegible] …… 69
[illegible] …… 69
[illegible] …… 68
[illegible] …… 68
[illegible] …… 68, 69
[illegible] …… 68
[illegible] …… 345
[illegible] …… 277
[illegible] …… 318
[illegible] …… 46
[illegible]
[illegible] …… 282
[illegible] …… 282
[illegible] …… 58
[illegible] …… 170
[illegible] …… 170
[illegible] …… 170
[illegible] …… 116

[tu]

[illegible] …… 231
[illegible]
[illegible] …… 231
[illegible] …… 231
[illegible] …… 231
[illegible] …… 281
[illegible] …… 131
[illegible] …… 131
[illegible] …… 131
[illegible] …… 131
[illegible] …… 231
[illegible] …… 262
[illegible] …… 262
[illegible] …… 262
[illegible] …… 262
[illegible] …… 356
[illegible] …… 90
[illegible] …… 356
[illegible]
[illegible] …… 347
[illegible] …… 89
[illegible] …… 55
[illegible] …… 56

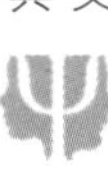

[illegible] …… 231
[illegible] …… 231
[illegible] …… 231
[illegible] …… 231

[tö]

[illegible] …… 152
[illegible]
[illegible] …… 152
[illegible] …… 351
[illegible] …… 352
[illegible] …… 352
[illegible] …… 352
[illegible] …… 352
[illegible] …… 352
[illegible] …… 352
[illegible] …… 351
[illegible] …… 351
[illegible] …… 116
[illegible] …… 117
[illegible] …… 117
[illegible]
[illegible] …… 117
[illegible] …… 117

[illegible]
[illegible] …… 126
[illegible] …… 199
[illegible] …… 166
[illegible] …… 167
[illegible] …… 88
[illegible] …… 285
[illegible]
[illegible] …… 43
[illegible] …… 285
[illegible] …… 285
[illegible] …… 285
[illegible] …… 284
[illegible] …… 285
[illegible] …… 151
[illegible] …… 358
[illegible]
[illegible] …… 358
[illegible] …… 172
[illegible]
[illegible] …… 151
[illegible] …… 24, 32
[illegible] …… 151

[illegible] …… 8
[illegible] …… 254
[illegible] …… 8, 281
[illegible] …… 50
[illegible] …… 281
[illegible] …… 8
[illegible] …… 281
[illegible] …… 8
[illegible] …… 8
[illegible] …… 8

[tü]

[illegible] …… 187
[illegible] …… 187
[illegible] …… 187
[illegible]
[illegible] …… 187
[illegible] …… 187
[illegible] …… 7
[illegible] …… 284
[illegible] …… 284
[illegible] …… 284
[illegible] …… 284

[illegible] …… 284
[illegible] …… 284
[illegible] …… 246
[illegible] …… 147
[illegible]
[illegible] …… 116
[illegible] …… 147
[illegible]
[illegible] …… 116

（ ） [da]

[illegible] …… 341
[illegible] …… 341
[illegible]
[illegible] …… 340
[illegible] …… 341
[illegible] …… 48
[illegible] …… 48
[illegible] …… 332
[illegible] …… 44
[illegible] …… 44
[illegible] …… 44

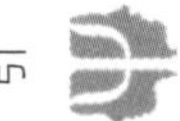

[illegible] …… 29
[illegible] …… 243
[illegible] …… 243
[illegible] …… 243
[illegible] …… 316
[illegible] …… 316
[illegible] …… 99
[illegible] …… 345
[illegible]
[illegible] …… 133
[illegible] …… 340
[illegible] …… 76
[illegible] …… 76
[illegible] …… 217
[illegible] …… 217
[illegible] …… 217
[illegible] …… 361
[illegible]
[illegible] …… 88
[illegible] …… 88
[illegible] …… 181

[illegible] ([illegible]) [de]

[illegible] …… 364
[illegible] …… 48
[illegible] …… 48
[illegible] …… 281
[illegible] …… 281

[illegible] ([illegible]) [do]

[illegible] …… 193

[illegible] ([illegible]) [di]

[illegible] …… 48
[illegible]
[illegible] …… 43
[illegible]
[illegible] …… 44
[illegible]
[illegible] …… 38
[illegible] …… 38
[illegible] …… 82
[illegible] …… 82
[illegible] …… 47
[illegible] …… 23
[illegible] …… 23
[illegible] …… 176
[illegible] …… 179
[illegible]
[illegible] …… 176
[illegible] …… 16
[illegible] …… 115
[illegible] …… 115
[illegible] …… 115
[illegible] …… 6
[illegible] …… 298
[illegible] …… 299
[illegible] …… 236
[illegible] …… 298
[illegible] …… 298
[illegible] …… 3
[illegible] …… 237
[illegible] …… 3
[illegible] …… 265
[illegible] …… 197
[illegible] …… 281
[illegible]
[illegible]
[illegible] …… 49, 280
[illegible] …… 177
[illegible] …… 178
[illegible] …… 176
[illegible] …… 177
[illegible]
[illegible] …… 177
[illegible] …… 177
[illegible] …… 176
[illegible] …… 179
[illegible]
[illegible] …… 179
[illegible] …… 177
[illegible] …… 177
[illegible] …… 178
[illegible] …… 177
[illegible] …… 177
[illegible] …… 179
[illegible]
[illegible] …… 176
[illegible] …… 177
[illegible] …… 177
[illegible] …… 179
[illegible] …… 176

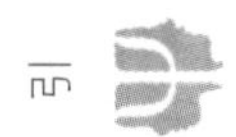

[illegible] …… 185
[illegible] …… 350
[illegible] …… 351
[illegible] …… 351
[illegible] …… 351
[illegible] …… 352
[illegible] …… 351
[illegible] …… 367
[illegible] …… 367
[illegible] …… 122
[illegible] …… 250
[illegible] …… 349
[illegible] …… 58
[illegible] …… 58
[illegible] …… 285

ᠳᠤ（ᠲᠤ）[du]

[illegible] …… 343
[illegible] …… 343
[illegible] …… 343
[illegible] …… 136
[illegible] …… 29

ᠳᠦ（ᠲᠦ）[dü]

[illegible]（[illegible]）[illegible] …… 245
[illegible] …… 123

ᠳᠥ（ᠲᠥ）[dö]

[illegible] …… 184
[illegible] …… 304
[illegible] …… 73
[illegible] …… 317
[illegible] …… 160
[illegible] …… 41
[illegible] …… 272
[illegible] …… 273
[illegible] …… 272
[illegible] …… 273
[illegible] …… 139
[illegible] …… 186
[illegible] …… 302
[illegible] …… 302
[illegible] …… 276
[illegible] …… 168
[illegible] …… 168
[illegible] …… 100
[illegible] …… 100
[illegible] …… 136
[illegible] …… 137
[illegible] …… 137
[illegible] …… 137
[illegible] …… 137
[illegible] …… 137
[illegible] …… 137
[illegible] …… 137
[illegible] …… 137
[illegible] …… 137
[illegible] …… 137
[illegible] …… 137
[illegible] …… 136
[illegible] …… 137
[illegible] …… 358
[illegible] …… 36

ᠴᠡ [ce]

[illegible] …… 298
[illegible] …… 133
[illegible] …… 4
[illegible] …… 4
[illegible] - [illegible] …… 230
[illegible] …… 230
[illegible] …… 236
[illegible] …… 350
[illegible] …… 230
[illegible] …… 230
[illegible] …… 230
[illegible] …… 230
[illegible] …… 51
[illegible] …… 51
[illegible] …… 51
[illegible] …… 51
[illegible] …… 51

ᠴᠠ [ca]

[illegible] ············ 119
[illegible] ············ 119
[illegible] ············ 119
[illegible] ············ 119
[illegible] ············ 119
[illegible] ············ 119
[illegible] ············ 119
[illegible]
[illegible] ············ 118
[illegible] ············ 119
[illegible] ············ 119
[illegible] ············ 118
[illegible] ············ 119
[illegible] ············ 118
[illegible] ············ 118
[illegible] ············ 118
[illegible] ············ 51
[illegible] ············ 51
[illegible] ············ 92
[illegible] ············ 92
[illegible] ············ 92
[illegible] ············ 92
[illegible] ············ 36
[illegible] ············ 193
[illegible] ············ 202
[illegible] ············ 342
[illegible] ············ 52

ᠴᠢ [ci]

[illegible] ············ 138
[illegible]
[illegible] ············ 138
[illegible]
[illegible] ············ 138
[illegible] ············ 138
[illegible]
[illegible] ············ 138
[illegible]
[illegible] ············ 138
[illegible]
[illegible]
[illegible] ············ 130
[illegible] ············ 118
[illegible] ············ 120
[illegible] ············ 119
[illegible] ············ 81
[illegible] ············ 365
[illegible] ············ 365
[illegible] ············ 364
[illegible] ············ 365
[illegible] ············ 177
[illegible] ············ 177
[illegible] ············ 274
[illegible] ············ 181
[illegible] ············ 52
[illegible] ············ 52
[illegible] ············ 52
[illegible] ············ 353
[illegible] ············ 62
[illegible] ············ 62
[illegible] ············ 194
[illegible] ············ 193
[illegible] ············ 193
[illegible] ············ 193
[illegible]
[illegible] ············ 193
[illegible]
[illegible] ············ 193
[illegible] ············ 193
[illegible]
[illegible] ············ 94
[illegible] ············ 94
[illegible] ············ 180
[illegible] ············ 180
[illegible]
[illegible] ············ 180
[illegible]
[illegible]
[illegible] ············ 180
[illegible] ············ 179
[illegible] ············ 180
[illegible] ············ 179
[illegible] ············ 179
[illegible] ············ 311
[illegible] ············ 59
[illegible] ············ 311
[illegible]
[illegible] ············ 311
[illegible] ············ 364
[illegible] ············ 140
[illegible] ············ 140
[illegible] ············ 365

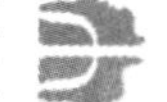

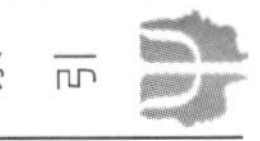

[illegible] ······ 110
[illegible] ······ 60, 110, 250
[illegible] ······ 135
[illegible] ······ 135
[illegible] ······ 135

[za]

[illegible] ······ 106

[cü]

[illegible] ······ 217

[cö]

[illegible] ······ 95

[cu]

[illegible] ······ 115
[illegible] ······ 123
[illegible] ······ 123

[co]

[illegible] ······ 345
[illegible] ······ 94

[illegible] ······ 204
[illegible] ······ 204
[illegible] ······ 204
[illegible] ······ 204
[illegible] ······ 205
[illegible]
[illegible] ······ 205
[illegible] ······ 204
[illegible] ······ 205
[illegible]
[illegible] ······ 203
[illegible] ······ 305
[illegible]
[illegible] ······ 305
[illegible] ······ 190
[illegible]
[illegible] ······ 190
[illegible] ······ 190
[illegible] ······ 110
[illegible] ······ 110
[illegible]
[illegible] ······ 110
[illegible] ······ 110

[illegible] ······ 185
[illegible] ······ 204
[illegible] ······ 204
[illegible]
[illegible] ······ 204
[illegible] ······ 203
[illegible] ······ 205
[illegible]
[illegible] ······ 205
[illegible]
[illegible] ······ 205
[illegible] ······ 205
[illegible] ······ 204
[illegible]
[illegible] ······ 203
[illegible]
[illegible] ······ 204
[illegible] ······ 205
[illegible] ······ 205
[illegible] ······ 204
[illegible] ······ 203
[illegible] ······ 203
[illegible] ······ 205

[illegible] ······ 10
[illegible] ······ 10
[illegible] ······ 11
[illegible] ······ 11
[illegible]
[illegible] ······ 10
[illegible] ······ 11
[illegible] ······ 122
[illegible] ······ 350
[illegible] ······ 191
[illegible] ······ 279
[illegible] ······ 279
[illegible] ······ 278
[illegible] ······ 165
[illegible] ······ 165
[illegible]
[illegible] ······ 165
[illegible] ······ 165
[illegible] ······ 165
[illegible] ······ 97
[illegible] ······ 97
[illegible] ······ 97
[illegible] ······ 300

[illegible] ······ 278
[illegible] ······ 140
[illegible] ······ 305
[illegible] ······ *306*
[illegible] ······ 306
[illegible] ······ 264
[illegible] ······ 126
[illegible]
[illegible] ······ 126
[illegible] ······ 194
[illegible] - [illegible] ······ 340
[illegible] ······ 351
[illegible] ······ 350
[illegible] ······ 4
[illegible] ······ 4
[illegible] ······ 316
[illegible] ······ 130
[illegible] ······ 158
[illegible] ······ 332
[illegible] ······ 33
[illegible] ······ 200
[illegible]
[illegible] ······ 200
[illegible] ······ 182
[illegible] ······ 15
[illegible] ······ 259
[illegible] ([illegible]) [illegible] ······ 167
[illegible] ······ 47
[illegible] ······ 20
[illegible] ······ 166
[illegible] ······ 166
[illegible] ······ 236
[illegible] ······ 166
[illegible] ······ 370
[illegible] ······ 277

[ze]

[illegible] ······ 128
[illegible] ······ 246
[illegible] ······ 184
[illegible] ······ 184
[illegible] ······ 184
[illegible] ······ 99
[illegible] ······ 78
[illegible] ······ 78
[illegible] ······ 78
[illegible] ······ 127
[illegible]
[illegible] ······ 344
[illegible] ······ 342
[illegible] ······ 342
[illegible] ······ 344
[illegible] ······ 75
[illegible] ······ 75

[zi]

[illegible] ······ 212
[illegible] ······ 199
[illegible] ······ 15
[illegible] ······ 259
[illegible] ······ 15
[illegible]
[illegible] ······ 260
[illegible] ······ 15
[illegible] ······ 186
[illegible] ······ 259
[illegible] ······ 16
[illegible] ······ 15
[illegible] ······ 259
[illegible] ······ 332
[illegible] ······ 332
[illegible] ······ 288
[illegible] ······ 167
[illegible] ······ 167
[illegible] ······ 122
[illegible]
[illegible] ······ 348
[illegible] ······ 161
[illegible] ······ 147, 212
[illegible] ······ 229
[illegible]
[illegible] ······ 316
[illegible] ······ 316
[illegible] ······ 316
[illegible] ······ 157
[illegible] ······ 134
[illegible] ······ 134
[illegible] ······ 324
[illegible] ······ 180
[illegible] ······ 248
[illegible] ······ 127
[illegible] ······ 127

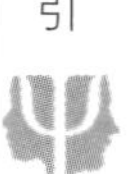

[illegible] …… 104
[illegible] …… 105
[illegible] …… 146
[illegible] …… 150
[illegible] …… 126
[illegible] …… 126
[illegible] …… 126
[illegible] …… 126
[illegible] …… 126

ᠵ [zo]

[illegible] …… 263
[illegible] …… 263
[illegible] …… 262
[illegible] …… 263
[illegible] …… 263
[illegible] …… 287
[illegible] …… 121
[illegible]
[illegible] …… 121
[illegible] …… 7
[illegible] …… 332
[illegible] …… 332
[illegible] …… 368
[illegible] …… 368
[illegible]
[illegible] …… 367
[illegible] …… 367
[illegible]
[illegible] …… 367
[illegible] …… 368
[illegible] …… 367
[illegible]
[illegible] …… 367
[illegible] …… 367
[illegible]
[illegible] …… 236
[illegible]
[illegible] …… 236
[illegible] …… 236
[illegible] …… 236
[illegible] …… 243
[illegible] …… 255
[illegible] …… 243
[illegible] …… 284
[illegible] …… 104
[illegible] …… 322
[illegible] …… 322
[illegible] …… 322
[illegible] …… 322
[illegible] …… 270
[illegible] …… 270
[illegible] …… 322
[illegible] …… 359
[illegible] …… 56
[illegible] …… 43
[illegible] …… 43
[illegible] …… 235
[illegible] …… 205
[illegible] …… 306
[illegible] …… 206
[illegible] …… 306
[illegible] …… 306
[illegible]
[illegible] …… 206
[illegible] …… 205
[illegible] …… 306
[illegible] …… 367
[illegible] …… 368
[illegible] …… 270
[illegible] …… 111
[illegible] …… 358
[illegible] …… 111
[illegible] …… 344
[illegible] …… 347
[illegible] …… 347
[illegible]
[illegible] …… 347
[illegible] …… 347
[illegible] …… 212

ᠵ [zö]

[illegible] …… 335
[illegible] …… 52

ᠵ [zu]

[illegible] …… 173
[illegible] …… 174
[illegible] …… 173
[illegible] …… 207
[illegible] …… 207
[illegible] …… 322

[illegible] ······ 70
[illegible] ······ 101
[illegible] ······ 101
[illegible] ······ 316

[ya]

[illegible] ······ 180
[illegible] ······ 73
[illegible] ······ 241
[illegible] ······ 264
[illegible] ······ 104

[zü]

[illegible] ······ 23
[illegible] ······ 23
[illegible] ······ 23
[illegible] ······ 23
[illegible] ······ 23
[illegible] ······ 23
[illegible] ······ 23
[illegible] ······ 165
[illegible] ······ 184
[illegible] ······ 184
[illegible] ······ 70
[illegible] ······ 69
[illegible]
[illegible] ······ 70
[illegible] ······ 71
[illegible] ······ 71
······ 70
[illegible]
[illegible] ······ 69, 70
[illegible]
[illegible] ······ 70
[illegible]
[illegible] ······ 70
[illegible] ······ 72
[illegible] ······ 69
[illegible] ······ 70
[illegible] ······ 71
[illegible] ······ 71
[illegible]
[illegible] ······ 70
[illegible]
[illegible] ······ 70
[illegible] ······ 71
[illegible] ······ 109
[illegible] ······ 109
[illegible] ······ 370
[illegible] ······ 370
[illegible] ······ 369
[illegible] ······ 369
[illegible]
[illegible] ······ 369
[illegible] ······ 369
[illegible] ······ 370
[illegible] ······ 370
[illegible] ······ 369
[illegible]
[illegible] ······ 370
[illegible] ······ 370
[illegible] ······ 370
[illegible]
[illegible] ······ 370
[illegible] ······ 369
[illegible]
[illegible] ······ 369
[illegible]
[illegible] ······ 369
[illegible]
[illegible] ······ 42
[illegible] ······ 41
[illegible]
[illegible]
[illegible] ······ 42
[illegible] ······ 41
[illegible] ······ 42
[illegible] ······ 42
[illegible]
[illegible] ······ 198
[illegible] ······ 198
[illegible] ······ 42
[illegible] ······ 42
[illegible] ······ 42
[illegible] ······ 42

[ye]

[illegible] ······ 146
[illegible] ······ 146
[illegible] ······ 145
[illegible] ······ 329
[illegible] ······ 109
[illegible] ······ 249

[illegible] …… 278
[illegible]
[illegible] …… 323
[illegible] …… 323
[illegible] …… 323
[illegible] …… 323

[fa]

[illegible] …… 78
[illegible] …… 275
[illegible] …… 271
[illegible] …… 268
[illegible]
[illegible] …… 273
[illegible] …… 80
[illegible] …… 270
[illegible] …… 271
[illegible]
[illegible] …… 285
[illegible] …… 269
[illegible]
[illegible] …… 270
[illegible]
[illegible] …… 270
[illegible]
[illegible] …… 270
[illegible]
[illegible] …… 270
[illegible] …… 270
[illegible] …… 271
[illegible]
[illegible] …… 269
[illegible] …… 269
[illegible] …… 269
[illegible] …… 272
[illegible] …… 108
[illegible]

[wa]

[illegible] …… 160
[illegible]

[rü]

…… 161
[illegible]
[illegible] …… 162
[illegible]
[illegible] …… 162
[illegible] …… 162
[illegible] …… 161

[ru]

[illegible] …… 150, 212
[illegible]

[ra]

[illegible] …… 46
[illegible] …… 46
[illegible] …… 46
[illegible] …… 46
[illegible] …… 47
[illegible] …… 46
[illegible] …… 46

[yo]

[illegible] …… 28

[yi]

[illegible] …… 317
[illegible] …… 366
[illegible] …… 366
[illegible] …… 188, 317
[illegible]
[illegible] …… 317
[illegible] …… 366
[illegible] …… 188
[illegible] …… 366
[illegible]
[illegible] …… 71
[illegible] …… 71
[illegible] …… 71
[illegible] …… 41
[illegible]
[illegible] …… 41
[illegible]
[illegible] …… 42
[illegible]
[illegible] …… 41
[illegible] …… 41
[illegible]

[illegible] α [illegible] …… 142
[illegible] …… 140
[illegible]- [illegible]
[illegible] …… 140
[illegible]
[illegible] 16 [illegible]
[illegible] …… 61
[illegible] …… 121
[illegible]
[illegible] - [illegible] …… 141

[illegible] [ka]

[illegible] …… 79
[illegible] …… 79
[illegible] …… 75
[illegible] …… 76
[illegible] …… 226
[illegible] …… 226
[illegible] …… 226
[illegible] …… 226
[illegible] …… 75
[illegible] Z [illegible] …… 75
[illegible] …… 75
[illegible] …… 141
[illegible] …… 11
[illegible] …… 11
[illegible]
[illegible] …… 11
[illegible] …… 89
[illegible] …… 118
[illegible]
[illegible] …… 117
[illegible]
[illegible] …… 118
[illegible]
[illegible] …… 118
[illegible] …… 118
[illegible] …… 321
[illegible] …… 198
[illegible] …… 140
[illegible]
[illegible] …… 144
[illegible]
[illegible] …… 143
[illegible] W [illegible] …… 143
[illegible] U [illegible] …… 143
[illegible]
[illegible] …… 106
[illegible] …… 106
[illegible] …… 103
[illegible]
[illegible] …… 103
[illegible]
[illegible] …… 103

[illegible] [he]

[illegible] …… 214
[illegible] …… 213

[illegible] [ža]

[illegible] …… 280
[illegible] …… 246
[illegible] …… 19

[illegible] [ča]

[illegible] - [illegible] …… 146
[illegible] …… 141
[illegible]
C1 [illegible] …… 27
C [illegible] …… 69
[illegible] …… 304
C [illegible]
B [illegible] …… 69
B [illegible] …… 303
[illegible] …… 303
B [illegible]
ABBA [illegible] …… 185
A [illegible] …… 69
A [illegible] …… 303
[illegible] …… 303
A [illegible]
II [illegible] …… 303
I [illegible] …… 303
5-[illegible] …… 194
3D [illegible] …… 282
3D [illegible] …… 282

[illegible]

[illegible] …… 278
[illegible]
[illegible] …… 106

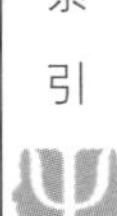

X ᠲᠣᠭ᠎ᠠ ······ 152
t ᠰᠢᠯᠭᠠᠯᠲᠠ ······ 76
t ᠲᠠᠷᠬᠠᠯᠲᠠ ᠪᠠᠢᠳᠠᠯ ······ 123
T ᠣᠨᠤᠭ᠎ᠠ ······ 77
T ᠬᠡᠯᠪᠡᠷᠢᠲᠦ ᠲᠣᠭᠣᠷᠢᠭ ······ 302
S ᠬᠦᠴᠦᠯ ······ 323
ROC ᠮᠤᠷᠤᠢ ᠱᠤᠭᠤᠮ ······ 198
Q ᠰᠢᠯᠭᠠᠯᠲᠠ ······ 76
Q ᠠᠷᠭ᠎ᠠ ······ 76
P-O-X ᠲᠣᠭ᠎ᠠ ······ 152
PDP ᠵᠠᠭᠪᠤᠷ ······ 172
P300 ᠳᠣᠯᠭᠢᠶᠠᠯ ······ 27
P3 ᠳᠣᠯᠭᠢᠶᠠᠯ ······ 27
P ᠳᠤᠭᠤᠢ ······ 277
ᠳᠠᠪᠬᠤᠷᠭ᠎ᠠ ······ 203
NEO ᠵᠠᠩ ᠴᠢᠨᠠᠷ ᠤᠨ ᠪᠠᠢᠳᠠᠯ ᠤᠨ
N400 ᠳᠣᠯᠭᠢᠶᠠᠯ ······ 27
k ᠰᠤᠷᠭᠠᠯ ᠬᠡᠮᠵᠢᠶᠡ ᠶᠢᠨ ᠬᠠᠮᠢᠶᠠᠷᠤ ᠴᠢᠨᠠᠷ 139
g ᠬᠦᠴᠦᠯ ······ 323
F ᠰᠢᠯᠭᠠᠯᠲᠠ ······ 76
F ᠲᠠᠷᠬᠠᠯᠲᠠ ᠪᠠᠢᠳᠠᠯ ······ 123
ERG ᠲᠣᠭ᠎ᠠ ······ 152
D ᠲᠥᠷᠥᠯ ᠤᠨ ᠵᠠᠩ ᠴᠢᠨᠠᠷ ······ 303
χ^2 ᠰᠢᠯᠭᠠᠯᠲᠠ ······ 76
χ^2 ᠲᠠᠷᠬᠠᠯᠲᠠ ᠪᠠᠢᠳᠠᠯ ······ 123
Φ ᠲᠣᠭ᠎ᠠ ······ 282
Φ ᠬᠡᠮᠨᠡᠯ ······ 279
θ ᠳᠣᠯᠭᠢᠶᠠᠯ ······ 16
δ ᠳᠣᠯᠭᠢᠶᠠᠯ ······ 16
γ- ᠠᠮᠢᠨᠤ ᠳᠠᠭᠤᠰᠬᠠᠯ ······ 3
β ᠳᠣᠯᠭᠢᠶᠠᠯ ······ 16
α ᠳᠣᠯᠭᠢᠶᠠᠯ ······ 16
α ᠬᠡᠮᠨᠡᠯ ······ 279
Z ᠲᠠᠷᠬᠠᠯᠲᠠ ᠪᠠᠢᠳᠠᠯ ······ 123
Z ᠣᠨᠤᠭ᠎ᠠ ······ 78
Z ᠲᠣᠭ᠎ᠠ ······ 153
Y ᠬᠡᠯᠪᠡᠷᠢᠲᠦ ᠲᠣᠭᠣᠷᠢᠭ ······ 302
Y ᠲᠣᠭ᠎ᠠ ······ 153

西里尔文索引

Кирил монгол нэрийн хэлхээс

Ⅰ төрлийн алдаа ······ 303
Ⅱ төрлийн алдаа ······ 303
ABBA саармагжилт ······ 185
C1 бүрэлдэхүүн хэсэг ······ 27
ERG онол ······ 152
F-тест ······ 122
g хүчин зүйл ······ 323
k-дунджаар ангилах ······ 139
k-дунджаар ангилах ······ 147
McCollough нөлөө ······ 164
N400 бүрэлдэхүүн хэсэг ······ 27
N-метил-D-аспартат хүлээн авагч ······ 121
P3 бүрэлдэхүүн хэсэг ······ 27
P300 бүрэлдэхүүн хэсэг ······ 27
P-O-X гурвал ······ 152
Q бүлэг ······ 76
S хүчин зүйл ······ 323
T лабиринт ······ 302
T-тест ······ 123
T-тестийн хос загвар ······ 183
X онол ······ 152
Y лабиринт ······ 302
Y онол ······ 153
Z онол ······ 153
Z оноо ······ 78
Z-тест ······ 123

Aa

авиа ······ 324
авиа дуудлагын үйлдвэрлэл ······ 331
авиа зүйн бүтэц ······ 331
авиа зүйн мэдээлэлтэй байх ······ 331
авиа зүйн төсөөлөл ······ 331
авиа зүйн хөгжил ······ 331
авиа зүйн хүртэхүй ······ 332
авиа өгүүлбэр зүйн бүтэцийн журам ······ 331
авиаг хүртэх ······ 324
авиалбар ······ 324
авианы мэдээлэлтэй байх ······ 324
авсан үнэлгээ ······ 46
Австрийн урсгал ······ 3
автомат бодол ······ 359
автомат код ······ 359
автомат үйл явц ······ 359
автономит сургалт ······ 365
автсан өнгө ······ 328
авхаалжтай үйлдэл ······ 55
авьяас билиг ······ 180
авьяас чадвар ······ 19, 120, 179
авьяас чадварыг шалгах тест ······ 180
авьяас чадварын боловсруулалтын харилцан нөлөөлөл ······ 180

авьяас чадварын бүлэглэл………179
авьяас чадварын сэтгэл судлал ……98
авьяас чадварын тест………179
авьяас чадварын ялгавартай тестүүд………198
авьяас, сонирхол хүсэл тэмүүлэл………184
агаарын төлөв ………144
агуулгын сэтгэл судлал………178
агуулгын тохироц чанар………178
адил төсийн нийлэмж………128, 284
адил төсийн хууль ………128
адилсал………360
адилсалын үзэл баримтлал……… 84
адилсалын хямрал ………208
адилсах чанарын татгалзал ………260
адилслын хямрал ………260
адилтгал ………150
адилтгалын төөрөгдөл ………208, 260
адилтгах сэтгэхүй……… 80
Адлерийн зөвлөгөө………1
Адлерийн сэтгэл судлал………1
адреналин ………225
адренокортикотропин даавар ……39
ажиглагдсан оноо………97
ажиглалтын арга ………97
ажиглах занаар сургах………98
ажил амьдралын чанар ………93
ажил мэргэжлийн хөгжил………348
ажил үүргийн соронзон цуурайтлын дүрслэл………94
ажил үүргийн холбоотой байх ……94
ажил хэргийн манлайлал………125
ажил-амьдралаа тэнцвэржүүлэх ……93
ажилд авах ярилцлага………128
ажиллах хэм ………20
ажилтан сонгон шалгаруулах ……208
ажилтны сэтгэл судлал ………207
ажлаас халшрах ………348
ажлын байр байдал ………94
ажлын байр сэлгэх……… 87
ажлын байрны загвар ………93
ажлын байрны онцлог загвар ……93
ажлын байрны сэтгэл ханамж……93
ажлын байрны үнэлгээ ……… 88
ажлын байрны шинжилгээ……… 87
ажлын дарамт ………94
ажлын зураг төсөл………347
ажлын өсөлт ………93
ажлын стресс ………94
ажлын талбар………93
ажлын холбоо ………93
азгүй тохиолдлоос үүсэх стресс …326
азгүй явдлын шалтгааны дүн шинжилгээ………232
айдас………144
айдас түгшүүрт чиглэсэн онол……126
айдсаа давах ………144
айж сандрах эмгэг ………132
Айзенкийн бие хүний асуулга ………2
айлгах рефлекс ………132
айх ………144
албадлага ………193
албан бус бүлэг ……… 75
албан бус сургалт……… 75
албан ёсны бүлэг………344
албан ёсны сахилга батын онол …302
албан ёсны сургалт………344
албан ёсны үйл ажиллагаа ………302

алдаа ··· 277
алдаа ба онооны арга ··· 235
алдаа дутагдлын чиг баримжаа ··· 228
алдаа оноо ··· 25
алдаа онооны арга ··· 24
алдаа онооны онол ··· 24
алдагдал ··· 214
алдагдсан мэдээлэл ··· 200
алсын дамжуулалт ··· 334
алсын хараатай удирдлага ··· 334
аль нэгийг сонгох үзэл баримтлал ··· 278
альфа долгион ··· 16
альфа коэффициент ··· 279
Альцгеймерийн өвчин ··· 1
аман илтгэл ··· 145, 313
аман тайлан ··· 145
аман тайлан ··· 313
аман харилцаа ··· 313
аман хэлэхүй ··· 145
амжилтанд хамааруулах онол ··· 28
амжилтанд хүрэх хэрэгцээ ··· 28
амжилттай туршлага ··· 27
амжилтын академик тест ··· 311
амжилтын мэргэшсэн тест ··· 356
амжилтын сэдэлжүүлэлт ··· 28
амжилтын сэдэлжүүлэлтийн онол ··· 28
амжилтын тест ··· 27
амжилтын чиг баримжаа ··· 27
амраах сургалт ··· 73
амт ··· 190
амт мэдрэх зааг ··· 272
амтлах сэрэл ··· 44, 271
амтлах хэсэг ··· 272
амтны давтамжийн онол ··· 272
амтны дасан зохицол ··· 272
амтны үнэмлэхүй зааг ··· 271
амьдралын баяр баясгаланг мэдрэхгүй байх ··· 147
амьдралын зөн ··· 225
амьдралын өөрчлөлтийн нэгж ··· 226
амьдралын стресс ··· 226
амьдралын үйл явдал ··· 226
амьдралын үйл явдлын хэмжээс ··· 226
амьдралын хэв маяг ··· 226
амьдралын хэв маягийн өвчин ··· 226
амьдралын чанар ··· 226
амьтдын бие биеэ халамжлах зан ··· 54
амьтны сэтгэл судлал ··· 54
анагаахын загвар ··· 318
анагаахын сэтгэл судлал ··· 318
аналь үе ··· 87
анивчилтыг нийлүүлэх багаж ··· 217
анивчилтын фотометр ··· 217
антропометр ··· 207
анхаарал ··· 355
анхаарал алдагдал хэт идэвхижих эмгэг синдром ··· 356
анхаарал сарних эмгэг ··· 356
анхаарал төвлөрөх хэв маяг ··· 355
анхаарал шалгах багаж ··· 246
анхаарлаа хянах сургалт ··· 356
анхаарлын ачаалал ··· 356
анхаарлын гадаад нарийн төвлөрөл ··· 280
анхаарлын дотоод нарийн төвлөрөл ··· 280

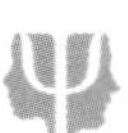

анхаарлын тогтворжилт ············356
анхаарлын хуваарилалт ············355
анхаарлын хуваарилалт ············ 77
анхааруулах дохио ··················· 88
анхан шатны батжуулагч ··········318
анхан шатны сурах бичиг ··········189
анхан шатны урьдчилан
сэргийлэлт ·························318
анхан шатны хэрэгцээ ···· 50, 227, 333
анхдагч боловсруулалт ··············189
анхдагч ой тогтоолт ·················· 32
анхны сэтгэгдэл ························ 50
анхны туршлага ························339
анхны хэл ································· 50
анхны хэлийг эзэмших ················ 50
апати ·······································195
апостериор харьцуулалт ·············232
арга зүй ··································· 72
арга зүйн Бихевиоризм ··············· 73
аргагүй байдлаар үүссэн
хөдөлгөөн ·····························328
ардын сэтгэл судлал ··················169
арилгах арга ····························286
Аристотелийн хуурмаг үзэгдэл ····312
ариун цэврийн сургалт ········· 42, 182
арифметик дундаж ····················247
армийн альфа ба бета тест ··········161
армийн офицер сонгон шалгаруулах
арга ······································161
артикуляция ······························ 64
архаг ачаалал ····························164
архаг өвчин ······························164
архинд донтох ··························134
арчаагүй ·································277
арьс өнгөөр ялгаварлан
гадуурхах ·····························353
арьсны мэдрэмтгий шинж ············ 78
арьсны үзэл ······························353
арьсны үзэлтний хагарал ············352
арьсны цахилгаан хариу ·············· 75
асуудал төсөөлөл ······················274
асуудал хөндсөн байдлын техник ·· 97
асуудал шийдвэрлэх багц ············274
асуудал шийдвэрлэх сургалт ·······274
асуудал шийдэх ························274
асуудалтай нөхцөл байдал ···········274
асуудлын талбар ························274
асуулганд оролцогчийн нас ·········104
атираа ховил ····························· 29
атомын сэтгэл судлал ················334
атомын тухай сургаал ················334
аудиограмм ······························258
аудиометр ································258
аутизм ···································· 96
аутист сэтгэхүй ·························275
аутокинетик хуурмаг үзэгдэл ······365
ацетилхолин ·····························320
ач холбогдлын түвшин ···············282
ач холбогдолтой шинж чанар ·······282
ач холбогдолтой ялгаа ···············282
ачааг шүтэх шинжлэх ухаан ········112
Ашийн туршилт ···························1
аюулгүй байдлын сэтгэл зүй ··········2
аюулгүй байдлын хэрэгцээ ············2
аюулгүй ээнэгшил ························2
ая дан ·····································324
аяндаа бий болох уучлалын
нөлөө ·····································361

аяндаа гарч болзошгүй эрч хүч ···· 360
аяндаа нөхөн сэргээх ··············· 360

Бб

Бабинскийн рефлекс ··············· 4
баг бүрдүүлэх ··············· 263
бага зэргийн танин мэдэхүйн
өөрчлөлт ··············· 194
бага магадлалтай үйл явдал ········ 287
бага нас ··············· 61, 260
бага насны хүүхдийг сонирхох
бэлгийн буруу зуршил ············ 156
бага өөрчлөлтийн арга ············ 368
бага тархи ··············· 287
багаар ажиллах чадвар ············ 264
багаж хэрэгсэлтэй түрэмгийлэл ···· 92
багажийн нөхцөлдүүлэлт ············ 92
багажийн үнэ цэнэ ··············· 92
багасгасан шоо дөрвөлжингийн
арга ··············· 368
багийн ахлагчийн сургалт ·········· 263
багийн дасан зохицол болон
зохицуулалтын сургалт ············ 264
багийн нөөцийн менежмент ········ 114
багийн оюун санаа ··············· 263
багийн үр дүнтэй шинж ············ 264
багц ··············· 52
багц онол ··············· 52
багш төвтэй сургалт ··············· 127
багшийн сэтгэл зүй ··············· 127
багшийн үүрэг ··············· 127
багшийн хүлээлтийн нөлөө ·········· 127
байгалийн нөхцөл дэх ажиглалт ···· 360
байгалийн туршилт ··············· 361
байгалийн үзэл баримтлал ·········· 360
байгаль орчны сэтгэл судлал ······· 109
байгууламжийн цомтгосон
загвар ··············· 123
байгуулах тест ··············· 21
байгууллагын зан төлөв ············ 368
байгууллагын зохион
байгуулалтын бүтэц ··············· 367
байгууллагын соёл ··············· 368
байгууллагын сургалт ··············· 368
байгууллагын сэтгэл судлаач ······ 368
байгууллагын уур амьсгал ·········· 368
байгууллагын хөгжил ··············· 367
Байесийн зарчим ··············· 7
Байесийн теорем ··············· 7
байлдаанд баримжаалсан онол ···· 340
байлдааны нэгжийн байгууллагын
сэтгэл зүйн эрүүл мэнд ··········· 371
байлдааны сэтгэл зүйннөлөө ······· 340
байлдааны сэтгэл зүйн үйл
ажиллагаа ··············· 341
байлдааны сэтгэл зүйн
цочмог түлхэцийн хариу ·········· 116
байлдааны сэтгэл зүйн цочроочгийн
ужгирсан хариу ··············· 164
байлдааны үеийн ядаргаа ··········· 371
байршлын нөлөө ··············· 271
байцаалтын сэтгэл зүй ·············· 225
балчир нас ··············· 260
баривчлах ··············· 327
Баримжаа ··············· 52
Баримжаагүй ··············· 52
баримжаалах үйлдэл ··············· 54

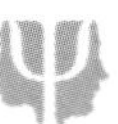

баримжаалах хариу үйлдэл ·········· 52
баримжаалах хүртэхүй ················ 73
баримтат бус ой тогтоолт ············ 74
баримтат мэдлэг ······················ 26
баримтат ой тогтоолт ················ 26
баримттай зохион байгуулагч ········ 26
баруун гартан ························ 328
барууны сэтгэл судлал ················ 278
баталгаажуулах хүчин
зүйлийн дүн шинжилгээ ········ 316
баталгаат бүтэц ······················ 171
баталгаат сургалт ···················· 171
баталгаат сүлжээ ····················· 171
баталгаатай үнэлгээ ·················· 342
батжуулагч ··························· 193
батжуулалт ··························· 193
батжуулалт ···························· 94
батжуулалтын онол ··················· 193
батжуулалтын тэмдэг ················· 43
батжуулалтын харьцааны
хуваарь ···························· 193
батжуулалтын хуваарь ················ 193
батжуулалтын хуваарь хоорондын
зай ································· 193
баяр баясгалантай урам зориг
нэмэгдэх ·························· 297
бетта долгион ························ 16
би төвт үзэл ························· 364
би үзэлт сэтгэхүй ···················· 364
бие биедээ багтсан загвар ··········· 192
бие даасан байдлын тест ·············· 55
бие даасан зан суртахуун ············ 360
бие даасан зохицуулалт ·············· 359
бие даасан хэл ярианы
нөөцийн онол ························ 55
бие засч сурах үе ····················· 87
бие махбодын би ······················ 222
бие махбодын үнэлэх үйл явц ········ 113
бие махбодын хүмүүжлийн сэтгэл
судлал ······························ 253
бие махбодын хүчирхийлэл ··········· 198
бие махбодын, органик сэрэл ········ 113
бие хүн ······························ 91, 203
бие хүн хоорондын зай ················ 207
бие хүн хоорондын хамаарал ·········· 246
бие хүн хоорондын харилцаа ·········· 207
бие хүний B хэв маяг ················ 303
бие хүний D хэв маяг ················ 303
бие хүний A хэв маяг ················ 303
бие хүний адилсах чанараа гээх ····· 204
бие хүний албадмал эмгэг ············ 193
бие хүний асуулга ···················· 205
бие хүний бүтцийн онол ··············· 90
бие хүний бүтэц ······················ 204
бие хүний ганцаардах эмгэг ············ 96
бие хүний гурван хүчин зүйлт
загвар ······························ 204
бие хүний динамик онол ·············· 204
бие хүний долоон
хүчин зүйлт загвар ················· 204
бие хүний завсарын эмгэг ·············· 11
бие хүний зожигрох эмгэг ·············· 77
бие хүний мэдээлэл боловсруулах
онол ································ 205
бие хүний онол ························ 204
бие хүний өөртөө дурлах эмгэг ······ 360
бие хүний өөрчлөлт ··················· 204

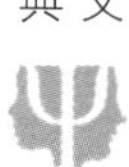

бие хүний өсөлт ······ 91
бие хүний параноид эмгэг ······ 184
бие хүний сэтгэл зүй ······ 90
бие хүний сэтгэл судлал ······ 91, 205
бие хүний сэтгэл түгших эмгэг ······ 110
бие хүний сэтгэцийн хөгжлийн онол ······ 289
бие хүний таван хүчин зүйлт загвар ······ 205
бие хүний танин мэдэхүйн онол ······ 210
бие хүний тест ······ 203
бие хүний ухамсаргүй ······ 90
бие хүний үнэлгээ ······ 203, 204
бие хүний хамаат эмгэг ······ 319
бие хүний хийрхэх эмгэг ······ 15
бие хүний хөгжил ······ 204
бие хүний хэв шинж ······ 204
бие хүний хэмжүүр ······ 205
бие хүний хэмжээс ······ 204
бие хүний чиг хандлага ······ 205
бие хүний шизойд эмгэг ······ 77
бие хүний шинж чанарын онол ······ 205
бие хүний эмгэг ······ 205
бие хүний эрхэмлэх зүйлийн Эдвардсийн жагсаалт ······ 2
бие эрхтний согогтой хүүхэд ······ 20
бие хүнийг хаяглах ······ 203
биеийн антропологи ······ 253
биеийн байрлалыг мэдрэх сэрэл ······ 53
биеийн гаднах хэсгийг арчлах ······ 305
биеийн дасгал эмчилгээ ······ 253
биеийн зарим хэсэгт ухамсаргүй нөлөөлөх нөлөө ······ 192
биеийн зовнил ······ 198
биеийн зураг ······ 222
биеийн хэл ······ 222
биеийн эс (сома) ······ 5
биелэх асуудлууд ······ 266
бие-сэтгэцийн өвчин ······ 297
бие-сэтгэцийн эмгэг ······ 297
био анагаахын загвар ······ 227
био сэтгэл судлал ······ 227
биологижилт ······ 228
биологийн судалгааны объектоос өгөх эргэх холбоо ······ 227
биологийн судалгааны объектоос өгөх эргэх холбооны засал ······ 227
биологийн судалгааны объектоос өгөх эргэх холбооны сургалт ······ 227
биологийн шалтгаацал ······ 227
био-сэтгэц-нийгмийн анагаах ухааны загвар ······ 227
бисериаль хамаарал ······ 51
бихевиоризм ······ 302
бихевиоризмын шинэ хандлага ······ 298
бихевиорист сэтгэл судлал ······ 302
бичвэрийн хүндрэл ······ 238
бичгийн хэв ······ 126
бичгийн хэл ······ 238
бичил загвар болдог микро дизайн ······ 269
бичил шахалт ······ 269
бичих чадвараа алдах ······ 229
богино хугацааны ажиллах үеийн ой тогтоолт ······ 56
богино хугацааны гэрлийн харалган ······ 216
богино хугацааны өвдөлт ······ 147, 212

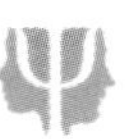

богино хугацааны сэтгэл засал ····· 56
бодгаль хувийн хөгжлийн үзэл ····· 91
бодит асуултын хариуг сонгох тест ······ 143
бодит байдал ······ 231
бодит байдалд чухалчилсан үзэл ······ 143
бодит байдал-сэтгэл хөдлөлийн засал ······ 105
бодит байдлын засал ······ 282
бодит би ······ 343
бодит дамжуулалт ······ 135
бодит зүйл ······ 143
бодит оршихуй ······ 232
бодит сэтгэл хөдлөлийн зан байдлын засал ······ 153
бодит сэтгэхүй ······ 135, 282
бодит үйлдлийн шат ······ 135
бодит хөдөлгөөний хүртэхүй ······ 342
бодит шинж ······ 135
бодитой болсон танин мэдэхүй ···· 135
болзолт батжуулагч ······ 255
болзолт газар давуу чанар ······ 255
болзолт дархлаа ······ 255
болзолт таагүй амт ······ 272
болзолт хариу ······ 255
болзолт хариу үйлдэл ······ 254
болзолт цочроогч ······ 254
болзошгүй сөрөг өөрчлөлт ······ 5, 97
боловсролт ······ 28
боловсролын сэтгэл судлал ······ 127
боловсроогүй бие хүн ······ 17
боловсруулалтын түвшин ······ 120
боловсруулах үйл явц ······ 314
боловсруулсан стратеги ······ 133
боломжгүй зураг ······ 17
боломжит үйлдэл ······ 54
босоо байдлын хуурмаг үзэгдэл ··· 342
босоо дамжуулалт ······ 366
босоо дамжуулалт ······ 36
Боулдерийн загвар ······ 17
бөөрний дээд булчирхай ······ 225
Браун-Петерсоны парадигм ······ 18
Британий эмпиризм ······ 325
Брокийн афази ······ 18
Брокийн төв ······ 18
Брунерийн сургалтын зарчим ······ 18
булчин хөдөлгөөний эргэх хариу үйлдэл ······ 53
булчингийн мэдрэмж ······ 53
булчингийн мэдрэмж, булчингийн сэрэл ······ 114
буруу ойлголт ······ 40, 167
бусад чухал нь ······ 353
бусдад таацуулах ······ 225
бусдыг тарчлаан зовоох ······ 230
бусдын хэлснийг учир утгагүйгээр давтах ······ 172
бууралт ······ 264
бууралтын шаталсан шинжилгээ ··· 354
буурах цуврал ······ 49
бухимдал ······ 40
бухимдал, түрэмгийллийн онол ······ 40
буцаад зурагддаг дүрс ······ 142
буцааж задлах ······ 129
буцаах онол ······ 181
буцах сэтгэхүй ······ 142

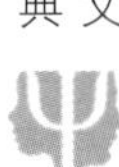

буцах хариу үйлдэл ··· 67
Бүгд эсвэл нэг нь ч биш хууль ··· 199
бүдүүвч ··· 263
бүдүүвчийн онол ··· 263
бүжгийн засал ··· 277
бүлгийн даралт ··· 201
бүлгийн дээд зэргийн өөрчлөлт ··· 201
бүлгийн зөвлөгөө ··· 264
бүлгийн нэгдэл нягтрал ··· 201
бүлгийн соёл ··· 5
бүлгийн сэтгэхүй ··· 201, 287
бүлгийн сэтгэц засал ··· 264
бүлгийн тест ··· 264
бүлгийн туйлшрал ··· 200
бүлгийн урьдаас төлөвлөсөн загвар ··· 367
бүлгийн уулзалт ··· 111
бүлгийн уур амьсгал ··· 201
бүлгийн хөдөлгөөн ··· 200, 264
бүлгийн хөдөлгөөний онол ··· 200
бүлгийн хэм хэмжээ ··· 200
бүлгийн шийдвэр гаргалт ··· 201
бүлгээс гадна ··· 266
бүлэг ··· 200
бүлэг гэмт хэргийн ухаан ··· 200
бүлэг доторх хазайлт ··· 177
бүлэг хоорондын дизайн ··· 367
бүлэглэсэн түүвэр ··· 136, 343
бүлэглэсэн хүчирхийлэл ··· 5
бүлэглэх арга ··· 76
бүрдэл ··· 196
бүрэн санамсаргүй загвар ··· 267
бүрэн тайлангийн дараалал ··· 199
бүсний нугалаа ··· 146
бүтцийг авч үзэх ба санаачлах ··· 253
бүтцийн онол ··· 129
бүтцийн сэтгэл судлал ··· 96
бүтцийн тэгшитгэл загварчлал ··· 129
бүтэц байгуулалтын загвар ··· 129
бүтэцжүүлэлт ··· 129
бүтээгдэхүүний агшин зуурын хамаарал ··· 114
бүтээгдэхүүний шинжилгээ хийх арга ··· 370
бүтээл ··· 35
бүтээлч би ··· 36
бүтээлч бие хүн ··· 35
бүтээлч боловсрол ··· 35
бүтээлч долгион ··· 34
бүтээлч ой тогтоолт ··· 35
бүтээлч сургалт ··· 35
бүтээлч сэтгэлгээ ··· 35
бүтээлч сэтгэхүй ··· 34
бүтээлч сэтгэхүй ··· 35
бүтээлч тоглоом ··· 35
бүтээлч төсөөлөл ··· 35
бүтээлч уран зөгнөл ··· 34
бүтээлч чанар ··· 34
бүтээлчээр асуудал шийдвэрлэх ··· 35
бүтээн байгуулалт ··· 34
бүтээсэн дүр ··· 35, 338
бүтээх тест ··· 11
бүх зүйл сэтгэцтэй хэмээн үздэг үзэл ··· 72
бүх өнгийг нэг өнгө мэт харагдуулагч ··· 44
бүх өнгийг нэг өнгө мэт харах үзэл ··· 44

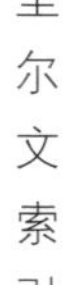
西里尔文索引

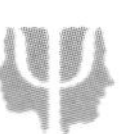

бүх стратеги 344
бүх талын амжилтын тест 366
бэлгийн бойжилт 194
бэлгийн булчирхай 305
бэлгийн гаж буруу зуршил 148
бэлгийн гажигтай 305
бэлгийн даавар 305
бэлгийн зөн 304
бэлгийн хоёрдмол шинж чанар 49
бэлгийн хүчирхийлэл 305
бэлгэ тэмдгийг ойлгох
чадвар алдагдах 79
бэлгэ тэмдгийн нийлбэр цогц 79
бэлгэ тэмдгийн сургалтын онол 80
бэлгэ тэмдгийн харилцан
үйлдлийн үзэл 79
бэлгэдлийн бүдүүвч 79
бэлгэдлийн сэтгэхүй 79
бэлгэдлийн төсөөлөл 79
бэлгэдлийн харилцаа холбоо 80
бэлгэдлийн хэл 80
бэлэн байдалд нэгтгэх 366
бэлэн байдлын эрч хүч 358
бэрхшээлийн тест 22
бэхжилт 97
бэхжүүлсэн заавар 165
бэхжүүлсэн нөлөө 165
бэхжүүлсэн эвристика 165
бэхжүүлэлт 94
бэхний дуслын тест 173
бялдаржуулах дасгал 236
Бялдуучлал 251
бясалгал 171

Вв

Вайнерийн хамаатуулах онол 271
вариацын шинжилгээ 72
Веберийн харьцаа 269
Веберийн хууль 269
Веберийн хэсэг 269
Вейл загвар 272
вектор сэтгэл судлал 285
Венийн урсгал 271
Верникегийн төв 270
Вилкоксоны тэмдгийн зэрэглэлийн
тест 268
Винсентийн муруй 273
виртуал бодит байдал 306
виртуал бүлгэм 306
воля 322
Вундтын хуурмаг үзэгдэл 78
вызывающая отвращение
терапия 316
Вюрцбургийн урсгал 80, 270

Гг

гавал-тархины мэдрэл 176
гавшгай хөдөлгөөн 55
Гагнегийн хуримтлуулах сургалтын
онол 120
гадаад байдалд тулгуурласан хүний
дотоод хүсэл 322
гадаад батжуулалт 266
гадаад гүн анхаарал 99
гадаад мэдрэхүйн хүртэхүй 26
гадаад сэдэлжүүлэлт 267

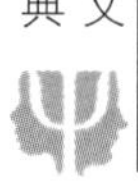

гадаад тохироц чанар ············ 266
гадаад хамааралтай ············ 267
гадагш чиглэсэн хэв шинж ········ 266
гадаргын бүтэц ············ 14
гадаргын өнгө ············ 14
гадаргын төсөөлөл ············ 14
гадаргын шинж чанар ············ 14
гадна захын ············ 267
гадна талд баримжаалсан
анхаарал ············ 267
гаднах зураг ············ 266
гадны хувьсагч ············ 61
гаж сонирхол ············ 156
гажилт ············ 151
гажуудал ············ 78
гажуудсан сэтгэлийн хөдөлгөөний
хариу үйлдэл ············ 195
газар нутгийн шинж ············ 159
гайхалтай шийдэл ············ 58
гал нээх онол ············ 182
галзуу солиотой ············ 132
галлюцинаци ············ 109
Гал-ын үзэгдэл ············ 75
гальваник арьсны хариу ············ 183
гамма-аминовюцийн хүчил ············ 3
гамшгийн загвар ············ 115
гамшгийн сэтгэл зүй ············ 338
гар тест ············ 22
гаргагдах шинж ············ 142
Гарсиа нөлөө ············ 121
гачигдал ············ 16
гачигдлын судалгаа ············ 16
Гельмгольцийн гурван өнгөний
онол ············ 103
Гельмгольцийн хуурмаг үзэгдэл ···· 103
ген ············ 115
геометрийн дундаж ············ 117
геометрийн хуурмаг үзэгдэл ······· 117
Герингийн хуурмаг үзэгдэл ········ 106
герменевтик ············ 236
гештальт засал ············ 89, 267
гештальт зохион байгуулалтын
зарчим ············ 267
Гештальт сэтгэл судлал ············ 89
гештальт хүртэхүй ············ 267
Гештальт-талбайн онол ············ 89
гидрокситриптамин-5 ············ 194
гийгүүлэгчийг хүртэх ············ 80
гипоталамик-өнчин тархи-бөөрний
дээд булчирхайн тэнхлэг ········ 281
гиппокамп ············ 103
гиппокампын үүсэл ············ 103
Гиппократын хошин онол ·········· 278
гистограмм ············ 347
глюкокортикоид ············ 250
глюкокортикоид хүлээн авагчид ···· 250
гол нөлөө ············ 355
гол шинж ············ 100
гол шинжийн хазайлт ············ 100
Голландын мэргэжлийн загвар ···· 112
гоо зүйн боловсролын сэтгэл
судлал ············ 166
гоо зүйн мэдрэмж ············ 166
горим ············ 353
гороптер ············ 235
горьдлогын түгшүүр ············ 332
гоц авъяастай хүүхэд ············ 254
график зураг ············ 263

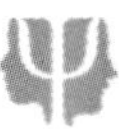

график тархсан талбай ··············214
графикийн харилцан үйлчлэлийн
заагˑ·································263
гудамжнаас айх айдас·················· 99
Гудинаф-Харрисын зурган тест ···· 96
гурван өнгийн онол ·····················214
гурван хэмжээст дэлгэц ·······214, 282
гурван хэмжээст онолыг мэдрэх···195
гурван чигийн амралт····················214
гутаан доромжлол ·······················275
гутранги үзэл ································6
гүйлсэн бие ·································304
гүйлсэн биеийн бөөм ···················304
гүйлтийн өндөр зэрэг ···················182
гүйцэтгэлийн оюун ухаан············ 21
гүйцэтгэлийн тест ······················ 20
гүйцэтгэх үүрэг ···························347
гүн боловсруулалт························120
гүн бүтэц ····································222
гүн уншлагагүйдэл (эмгэг)··········222
гүн ухааны нийгмийн ахуйн
талаарх үзэл··································236
гүн ухааны нэг үзэл ·····················109
гүн хүртэх ···································223
гүн шинж тэмдэг···························223
гэм буруугаа хүлээх хариуцлагын
тархалт ·······································370
гэм буруугийн мэдрэмж ················370
гэмт хэргийн бүлгийн хөдөлгөөн··· 70
гэмт хэргийн дадал зуршил·········· 70
гэмт хэргийн зөн билгийн онол····· 69
гэмт хэргийн ижил төстэй байдал···· 70
гэмт хэргийн оновчлол ················ 70
гэмт хэргийн стресс ····················326
гэмт хэргийн суралцахуйн онол ···· 71
гэмт хэргийн сэдэлжүүлэлт·········· 69
гэмт хэргийн сэтгэл судлал··········· 71
гэмт хэргийн сэтгэцийн
үйлийн механизм ························ 71
гэмт хэргийн хөдлөнги хэв
шинж ································69, 70
гэмт хэргийн хүчтэй зан төрх ······· 71
гэмт хэрэгтний оюун санааг
хүчжүүлэх ··································· 71
гэмт хэрэгтний оюун ухааны
бүтэц ·· 71
гэмт хэрэгтний оюун ухааны
таамаглал ···································· 71
гэмт хэрэгтний оюун ухааны тест···· 70
гэмт хэрэгтний оюун ухааны
ул мөр ··· 70
гэмт хэрэгтний оюун ухааны
урьдчилан сэргийлэлт ·················· 71
гэмт хэрэгтний оюун ухааны
эргэх холбоо ································· 70
гэмт хэрэгтний сэтгэл зүйн
зураглал······································· 71
гэмт хэрэгтний хуурамч
төлөөлөгчийн онол ······················ 72
гэмт хэрэгтэн ······························· 70
гэмтлийн дараах стрессийн эмгэг ·· 34
гэмтэл ·· 34
гэмтэлтэй хүүхэд ·························222
гэнэт сэтгэн олох ·························190
гэнэт ухаарах ······························· 58
гэнэтийн батжуулалт·····················193
гэнэтийн гэрээ ·····························285
гэнэтийн тогтоолт ························276

гэр бүлийн засал ········ 121
гэрийн давуу тал ········ 354
гэрийн нөлөө ········ 354
гэрийн талбарын давуу тал ········ 354
гэрлийг хүлээн авагч эс ········ 85
гэрлийн эх үүсвэрийн өнгө дамжуулах чанар ········ 98
гэрлэлтийн засал ········ 111
гэрчийн мэдүүлэг ········ 174
гэрчийн нөлөө ········ 182
гэрчлэлийн сэтгэл зүй ········ 345
гэрэл дохио ········ 217
гэрэл харанхуйн харьцаа ········ 157
гэрэл-дулааны арга ········ 202
гэрэлтэлт ········ 157, 170, 342
гэрэлтэлтийн тогтмол байдал ········ 170
гэрэлтэлтийн тодрол ········ 157, 170
гэрэлтэх чадварын үүрэг ········ 98
гэрэлтэх чадварын функц ········ 233
г хүчин зүйл ········ 323

Дд

даавар ········ 38, 176, 177, 225
даамжрах ойгүйдэл ········ 130
давамгайлах хэрэгцээ ········ 26
даван туулах стратеги ········ 325
даван туулах хэв маяг ········ 326
давталт ········ 81
давтамжийн тархалт ········ 11, 38, 185
давтамжийн хууль ········ 185
давтан дасгалжуулалт ········ 101
давтан хэмжилтийн зураг төсөл ········ 30
Давтах ········ 30
давтлага ········ 111
давуу дүрэм журам ········ 327
давхар нөлөө ········ 49
давхар тусгаарлалт ········ 240
давхар түүвэр ········ 76
дагаж мөрдөх ········ 243, 319
дагалдан сургалт ········ 151, 281
даган дуурайх сургалт ········ 171
даган мэдрэмхийжэх ········ 155
дагзны дэлбээ ········ 343
дадал ········ 279
дадал зуршил алдагдах ········ 199
дадлагажигч загвар ········ 230
дайнаас үүссэн сэтгэлийн хямрал ········ 45, 182
дайнаас үүсэх мэдрэлийн ядаргаа ········ 341
дайнд олзлогдогчийн оюун ухаан ········ 341
дайны солио ········ 341
дайны үеийн сэтгэцийн эмгэг ········ 341
дайсагнал ········ 48
дайсагнасан түрэмгийлэл ········ 48
далайн сэтгэл судлал ········ 104
далайц ········ 16
далд анхдагч боловсруулалтын парадигм ········ 178
далд зан байдал ········ 179
далд мэдлэг ········ 179
далд мэдрэхүй ········ 8
далд санаа ········ 7
далд сургалт ········ 179, 192
далд сургалт ········ 192
далд тогтоох ой ········ 178

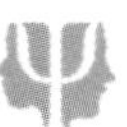

далд тогтсон хэв шинж ············ 178
далд хандлага ························ 178
далд хувийн мөн чанарын онол ···· 178
далд шинж чанарын онол ··········· 192
далдлалт ······························ 315
дам сургалт ·························· 254
дамжуулагчийн үүсгэгчийн
дүрэм ······························· 357
дамжуулалт ···················· 191, 324
дамжуулан ажиллах ················· 306
дамжуулах сургалт ··················· 99
Данканы олон төрөлт тест ·········· 48
дараалал ······························ 247
дараалсан боловсруулалт ··········· 279
дараалсан дүрс задлал ·············· 120
дараалсан загвар ·········· 57, 154, 307
дараалсан хэмжээс ·················· 243
даралт ································· 312
даралтын сэрлийн дасан зохицол ···312
даралтын сэрэл ······················ 312
Дарвины рефлекс ······················ 41
дасан зохицлын эмгэг ··············· 236
дасан зохицол ························ 236
дасан зохицол алдагдах ············ 199
дасан зохицох заавар ··············· 236
дасан зохицох чадвар ·············· 243
дасгал ································· 156
дасгалыг дагах ························ 57
дасгалын хууль ······················ 156
Дауны хам шинж ····················· 250
дахилт ··································· 81
дахин нийгэмших ···················· 101
дахин сурах арга ···················· 338
дахин сургах ························· 101
дахин сэргээх сэтгэхүй ············ 339
дахин танин мэдэх ·················· 338
дахин тестийн найдвартай чанар ··· 30
дахин тестийн найдвартай чанар,
найдвартай чанарын дахин
туршилт ·························· 338
дедуктив бодол ······················ 316
дедуктив дүгнэлт ···················· 316
дедуктив сэтгэхүй ·················· 316
дезоксирибонуклеин хүчил ········· 265
дельта долгион ························ 16
Джеймса-Лангегийн сэтгэлийн
хөдөлгөөний онол ················ 340
диалектик сэтгэхүй ··················· 12
динорфин ····························· 193
дискрет хувьсагч ···················· 152
дон ···································· 339
дон-сэтгэл гутралын солио ········· 339
донтогч бие хүн ······················· 28
донтолт ································· 28
донтолтын зан байдал ················ 28
донтох дасгал ························ 335
донтох хамаарал ······················· 56
доод урсгал ···························· 82
доод урсгал ·························· 343
доод харааны товгор ·················· 82
доороос дээш боловсруулах ········ 364
дорой ·································· 277
дотогш чиглэсэн хэв шинж ··· 177, 178
дотоод ································· 355
дотоод ажлын загвар ················ 176
дотоод зөрчилдөө автагдсан хүн ···· 115
дотоод зураг ·························· 176
дотоод мэдрэлийн тогтолцоо ······· 179

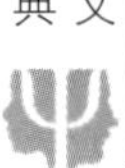

дотоод нийлэмжийн тест ············ 178
дотоод сэдэлжүүлэлт ·········· 176, 179
дотоод төсөөлөл ····················· 176
дотоод хамааралтай ················· 179
дотоод хэл яриа ···················· 176
дотоод чих ··························· 177
дотоод шүүрлийн булчирхай ······· 177
дотоод шүүрлийн тогтолцоо ······· 177
дотоод-гүн анхаарал ················ 99
дотооддоо чиглэсэн асуудал ······· 177
дотор эрхтний сэрэл ················ 179
дофамин, мэдрэлийн даавар ········· 58
дохио ································ 283
дохио илрүүлэх ····················· 298
дохио илрүүлэх онол ················ 298
дохио илэрхийлэл ··················· 358
дохионоос хамааралтай марталт ··· 283
дохионы гэрэл ······················ 298
дохионы нэгдүгээр систем ··········· 50
дохионы хоёр систем ················ 157
дохионы хэл ························ 236
дохионы хэл ························· 80
дөнгөж төрсөн хүүхдийн рефлекс ··· 298
дөрвөн талт амт ···················· 272
дөрөвний нэг хазайлт ··············· 245
дугтуй хүргэх ······················· 142
дулаан ······························ 273
дулаан цочроогчийг мэдрэх
чадвар нэмэгдэх ····················· 202
дулаан цэг ·························· 272
дулааны нөлөө ······················ 202
дулааны сэрэл ······················ 273
дун яс ································ 62
дунд насны хямрал ··················· 351
дунд тархи ·························· 351
дунд чих ···························· 350
дундаж ······························ 351
дундаж алдааны арга ················ 186
дундаж квадрат ····················· 139
дундаж квадрат алдаа ·············· 277
дундаж туршилтын арга ············· 351
дундаж утга ·················· 186, 352
дуплекс үзэгдлийн онол ············· 234
дуплекс үзэгдлийн онол ······· 234, 241
дур хүсэл ··························· 153
дур хүсэл төрөх ····················· 225
дур хүсэлтэй зан байдал ············ 332
дурсамж ······························ 81
дурсамжийн дохио ··················· 283
дурсах ······························· 111
дурсах арга ·························· 111
дуртгал ······························· 81
дутуу ачаалал ························ 48
дутуугаа мэдрэх мэдрэмж ··········· 359
дутуугийн бүрдэл шинж ············ 359
дуу авианы даралтын түвшин ······ 228
дуу авианы ой тогтоолт ············ 256
дуу авианы танин мэдэхүйгүй
болох ································ 257
дуу авианы халхавч ················· 228
дуу авианы хариу үйлдэл ··········· 256
дуу хаагдсан өвчин ················· 229
дуу хөгжмийн засал эмчилгээ ······ 324
дуу чимээ ··························· 339
дуу чимээний дохионы тархалт ··· 299
дуудлагын илэрхийлэл ·············· 329
дуудлагын кодчилол ················ 331
дуудлагын хэв маяг ················· 329

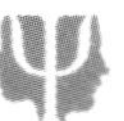

дуулгавартай байдал ········ 79
дууны тор ········ 256, 324
дууны түвшин хэмжигч ········ 228
дууны эрхтэн ········ 64
дуурайлт ········ 172
дуурайх арга ········ 172
дуурайх сургалт ········ 172
дуурайх тоглоом ········ 172
дуусаагүй ажил ········ 271
дуусгах тест ········ 254
дүгнэгчийн найдвартай байдал ········ 186
дүгнэгчийн тогтвортой байдал ········ 186
дүгнэлт ········ 82
дүгнэлт ········ 264
дүн шинжилгээ ········ 78
дүн шинжилгээний холбоос ········ 157
дүн шинжилгээний хэрэгсэл ба зорилго ········ 236
дүр ········ 136
дүр гаргах ········ 137
дүр зургийг таних ········ 172
дүрд тоглох ········ 136
дүрийн бүдүүвч ········ 137
дүрийн дотоод зөрчил ········ 137
дүрийн ой тогтоолт ········ 118, 302
дүрийн ой тогтоолт ········ 14
дүрийн сэтгэхүй ········ 14, 303
дүрийн үүрэг ········ 137
дүрмийн кодчилол ········ 329
дүрслэлгүй сэтгэхүй ········ 276
дүрслэлийн ертөнц ········ 322
дүрс-суурь ········ 263
дүрсэлсэн мэдлэг ········ 168
дүрэлзсэн хайр ········ 115
дүрэм ········ 329
дэвшилтэт амралт ········ 124
дэмжих сэтгэц засал ········ 345
дэмийрэл ········ 268, 340
дэмийрэх эмгэг ········ 268
дэс хувьсагч ········ 243
дээд ангиллын үзэл баримтлал ········ 217
дээд замын дамжуулалт ········ 88
дээд зан суртахуун ········ 191
дээд зэргийн сургалт ········ 217, 366
дээд зэргийн урьдчилан сэргийлэлт ········ 214
дээд сэтгэцийн үйл ········ 88
дээд хэмжээний ёс суртахуун ········ 232
дээд эрэмбийн нөхцөлт рефлекс ········ 88, 338
дээрээс доош боловсруулах ········ 361

Ее

ерөнхий авъяас чадварын тест ········ 188
ерөнхий авьяас чадварын тест ········ 317
ерөнхий дамжуулалт ········ 187, 188, 318
ерөнхий дасан зохицох хам шинж ········ 187, 188, 318
ерөнхий заслын хүчин зүйл ········ 95
ерөнхий зуучлалын онол ········ 95
ерөнхий салбарын онол ········ 160
ерөнхий сэтгэл судлал ········ 188
ерөнхий төсөөлөл ········ 317
ерөнхий хүчин зүйл ········ 323
ерөнхий чадвар ········ 317
ерөнхий чадварын тест ········ 311
ерөнхийлөн дүгнэх онол ········ 83
ерөнхийлсөн дүгнэлт ········ 83

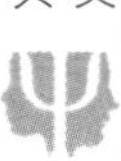

Ёё

ёс суртахуун ······ 232
ёс суртахууны итгэл үнэмшил ······ 47
ёс суртахууны төлөвшил ······ 185

Жж

жендерийн адилсал ······ 304
жендэрийн дэмжлэг ······ 305
жендэрийн схем ······ 304
жендэрийн тогтсон хэв шинж ······ 304
жендэрийн үүрэг ······ 304
Женевийн урсгал ······ 212
жигнэсэн дундаж ······ 120
жин хэмжээний хуурмаг үзэгдэл ······ 303
жингүйдэл ······ 158
жингээ алдах ······ 230
жирэмсний хугацаа ······ 24
жишээ ······ 316
жолоодлогын онол ······ 177
жолоодох ······ 177
журамласан мэдлэг ······ 29
жүжиглэх онол ······ 180
жүжигчин ажиглагч нөлөө ······ 300

Зз

заавар ······ 348
Зааг ······ 332
завсарын ухамсар ······ 11
завсрын өнгөний хууль ······ 350
завсрын тархи ······ 122
завсрын хувьсагч ······ 350
загатнах сэрэл ······ 316
загвар ······ 316, 334
загвар онол ······ 334
загвар субъектын хооронд ······ 8
загварчлалын арга ······ 172
загварын тохироц чанар ······ 96, 129
задлан шинжлэх зөвлөгөө ······ 78
задлан шинжлэх сэтгэл засал ······ 78
зай ······ 199
зайлсхийх дасгал ······ 110
зайлсхийх зан ······ 110
зайлсхийх сургалт ······ 60, 111
зайн тогтмол байдал ······ 135
зайны нийлэмж ······ 123, 334
зайны сургалт ······ 334
залгих хариу үйлдэл ······ 264
залруулах сэтгэлийн хөдөлгөөний
турш лага ······ 126
залруулга ······ 306
залуу хүнийг халамжлах ······ 108, 316
замналын дүн шинжилгээ ······ 161
замын бага хөдөлгөөний
дамжуулалт ······ 48
зан араншин ······ 190
зан араншингийн “Шингэний”
онол ······ 190
зан араншингийн хэв маяг ······ 190
зан байдал ······ 300
зан байдлын дүн шинжилгээ ······ 300
зан байдлын засал ······ 301, 302
зан байдлын илрэл ······ 301
зан байдлын өөрчлөлт ······ 301
зан байдлын хэмжигдэхүүн ······ 300
зан байдлын эмгэг ······ 302
зан суртахуун ······ 46

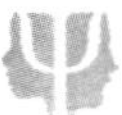

зан суртахуун дотор бий болох ····· 46
зан суртахууны нөхцөл байдал ····· 46
зан суртахууны үнэлэмж ············ 46
зан суртахууны хөгжлийн
үе шатны онол ······················ 141
зан суртахууны эргэцүүлэл ·········· 46
зан төрхийн адил төст байдал ······ 301
зан үйл устах ························ 21
зан үйлийн анагаах ухаан ··········· 301
зан үйлийн генетик ················· 302
зан үйлийн загварын В төрөл ······ 303
зан үйлийн загварын С төрөл ······ 304
зан үйлийн загварын А төрөл ······ 303
зан үйлийн мэдрэлийн шинжлэх
ухаан ································ 301
зан үйлийн мэдрэмжтэй ·············· 301
зан үйлийн мэдээ ···················· 301
зан үйлийн нөхцөлдүүлэлт ·········· 21
зан үйлийн сургалт ·················· 21
зан үйлийн шийдвэр гаргах ·········· 301
зан үйлийн шинжлэх ухаан ·········· 301
зан үйлийн экологи ················· 301
зан чанар ···························· 305
зан чанар төлөвших хэв маягийн
онол ································· 305
зангуу тест ·························· 165
зар сурталчилгааны сэтгэл судлал ··· 99
засал ································· 253
засан хүмүүжүүлэх сэтгэл судлал ··· 126
засвар ································ 306
захиалсан санал ····················· 243
захирагдах үзэл баримтлал ·········· 281
захирангуй бие хүн ·················· 200
захирангуй үзэл ····················· 200
захирангуй хэв маягаар
хүмүүжүүлэх ························ 200
захирангуй эцэг эх ·················· 357
захын хараazhóu ····················· 353
Зейгарник нөлөө ····················· 19
зовлон зүдгүүр ······················ 146
зожиг хүн ···························· 110
зонхилох сэтгэл судлал ············· 354
зорилго ба хэрэгслийн нэгдлийн
онол ································· 258
зорилго дэвшүүлсэн онол ············ 173
зорилго судлаа ······················ 173
зорилго тогтоох сургалт ············ 173
зорилго чиглэл бүхий
бихевиоризм ························ 173
зорилго чиглэлтэй сургалт ·········· 173
зорилго чиглэлтэй үйл ажиллагааны
сэтгэл зүй ··························· 22
зорилтод баримжаалах ··············· 211
зорилтын гүйцэтгэл ·················· 211
зорилтын дүн шинжилгээ ············ 211
зорилтын нэгдэл ····················· 211
зориудын анхаарал ··· 18, 248, 276, 328
зориудын анхаарлын мэдээ ··· 247, 328
зориудын зохион
бодохуй ··········· 18, 247, 276, 328
зориудын тогтоолт ·················· 328
зориудын хөдөлгөөн ············ 18, 365
зохиомол хэл ························ 206
зохион байгуулалттай өөрчлөлт ··· 367
зохион байгуулалттай ярилцлага ···· 129
зохион байгуулалтын амлалт ······ 367
зохион байгуулалтын
гештальт зарчим ···················· 89

зохион байгуулалтын стратеги ···· 367
зохион бодохуй ······························ 339
зохицол ·· 39
зохицон дасах чадвар ···················· 255
зохицох зан үйл ······························ 39
зохицсон дундаж ···························· 255
зөв татгалзал ································ 344
зөвлөгөө ······································· 111
зөвлөгөө өгөх ································ 290
зөвлөгөө өгөх сэтгэл зүй ··············· 358
зөвлөгөө өгөх үйл явц ··················· 101
зөвхөн хоёр өнгө ялгах
харааны эмгэг ·························· 63
зөвшилцлийн шалгуур ····················· 236
зөвшилцөл ····································· 318
зөвшөөрөгдсөн хүмүүжил ················ 147
зөн билгийн долгион ························· 8
зөн билгийн зан байдал ····················· 8
зөн билгийн онол ······························ 8
зөн билгийн сэтгэхүй ······················ 347
зөн билгийн үзэл ····························· 347
зөн билэгт зан үйлийг
судалдаг салбар ······················· 279
зөн билэг-үйлдлийн сэтгэхүй ······· 347
зөн совин ································· 8, 347
зөнгөөрөө хөвөх ································ 8
зөрчил ··· 30
зөрчил дэх дүр ································ 137
зөрчлийн менежмент ························· 30
зөрчлийн онол ·································· 30
зөрчлөөс зайлсхийх арга барил ···· 128
зугатах зан үйл ······························ 251
зугатах сургалт ······························ 250
зургийн дасгал ································· 15
зургийн оролцоо ······························· 15
зуршил ··· 279
зуучлал ·· 255
зүдрэл ··· 239
зүйлийн онцлог муруй ····················· 286
зүйлийн онцлог үйл ажиллагаа ···· 286
зүйрлэл ·· 325
зүсэм ·· 367
зүүдний тайлал ······························ 236
зүүдэн өвчин ································· 166
зүүдэндээ үйлдэл хийх ·················· 166
зүүн гартан ··································· 370
ЗХУ-ын сэтгэл судлал ··················· 246
зэвсгийн нөлөө ······························ 277
зэвсэгт хүчний мэргэжлийн авьяас
чадвар нөөцийг хэмжих тест ···· 138
зэрэгцсэн нийлэмж ························· 158
зэрэгцсэн үнэлгээ ·························· 259
зэрэгцээ боловсруулалт ··················· 15
зэрэгцээ тархалтын боловсруулах
загвар ·· 15
зэрэгцээ тест ································· 186
зэрэгцээ хайлт ································· 16

Ии

ид ······································· 9, 318
идэвхгүй мэдлэг ······························ 60
идэвхгүй, түрэмгий бие хүн ··············· 7
идэвхжүүлэлтийн загварын
тархалт ···································· 115
идэвхжүүлэх хэв маяг ···················· 190
идэвхийн төрөлжүүлсэн тооцоо ···· 23
идэвхтэй саатал ····························· 191

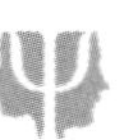

идэвхтэй хөндлөнгийн оролцоо ··· 191
идээшин дасалт ··· 278
иж бүрэн шинж чанарын үзэл ··· 187
ижил төсийн нийлэмж ··· 151
ижил төстэй бодол ··· 150
ижил төстэй нийлэмж ··· 150
ижил төстэй тест ··· 150
ижил төстэйн нөлөө ··· 285
ижил хүйстэн ··· 260
ижилсүүлэлт ··· 208, 360
ижилсэл ··· 208
ижилсэх ··· 259
ижилсэх онол ··· 259
ижилсэх хууль ··· 259
илрүүлэх засал ··· 6
илүү нийгэмшсэн зан үйл ··· 194
илэрхий хөдөлгөөний үзэгдэл ··· 245
илэрхий хөдөлгөөний хүртэхүй ··· 245
импульсийн ··· 30
индуктив дүгнэлт ··· 99
индуктив-дедуктив эргэцүүлэл ··· 99
инженерийн антропометр ··· 92
инженерийн сэтгэл судлал ··· 92
инсайт болох ··· 58
инсайтын замаар сурах ··· 58
инсайтын онол ··· 58
интерактив ой тогтоолтын тогтолцоо ··· 125
интервалийн хэмжээс ··· 47
интервальт үнэлгээ ··· 198
интернетийн замчлагч ··· 108
интернэт донтолтын эмгэг ··· 268
инээмсэглэсэн хариу үйлдэл ··· 269
иргэний байгууллагын зан төрх ··· 367
иргэний харъяалал ··· 169
итгүүлэн үнэмшүүлэх засал ··· 3
итгүүлэх чанар ··· 237
итгэл үнэмшил ··· 3, 243, 299
итгэлийн коэффициент ··· 350
итгэлийн хязгаар ··· 350
итгэлцэл ··· 299
итгэх байдал ··· 358
итгэх завсар ··· 350
их багын хэмжээний тогтмол байдал ··· 42
их тархи ··· 41
их тархины гадарга ··· 183, 184
их тархины гадаргын харааны хэсэг ··· 235
их тархины гадрын зулайн хэсэг ··· 52
их тархины гадрын нийлэмж холбоос ··· 155
их тархины гадрын хөдөлгөөний хэсэг ··· 336
их тархины гэмтэл болон шокийн нөлөөгөөр дөнгөж тогтоосон мэдээллээ санахгүй болох ойгүйдэл ··· 243
их тархины давамгайлсан шинж ··· 41
их тархины духны хэсэг ··· 61
их тархины хагалбарын судалгаа ··· 158
ихэр хүүхдийн судалгаа ··· 241
иш татсан тест ··· 173

Йй

Йеркс-Додсоны хууль ··· 317
Йостын хууль ··· 335

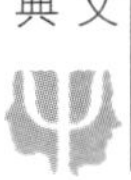

Кк

кабины нөөцөөр удирдах удирдлага ··· 122
Калифорнийн сэтгэл зүйн асуулга ··· 121
катехол бий болгогч даавар ··· 61
кейс судалгаа ··· 3
Келлигийн хамаарлын онол ··· 140
Кендаллын W коэффициент ··· 143
Кендаллын нийцлийн коэффициент ··· 143
Кендаллын тогвортой байдлын U коэффициент ··· 143
Кендаллын тогвортой байдлын коэффициент ··· 144
Кеттелийн бие хүний ··· 16
хүчин зүйлийн асуулга ··· 140
Кеттел-Хорнигийн оюун ухааны онол ··· 140
кинестезиометр ··· 54
кластер дүн шинжилгээ ··· 136
ковариацын дүн шинжилгээ ··· 288
когнитивизмын дараах ··· 107
кодлох стратеги ··· 11
кодчиллын онцлог зарчим ··· 11
Кодчилол ··· 11
кодыг тайлж унших ··· 321
Колумбын урсгал ··· 89
компьютержилтын зохицлын тест ··· 118
компьютерийн загвар ··· 118
компьютерийн загварчлал ··· 118
компьютерийн тусламжтай сургалт ··· 117
компьютерээр дэмжиж хамтран ажиллах ажил ··· 118
консерватив (хуучинсаг) үзэл голлосон ··· 6
конструктивизм ··· 96, 123
контекст гүйцэтгэл ··· 353
конус эс ··· 235
Кориолисын хуурмаг үзэгдэл ··· 141
корреляцийн коэффициент ··· 284
корреляцийн матриц ··· 284
Кронбахын α коэффициент ··· 142
Кудер-Ричардсоны найдвартай чанар ··· 146
Кульпийн урсгал ··· 198
Кэннон-Бардын сэтгэл хөдлөлийн онол ··· 141

Лл

Лабиринт ··· 166
лабиринтын цаас харандаа ··· 348
лавлагааны дотоод тогтолцоо ··· 176
Лайкертын хэмжүүр ··· 154
Ландольтын цагираг ··· 149
латин квадратын арга ··· 149
Левиний өөрчлөлтийн загвар ··· 149
Лейпцигийн сэтгэл судлалын лаборатори ··· 149
либидо ··· 153
лимбийн тогтолцоо ··· 11
логарифмын хууль ··· 57
логик сэтгэхүй ··· 162
логик сэтгэхүй ··· 80

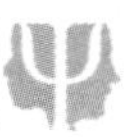

Мм

магадлалын харьцаа ············ 112, 246
магнайн урд талын гадарга ········ 191
Майерс-Бриггсийн хэв шинжийн хэмжигч ············ 163
Макдугаллын зөн билгийн онол ··· 164
Макс нөлөө ············ 163
Максвеллийн өнгөний гурвалжин ·· 164
манлайлагчгүй хэлэлцүүлгийн бүлэг ············ 275
манлайлал ············ 159
манлайллын зан үйлийн онол ······ 159
манлайллын харизмын онол ········ 166
манлайллын шинж чанарын онол ··· 159
Манна-Уитнигийн U тест ·········· 164
Манселлын тогтолцооны өнгөт бие ············ 165
мансуурах бодисын хамаарал ······ 317
мансуурах донтолт ············ 317
мансуурах донтон ············ 291
мансуурлын дон ············ 66
мансуурах бодисын хэрэглээг зогсоосноос үүсэх хямрал ······ 130
мансууруулах бодис хэрэглэх ······ 317
маркер ············ 13
Марксист сэтгэл судлал ············ 163
Маррын тооцоолох онол ············ 163
марталт ············ 319
марталтын муруй ············ 319
Маслоугийн сэдэлжүүлэлтийн шатлал ············ 163
Маслоугийн хүний сэдэлжүүлэлтийн онол ············ 163
Маслоугийн хэрэгцээний шатлалйн онол ············ 163
матрицийг шүүн хэлэлцэх ············ 134
матрицийн бүтэц ············ 134
меланхолик зан араншин ············ 321
мета онол ············ 333
мета танин мэдэхүй ············ 333
мета танин мэдэхүйн стратеги ····· 333
мета танин мэдэхүйн хөгжил ······ 333
мета-ой тогтоолт ············ 333
мета-сэтгэл судлал ············ 333
мета-шинжилгээ ············ 333
механикаар цээжлэж сурах ········ 113
механикаар цээжлэх ············ 113
микродиализ ············ 269
микроэлектрод ············ 268
микроэлектродын цуваа ············ 269
Милграмын дуулгавартай туршилт ············ 167
мод хэлбэрийн диаграмм ············ 238
модернизмын дараах ············ 108
модны зураг ············ 238
модульчилсан онол ············ 172
Морганы жаяг ············ 172
Моритагийн засал ············ 216
Моро хариу үйлдэл ············ 173
Моррисын усан лабиринт ············ 173
мөн чанарын үзэл ············ 9
мөрдөн байцаалтын сэтгэл судлал ············ 342
мөрдөх дэмийрэл ············ 8
мөрийтэй тоглоом ············ 17
мөрөөдлийн ажил ············ 166
мөрөөдлийн нөхцөл байдал ······· 166

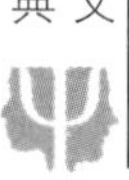

мөсөн уулын хөндлөн огтлол ······· 15
мөшгих механизм ······················359
мультиколлинеар шинж ··········· 58
муруй тархалт ··························184
муруйн үе ································· 88
муруйн үзэгдэл ························· 88
мушгирсан холбоостой хуурмаг
үзэгдэл ································181
мэдлэг ······································347
мэдлэгийн төсөөлөл ··················347
мэдрэг шинжийн сургалт ···········170
мэдрэгдэх чадварын онол ···········180
мэдрэлийн даавар ······················223
мэдрэлийн долгион ·············· 29, 224
мэдрэлийн симпатик хэсэг ··········125
мэдрэлийн сүлжээ ····················224
мэдрэлийн тогтолцоо ·················224
мэдрэлийн тогтолцооны хордлого
судлал ································223
мэдрэлийн хоёр эсийн холбоос ·····262
мэдрэлийн хөөрөл ·····················223
мэдрэлийн эс ····························224
мэдрэлийн эс судлал ··················223
мэдрэлийн эсийн тооцоолол·········223
мэдрэлийн эсийн богино сэртэн ···238
мэдрэлийн эсийн урт сэртэн·········353
мэдрэлийн эсийн үйл ажиллагааг
зохицуулагч бодис·················223
мэдрэлийн эсийн үндсэн
зангилаа································114
мэдрэлийн ядаргаа······················224
мэдрэлийнуян налархай шинж·····223
мэдрэмж ···································· 85
мэдрэмж алдагдах ······················ 86
мэдрэмж дутагдах ······················ 86
мэдрэмжийн муруй······················ 47
мэдрэмжийн тусгал ····················195
мэдрэмж-хөдөлгөөний шат ·········· 87
мэдрэмтгий үе ···························170
мэдрэмтгий шинж ······················ 87
мэдрэх эрхтнүүдийн харилцаа
холбоо································· 86
мэдрэхгүй байх·························· 86
мэдрэхүйн афази ························ 87
мэдрэхүйн өвөрмөц эрчим хүчний
хууль ·································· 85
мэдрэхүйн хүлээн авагч ·············· 87
Мэдрэхүйн, сэрлийн кодчилол ····· 86
мэдэрсэн таагүй амт····················272
мэдээ алдуулах ·························113
мэдээллийн гэмтэл ····················300
мэдээллийн дайн ······················300
мэдээллийн дэлгэц ····················300
мэдээллийн матриц····················299
мэдээллийн нэгжээр цээжлэх ······119
мэдээллийн онол ·······················299
мэдээллийн үйл ажиллагаа ·········299
мэдээллийн хэт ачаалал ·············299
мэдээллийн эрэл хайгуул ···········300
мэдээлэл ··································299
мэдээлэл боловсруулах загвар ·····299
мэдээлэл боловсруулах онол ·······299
мэдээлэл хадгалалт····················299
мэргэжлийн зөвлөгөө ·········228, 348
мэргэжлийн сонирхлын бланк ·····348
мэргэжлийн сэтгэл судлал ··········348
мэргэжлийн чадварын тест ··········348
мэргэжлээс шалтгаалсан сонголт ···348

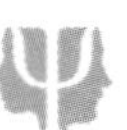

мэргэн ухаан ············ 349
Мюллер-Лайерийн хуурмаг үзэгдэл ············ 167

Нн

Нагелийн тестийн диаграмм ······ 175
найдваргүй шинж ············ 138
найдвартай байдлын тэн хагасын хуваагдал ············ 76
найдвартай чанар ············ 298
найрсаг яриа ············ 306
намтар ············ 357
намтрын арга ············ 357
нарийвчилсан сургуулилалт ······ 133
нарийн төвөгтэй арга заль хэрэглэх чадвар ············ 20
нарийн төвөгтэй байдлын үүслийн онол ············ 82
нарийн төвөгтэй завсрын үеийн уншилт ············ 335
нас биед хүрэх ············ 28
нас зүйн сэтгэл судлал ············ 150
насан туршийн хэтийн төлөв ······ 10
насанд хүрсэн мэдрэмж ············ 28
насанд хүрэгчдийн оюун ухааныг хэмжих Векслерийн арга ··· 269, 270
насанд хүрээгүй үе ············ 218
насжилт ············ 149
насны доройтлын зан байдал ······ 239
насны тодорхойлолт ············ 181
Невротизм, экстраверт, нээлттэй байдлыг тодруулах бие хүний асуулга ············ 203
нейро сэтгэл судлал ············ 224
нейро хэл шинжлэл ············ 224
нейро-сэтгэл зүйн тест ············ 224
нейротизм ············ 225
нийгмийн адилтгах онол ············ 219
нийгмийн айдас ············ 222
нийгмийн би ············ 143, 221
нийгмийн биологи ············ 220
нийгмийн бүдүүвч ············ 220
нийгмийн бүтцийн үзэл ············ 219
нийгмийн дэмжлэг ············ 221
нийгмийн журам ············ 218
нийгмийн залхуурал ············ 218
нийгмийн зан байдал ············ 220
нийгмийн инээмсэглэл ············ 221
нийгмийн нөлөөллийн онол ······ 221
нийгмийн нэвтрэх онол ············ 220
нийгмийн нэгдэл ············ 219
нийгмийн өөрчлөн байгуулалт ···· 221
нийгмийн саатал ············ 221
нийгмийн солилцооны онол ······ 219
нийгмийн сонирхол ············ 220
нийгмийн сургалтын онол ······ 221
нийгмийн сэтгэл судлал ············ 220
нийгмийн танин мэдэхүй ············ 219
нийгмийн танин мэдэхүйн мэдрэлийн шинжлэх ухаан ······ 219
нийгмийн тогтсон хандлага ······ 220
нийгмийн тогтсонхэв шинж ······ 219
нийгмийн төлөөлөл ············ 218
нийгмийн түгшүүр ············ 221
нийгмийн үүрэг ············ 219
нийгмийн хамтын ажиллагаа ············ 218, 221

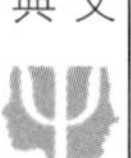

нийгмийн хамтын ажиллагааны
нөлөө ······ 221
нийгмийн харьцуулалтын онол ······ 218
нийгмийн хорио цээр ······ 219
нийгмийн хөгжил ······ 220
нийгмийн хүртэхүй ······ 221
нийгмийн хэм хэмжээ тогтоох ······ 218
нийгмийн хэм хэмжээнүүд ······ 218
нийгмийн хэрэгцээ шаардлага ······ 218
нийгмийн эсрэг бие хүн ······ 67
нийгмийн эсрэг бие хүний эмгэг ······ 67
нийгмийн эсрэг зан төрх ······ 67
нийгмийн эсрэг шинж ······ 67
нийгэм соёлын онол ······ 220
нийгэм соёлын орчин ······ 220
нийгэм сэтгэл зүйн хасалт ······ 292
нийгэм техникийн тогтолцоо ······ 219
нийгэм-соёл-түүхийн урсгал ······ 220, 271
нийгэмшил ······ 219
нийлбэрийн эрэмбэ ······ 349
нийлмэл оноо ······ 104
нийлмэл өнгө ······ 81
нийлэмж холбоогүй сургалт ······ 75
нийлэмжийн ой тогтоолт ······ 155
нийлэмжийн сургалт ······ 155
нийлэмжийн сүлжээний загвар ······ 155
нийлэмжийн сэтгэл судлал ······ 155
нийлэмжийн сэтгэхүй ······ 155
нийлэмжийн үзэл ······ 156
нийлэмжийн үнэлэмж ······ 156
нийлэмжийн хууль ······ 155
нийлэх нөлөө ······ 136
нийтийн дүрэм ······ 187
нийтлэг мэдрэмж ······ 95
нийтлэг сэтгэлгээ ······ 96
нийтлэг түүхэн хөгжил ······ 352
нийтлэг үзэл бодол ······ 96
нийтлэг шинж чанар ······ 95
нийц ······ 39
нийцэл зохицлын шалгуур ······ 180
нислэгийн ажлын ачаалал ······ 74
нислэгийн нөхцлийг ойлгох ······ 74
нислэгийн орон зайн
баримжаалал ······ 74
нислэгийн орон зайн
баримжааллын алдагдал ······ 74
нисэх онгоцны багийнхны ядаргаа ······ 74
нисэх үеийн зан төрхийн өөрчлөлт ······ 74
нисэхийн сэтгэл судлал ······ 104
ногоон өнгө ялгахгүй байх ······ 49
ногоон өнгөний харалган ······ 161
нойр ······ 242
нойргүйдэл ······ 229
нойрны дутагдал ······ 242
нойрны төв ······ 242
нойрондоо явах эмгэг ······ 242
нойрсох үеийн удаан долгион ······ 164
норадреналин ······ 199
норэпинефрин ······ 199
нотолгоот кодын онол ······ 171
нотолгоот сүлжээний загвар ······ 171
нотолгоот төсөөлөл ······ 171
нөлөөлөгч ······ 288
нөөцийн удирдлагын стратеги ······ 358
нөөцийн хязгаарлалтын загвар ······ 328
нөхөн мөрдөх ······ 17
нөхөн сэргээх ······ 141, 338
нөхөн сэргээх сэтгэл судлал ······ 141

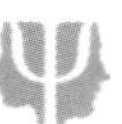

нөхөх ·· 43
нөхцөл байдал ································ 329
нөхцөл байдалд хамаарсан ·················· 196
нөхцөл байдлаас хамаарах
оюун ухаан ·································· 197
нөхцөл байдлыг дахин ухамсарлах ··· 30
нөхцөл байдлын асуудал ·················· 157
нөхцөл байдлын нойргүйдэл ·············· 197
нөхцөл байдлын тест ························ 196
нөхцөл байдлын ярилцлага ················ 196
нөхцөлт бус рефлекс ························ 275
нөхцөлт бус хариу ·························· 275
нөхцөлт бус хариу үйлдэл ················ 75
нөхцөлт бус цочроогч ······················ 275
нөхцөлт бус эерэг хандлага ·············· 275
нөхцөлт мэдлэг ······························ 255
нөхцөлт сургалт ······························ 197
нөхцөлт хариу төлөвших
үеийн ялгаа ·································· 57
Нугасны урсгал ································ 7
нурууны гол ·································· 343
нутаг дэвсгэрийн онцлогтой зан
байдал ·· 159
нутагших ······································ 8
нутгийн уугуул иргэдийн сэтгэл зүй ··· 9
нууц түлхүүртэй бичих ······················ 11
нууцлаг (ухамсартай)
сэтгэл судлал ································ 222
нууцлаг мэдлэг ································ 321
нууцлаг сэтгэл судлал ······················ 223
нууцлал ·· 6
нүд анивчих хариу үйлдэл ·················· 340
нүдний алимны байршил ···················· 315
нүдний торлогийн гэрэлтэлт ················ 235
нүдний торлогийн тохирох цэг ···· 235
нүдний торлогийн ялгаа ···················· 235
нүдний хөдөлгөөн ···························· 315
нүдний хөдөлгөөний цахилгаан
бичлэг ·· 315
нүүр тохирох ································ 14
нүүр царай ·································· 168
нүүр царай таних зан төрх ················ 2
нүүрний илэрхийлэл ························ 167
Ньюмена-Кеулсийн тест ···················· 181
нэг адил чадварын хууль ·················· 48
нэг бүлэг зураг төсөл ······················ 45
нэг зүйлийн автомат үе ········ 359, 360
нэг зүйлийн бэрхшээл ······················ 286
нэг зүйлийн дүн шинжилгээ ················ 286
нэг зүйлийн хэмжүүр ························ 285
нэг зүйлийн ялгаварлал ···················· 286
нэг зүйлийн ялгавартай үйл
ажиллагаа ·································· 286
нэг ижил чадварын зарчим ················ 48
нэг нүдний хараавы
гүн шинж тэмдэг ···························· 44
нэг нүдний харагдах зүйлийн
хөдөлгөөний өөрчлөлт ······················ 45
нэг өнгө ялган харах шинж ·············· 200
нэг талт тест ································ 44
нэг тохиолдолт туршилтын
төлөвлөгөө ·································· 44
нэг үгтэй өгүүлбэр ·························· 44
нэг хүчин зүйлт хазайлтын дүн
шинжилгээ ·································· 45
нэг цаг хугацааны тодрол ·················· 259
нэг чихээр сонсох ·························· 44
нэг эсийн ихрүүд ···························· 259

нэгдмэл сэтгэц засал 343
нэгдсэн гурвал үйлчилгээний танин мэдэхүйн гүйцэтгэлийн үнэлгээний батарей 166
нэгдсэн шинж чанар 187
нэгдэл 64, 194
Нэгдэл, ижилсэлийн үзэл баримтлал 84
нэгж 13
нэгэн адил чанар 260
нэгэн зэрэг дүрс задлал 260
нэгэн зэрэг ялгаварлалт 259
нэгэн үеийнхэн 259
нэгэн хугацааны тохироц чанар 259
нэмэлт өнгө 17
нэмэлт өнгөний холимог 120
нэмэлт өнгөний хууль 17
Нэнсигийн урсгал 175
нэрлэсэн хэмжээс 27
нээлттэй сургалт 64
Нээлттэй талбай тест 147
нээлттэй цонхны туршилт 140
нялх үе 325
нялх хүүхдийн зан байдлыг үнэлэх шкал 298
нялхсын хөгжлийн Бейлийн хэмжүүр 7
нярай үе 298

Oo

объектын тогтмол байдал 143
объектын хүртэхүй 143
огтлолцсон шалгалт 124
огторгуйн сэтгэл судлал 104
одоо цагт анхаарч төвлөрч буй тусгал 45
ой санамжаа алдах 229
ой тогтоолт 118
ой тогтоолт муудах 119
ой тогтоолтын багтаамж 119
ой тогтоолтын далд ашиглалт 118
ой тогтоолтын зохион байгуулалт 120
ой тогтоолтын кодчилол 118
ой тогтоолтын молекулын онол 119
ой тогтоолтын стратеги 118
ой тогтоолтын тогтолцоо 119
ой тогтоолтын ул мөр 119
ой тогтоолтын хосломол үйл явцын онол 119
ой тогтоолтын хуурмаг үзэгдэл 118
ой тогтоолтын хязгаарлагдмал хадгалалтын онол 119
ойгүйдэл 124
ойлголт 152
ойлголтын сэтгэхүй 84
ойлгох 159
ойлгох стратеги 152
ойр холбоотой хөдөлгөгч 81
ойролцоо дамжуулалт 130
ойроос алсад чиглэсэн хөгжил 327
ойрхон байх зарчим 128
ойрын хөгжлийн бүс 368
олж эзэмшихүй 278
олз ба гарзын нөлөө 340
олон ажил үүргийн илэрхийлэл 59
олон дүн шинжилгээ 59

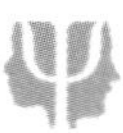

олон загварт харьцуулалт ····· 124, 146
олон нийтийн зай ························· 94
олон нийтийн санаа бодол ·········· 329
олон нийтийн санал асуулга········ 168
олон нийтийн сүлжээ ················ 220
олон нийтийн сэтгэл зүй ············ 222
олон нийтийн сэтгэл судлал ·········· 43
олон нийтийн харилцаа ··············· 43
олон өнцөгтийн хуримтлагдсан
давтамж································· 150
олон соёлын менежмент ············· 146
олон соёлын тест························ 146
олон сувгийн холбоос ················· 59
олон талт бие хүн ······················ 58
олон талт оюун ухааны онол ········· 60
олон талт сэтгэцийн эмгэг ·········· 241
олон талт харилцаа ···················· 240
олон талт харьцуулалт··················· 58
олон тооны бууралт ···················· 59
олон тооны зүйлс ························ 59
олон түвшинт загвар ··················· 59
олон ургальч үзэл··············· 59, 352
олон утгатай ····························· 189
олон үүрэгтэй баг······················ 124
олон хамаарал ··························· 58
олон хамаарлын коэффициент ······ 82
олон хариутай сургалт·················· 60
олон хүчин зүйлт бие хүний
Миннесотын асуулга················ 170
олон хэмжээст тэгшүүрийн онол··· 59
олон шалтгаант коэффициент········ 82
олон эшт үзэл··························· 318
олоход бэлэн байх ····················· 142
оновчтой болгох ······················· 274
оновчтой болгох үүрэг ·············· 104
оновчтой болгох явдал ·············· 104
оновчтой бус итгэл ····················· 74
оновчтой мэдрэмж ··················· 153
оновчтой сэтгэл судлал·············· 153
оновчтой үйл ажиллагааны онолын
хувийн бүс ··························· 91
онолын сэтгэл судлал················ 153
онолын сэтгэхүй ······················· 153
онтологи ···································· 8
онц аюултай гэмт хэрэг ·············· 115
онцгой авъяас чадвар ················· 251
онцгой авъяастай хүүхэд············· 25
онцгой мэдрэлийн эрч
хүчний онол ························· 224
онцгой нөхцөл дэх
манлайллын онол ·················· 159
онцгой хүртэхүй ······················· 356
онцгой хүүхэд ·························· 251
онцлог харьцуулалтын загвар······ 251
оперант зан үйл ························· 20
оперант зан үйлийн
бихевиоризм ························· 20
ораль шат································· 145
органик гаралтай солио ·············· 190
органик сэтгэцийн эмгэг ············· 191
оргил гүйцэтгэл ······················· 368
оргил туршлага····················· 52, 88
орлох сэтгэл ханамж ················· 254
орлуулалт································· 253
орлуулалтын хууль······················ 43
оролцогч даалгавар-суралцагч ····· 211
оролцоог хангасан удирдлага ········ 19
оролцоогүй ажиглалт ·················· 74

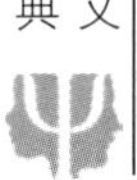

оролцоотой ажиглалт ······ 19
оролцох ур чадвар ······ 194
орон зайн айдас ······ 99
орон зайн үйлдэлгүйдэл ······ 129
орон зайн хүртэхүй ······ 135, 144
ороомог сургалтын хөтөлбөр ······ 162
орхигдсон хүүхэд ······ 160
орчин нөхцөл зан байдалд чухал хэмээн үздэг үзэл ······ 196
орчин үеийн үзэл ······ 282
орчны нөлөө ······ 7
ослын нөхцөлд өртөмтгий ······ 232
Оусүбелийн шийдвэр гаргалтын загвар ······ 3
оюун санаагаа төгс төгөлдөр болгох сургаал ······ 267
оюун санааны мөн чанар ······ 293
оюун санааны төгс би ······ 153
оюун санааны төсөөлөл ······ 288
оюун ухаан ······ 288, 349
оюун ухаан биеийн зэрэгцлийн үзэл ······ 297
оюун ухаан биеийн изоморф ······ 297
оюун ухаан биеийн харилцан үйлдэл ······ 297
оюун ухаан муудах ······ 350
оюун ухаан-биеийн асуудал ······ 297
оюун ухааны ачаалал ······ 290
оюун ухааны Бине-Симоны хэмжүүр ······ 10
оюун ухааны боловсролын сэтгэл зүй ······ 350
оюун ухааны гурвалсан онол ······ 349
оюун ухааны гурван хэмжээст бүтэцтэй Гилфордын загвар ······ 116
оюун ухааны коэффициент ······ 350
оюун ухааны коэффициентийн хазайлт ······ 152
оюун ухааны коэффициентийн харьцаа ······ 9
оюун ухааны нас ······ 291, 349
оюун ухааны олон загварт онол ······ 27
оюун ухааны онол ······ 291
оюун ухааны Стэнфорд-Бинегийн хэмжүүр ······ 245
оюун ухааны тест ······ 349
оюун ухааны тест ······ 289
оюун ухааны туршилт ······ 293
оюун ухааны үйл ажиллагааны алдагдал ······ 290
оюун ухааны үүслийн талаарх онол ······ 281
оюун ухааны хомсдол ······ 132, 349
оюун ухааын гурвалсан онол ······ 214
оюуны дайралт ······ 176
оюуны дутагдал ······ 350
оюуны хомсдол ······ 132, 350
оюуны хомсдолтой хүүхэд ······ 48, 212
оюуны хөгжлийн бэрхшээл ······ 349
оюуныг сурвалж болгох үзэл ······ 153
оюутан төвтэй сургалт ······ 309
оюутны баг-амжилтын хэлтэс ······ 309

Өө

өвдөлтийн хяналт ······ 252
өвдөх хандлагатай хувийн онцлог ······ 252
өвдөхгүй болох ······ 113
өвөрмөц төсөөллийн тогтолцоо ······ 251

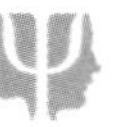

өвөрмөц шинж ········ 251
өвчин илааршиx хүртэл дулаарал ··· 202
өвчний мэдрэмж өсөх ········ 261
өвчний мэдрэмжийн хэмжүүр ····· 261
өвчний үүргийн тодорхой онол ··· 261
өвчтэй цэг ········ 261
өгөгдөл цуглуулалт ········ 239
өгөгдөлд тулгуурласан үйл явц ···· 239
өгүүлбэр зүй ········ 134
өгүүлбэр зүйн хувьд тодорхойгүй ·· 135
өгүүлэн ярих өөрчлөлт ········ 238
өгүүлэх ········ 64
өгүүлэх үйл явц ········ 64
өдөөгч, түлхэц ········ 328
өдөөлт ········ 304
өдөр тутмын үзэл баримтлал ······ 212
өдрийн тэмдэглэлийн арга ········ 212
өмнөд тархи ········ 191
өнгийг харах хараа ········ 215
өнгийг хүртэх хүртэхүй ········ 315
өнгийн тойрог ········ 215
өнгө ········ 105
өнгө дамжуулах индекс ········ 282
өнгө тохирох үйл ажиллагаа ······· 216
өнгө төрхийн тогтолцоо ········ 215
өнгө тэгшитгэл ········ 183, 314
өнгө уусал ········ 314
өнгө ханалт ········ 215
өнгө хольцийн хууль ········ 314
өнгө ялгаж харах Герингийн онол ··· 106
өнгө ялгахгүй байх ········ 74, 215
өнгө ялгахгүй болох өвчин,
дальтонизм ········ 47
өнгөний бүс ········ 216, 315
өнгөний гурвалжин ········ 315, 333
өнгөний диаграмм ········ 215
өнгөний дугуй ········ 111, 215
өнгөний зохицол ········ 183, 315
өнгөний сул тал ········ 216, 320
өнгөний температур ········ 216
өнгөний тогтмол байдал ········ 314
өнгөний тодрол ········ 215, 314
өнгөний хараа ········ 315
өнгөний хараaны талаарх
Гельмгольцийн онол ········ 103
өнгөний харалган ········ 74
өнгөний харалган ········ 215
өнгөний харалганыг шалгах тест ···· 215
өнгөний хэм ········ 99
өнгөний ялгаа ········ 23
өнгөт хавтгай дөрвөлжин ········ 315
өнгөт ········ 215
өнчин тархи ········ 36, 280
өнчин тархины булчирхай ········ 175
өөр хоорондоо харилцан
хамааралтай бүтэц ········ 108
өөрийгөө адилтгах мэдрэмж ······· 363
өөрийгөө батжуулах ········ 363
өөрийгөө бусадтай адилтгах ······· 178
өөрийгөө дөвийллгөх үзэл ········ 360
өөрийгөө жолоодох амралт ········ 361
өөрийгөө загвар болгох ········ 361
өөрийгөө зохицуулахад суралцах ··· 363
өөрийгөө идэвхжүүлэх ········ 363
өөрийгөө ил тод харуулах ········ 361
өөрийгөө итгүүлэх сургалт ········ 361
өөрийгөө сайжруулах ········ 363
өөрийгөө сэдэлжүүлэх ········ 361

өөрийгөө тарчлаан таашаал авах ····· 237, 238
өөрийгөө тодорхойлох онол ····· 362
өөрийгөө үнэ цэнэтэйгээр мэдрэх мэдрэмж ····· 362
өөрийгөө хангалуунаар үзүүлэх ····· 363
өөрийгөө хууран мэхлэх ····· 360
өөрийгөө хүлээн зөвшөөрөх ····· 362
өөрийгөө хүртэх онол ····· 364
өөрийгөө хянах чадвар ····· 363
өөрийгөө шалгах ····· 363
өөрийгөө ялах ····· 361
өөрийн адилтсал ····· 363
өөрийн бодгаль хувийн чанараа алдах ····· 199
өөрийн болон бусдын зан төрхийн хамаарал ····· 9
өөрийн гэсэн бие даасан байдал ····· 55
өөрийн зохицуулалт ····· 365
өөрийн онцлог шинж ····· 252
өөрийн схем ····· 364
өөрийн тайлан тооллого хийх ····· 359
өөрийн уншсан төсөөлөл ····· 319
өөрийн утга ····· 9
өөрийн ухамсар ····· 364, 365
өөрийн үзэл баримтлал ····· 362
өөрийн үнэ цэнийн чиг баримжаа ····· 362
өөрийн үнэ цэнийн чиг баримжааны онол ····· 362
өөрийн үнэ цэнэ ····· 362
өөрийн үнэлгээ ····· 366
өөрийн үр дүнтэй шинж ····· 364
өөрийн хүйсээ өөрчлөх эрмэлзэл ····· 321
өөрийн явдлаа эргэцүүлэх арга ····· 178
өөрөө зохицуулалт ····· 363
өөрөө өөртөө тавих хяналт ····· 362
өөрөө өөртөө туслах бүлэг ····· 365
өөрөө өөртөө үйлчлэх хазайлт ····· 360
өөрөөр ерөнхийлсөн ····· 83
өөртөө итгэлтэй байдлын сургалт ····· 364
өөртөө саад тотгор болох ····· 363
өөртөө төвлөрсөн ····· 355
өөртөө хийх дүн шинжилгээ ····· 178
өөрчлөгдөмтгий оюуны чадавх ····· 160
өөрчлөлт ····· 12
өрсөлдөх үйл явцын онол ····· 129
өсвөр нас ····· 194
өсвөр насныхны гэнэтийн өсөлт ····· 194
өсөлтийн бүлэг ····· 28
өсөлтийн муруй загвар ····· 228
өсөлтийн сэдэл ····· 28
өсөх цуваа ····· 49

Пп

П бодис ····· 277
Павловын нөхцөлдүүлэлт ····· 4
пансексуализм ····· 72
пара сэтгэл судлал ····· 26, 296
парадигм ····· 72
парадигмын онол ····· 72
парасексуаль процессоос сэтгэл ханамж авах чадвар ····· 304
Парисийн урсгал ····· 4
Пи коэффициент ····· 279
Пиажегийн онол ····· 184
Пиажегийн онолын шинэ хандлага ····· 297

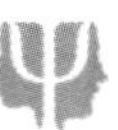

Пиажегийн урсгал ···················· 184
Пигмалион нөлөө ···················· 183
параметр ······························ 19
Пирсоны хамаарал ···················· 183
Пи-тархалт ···························· 76
Поггендорфийн хуурмаг үзэгдэл ··· 16
пограничное расстройство
личности ······························ 11
позитивизм ···························· 232
позитивизмын дараах ················ 107
Понзо хуурмаг үзэгдэл ·············· 183
прагматизм ···························· 231
прагматик стандарт загвар ·········· 13
практик муруй ························ 156
практик оюун ухаан ·················· 231
практикийн хязгаар ·················· 156
Премакын зарчим ············· 187, 368
программчилсан заавар ·············· 29
проектив тест ························ 262
проектив техник ······················ 262
Протокол ······························ 146
психодрам ···························· 291
Психокинез ···························· 296
психометр ···························· 289
психотизм ···························· 133
Пульфрих нөлөө ······················ 187
Пуркинье нөлөө ······················ 187
Пуркинье өөрчлөлт ·················· 187
Пуркинье үзэгдэл ···················· 187

Рр

Равены өсөлтийн матриц ············ 212
Равены өсөлтийн матриц тест ······ 150
радикал бихевиоризм ················ 115
Редукционизм ························ 109
рекурсив загвар ······················ 49
рефлекс ································ 7
рефлексийн нум ······················ 67
рефлектив сэтгэхүй ·················· 68
Рожерсийн Би-гийн онол ············ 161
Розенталийн нөлөө ·················· 162
Рокичийн үнэт зүйлийн
тогтолцоо ···························· 161
Ромео ба Жульетта нөлөө ·········· 162
Роршахын бэхний дуслын тест ···· 162
Рубиний шоо Н хэлбэртэй талбар ··· 160

Сс

саарал бодис ·························· 110
саармаг өдөөгч ······················ 351
саатал ································ 321
саатуулах хариу үйлдэл ············ 134
сагсанд хийх арга ···················· 94
садар самуун гэмт хэргийн
бууралт ································ 70
сайн дурын зан байдал ·············· 328
сайн дурын үзэл ······················ 270
сайн дурын хөдөлгөөн ·············· 247
сайн дүрс ···························· 157
сайн тодорхойлсон асуудал ········ 52
Салливаны сургаал ·················· 216
самуурал ······························ 78
санаа бодол нисэх ·················· 244
санал асуулга ························ 274
санамсаргүй байдал ················ 247
санамсаргүй блокийн загвар ······ 247

санамсаргүй бүлгийнзагвар ········ 247
санамсаргүй ой тогтоолт ············ 196
санамсаргүй түүвэр ················· 247
санамсаргүй хэмжилтийн алдаа ··· 247
санах ····························· 119, 160
санах ойн хайлт ···················· 119
сангвиник зан араншин ············· 59
сансрын сэтгэл судлал ············ 104
сансрын хөдөлмөрийн
нөхцөл судлал ···················· 104
сарних алдаа ························ 277
сарны хуурмаг үзэгдэл ············ 335
сэжиглэл ···························· 184
Сенатос ······························ 213
Сенсуализм ·························· 87
Сепир-Уорфийн таамаглал ········· 275
сэтгэл зүйн тест ···················· 289
симпатик мэдрэлийн тогтолцоо ··· 125
синапсын мэдрэлийн хөөрөл
хэмжигч ···························· 223
синапсын цочролын завсар ········· 262
системтэй ажиглалтын арга ········ 280
системтэй алдаа ···················· 280
системтэй мэдрэмтгий
байдлаа алдах ···················· 280
Скиннерийн хайрцаг ················ 244
соёл хоорондын нийгмийн
сэтгэл зүй ·························· 147
соёл хоорондын судалгаа ··········· 147
соёл хоорондын сэтгэл зүй ········ 147
Соёл хоорондын сэтгэл судлалын
олон улсын холбоо ················ 100
соёл-түүхийн сэтгэл судлал ········ 273
соёлын детерминизм ················ 273
соёлын загвар ······················· 273
соёлын сэтгэл зүйн дайн ··········· 273
соёлын сэтгэл судлал ··············· 273
соёлын хамтын ажиллагаа ·········· 273
соёлын эргэлт ······················· 273
солигдсон түрэмгийлэл ············· 254
солиорол ····························· 132
соматизаци ·························· 198
сонгодог нөхцөлдүүлэлт ············ 131
сонгосон хариу үйлдлийн хугацаа ··· 69
сонгох цаг ··························· 308
сонирхлын тест ······················ 304
сонирхсон хүмүүсийн явцуу
бүлэг ································ 177
сониуч зан ··························· 104
сониуч зангийн зөн ················· 103
сониуч зангийн өдөөгч ············· 103
сонор сэрэмжтэй байх ·············· 134
сонсгол ······························ 255
сонсгол хэмжигч ···················· 257
сонсголын анивчилт ················· 257
сонсголын байршил ················· 256
сонсголын байршлын онол ·········· 257
сонсголын босго ····················· 257
сонсголын босгын муруй ············ 257
сонсголын бүртгэл ·················· 256
сонсголын гадаргуу ················· 258
сонсголын дасан зохицол ··········· 257
сонсголын дэлгэц ··················· 257
сонсголын заагийн
тэвчээрийн муруй ················· 256
сонсголын кодлол ··················· 256
сонсголын мэдрэл ··················· 258
сонсголын онол ····················· 256

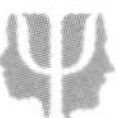

сонсголын төв ······ 257
сонсголын үлдэц ······ 256
сонсголын хий үзэгдэл ······ 110
сонсголын хүртэхүй ······ 258
сонсголын хүрээ ······ 256
сонсголын чанарыг далдлах ······ 257
сонсголын ядаргаа ······ 256
сонсогдоцын муруй ······ 142
сонсон ойлгох сэтгэлсудлал ······ 293
сонсонгоо бодох ······ 32
сонсох ······ 255
сонсох давтамжийн онол ······ 257
соронзон цуурайтлын дvрслэл ······ 38
сохор цэг ······ 165
социометрийн арга ······ 218
сөргөлдөөн ······ 349
сөргөлдөх дасгал сургууль ······ 57
сөрөг ······ 229
сөрөг батжуулалт ······ 81
сөрөг дамжуулалт ······ 81
сөрөг өдөөгч ······ 81
сөрөг сэтгэлийн хөдөлгөөн ······ 81
сөрөг урамшуулал ······ 81
сөрөг үр дагавар ······ 80
сөрөг үргэлжилсэн дүр зураг ······ 80
сөрөг хамаарал ······ 81
сөрөг хий үзэгдэл ······ 80
сөрөг холбоотой буцах хариу үйлдэл ······ 67
спектрийн өнгө ······ 98
спиритуализм ······ 270
Спирмен-Брауны томъёо ······ 244
Спирмений хамаарлын үнэлгээ ······ 244
спортын сэтгэл судлал ······ 337
спортын танин мэдэхүй ······ 336
спортын танин мэдэхүйн сэтгэл судлал ······ 211
спортын түгшүүр ······ 336
спортын түгшүүрийн шинж тэмдэг ······ 336
стандарт алдаа ······ 13
стандарт оноо ······ 13, 114
стандарт тест ······ 13
стандарт хазайлт ······ 13
стандарт хэвийн тархалт ······ 14
стандартчилал ······ 13
статистик ······ 261
статистик дүн шинжилгээ ······ 260
статистик хэмжүүрийн тест ······ 19
статистикийн ачхолбогдол ······ 261
статистикийн дүгнэлт ······ 264
статистикийн зураг ······ 261
статистикийн магадлал ······ 260
статистикийн хүснэгт ······ 260
статистикийн шийдвэр ······ 261
стереоскоп ······ 154
стереоскоп хүртэхүй ······ 154
стереотаксик арга ······ 154
Стивенсийн хууль ······ 232
Стилл-Кроуфордын нөлөө ······ 244
стратегийн боловсруулалт ······ 22
стратегийн сэтгэл зүйн үйл ажиллагаа ······ 341
стресс ······ 326
стресс даван туулах стратеги ······ 326
стресс менежмент ······ 326
стресс сургалт ······ 326
стресс үүсгэгч ······ 326

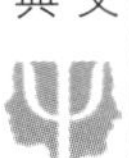

стресс хяналтын сургалт ············ 326
стрессийн даавар ························ 39
стресстэй тэмцэх хариу үйлдэл ···· 371
стресстэй холбоотой эмгэг ·········· 326
стробоскоп ······························ 53
Стронг-Кэмпбеллийн сонирхлын асуулга ······························ 245
субъектив сэтгэл судлал ············ 355
субьектив шинжтэй ·················· 355
сувилахуйн сэтгэл судлал ·········· 108
судалгааны баяжуулалт ·············· 78
судалгааны дундаж квадрат утга ··· 33
супер эго ································ 26
суралцах чадваргүй байх ············ 310
суралцахуйн үзэл баримтлал ········ 85
сурах чадваргүй шинж ················ 310
сурах эмгэг ······························ 310
сургалт ························· 309, 348
сургалтаар сэтгэл засах арга ········ 291
сургалтанд сайн тамирчин ··········· 311
сургалтын багц ························ 309
сургалтын гадаад сэдэлжүүлэлт ··· 309
сургалтын дамжуулалт ··············· 310
сургалтын дотоод сэдэлжүүлэлт ·· 309
сургалтын дүрэм ······················ 100
сургалтын загвар ······················ 127
сургалтын зан үйлийн онол ·········· 309
сургалтын зарчим ····················· 100
сургалтын зорилго ···················· 127
сургалтын конструктив онол ······· 309
сургалтын лавлагаа ···················· 250
сургалтын онол ························ 310
сургалтын стратеги ············ 127, 309
сургалтын сэдэлжүүлэлт ············ 309
сургалтын сэтгэл зүй ················ 127
сургалтын сэтгэл судлал ············ 310
сургалтын танин мэдэхүйн онол ···· 309
сургалтын туршилт дээр суурилсан байр суурь ························· 271
сургалтын үзэл баримтлалын өөрчлөлт ······························ 84
сургалтын үйл ажиллагаа ············ 310
сургалтын үр дүнтэй шинж ·········· 127
сургалтын хоцрогдол ················ 192
сургалтын хүндрэл ··················· 310
сургалтын хэв маяг ·················· 309
сургалтын шилжүүлэлт ·············· 311
сургуулиас айх айдас ················ 310
сургуулийн зохицуулалт ············ 310
сургуулийн насны хүүхдүүд ········ 308
сургуулийн өмнөх нас ················ 308
сургуулийн өмнөх насны хүүхдийн боловсрол ····························· 339
сургуулийн өмнөх насныхны сэтгэл судлал ································· 308
сургуулийн сэтгэл судлал ············ 310
сургуулилалт ···························· 82
сургуулилалтын стратеги ············ 82
сурсан зан үйл ························· 278
сурсан сул дорой байдал ············ 278
суртал ухуулгын сэтгэл зүйн дайн ····································· 307
суурь өнгө ····················· 115, 333
суурь үзэл ······························ 114
суурь хувьсагчууд ······················ 7
суурь шинж чанарууд ···················· 7
сүлжээний сэтгэл зүйн дайн ········ 268
сүр шүтээн ба хорио цээр ··········· 263

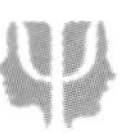

сэдэвчилсэн хүртэхүйн тест 354
сэдэл ба үр нөлөө 53
сэдэлжүүлсэн марталт 53
сэдэлжүүлэлт 52
сэдэлжүүлэлтийндамжуулалт 53
сэдэлжүүлэлтийн зөн билгийн
онол 53
сэдэлжүүлэлтийн зөрчил 53
сэдэлжүүлэлтийн онол 115
сэдэлжүүлэлтиын таашаал авах
онол 53
сэдэлжүүлэх өдөөгч 190
сэдэн сургах аргын төлөөлөл 43
сэргээн босгох арга 31
сэргээн санах 119
сэргээсэн эрч хүч 328
сэрлийг чухалчлах үзэл 87
сэрлийн дасан зохицол 86
сэрлийн мэдрэлийн эс 86
сэрлийн суваг 86
сэрлийн харилцан нөлөөлөл 86
сэрэл 85
сэрэл ба хүртэхүйн сэтгэл зүй 87
сэрэл хөдлөх 110
сэрэхүйн бүртгэл 86
сэрэхүйн тэнцвэржилт 86
сэрэхүйн эрс ялгаатай байдал 86
сэтгэгдлээр удирдах 325
сэтгэл гутрал 321
сэтгэл гутралын дэмийрэл 320
сэтгэл гутралын хам шинж 320
сэтгэл гутрамтгай хэв
маягийн зан байдал 151
сэтгэл задлалын шинэ урсгал 297
сэтгэл засал 296
сэтгэл зүйн авъяасыг сонгох 294
сэтгэл зүйн амьдралын орон зай 292
сэтгэл зүйн бүлэг 292
сэтгэл зүйн гэрээ 292
сэтгэл зүйн дайн 295
сэтгэл зүйн зөвлөгөө 296
сэтгэл зүйн зөвлөгөө өгөх 290
сэтгэл зүйн зэвсэг 293
сэтгэл зүйн логик 291
сэтгэл зүйн механизм 290
сэтгэл зүйн нийцэл 294
сэтгэл зүйн оношлогоо 296
сэтгэл зүйн статистик 293
сэтгэл зүйн стресс 292
сэтгэл зүйн тактик 296
сэтгэл зүйн талбар 289
сэтгэл зүйн тогтолцоо 294
сэтгэл зүйн тусламж ба боловсрол 5
сэтгэл зүйн үе шат 292
сэтгэл зүйн үйл ажиллагаа 295
сэтгэл зүйн үнэлгээ 289
сэтгэл зүйн хамаарал 295
сэтгэл зүйн хамгаалалт 295
сэтгэл зүйн хойшлуулалт 104
сэтгэл зүйн хувьд манин байх 293
сэтгэл зүйн хувьд тусгаарлах 289
сэтгэл зүйн хэмжээс 293
сэтгэл зүйн шаргуу үе 289
сэтгэл зүйн шинж чанар 292
сэтгэл зүйн экологи 293
сэтгэл зүйн эсэргүүцэл 291
сэтгэл зүйн ярилцлага 109
сэтгэл зүйчлэх 290

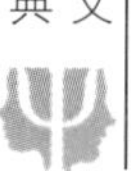

сэтгэл санааны байдал ············288
сэтгэл санааны дэмжлэг ············196
сэтгэл санааны илэрхийлэл ·········· 14
сэтгэл судлал ························294
сэтгэл судлал дахь тогтолцоот
хандлага ·····························295
сэтгэл судлалын арга зүй···········294
сэтгэл судлалын дасгалууд ·········· 57
Сэтгэл судлалын олон
улсын их хурал ······················100
сэтгэл судлалын судлагдахуун·····308
сэтгэл судлалын сургалт ···········295
сэтгэл судлалын тогтолцоо ·········294
сэтгэл судлалын холбох үзэл·······155
сэтгэл судлалын шинжлэх ухаан····291
Сэтгэл судлалын шинжлэх ухааны
олон улсын нийгэмлэг ···········100
сэтгэл татах ··························278
сэтгэл татах нөлөө ··················332
сэтгэл татсан хэтийн төлөв ···· 98, 110
сэтгэл түгших·························126
сэтгэл түгших невроз ···············126
сэтгэл хөдлөл шилжинилрэх ········ 68
сэтгэл хөдлөлийн боловсрол ·······195
сэтгэл хөдлөлийн бэхжүүлэлт ·····195
сэтгэл хөдлөлийн зохицуулалт ····197
сэтгэл хөдлөлийн ой тогтоолт ·····197
сэтгэл хөдлөлийн оюун ухаан······197
сэтгэл хөдлөлийн өссөн хөөрөл ···195
сэтгэл хөдлөлийн туршлага ········196
сэтгэл хөдлөлийн хэмжээс··········197
сэтгэл хөдлөлийн эмгэг········196, 288
сэтгэл цочирдлын солио ············196
сэтгэлийн түгшүүрт
мэдрэлийн эмгэг ····················126
сэтгэлийн тэнхээний сургалт·······322
сэтгэлийн тэнхээний эмгэг ·········322
сэтгэлийн хөдөлгөөн ················197
сэтгэлийн хөдөлгөөний үнэлгээний
Арнольдын онол ························1
сэтгэлийн хөдөлгөөний хариу ·····197
сэтгэлийн хөдөлгөөнөө
барьж чадахгүй байдал ···········161
сэтгэлийн шалтгаант
параной солио ······················184
сэтгэлийн шалтгаант солио········· 69
сэтгэлээр унах ·······················288
сэтгэн олох үнэлгээ ·················190
сэтгэн олсоны хазайлт ··············190
сэтгэн хуулбарлах ····················339
сэтгэснээ торохгүй ярих чадвар ···244
сэтгэхүй································244
сэтгэхүйн зах хязгаарын онол······244
сэтгэхүйн өвөрмөц шинж ············244
сэтгэхүйн хяналтын сургалт·········244
сэтгэц задлал ·························133
сэтгэц задлалын онол ················133
сэтгэц нөлөөт эм судлал············295
сэтгэц удамшил ······················295
сэтгэц физиологи ·····················293
сэтгэц хэл шинжлэл ·················295
сэтгэц-антропологи ··················292
сэтгэц-биологи ·······················293
сэтгэцийг дээдлэх үзэл ·············296
сэтгэцийн багц ·······················289
сэтгэцийн байдал ····················296
сэтгэцийн байдал муудах ···········133
сэтгэцийн гажиг······················132
сэтгэцийн гэмтэл······················132

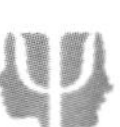

сэтгэцийн дүр ··· 14
сэтгэцийн дүрс задлал ··· 292
сэтгэцийн зохицуулалт ··· 293
сэтгэцийн зураг ··· 288
сэтгэцийн идэвх ··· 291
сэтгэцийн намтар ··· 296
сэтгэцийн өвчин ··· 133, 290
сэтгэцийн өөрчлөлт ··· 132
сэтгэцийн үгсийн сан ··· 289
сэтгэцийн үзэгдэл ··· 294
сэтгэцийн үйл ажиллагаа ··· 290
сэтгэцийн үйл ажиллагааны байршил ··· 290
сэтгэцийн үйл явц ··· 290
сэтгэцийн хими ··· 290
сэтгэцийн хөгжил ··· 289
сэтгэцийн хөгжлийг судлах салбар ··· 289
сэтгэцийн хэмжээс ··· 291
сэтгэцийн шалтгаацал ··· 296
сэтгэцийн эмгэг ··· 133, 296, 297
сэтгэцийн эмгэг судлал ··· 132, 288
сэтгэцийн эмгэг судлалын нийгмийн ажилтан ··· 132
сэтгэцийн эмгэгтэй тэмцэх ··· 133
сэтгэцийн эргүүлэх үйл ··· 294
сэтгэцийн эрүүл мэнд ··· 288, 290, 293
сэтгэцийн эрүүл мэндийн боловсрол ··· 291
сэтгэцийн ядаргаа ··· 291
сэтгэц-мэдрэл-булчингийн онол ··· 292
сэтгэц-мэдрэл-дархлаа судлал ··· 292
сэтгэц-үг зүйн дүрэм ··· 294
сэтгэц-физик ··· 294
сэтгэц-физикийн арга ··· 294
сэтгэц-хөдөлгөөний ··· 295
сэтгэц-хөдөлгөөний загвар ··· 295
сэтгэц-хөдөлгөөний чадвар ··· 295
сэтгэцэд нөлөөлөх бодис ··· 349

Тт

Т тестийн нэг жишээ ··· 45
таагүй амт мэдрэх ··· 272
таагүй нөхцөл ··· 316
таазны нөлөө ··· 254
тааламжтай температур ··· 238
таамаглал ··· 332
таамаглал шалгах ··· 121
таамаглал шалгах онол ··· 121
таамаглалын тулалдааны үеийн сэтгэл зүйн бэлтгэл ··· 306
таамагласан дүгнэлт ··· 332
таамагласан тохироц чанар ··· 332
таамагласан хувьсагч ··· 332
Таамаглах ··· 281
таарамжтай бүс ··· 324
таарамжтай ялгаа ··· 324
таашаал ханамжийн саатал ··· 312
таван хүчин зүйлт бие хүний асуулга ··· 42
Таван хүчин зүйлт бие хүний загвар ··· 42
таван хүчин зүйлт загвар ··· 277
тайвшруулах сургалт ··· 73
тайлбар ··· 130
тайлбарласан мэдлэг ··· 168

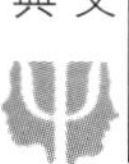

тайлбарласан сэтгэл зүй ············ 307
Тайтгаруулагч ························ 343
тактикийн мэдрэмж ·················· 341
тактикийн сэтгэл зүйн үйл
ажиллагаа ························ 341
тактикийн сэтгэхүй ·················· 341
талбайн онол ··························· 25
талбайн сэтгэл судлал ················ 25
талбайн хазайлтын нийлбэр ········ 151
талбайн хамаарал ····················· 25
талстжсан оюун ухаан ··············· 132
танин мэдэх зааг ····················· 338
танин мэдэх чадвараа алдах ········ 229
танин мэдэхүй ························ 208
танин мэдэхүйн бус хүчин зүйл ···· 75
танин мэдэхүйн бүтэц ··············· 209
танин мэдэхүйн дагалдан сургалт · 210
танин мэдэхүйн зан төрхийн засал ··· 210
танин мэдэхүйн засал ················ 210
танин мэдэхүйн зураг ················ 209
танин мэдэхүйн мэдрэлийн
шинжлэх ухаан ···················· 210
танин мэдэхүйн нөөцийн онол ····· 211
танин мэдэхүйн ойлгох засал ······ 208
танин мэдэхүйн онол ················ 208
танин мэдэхүйн санал нийлэлт ···· 209
танин мэдэхүйн стратеги ············ 208
танин мэдэхүйн сургалт ············· 211
танин мэдэхүйн сэтгэл зовнил ····· 209
танин мэдэхүйн сэтгэл судлал ····· 210
танин мэдэхүйн төгс ажиллагааны
хяналт ······························ 211
танин мэдэхүйн тусгал ················ 68
танин мэдэхүйн ур чадвар ·········· 209
танин мэдэхүйн үйл явц ············ 209
танин мэдэхүйн үл зохицлын
онол ································· 210
танин мэдэхүйн үл зохицол ········ 210
танин мэдэхүйн үнэлгээний онол ··· 210
танин мэдэхүйн хөгжил ············· 209
танин мэдэхүйн хөтөч ··············· 210
танин мэдэхүйн хувьсгал ··········· 209
танин мэдэхүйн хэв маяг ··········· 209
танин мэдэхүйн хэл шинжлэл ······ 211
танин мэдэхүйн чадвар ·············· 210
танин мэдэхүйн шинжлэх
ухаан ······························· 209
танин мэдэхүйн эмгэг ················ 211
танин мэдэхүйн эргономик ·········· 209
таниулсан зөвшөөрөл ················ 346
танхимын удирдлага ················· 143
тархалтын үнэн зөв байдал ··········· 77
тархах хандлага ······················ 152
тархины гадаргуу ······················ 42
тархины гадрын хөдөлгөөний бүс ··· 336
тархины интеграци ···················· 42
тархины ноёлох голомт ··············· 42
тархины соронзон бичлэг ··········· 175
тархины соронзон цочроогч ········ 131
тархины тал бөмбөлгүүдийн үйл
ажиллагааны тэгш хэмт бус
байдал ······························· 41
тархины тал бөмбөлөг ················ 41
тархины үйл ажиллагааны
байршил ····························· 41
тархины үүдэл ························ 176
тархины ховдол ······················· 176
тархины хуваагдал ···················· 89

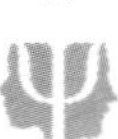

тархины цахилгаан бичлэг ········ 176
тархины ялгаварлан хөгжих үүрэг ··· 41
тархсан зураг ························ 214
тасалдсан олон удаагийн цуврал
зураг төсөл ························ 350
тасалдсан хөдөлгөөний чадвар ····· 77
тасралтгүй байх зарчим ············ 155
тасралтгүй бэхжүүлэлт ············ 154
тасралтгүй үйл ажиллагаа ·········· 154
тасралтгүй хөдөлгөөний чадвар ··· 154
тасралтгүй хувьсагч ················ 154
тасралтгүй, тасарсан асуудал ······ 155
татгалзал ································ 78
татгалзсан бүс ························ 135
ташуу эргүүлэх ······················ 288
текст харалган ························ 37
температурын нөлөө ················ 273
теория черта Олпорта ················· 3
тестийн алдаа ························· 22
тестийн арга ··························· 22
тестийн зүйл ··························· 22
тестийн найдвартай чанар ·········· 22
тестийн оноо ··························· 22
тестийн сонгодог онол ············· 131
тестийн стандартчилал ·············· 21
тестийн статистик ·················· 123
тестийн тохироц, итгэлтэй чанар ··· 22
тестийн хүч ··························· 123
Тестостерон, эр бэлгийн даавар ···· 88
тета долгион ··························· 16
технологийн гоо зүй ················ 120
Ти-тархалт ······························ 76
товчилсон өгүүлбэр ·················· 51
товчилсон яриа ························ 51
тоглогчийн алдаа ······················ 56
тоглоомын засал ····················· 327
тоглоомын онол ·············· 17, 327
тоглох зөн ···························· 327
тогвортой тал ··························· 97
тогтмол алдаа ························ 107
тогтмол байдлын объект ·········· 277
тогтмол байдлын хурд ············· 246
тогтмол өдөөгчийн арга ··········· 106
тогтмол хэлбэр ······················ 303
тогтолцооны онол ··················· 280
тогтоолт ································· 97
тогтоох ойн эмгэг ··················· 119
тогтоох чадвар буурах ············ 119
тогтоох чадваргүй болох ·········· 320
тогтоох чадваргүй болох хам
шинж ··································· 320
тогтоох чадваргүй хэл
ярианы эмгэг ························ 320
тогтоох чадваргүй
хэл ярианы эмгэг ···················· 171
тогтсон хэв шинж ··················· 142
тогтсон хэвшмэл хариу ············ 142
тод дасан зохицол ·················· 171
тод сонсгол ·························· 256
тодорхой айдас ······················ 251
тодорхой бус асуудал ················ 52
тодорхой бус интервал ·············· 18
тодорхой бүлгийн загвар ·········· 184
тодорхой дамжуулалт ·············· 251
тодорхой мэдлэг ···················· 266
тодорхой сургалт ··················· 266
тодорхой хүчин зүйлс ·············· 323
Тодорхой, гадаад, ой тогтоолт ···· 266

тодорхойлох коэффициент ········ 136
тодорхойлох статистик ············· 168
тодруулга ··························· 29
тойруу асуудал ······················ 329
тойруу зан байдал ··················· 329
Толин тусгалт- би ··················· 134
толин тусгалт зураг ················· 134
тоо бодох чадваргүй болох ·········· 118
тоо тогтоолгох тест ················· 239
тооцоолох чадвараа алдах ··········· 229
топологи сэтгэл судлал ·············· 265
торлог идэвхжүүлэх тогтолцоо ······· 268
торлог эс ··························· 233
Торндайкийн сургалтын тухай
хууль ······························ 214
тохиолдлоос хамааралтай
марталт ···························· 283
тохиолдлын (кейс) судалгаа ········· 90
тохиолдлын (кейс) судалгааны
арга ······························· 90
тохиромжтой хөөрөл ················· 368
тохироц чанар ··················· 22, 287
тохируулалт ························ 255
тохируулах арга ···················· 255
төв гүйцэтгэх тогтолцоо ············ 352
төв мэдрэлийн тогтолцоо ······· 351, 352
төв ухархайн хараа ················· 352
төв хараа ··························· 352
төв ховил ··························· 352
төв хязгаарын теорем ··············· 351
төв шинж чанар ····················· 351
төвийг барьсан үзэл ················· 351
төвийг олох ························ 351
төвлөрөх байдал алдагдах ··········· 199
төвлөрүүлсэн бясалгал ·············· 117
төвлөрүүлэх үйл явц ················ 101
төгс хамаарал ······················ 267
төгс хөдөлгөөний эрч хүч ··········· 191
төгс эзэмших сургалт ··············· 342
төгсгөл нь нээлттэй ярилцлага ······ 140
төгсгөлийн тархи ···················· 56
төлөвшил ··························· 246
төлөөлөн батжуулалт ················ 254
төрөлх хэл ························· 173
төрөлх чанарын онол ················ 254
төрөлхийн гэмтэл ················ 24, 32
төрөлхийн зан байдал ··············· 281
төрөлхийн шинж чанар ··············· 281
төрх байдлын онол ·················· 340
төсөл дээр суурилсан сургалт ······· 286
төсөөлөл ······················· 15, 262
төсөөлөл, зохион бодохуй ··········· 285
төсөөтэй байдлын хууль ······· 150, 285
төсөөтэй шалтгаан ·················· 151
төстэй зарчим ······················ 285
төстэй тохироц чанар ··············· 136
транскортикал ярих
чадваргүй болох эмгэг ·············· 146
трансперсональ сэтгэл судлал ······· 26
туйлын бие хүн ······················ 10
туйлын давтамж ················· 38, 185
туйлын тархалт ······················ 10
туйлын үр ашиг ······················ 10
тулгуурлах зааварчилгаа ············ 345
тунгалгийн төрөлхийн хэв шинж ····· 181
туршигчийн нөлөө ·················· 231
туршилтын арга ····················· 231
туршилтын бүлэг ···················· 231

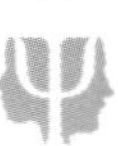

туршилтын нийгмийн сэтгэл судлал ··· 231
туршилтын парадигм ··· 231
туршилтын сургалт ··· 253
туршилтын сэтгэл судлал ··· 231
туршилтын төлөвлөгөө ··· 231
туршилтын тусгаарлалт ··· 231
туршилтын хяналт ··· 231
туршлагын оюун ухаан ··· 131
туршлагын үүднээс юманд хандах үзэл ··· 131
тусгаарлагдмал ··· 152
тусгаарлалт ··· 89
тусгаарлах зовнил ··· 77
тусгаарлах хэсэг ··· 89
тусгагдах нөлөө ··· 136
тусгай нийгмийн болон угсаатны соёлын бүлгийн онол ··· 312
тусгалын адилтгал ··· 262
тусгалын арга ··· 262
тусгалын онол ··· 68, 69
тусгалын стратеги ··· 68
туяаны нөлөө ··· 98, 337
түгшимтгий хэв маягийн зан төрх ··· 150
түгших эмгэг өөрчлөлт ··· 126
түгшүүрийн байдал ··· 358
түгшүүрийн судалгаа ··· 141
түгшүүрийн тест ··· 22
түгшүүрийн тест ··· 141
түгшүүрийн шинж чанар ··· 252
түгээмэл сэтгэл түгших эмгэг ··· 99
түлхүүр үгийн арга ··· 97
түлхэц өөрчлөлт ··· 30
түлхэцийн хэмжээс ··· 39
түргэн ой тогтоолт ··· 243
түрэмгий зан байдал ··· 94
түрэмгийллийн гаралтай бухимдлын таамаглал ··· 40
түрэмгийлэл ··· 94, 194
түүврийн тархалт ··· 32
түүвэр ··· 32
түүвэр судалгаа ··· 32
түүвэрлэлтийн алдаа ··· 32
түүх судлал ··· 153
түүхий оноо ··· 334
түүхчлэх үзэл ··· 154
тэвчил ··· 130
тэг таамаглал ··· 158, 306
тэг хамаарал ··· 158
тэгш өнцөгтэй ээлж дараалал ··· 344
Тэгшитгэх ··· 43
тэгшитгэх тогтолцоо ··· 298
тэгшитгэх, нөхөх ··· 17
тэмдгийн Гештальтийн хүлээлтийн онол ··· 79
тэмдэг ··· 180
тэмдэглэгч хэрэгсэл ··· 13
тэмдэглэлт цэг ··· 355
тэмдэгт тест ··· 79
тэмцэх зан суртахуун ··· 341
тэмцэх мэдлэг олж авах сургалт ··· 341
тэмцээн ··· 134
тэмцээнд сайн тамирчин ··· 10
тэмцээний өмнөх өөртөө итгэлтэй байдал ··· 213
тэмцээний өмнөх сэтгэл зүйн байдал ··· 213
тэмцээний өмнөх сэтгэл зүйн бэлтгэл ··· 213

тэмцээний өмнөх хэт сэтгэл хөөрлийн байдал ··· 213
тэмцээний өмнөх ялгалгүй байдал ··· 213
тэмцээний үе дэх оюун ухааны баримжаалал ··· 10
тэнцвэржсэн сэрэл ··· 185
тэнцвэржүүлсэн загвар ··· 185
тэнцвэржүүлэх онол ··· 185
тэнцвэртэй дууны хүчний шугам ··· 48
тэнцүү интервалт арга ··· 47
тэнцүү интервалт хувьсагч ··· 47
тэнцүү хэлбэр ··· 48
тэнэгрэл ··· 29
тэргүүн байрны нөлөө ··· 237
тэсвэрийн сургалт ··· 175
тэсрэмтгий зан байдал ··· 6

Уу

угсаатан төвт нэг соёлын үзэл ··· 170
угсаатан төвт үзэл ··· 169, 353
угсаатны сэтгэл судлал ··· 353
угсаатны хохирол ··· 352
угсаатны ялгаа ··· 352
угсаатны ялгаварлан гадуурхалт ··· 169
удаан өвдөлт ··· 58
удаан үргэлжилсэн өвдөлт ··· 164
удаан хугацааны ажлын ой тогтоолт ··· 24
удаан хугацааны ой тогтоолт ··· 24
удаан хугацааны хүч чадал ··· 24
удамшил ··· 319
удамшлын болон хувьслын онол ··· 319
удамшлын сэтгэл судлал ··· 64
удамшлын танин мэдэхүйн онол ··· 64
удамшлын шалтгаант үзэл ··· 319
удирдагч-гишүүн солилцооны онол ··· 159
удирдлагын сүлжээний онол ··· 98
удирдлагын сэтгэл судлал ··· 98
ужгирсан хөнгөн стресс ··· 164
ул мөрийн онол ··· 106
улаан өнгө харж чадахгүй байдал ··· 121
улаан өнгөний харалган ··· 50
улаан харалган, улаан өнгө ялгахгүй болох ··· 107
улаан, ногоон харалган ··· 107
улааныг сул харах ··· 107
уламжлалт ёс суртахуун ··· 279
уламжлалын дараах зан суртахуун ··· 108
унадаг өвчтэй хүн ··· 50
унадаг татдаг өвчин ··· 50
унадаг татдаг сэтгэцийн эмгэг ··· 50
ундны төв ··· 325
унтагчийн нөлөө ··· 242
унтралтын онол ··· 239
унших тест ··· 335
унших чадваргүйн эмгэг ··· 229
унших эмгэг ··· 335
уншлагагүйдэл ··· 335
ур чадвар ··· 19
урагшлах холбоо ··· 243
урам ··· 158
урам зориг ··· 202, 288
уран дүрслэлтэй зураг ··· 285
уран илтгэл ··· 305

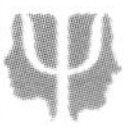

уран нарийн ажиллагаа ··· 213
уран сайхны зохион бодохуй ··· 320
урвуу байрлалтай U таамаглал ··· 46
ургал мэдрэлийн тогтолцоо ··· 365
ургийн шат ··· 249
урдаас харсан нөлөө ··· 27
урлагийн сэтгэл судлал ··· 320
урсгал байдал ··· 160
урт хугацааны зураг төсөл ··· 366
урт хугацааны судалгаа ··· 366
урт хугацааны сэтгэл засал ··· 24
уртавтар тархи ··· 313
урьдаас төсөөлсөн алдаа ··· 332
урьдчилан анхаарагдсан боловсруулалт ··· 192
урьдчилан зохион байгуулагч ··· 281
урьдчилан сэргийлэх хандлага ··· 249
урьдчилсан тусгал ··· 26
урьдчилсан тусгалын тогтолцоо ··· 26
урьдчилсан шилэлт ··· 285
Устах ··· 287
утга зүйн хамгийн бага нэгж ··· 330
утга төгөлдөр тогтоолт ··· 322
утга учиртай сургалт ··· 322
утгагүй үе ··· 276
утгатай байх ··· 248
утгыг гаргах ··· 236
утгын анхдагч боловсруулалт ··· 331
утгын кодчилол ··· 331
утгын ой тогтоолт ··· 331
утгын сүлжээ ··· 331
утгын тусгал ··· 236
уур амьсгалын нөлөө ··· 190
уур бухимдал ··· 40
уур хилэн ··· 115
уураг тархи ··· 175
уусалт ··· 5
уусгах онол ··· 259
уусгах хууль ··· 259
ухаан-биеийн харилцан үйлдлийн үзэл ··· 222
ухаарах ··· 159
ухаарах рефлекс ··· 356
ухамсар ··· 321
ухамсаргүй ··· 192, 276
ухамсаргүй байдалтай ··· 192
ухамсаргүй оюун дүгнэлт ··· 276
ухамсаргүй оюун ухаан ··· 276
ухамсаргүй өдөөгч ··· 276
ухамсаргүй сэдэлжүүлэлтийн өөрчлөлт ··· 276
ухамсарт бус байдал ··· 26
ухамсартай сэтгэл судлал ··· 223
ухамсартайгаар танин мэдэх ··· 261
ухамсрын далд хүртэхүй ··· 332
ухамсрын дор ··· 281
ухамсрын өмнөх ··· 191
ухамсрын субъект ··· 355
ухамсрын сэтгэл судлал ··· 321
ухамсрын урсгал ··· 321
ухамсрын үүсэл ··· 321
ухамсрын хөдөлгөөнт шинж ··· 321
учир шалтгааны дүгнэлт ··· 323
учир шалтгааны холбогдол ··· 323
уян налархай холбоос ··· 262
уян хатан ажлын цаг ··· 250
уян хатан график ··· 250

Үү

үг сонголтын өрсөлдөөний тооцоолол ······ 37
үг сонсохгүй эмгэг ······ 37
үг харалган ······ 37
үгийн адилтгал ······ 37
үгийн давуу нөлөө ······ 38
үгийн нийлэмжийн загвар ······ 36
үгийн танин мэдэхүй ······ 37
үгийн утга бүхий хэсгийн адилтгал ······ 37
үгийн утга бүхий хэсэг ······ 37
үгийн цаг, тийн ялгалыг зөв хэрэглэж чадахгүй байх ······ 329
үгсийн адилтгалын өөрчлөлт ······ 37
үгсийн сангийн бичгийн өөрчлөлт ······ 37
үгсийн сангийн дүрслэл ······ 36
үгсийн сангийн таамаглал ······ 37
үгсийн сангийн хэвийсэн нөлөө ······ 36
үгсийн сангийн хэлбэлзлийн сүлжээний бүртгэл ······ 54
үгсийн санд тулгуурласан загвар ······ 36
үгсийн сүлжээ ······ 37
үгсийн хоёрдмол утга ······ 36
үгүйлэх хам шинж ······ 130
үгүйсгэх дэмийрэл ······ 78
үгүйсгэх сонирхол ······ 270
үгэн хэлбэрээр кодлох ······ 38
үгээр илэрхийлэх хэл яриа ······ 313
үе тэнгийнхний соёл ······ 258
үе тэнгийнхний татгалзал ······ 258
үе тэнгийнхний үнэлгээ ······ 258
үе тэнгийнхний хүлээн зөвшөөрөл ······ 258
үе тэнгийнхнээс суралцах ······ 259
үечилсэн мэдээлэлтэй байх ······ 324
үзүүлэх үйлчилгээ ······ 6
үзэгдэл зүй ······ 283
үзэгдэл зүйн арга ······ 283
үзэгдэл зүйн сэтгэл судлал ······ 283
үзэгч нөлөө ······ 182
үзэгч сонсогчдын нөлөө ······ 98
үзэл баримтлал ······ 83
үзэл баримтлал бий болгох ······ 84
үзэл баримтлал олж авах ······ 84, 85
үзэл баримтлал төлөвших ······ 85
үзэл баримтлалжих үйл явц ······ 84
үзэл баримтлалыг зохицуулах ······ 15
үзэл баримтлалын бүтэц ······ 84
үзэл баримтлалын бэлтгэл ······ 85
үзэл баримтлалын ерөнхий шинж ······ 83
үзэл баримтлалын зохицуулах загвар ······ 85
үзэл баримтлалын нэмэгдэл утга ······ 83
үзэл баримтлалын өргөтгөл ······ 83
үзэл баримтлалын сүлжээ ······ 85
үзэл баримтлалын тогтолцоо ······ 84
үзэл баримтлалын хийсвэрлэл ······ 83
үзэл баримтлалын эсрэг жишээ ······ 83
үзэл бодлоор жолоодуулах үйл явц ······ 84
үзэл бодлын өнцөг ······ 19
үйл ажиллагааг мэдрэгч ······ 251
үйл ажиллагааны бэхжүүлэлт ······ 94
үйл ажиллагааны ой тогтоолт ······ 93
үйл ажиллагааны онол ······ 111
үйл ажиллагааны судалгаа ······ 300
үйл ажиллагааны сэтгэл зүй ······ 113
үйл ажиллагааны тогтолцооны онол ······ 113

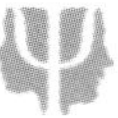

үйл ажиллагааны тодорхойлолт ···· 20
үйл ажиллагааны үнэлгээ ············117
үйл хэрэгтэй холбоотой эрчим хүч ··233
үйл явдлын зан байдлын
ярилцлага ·····························301
үйлдвэрлэлийн дүрэм ················ 24
үйлдвэрлэлийн оргил туршлага ···336
үйлдвэрлэлийн тогтолцоо············ 24
Үйлдвэрлэлийн,байгууллагын
сэтгэл судлал ························ 93
үйлдлийн ой тогтоолт················· 29
үйлдлийн өмнөх шат ··················192
үйлдлийн сэтгэл судлал ·············321
үйлдлийн сэтгэхүй ···················· 20
үйлдлийн тогтвортой шинж ········· 55
үйлдлийн тусгал ························ 20
үйлдлийн шударга ёс ·················· 29
үйлдэл ···································· 54
үйлдэл хэмжих багаж ················358
үйлчлүүлэгч төвтэй засал ······ 46, 149
үл ойшоох ·····························195
үл таних түгшүүр ·····················172
үл тохирох······························229
үл хамаарах талбай ···················· 25
үл хамаарах хувьсагч ················359
үлгэр жишээ ··························· 72
үлгэр жишээ онол ·····················317
үлдэгдэл зураг ························108
үлдэгдэл стандартын зөрүү ·········228
үндсэн ая ······························115
үндсэн бүлэг ···························237
үндсэн бүрэлдэхүүн хэсгийн дүн
шинжилгээ ···························354
үндсэн зан чанар ················· 9, 106
үндсэн мөн чанар ························9
үндсэн өнгө ·················· 115, 333
үндсэн өнгөний тэнцүү шугам ······ 47
үндсэн рефлекс························167
үндсэн түгшүүр ·······················114
үндсэн хувийн эндүүрэл ············114
үндсэн хэм хэмжээ ···················114
үндсэн чиг хандлага··················117
үндсэн чиг хандлагын дүн
шинжилгээ ···························117
үндсэн чиг хандлагын хэмжүүр ···116
үндсэн шинж ···························237
үндэслэлийн хангалттай бус нөлөө ·· 17
үндэсний адилсал·····················169
үндэсний адилсах мэдрэмж·········169
үндэсний бахархал ···················170
үндэсний дутуугаа мэдрэх
мэдрэмж ······························170
үндэсний зан чанар··········· 168, 169
үндэсний мэдрэмж ····················169
үндэсний нэгдмэл сэтгэл зүй·······168
үндэсний онцлог шинж···············169
үндэсний оюун санаа ················168
үндэсний өөрийн ухамсар ··········169
үндэсний сэтгэл зүйн нийтлэг
чанар ··································168
үндэсний ялгаварлал·················168
үндэстний зан чанар ·················101
үндэстний сэтгэлгээний үзүүлэлт ···169
үндэстний тусгай дадал ·············169
үндэстний хүүхдийн сэтгэл
судлал ································168
үнэ цэнэтэй нөхцөл···················122
үнэлгээ ·························· 22, 186

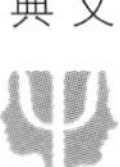

үнэлгээний стандарт алдаа ·········· 13
үнэлгээний төв ························ 186
үнэлгээний хэмжүүр ··················· 19
үнэлгээний хэмжээс ··················· 186
үнэмлэхүй алдаа ······················ 137
үнэмлэхүй зааг ························ 138
үнэмлэхүй мэдрэмтгий шинж ······ 137
үнэн зөв оноо ··················· 77, 342
үнэнч байдал ·························· 342
үнэр хэмжигч ·························· 307
үнэрийн зааг ··························· 307
үнэрийн сэрэл ·························· 307
үнэрийн төв ···························· 307
үнэрлэх чадвар хэт ихдэх эмгэг ··· 307
үнэрлэх чадвараа алдах ············ 307
үнэт зүйл ································ 122
үнэт зүйлийг ялгах ··················· 122
үнэт зүйлийн баримжаалал ········· 122
үр бүтээлтэй дүрслэл ················ 35
үр бүтээлтэй төсөөлөл ··············· 35
үр дүнд үзүүлэх итгэл үнэмшлийн нөлөө ······································ 299
үр нөлөөний хууль ····················· 287
үр хөврөлийн үе шат ·················· 183
үргэлжилсэн булчингийн хөдөлгөөний сэрэл ····················· 54
үргэлжилсэн долгион онол ·········· 300
үргэлжилсэн дуудлага ················ 279
үржүүлэх ································· 338
үүргийн адилсал ······················ 137
үүргийн байр суурь ··················· 137
үүргийн бэхжих засал ················· 97
үүргийн зөрчил ························ 137
үүргийн онол ·················· 113, 137
үүрэг ······································ 136
үүрэг гүйцэтгэх ························ 137
үүрэг хүлээлт ·························· 137
үүсгэгч дүрэм ·························· 225
үүсгэгч онол ··························· 225
үүсгэгч сургалт ························ 225
үүсгэгч утга ···························· 225
ухлийн зөн совин ······················ 245

Фф

феминист сэтгэл судлал ············ 181
феромон ························ 266, 300
Фетишизм ································ 156
Фехнерийн хууль ······················· 76
фи үзэгдэл ······························ 282
физиологийн сэтгэл судлал ········ 226
физиологийн тэг градус ············· 226
Фитсийн хууль ·························· 75
Фишерийн Z өөрчлөлт ················ 75
Фишерийн оноо тооцох ··············· 75
Фкоэффициент ························· 279
фокусын ухамсар ······················ 126
формын хэлбэрийн хүртэхүй ······· 303
фотопик алсын хараа ················· 170
Фрейдийн урсгал ······················· 79
Фридманы тест ························· 79
Функционализм ························ 113

Хх

Хаалганд тулсан арга ················ 160
хаалганы удирдлагын онол ·········· 340
хаалттай сонголтын хариулттай арга ······································ 186

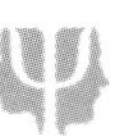

хаалттай сонголтын хариулттай тест ··· 186
хаалттай хувьсагч ··· 198
хагас гэр бүл ··· 44
хагас дугуйрсан суваг ··· 5
хагас туршилт ··· 358
хагас туршилтын загвар ··· 151
хагас туршилтын загвар дизайн ··· 358
хадгалалтын муруй ··· 5
хадгалах ··· 5, 32
хадгалах ··· 237
хадгалахаас гарах хариу ··· 6
хажуугийн дамжуулалт ··· 242
хазайлт ··· 12, 151
хазайлтын коэффициент ··· 12
хазайлтын нэг төрөл ··· 72
хазайлтын шинжилгээ ··· 72
хайгуулч зан байдал ··· 250
Хайдерийн хамаатуулах онол ··· 103
хайлт ··· 252
хайрын гурвалжны онол ··· 2
халуун хүйтний сэрэл ··· 272
хамаарал ··· 284
хамааралгүй бүлгийн загвар ··· 56
хамааралгүй бүрэлдэхүүн хэсгийн дүн шинжилгээ ··· 55
хамааралгүй хувьсагч ··· 275
хамааралтай байх хэрэгцээ ··· 99, 105
хамааралтай хувьсагч ··· 68
хамаарах хувьсагч ··· 323
хамаарлын дүн шинжилгээ ··· 284
хамааралтай байх сэдэл ··· 105
хамаарлын үндсэн алдаа ··· 114
хамаарлын эрэмбэлсэнцуваа ··· 47
хамааруулах хувьсагч ··· 238
хамаатуулах ··· 100
хамаатуулах онол ··· 100
хамаатуулах хэв маягийн асуулга ··· 100
хамгаалах ··· 237
хамгаалах механизм ··· 73
хамгаалах саатал ··· 6
хамгаалахад хамаарах ··· 73
хамгийн бага дуут даралт ··· 369
хамгийн бага дуут талбар ··· 369
хамгийн их магадлалын арга ··· 368
хамт олонч үзэл ··· 116
хамтарсан сургалт ··· 15
хамтарсан үйл явц ··· 64
хамтын ажиллагаа ··· 105
хамтын ажиллагааны онол ··· 251
хамтын оюун ухааны загвар ··· 95
хамтын сургалт ··· 105
хамтын ухамсаргүй ··· 116
ханалт ··· 5
хангинах өнгө ··· 324
хандлага ··· 249
хандлага өөрчлөлт ··· 249
хандлага төлөвших ··· 249
хандлага-хандлагын зөрчил ··· 128
хандлагын бэлэн байдлын дүн шинжилгээ ··· 152
хандлагын хэмжилт ··· 249
хандлагын хэмжээс ··· 249
хар дом ··· 156
хар хайрцагны онол ··· 106
хараа ··· 233
хараа давхардлын онол ··· 234

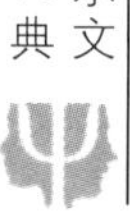

харааны байц ··· 235
харааны бодит сэтгэхүй ··· 135
харааны босго ··· 234
харааны гадарга ··· 233
харааны дасан зохицол ··· 234
харааны дуу чимээ ··· 234
харааны зураг ··· 233
харааны кодчилол ··· 233
харааны мэдэрхүй ··· 235
харааны ой тогтоолт ··· 233, 263
харааны ойд үлдсэн дүрс ··· 233
харааны өнцөг ··· 233
харааны талбар ··· 235
харааны танин мэдэхүйгээ алдах ··· 234
харааны товгор ··· 197
харааны товгорын дээд хэсэг ··· 217
харааны төвгөрийн доод хэсэг ··· 49
харааны хий үзэгдэл ··· 109
харааны хуурмаг үзэгдэл ··· 233
харааны хэмжүүр ··· 235
харааны ядаргаа ··· 234
хараа-хөдөлгөөний зан төрхийн сургуулилалт ··· 234
харагдах зүйлийн өөрчлөлт ··· 233
харагдах илэрхийллийн цэг ··· 234
харагдах илэрхийлэл ··· 234
харанхуйд дасан зохицох ··· 3
хардах дэмийрэл ··· 117
харилцаа ··· 97
харилцаа сайтай бие хүн ··· 105
харилцаа холбооны сүлжээ ··· 96
харилцаа, холбоо ··· 96
харилцааны дэмийрэл ··· 97
харилцааны зан байдал ··· 125
харилцааны сувгийн дамжуулах чадвар ··· 258
харилцааны эмгэг ··· 125
харилцан заах сургалт ··· 125
харилцан нөлөөллийн түгшүүр ··· 125
харилцан нөлөөллийн үзэл ··· 108, 284
харилцан нөлөөлсөн хууль зүй ··· 108
харилцан саад тотгорын онол ··· 85
харилцан саатуулах ··· 125
харилцан үйлдэл ··· 125
харилцан хамаарлын арга ··· 284
харилцан хамаарлын судалгаа ··· 284
харилцан шалтгаалцал ··· 125
харилцан шүтэлцээ ··· 284
хариу ··· 68
хариу үйлдлийн далд үе ··· 68
хариу үйлдлийн нум ··· 67
хариу үйлдлийн хожимдол ··· 68
хариу үйлдлийн хугацаа ··· 69
хариу үйлдлийн хэв маяг ··· 68
хариу үйлдэл ··· 67, 68, 325
хариу үйлдэл судлал ··· 67, 69
хариу үйлдэл үзүүлэх ··· 68
хариу эсэргүүцэл ··· 180
хариултын хазайлт ··· 68
хариултын цаг ··· 69
хариуцлагын тархалт ··· 339
харх хулгана дээр хийх туршилтын тусгай аппарат ··· 33
харшил ··· 12
харъяалал ··· 194
харъяалалд баримжаалсан ··· 105
харъяалалтай байх сэдэл ··· 105
харъяалалтай байх хэрэгцээ ··· 105

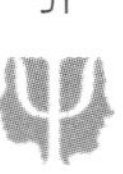

харьцааны хэмжээс ········· 9
харьцангуй стандарт хазайлт ······ 284
харьцангуй хасалт ········· 284
харьцуулсан сэтгэл судлал ········ 9
харьцуулсан танин мэдэхүй ········ 9
хатуу тогтсон хамааралтай хувьсагч ········· 51
хатуу тогтсон хамаарлын дүн шинжилгээ ········· 51
хачин нөхцөл байдлын тест ········ 172
хачирхалтай арга ········· 128
хэлбэрийг хүртэх ········· 303
хи квадрат тархалт ········· 76
хи квадрат тест ········· 123
хий өвчин ········· 322
хий үзэгдэлтэй-албадмал эмгэг ···· 194
хий юм сонсох ········· 110
хий юм үзэгдэх ········· 109
хиймэл оюун ухаан ········· 206
хиймэл тогтоох ой ········· 205
хиймэл үзэл баримтлал ········· 205
хийсвэр бодол ········· 31
хийсвэр задлан шинжилгээний арга ········· 31
хийсвэр зан байдал ········· 31
хийсвэр зүйл ········· 354
хийсвэр оюун ухаан ········· 32
хийсвэр сайн сайхан ········· 354
хийсвэр санаа ········· 31
хийсвэр сургалт ········· 31
хийсвэр сэтгэхүй ········· 31
хийсвэр тогтолцоо ········· 31
хийсвэр тэгш байдлыг хангах цэг ··· 354
хийсвэр үзэл баримтлал ········· 31
хийсвэр үйлдэл ········· 32
хийсвэр хүчин зүйл ········· 32
хийсвэр эгнээ ········· 354
хийсвэр-логик сэтгэхүй ········· 31
хийсвэрлэл ········· 31
хил хязгаар ········· 130
ховс ········· 39
ховс судалдаг шинжлэх ухаан ······ 39
хоёр бүлэгтэй хамаарал ········· 62
хоёр гишүүнт тархалт ········· 63
хоёр дахь дохионы систем ········· 49
хоёр дахь таамаглал ········· 7
хоёр дахь төрлийн алдаа ········· 49
хоёр дахь урьдчилан сэргийлэлт ··· 62
хоёр дахь хэл ········· 49, 63
хоёр дахь хэлийг эзэмших ······· 49, 63
хоёр нүдний гүн шинж тэмдэг ····· 241
хоёр нүдний хараа зүйн өөрчлөлт ··· 241
хоёр нүдний харааны дохио ········ 242
хоёр нүдний харааны нэгдэл ······· 242
хоёр нүдний харааны өрсөлдөөн ···· 241
хоёр нүдний харалган ········· 241
хоёр оройт тархалт ········· 240
хоёр өнгийн хараа ········· 63
хоёр сонголттой ангиллын арга ········· 62
хоёр сонголттой зүйлс ········· 62
хоёр талт тест ········· 239, 241
хоёр төрлийн хамаарал ········· 51
хоёр туйлт мэдрэмж ········· 195
хоёр үгтэй өгүүлбэр ········· 240
хоёр үе шаттай түүвэр ········· 157
хоёр хэл ········· 242
хоёр хэл зэрэг сурахыг зохицуулах ··· 15

хоёр хэлний нэгдэл ····· 81
хоёр хэлний төлөөлөл ····· 63
хоёр хэлэнд захирагдсан ····· 39
хоёр хэмжүүртэй
логистикийн загвар ····· 239
хоёр цэгийн зааг ····· 157
хоёр чихний сонсгол ····· 240
хоёр чихний сонсох үеийн ялгаа ····· 240
хоёр чихний сонсох
хугацааны ялгаа ····· 240
хоёр чихний сонсох хүчний ялгаа ····· 240
хоёр чихэнд сонсох ····· 241
хоёрдмол байдалд орсон бие хүн ····· 77
хоёрдмол зан араншин ····· 240
хоёрдмол сэтгэл зүй ····· 62
хоёрдмол үзэл ····· 63
хоёрдмол хандлага ····· 240
хоёрдмол хандлагатай ····· 165
хоёрдогч батжуулалт ····· 62
хоёрдогч батжуулахцочроогч ····· 62
хоёрдогч ой тогтоолт ····· 38
хоёрдогч хэрэгцээ ····· 49, 182
хоёрдогч шинж чанар ····· 38
хоёр-хүчин зүйлийн онол ····· 242
хожуу насанд хүрэх үе ····· 149
Хойшлуулалт ····· 104
хойшлуулсан дуураймал ····· 313
холбоо хэлхээ ····· 181
холбоотой байдлын хүснэгт ····· 158
холдох шинж тэмдэг ····· 135
холерик зан араншин ····· 45
холизм ····· 344
холимог загвар ····· 111
холимог өнгө ····· 314
холимог сэрэл ····· 86
холимог хувьсагч ····· 111
хоногийн хэмнэл ····· 226, 353
хоногшил ····· 325
хооллох төв ····· 222
хоолны дуршилгүй болох
мэдрэлийн өвчин ····· 224
хоолойн онол ····· 214
хоосон талбайгаас айх эмгэг ····· 148
хоосон үүр ····· 144
хоосон үүр хам шинж ····· 144
хоргүй нойргүйдэл ····· 122
хоргүйжүүлэх ····· 352
хоригдол бие хүн ····· 369
хоршиж тоглох ····· 105
хос зураг ····· 241
хос кодчилолын таамаглал ····· 240
хос симпатик мэдрэлийн
тогтолцоо ····· 82
хос харилцаа ····· 240
хосломол ая ····· 105
хосломол үзэл баримтлал ····· 105
хосолсон харьцуулалтын арга ····· 57
Хоторны нөлөө ····· 112
хохирогчийн гэм буруутай шинж ····· 237
хохирогчийн скотом ····· 237
хохирогчийн сэтгэл зүй ····· 237
хохирогчийн үр дагаврууд ····· 237
хохирол ····· 184
хоцрогдсон өнгөлөн далдлалт ····· 108
хромат ····· 215
хөгжлийг судлах Гезеллийн тест ····· 89
хөгжлийг шалгах Денверийн тест ····· 43
хөгжлийн бүдүүвч ····· 65

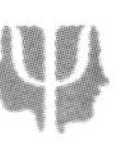

хөгжлийн бэрхшээлтэй хүүхэд ····· 20
хөгжлийн зан байдлын уотсоны хандлага ························109
хөгжлийн зорилт ······················ 65
хөгжлийн зохицуулалтын эмгэг ···· 66
хөгжлийн зохицуулгын алдагдал ··· 66
хөгжлийн нас ··························· 65
хөгжлийн психосексуаль үе шатууд ·····························294
хөгжлийн сэтгэл судлал ············· 66
хөгжлийн сэтгэцийн эмгэг судлал ··· 66
хөгжлийн танин мэдэхүйн мэдрэл судлал ································· 65
хөгжлийн тасралтгүй шинж ········· 65
хөгжлийн уян налархай чанар ······ 65
хөгжлийн үе шат ······················ 65
хөгжлийн үргэлжилсэн шинж ······· 65
хөгжлийн харимхай чанар ··········· 65
хөгжлийн хурдсалын нөлөө ········120
хөгжлийн хэм хэмжээ ················ 64
хөгжлийн хямрал ······················ 65
хөгжлийн чиг хандлага ··············· 65
хөгжлийн эмгэг ························ 66
хөгжмийг хүртэх хүртэхүй ·········325
хөгжмийн ая ···························335
хөгшрөлтийн сэтгэл судлал ········150
хөгшрөлтийн сэтгэцийн өөрчлөлт ··· 92
хөгшрөлтийн шинжтэй зан байдал өөрчлөгдөх ························239
хөгшрөлтөөс үүсэх депресс ·········· 92
хөгшрөлтөөс үүсэх невроз ············ 92
хөдлөл зүйн сэтгэл судлал ··········· 54
хөдөлгөөн хийх чадвараа алдах ···229
хөдөлгөөн хэмнэх зарчим ············ 55
хөдөлгөөний зохион бодохуй ······· 53
хөдөлгөөний зохицуулалт ·········337
хөдөлгөөний зураг ···················335
хөдөлгөөний мэдрэлийн эс ·········337
хөдөлгөөний мэдрэмж ················ 55
хөдөлгөөний ой тогтоолт ··········336
хөдөлгөөний өөрчлөлт ··············337
хөдөлгөөний параллакс ·············337
хөдөлгөөний сургалт ················337
хөдөлгөөний үлдсэн дүрслэл ·······336
хөдөлгөөний хурц хараа ············· 54
хөдөлгөөний хуурмаг үзэгдэл ······335
хөдөлгөөний хүртэхүй ···············337
хөдөлгөөний хэсэг ···················336
хөдөлгөөний чадвар ·················336
хөдөлгөөний чөлөөтэй чадвар ·····140
хөдөлгөөний-байршлын сохор ·····165
хөдөлгөөнт тогтсон хэв шинж ······ 54
хөдөлмөрийн зохион байгуулалтыг сайжруулах ··························· 93
хөдөлмөрийн үйл явцын судлал ···· 92
хөл тавих аргын нөлөө ··············· 47
хөндлөн дамжуулалт ··········107, 124
хөндлөн огтлолын загвар ···········107
хөндлөнгийн 4 түвшний давуу яриа ··························327
хөндлөнгийн оролцоотой давтагдах хуурмаг үзэгдэл ···················124
хөоролт ································304
хөөцөлдөөн мөрдөх ·················271
хөхний сүүний хордлого ············246
хөхөх рефлекс ························243
хөхөх шат ······························145
хөшрөлтийн эсрэг даавар ···········311

хромат өнгийн дасан зохицох……215
хромат өнгөний дасан
зохицол ……215, 315
хроматик өнгө …… 19
хромосом ……202
хуваагдсан зайлсхийлт ……130
хуваагдсан тархалтын зэрэгцсэн
загвар……172
хувиар гаргасан үзүүлэлт ……4
хувиар гаргасан үзүүлэлтийн
зэрэглэл ……4
хувийн зай…… 90
хувийн онцлогт тохируулсан
зааварчилгаа …… 91
хувийн орон зай…… 90
хувийн түүх ……357
хувийн тэгшитгэл……203
хувийн хэрэгцээ…… 90
хувийн чиг хандлага …… 91
хувийн шинж чанар …… 91, 205
хувийн ялгаа…… 90
хувирамтгай оюун ухаан ……317
хувиргах хий өвчин ……322, 357
хувиргах эмгэг ……357
хувь хүн……204
хувь хүний конструктив үзэл …… 90
хувь хүний сэтгэл зүй…… 90
хувь хүний ухамсар …… 90
хувь хүний эрх чөлөөний
төлөө тэмцэгч үзэл ……365
хувь хүний эрх чөлөөний
төлөх үзэл ……322
хувьсагч…… 11
хувьсагч субъект……8
хувьсагч түлхэц …… 38
хувьсагчийн алдаа …… 11
хувьслын сэтгэл судлал ……130
хувьчилсан харилцах хэсэг …… 91
худлыг илрүүлэгч…… 21
худлыг илрүүлэгч багаж …… 59
хулгайлах эмгэг…… 16
хулгайн дон ……262
хулганы эс……4
хурд шалгах тест……246
хурдан зураглал ……147
хурдан нойрны үе……147
хурдан нойрны үеийн долгион…… 199
хурдны үнэн зөв жин ……246
хурууны лабиринт……237
хурц амт ……271
хурц афазии …… 14
хурц гэрэл ……308
хурц тод байдлын хууль……281, 282
хурц хараа……234
хуттамал үзэлтэний сэтгэц засал …… 342
хуулийн сэтгэл судлал…… 66
хууль эрх зүйн ухамсар …… 66
хуурамч түгшүүр ……306
хуурамч тэнэгрэл ……121
хуурмаг итгэлийн даалгавар …… 40
хуурмаг манин хүн ……121
хуурмаг үзэгдлийн урт …… 24
хуурмаг үзэгдлийн хэмжээ …… 42
хуурмаг үзэгдлийн чиг хандлага … 73
хуурмаг үзэгдэл …… 40, 110
хуурмаг үзэгдэл хурдан илрэх …… 73
хуучны сэтгэхүй ……334
хүйсийн адилтгал ……304

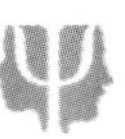

хүйсийн дэмжлэг ······ 305
хүйсийн үүргийг тодорхойлох
Бемийн асуулга ······ 7
хүйсийн үүрэг ······ 304
хүйсийн ялгаагаа мэдрэх шат ······ 228
хүйтний нөлөө ······ 151
хүйтний сэрэл, мэдрэмж ······ 151
хүйтэн цэг ······ 151
хүлцэл ······ 212
хүлээгдэж буй долгион ······ 189
хүлээж буй түгшүүр ······ 189
хүлээлт ······ 189, 332
хүлээлтийн айдас ······ 332
хүлээлтийн нөлөө ······ 189
хүлээлтийн онол ······ 189
хүлээн авагч ······ 238
хүлээн авагчийн ажлын үзүүлэлтийн
муруй ······ 128, 198
хүлээн авах сургалт ······ 128
хүлээн авах талбай, мэдрэмжийн ······ 87
хүлээн авсан судалгаа ······ 159
хүлээн зөвшөөрөгдөх сэтгэл зүй ······ 95
хүлээн зөвшөөрөгдөхийн
төлөөх сэдэлжилт ······ 95
хүмүүнлэг сэтгэл судлал ······ 202
хүмүүнлэг сэтгэц засал ······ 203
хүмүүнлэг үзэл ······ 202, 207
хүмүүнлэг хэтийн төлөв ······ 202
хүмүүс хоорондын
харилцааны чадвар ······ 125
хүн ам ······ 366
хүн машины нэгдэл ······ 206
хүн машины харилцах хэсэг ······ 206
хүн төвтэй сэтгэц засал ······ 320
хүн төрөлтний талаарх үзэл ······ 180
хүн-ажлын зохицол ······ 208
хүн-байгууллагын зохицол ······ 208
хүндэтгэлтэй харагдаж байгаа
парадигм ······ 355
хүний алдаа ······ 207
хүний алдааны дүн шинжилгээ ······ 207
хүний дамжуулах үйл ажиллагаа ······ 203
хүний зан төрхийн генетик ······ 207
хүний машин систем ······ 206
хүний найдвартай байдал ······ 203
хүний нөөц ······ 207
хүний нөөцийн удирдлага ······ 207
хүний оюун ухаан ······ 203
хүний хөдөлгөөний эх үндэс ······ 207
хүний хүчин зүйлс ······ 208
хүний хэлбэр, хэмжээнээс авъяас
чадвар шалтгаална хэмээх үзэл ······ 160
хүнийг хүртэх ······ 57
хүн-компьютерийн дасан зохицлын
уулзвар ······ 361
хүн-компьютерийн харилцаа ······ 206
хүн-компьютерийн
харилцан холбоо ······ 206
хүн-машин систем ······ 206
хүн-машин-орчнытогтолцоо ······ 206
хүн-машины системийн үнэлгээ ······ 207
хүн-машины үйл ажиллагааны
хуваарилалт ······ 206
хүн-машины яриа ······ 206
хүртэх мэдрэмжийг хэмжих багаж ······ 33
хүртэхүй ······ 345
хүртэхүйн бүхэллэг шинж ······ 346
хүртэхүйн гажуудал ······ 346

хүртэхүйн зохион байгуулалт······346
хүртэхүйн сонор сэрэмж············346
хүртэхүйн сургалт··················346
хүртэхүйн тогтмол байдал··········346
хүртэхүйн төлөөллийн тогтолцоо···346
хүртэхүйн үргэлжилсэн шинж·····346
хүртэхүйн хамгаалал················346
хүртэхүйн шилэн сонгох шинж····346
хүртэхүйн ялгаварлал················345
хүрхрээний хуурмаг үзэгдэл ·······188
хүрэлцэх мэдрэмж таних чадваргүй
болох ··· 33
хүрэлцэх хэсгийн байршил ·········· 33
хүрээллийн шалгуур ·················198
хүрээлэн байгаа орчноо хамгаалах
хөдөлгөөн ·························109
хүсэл тачаалын алуурчин ···········216
хүсэл тэмүүллийн түвшин ·············6
хүсэл тэмүүлэл ························115
хүсэлтийн хариу ·······················351
хүүхдийг хялбархүмүүжүүлэх ······ 73
хүүхдийн аутизм················· 96, 359
хүүхдийн оюун ухааныг
хэмжих Векслерийн арга·········270
хүүхдийн сэтгэл судлал ············ 61
хүүхдийн хөгжлийг үнэлэх
Денверийн шалгах тест··········· 44
хүүхдийн хүртэхүйн хамаарлыг
тодорхойлох тест ··················· 61
хүүхдэд чиглэсэн яриа ··············· 62
хүүхэд нас ·····························260
хүүхэдтэй хосоос бүрдэх гэр бүл,
цөм гэр бүл··························106
хүчин зүйлийн ачаалал ············323
хүчин зүйлийн дизайны вариацын
шинжилгээ ·························278
хүчин зүйлийн дүн шинжилгээ ····323
хүчин зүйлийн найдвартай
байдал ·······························323
хүчин зүйлийн ээлжлэн
солигдолт···························323
хэв шинжийн онол ···················151
хэвийн болгох ·························345
хэвийн бус бие хүн ····················· 12
хэвийн бус бэлгийн зан үйл ········305
хэвийн бус гэмт хэрэг················ 12
хэвийн бус зан байдал ··············· 12
хэвийн бус зан суртахуун···········249
хэвийн бус өгөгдлүүд················ 75
хэвийн бус сэтгэл судлал ··········· 12
хэвийн бус шинж чанар ·············· 12
хэвийн муруй ···························345
хэвийн тархалт ················· 25, 345
хэвийн хүүхэд ···························· 25
хэвийх утга································ 22
хэвлийн урсгал ················ 82, 343
хэвтээ, босоо хуурмаг үзэгдэл ·····107
хэл сурах механизм ·················330
хэл шинжлэлийн бэлгэ тэмдэг ·····330
хэл эзэмших бүтэц····················330
хэл эзэмшихид суралцах
хандлага ····························330
хэл яриа боловсруулах ··············313
хэл яриа таних························313
хэл яриаг хүртэх ·····················314
хэл ярианы бус харилцаа··········· 75
хэл ярианы гажиг ······················ 64
хэл ярианы гажиг өөрчлөлт ··171, 320

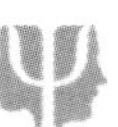

хэл ярианы дохио ························314
хэл ярианы дууны үндсэн өнгө ····331
хэл ярианы илэрхийллийн эмгэг ··· 14
хэл ярианы нэгдмэл нөөцийн онол··· 45
хэл ярианы оюун ухаан ················314
хэл ярианы тод гаргацтай байдал ···313
хэл ярианы үйлдвэрлэл ···············313
хэл ярианы харилцаа холбоо ·······313
хэл ярианы чадвар алдагдах
Верникегийн эмгэг ················270
хэл ярианы чадваргүй болох ·······131
хэл ярианы эмгэг························ 64
хэл ярианы эмгэг, өөрчлөлт ········314
хэлбэржсэн торлог························268
хэлбэржсэн үйл ажиллагааны
үе шат ····································302
хэлбэрийн чанарын урсгал··········303
хэлгүй ··122
хэлийг ойлгох ·····························330
хэлмэгдүүлэлт ······························312
хэлний анхны дамжуулалт···········173
хэлний сургалтын загвар ·············146
хэлний сэтгэл судлал ···················330
хэлний туршлага··························330
хэлний тэмдэг ······························330
хэлний үзүүр үзэгдэл ··········109, 218
хэлний үйлдвэрлэл ·····················330
хэлний цогц чадвар······················330
хэлний эмгэг ································330
хэлц өгүүлбэрийн бүтцийн дүрэм···· 56
хэлц өгүүлбэрийн бүтцийн
хэл зүй ································· 56
хэлэлцээр ···································250
хэлэхүйг хүртэх категори
хүртэхүй ·······························313
хэлэхүйн сургалт ·························314
хэм алдагдсан нойргүйдэл ··········229
хэм хэмжээ ······························ 25, 100
хэм хэмжээ бүхий судалгаа·········· 25
хэм хэмжээнд баримжаалсан тест···· 25
хэмжигдэхүүнийг үнэлэх арга ·····239
хэмжилтийн алдаа ························ 21
хэмжилтийн стандарт алдаа ·········· 21
хэмжүүр ······································· 19
хэмжүүргүй тест ···························· 74
хэмжүүрийн үнэлэмж····················157
хэмжээг хүртэх····························· 42
хэмнэлт хийх ································ 43
хэмнэх арга ·································128
хэмнэх хууль ·······························128
хэнээрхэл ····································132
хэрэглэгчийн зан байдал ·············287
хэрэглэгчийн судалгаа················327
хэрэглэгчийн сэтгэл зүй ···············286
хэрэглэгчийн туршлага·················327
хэрэглээний сэтгэл судлал ···········326
хэрэглээний сэтгэл судлалын олон
улсын холбоо ·························101
хэрэглээний тест ··························142
хэрэгцээ ·······································306
хэрэгцээний шатлал ·····················306
хэрэгцээний шатласан онол ·········306
хэсэглэл ······································· 64
хэсэгчилсэн батжуулалт··············· 18
хэсэгчилсэн батжуулалтын нөлөө··· 18
хэсэгчилсэн бууралт ····················184
хэсэгчилсэн стратеги···················· 18
хэсэгчилсэн тайлангийн үйл явч ··· 18
хэсэгчилсэн хамаарал·················184

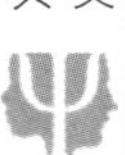

хэсэгчлэх үзэл ········· 333
хэт зөвтгөлийн нөлөө ········· 101
хэт их баяжуулалт ········· 101
хэт нөхөгдөх ········· 101
хэтийн төлвийн хуурмаг үзэгдэл ········· 262
хэтрүүлэн идэх эмгэг, хэнхэг ········· 6
хэцүү хүүхэд ········· 274
хээрийн судалгаа ········· 282
хээрийн туршилт ········· 282
хязгаарлагдмал хөдөлгөөний ур
чадвар ········· 10
хязгаарлагдмал эргэх холбоотой
хяналт ········· 10
хязгаарлах арга ········· 116
хямдруулах зарчим ········· 41
хямралд хөндлөнгөөс оролцох ········· 268
хянагч ········· 145
хяналт ········· 55, 145
хяналт-дэлгэц нийцэл ········· 145
хяналт-дэлгэцийн харьцаа ········· 145
хяналттай нийлэмж холбоо ········· 237, 283
хяналттай үйл явц ········· 145
хяналттай холбоо ········· 145
хяналттай хувьсагч ········· 144
хяналтын бүлэг ········· 20, 57, 145
хяналтын кодчилол ········· 145
хяналтын програм ········· 144
хяналтын цэг ········· 145
хяналтын эсэргүүцэл ········· 145
хясаагаар урамшуулах
тогтолцоо-ны арга ········· 13

Цц

цаг алдах загвар ········· 230
цаг төлөвлөлт ········· 230
цаг үе хоорондын ялгаа ········· 43
цаг үеэ олох байдал ········· 236
цаг хугацаа - хөдөлгөөний
судалгаа ········· 230
цаг хугацаагаар хэмжигдэх
нас ········· 226
цаг хугацааны нийлбэр ········· 230
цагаан бодис ········· 4
цагдаагийн сэтгэцийн тест ········· 133
цагийн мэдрэхүй ········· 230
цагийн хязгаар ········· 230
цар хүрээнд танин мэдэх ········· 338
царай танихгүй болох эмгэг ········· 167
царайг таних ········· 167
цахилгаанаар цочроох эмчилгээ ········· 51
цитокинууд ········· 280
цогц чадамж ········· 228
цогц эрүүл мэнд ········· 344
цомхотгох үзэл ········· 343
цохилт ········· 113
цочмог бие хүн ········· 30
цочмог сэтгэцийн хариу үйлдэл ········· 116
цочмог түрэмгийлэл ········· 30
цочроогчийн баяжуулалт ········· 39
цочроогч-хариу үйлдлийн онол ········· 38
цөмийн соронзон цуурайтал ········· 106
цөөнхийн нөлөөлөл ········· 217
цуваа байршилын муруй ········· 279
цуваа байршилын нөлөө ········· 279
цуваа хайлт ········· 279
цуврал сургалт ········· 279
цусан төрлийн судалгаа ········· 311
цус-тархины саад бэрхшээл ········· 311

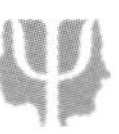

цуурай онол ··· 95
цуурайн ой тогтоолт ··· 228
цэвэр авиа ··· 36
цэвэр сэтгэл судлал ··· 36
цэвэр хуудас-ны онол ··· 4
цэвэрлэх ··· 308
цэвэршилтийн хам шинж ··· 92
цэгэн үнэлгээ ··· 51
цэнгэлдэх төв ··· 329
цэнхэр шар өнгө танихгүй
болох эмгэг ··· 50
цэнхэр, шарын харалган ··· 149
цэргийн албан хаагчийн
сэтгэл зүйн бэлтгэлжилт ··· 138
цэргийн албан хаагчийн сэтгэл
зүйн сонгон шалгаруулалт ··· 138
цэргийн ачаалал ··· 232
цэргийн ерөнхий ангиллын тест ··· 138
цэргийн стресс ··· 138
цэргийн сэтгэл судлал ··· 138
цээжлэлт ··· 230
цээжлэн сурах ··· 113
цээрлэлийг зөрчсөний нөлөө ··· 187
Цюрихийн урсгал ··· 246

Чч

чадвар ··· 120, 179
чадварын сургалт ··· 120
чалчаа яриа ··· 319
чамархайн хэсэг ··· 181
чанарын судалгаа ··· 52
чиг баримтлалын тогтолцоо ··· 85
чиг заах зүүтэй лабиринт ··· 33
чиг зорилгот сургалт ··· 328
чиг зорилтот сэтгэхүй ··· 174
чиг хандлага ··· 52, 357
чиг хандлагын тест ··· 199
Чикагогийн урсгал ··· 345
чимээ ··· 285
чихний хэнгэрэг ··· 62, 96
чичиргээний дасан зохицол ··· 343
чичиргээний нөлөө ··· 343
чичиргээний сэрэл ··· 343
чөлөөт дуудлага ··· 365
чөлөөт нийлэмж ··· 365
чөлөөт нийлэмжийн дүн
шинжилгээ ··· 365
чухал амтыг мэдрэх цэг ··· 272
чухал анивчилтын давтамж ··· 217

Шш

шалгалт ··· 55
шалгах цаас-харандаа ··· 348
шалгуур ··· 173, 287
шалгуур заасан тест ··· 13
шалгууртай холбоотой
тохироц чанар ··· 287
шалгуурын тохироц чанар ··· 287
шалтгаан ··· 264
шалтгаан үндэслэлийн холбооны
хууль ··· 323
шалтгаан үндэслэлийн холбоотой
нийлэмж ··· 323
шалтгаант үндэслэл ··· 136
шалтгаант үндэслэлийн зарчим ··· 136
шаталсан бүлэглэл ··· 23
шаталсан бүтэц ··· 23
шаталсан онол ··· 127

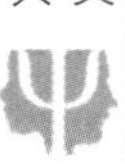

шаталсан сүлжээний загвар ········ 23
шаталсан шугаман загвар ··········· 58
шахан зайлуулалтын нөлөө ··········312
Шахтерийн сэтгэлийн
хөдөлгөөний туршилт ··········216
шашны зан үйл ····················366
шашны сэтгэл судлал ··············366
Шеффийн тест ·····················216
шивэр авир хийх ··················274
шизофрени ························133
шийдвэр гаргалт ··················136
шийдвэр гаргах онол ··············136
шийдвэр гаргах хугацаа ············308
шийдвэрийн боловсруулалт ·········136
шийдвэрт төвлөрсөн засал ··········126
шийтгэгч ························ 29
шилж сонгох үзүүлэлт ··············195
шилжилтийн дүрэм ·················357
шилжилтийн үе ····················101
шилжилтийн үеийн манлайлал ····· 11
шилжилтийн үүсгэгч дүрэм ·········357
шилжүүлэлт ······················319
шилэн сонгосон анхаарал ···········308
шилэн тааз························ 16
шингэний дархлаа ·················253
шингэний зохицуулалт ·············253
шинж байдал ······················161
шинж чанар ·······················252
шинж чанар идэвхжүүлэх онол ····252
шинж чанарын Олпортын онол ·······3
шинж чанарын онол ················252
шинж чанарын онцлог сэтгэл зүй ···252
шинж чанарын хөндлөн огтлол ····252
шинж чанарын эх үүсэл ············ 91
шинжлэх ухааны арга маяг ·········142
шинжлэх ухааны үзэл баримтлал ···141
шинжээч багш ·····················356
шинжээчийн алдаа ·················186
шинэ гадарга ······················298
шинэлэг байдлын нөлөө ·············130
шинэлэг байдлын хууль ·············130
шинэхэн багш ·····················298
шинэчлэл ························ 34
шинэчлэсэн шоронгийн
сэтгэл зүй ·····················369
шок эмчилгээ ····················· 30
шоронд хийх ······················ 89
шөнийн хараа ······················3
Штернбергийн оюун ухааны
мэдээлэл боловсруулах онол ····245
Штрупийн нөлөө ····················245
шугаман бууралт ···················283
шугаман хамаарал ··················283
шугаман харилцаа ··················283
шугаман хэтийн төлөв ··············283
шударга дүгнэгч ···················275
шударга ёсны онол ················· 94
шударга тестийн соёл ··············273
шударга явдал ·····················108
шулуун шударга байдал ·············116
шунал ·························142, 339
шууд баг өмссөн ···················191
шууд бус дүгнэлт ··················123
шууд бус холбоо ···················116
шууд долгион ······················259
шууд дүгнэлт ······················347
шууд заавар ·······················347
шууд нийлэмж ·····················347
шууд хүртэхүй ·················72, 77
шүргэлт мэдрэх үзүүлэлт ··········· 33

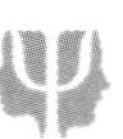

шүргэлт мэдрэх цэг ………………… 33
шүргэлт хүлээн авах талбай ……… 33
шүргэх сэрэл …………………………… 33
шүүлтүүр бүхий дүн шинжилгээ … 102
шүүлтүүр загвар …………………… 102
шүүмжлэлт үе ………………………… 97
шүүмжлэлт үнэлэмж ……………… 158
шүүх ажиллагааны сэтгэл зүй …… 246
шүүхийн сэтгэл судлал ……… 225, 244
шүүхийн шийдвэр ………………… 182

Щщ

щагнал ……………………………… 124

Ээ

Эббингаузын марталтын муруй …… 1
Эббингаузын хуурмаг үзэгдэл ……… 1
эв эеийн онол ………………… 255, 318
эвристик эхо-бичлэг ……………… 165
эвэрлэг бие ………………………… 185
эго ……………………………………… 361
эго сэтгэл зүй ……………………… 364
эго төвт үзэл ……………………… 364
эго төвт яриа ……………………… 364
эго хамгаалалт …………………… 362
эго хамгаалалтын механизм ……… 362
эго чиг баримжаа ………………… 361
эго-адилтгал ……………………… 364
эго-сайжруулах хөтөч …………… 363
эго-хамрагдсан суралцагчид …… 362
эдийн засгийн сэтгэл зүйн
дайн ……………………………… 131
эдийн засгийн сэтгэл судлал …… 131
эдипийн бүрдэл ……………… 61, 156
эерэг бэхжүүлэлт ………………… 344
эерэг дамжуулалт ………………… 344
эерэг жишээний үзэл баримтлал … 83
эерэг өдөөгч ……………………… 345
эерэг сэтгэл судлал ……………… 114
эерэг сэтгэл хөдлөл ……………… 345
эерэг сэтгэл хөдлөлөөр
бусдыг ойлгох …………………… 259
эерэг үргэлжилсэн дүр зураг …… 344
эерэг хамаарал …………………… 345
эерэг хий үзэгдэл ………………… 344
эзэмших …………………………… 177
экзистенциаль зөвлөгөө …………… 40
экзистенциаль сэтгэл судлал ……… 40
экологийн сэтгэл судлал ………… 227
экологийн тогтолцооны онол …… 226
экологийн хандлага ……………… 227
электрийн бүрдэл ………………… 156
электролитийн гэмтлээс
үүсэх шок ……………………… 51
электролитийн саатал …………… 51
элементийн ерөнхий онол ………… 95
элэгсэг харилцааны хэрэгцээ …… 196
эмгэг айдас ……………………… 144
эмгэг арчаагүй байдал …………… 322
эмгэг төрхийн бие хүн …………… 16
эмзэг хугацаа ……………………… 170
эмийн нойргүйдэл ………………… 317
эмнэл зүйн арга ………………… 158
эмнэл зүйн сэтгэл судлал ……… 158
эмнэл зүйн үйлчлэлгүй бэлдмэл …… 2

эмнэл зүйн үйлчлэлгүй
бэлдмэлийн нөлөө ······ 2
эмнэл зүйн үйлчлэлгүй
бэлдмэлийн хяналт ······ 2
эмнэлзүйн туршилт ······ 158
эмпати ······ 259
эмпати, сэтгэл хөдлөлийг
бусдын ойлгох ······ 95
эмпиризмийн дараах ······ 107
эмпирик сэтгэл судлал ······ 131
эмпирик сэтгэхүй ······ 131
эмпирик тохироц чанар ······ 232
эмх цэгцгүй ······ 52
эмчилгээний цочроол ······ 67
эмэгтэйчүүдийн сэтгэл зүй ······ 81
энгийн мэдэгдэхүйц ялгаа ······ 369
энгийн хариу үйлдлийн
хугацаа ······ 69, 123
энграмм ······ 106
эндогенийн баримжаалсан
анхаарал ······ 179
эндорфин ······ 177
энкефалин ······ 176
энэрэнгүй зан төрх ······ 154
энэрэнгүй үзэл ······ 154
Эпифеноменализм ······ 82
эргэх дүгнэлт ······ 180
эргэх үйлдэлтэй саатал ······ 46
эргэх хариу үйлдлийн тогтолцоо ······ 280
эргэх холбоо ······ 67
эргэх холбоогүй зохицуулалт ······ 140
эргэх холбоотой хөндлөнгийн
оролцоо ······ 46
эргээд хоцрогдсон ······ 285
эрдэм шинжилгээний амжилт ······ 310
эрдэм шинжилгээний орчин ······ 310
Эриксоны хөгжлийн
найман үе шат ······ 1
эрмэлзэл ······ 142
эрс хатуу хариу мэдээлэл ······ 77
эрсдэлтэй өөрчлөлт ······ 165
эрт сонгон шалгаруулах загвар ······ 339
эрт ярьж унших ч хүний яриа
ойлгохгүй болох өөрчлөлт ······ 335
эрт ярьж, унших ч хүний яриа
ойлгохгүй болох өөрчлөлт ······ 88
Эрус ······ 61
эрүүгийн сэтгэл судлал ······ 300
эрүүл бие хүн ······ 124
эрүүл мэндийн зан үйл ······ 123
эрүүл мэндийн сэтгэл судлал ······ 123
эрх чөлөөг нь хасах ······ 89
эрх чөлөөний зэрэг ······ 365
эрхтэн системийн тогтвортой
ажиллагаа ······ 177, 253
эрхэмлэх өнгө ······ 314
эрч хүчний туршилт ······ 175
эрч хүчний хууль ······ 167
эрч хүчтэй холбоотой хөдөлгөөн ······ 336
эрчимжүүлсэн тасралтгүй сургалт ······ 117
эрчимт шинж ······ 192
эрэгтэйлэг шинж-эмэгтэйлэг
шинж ······ 175
эрэл хайгуулын дохио ······ 253
эрэл хайгуулын хүчин
зүйлийн дүн шинжилгээ ······ 250
эрэмбэлэх арга ······ 47
эсрэг биед тулгуурласан дархлаа ······ 141

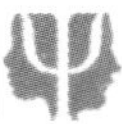

эсрэг тэсрэгийн нийлэмж ………… 57
эсрэг тэсрэгийн хууль ………… 57
эсрэг хүйсийн хүний хувцас
өмсөх эрмэлзэл ………… 321
эсрэгшил үүсгэх эмгэг ………… 57
Эстроген ………… 38
эсэд-тулгуурласан дархлаа ………… 280
эсэргүүцэгч ………… 129
эсэргүүцэл ………… 367
этологи ………… 54, 279
эх түүвэр ………… 42
эхлэл парадигм ………… 190
эхний төрлийн алдаа ………… 50
эхний хэв маяг ………… 334
эцсийн утга ………… 352
эцэг эх хүүхдийн харилцаа ………… 194
эцэг эхийн хүмүүжүүлэх хэв маяг ………… 80
ээдрээ ………… 166
ээдрээтэй замаар суралцах ………… 167
ээнэгшил ………… 195, 319
ээнэгшилийн зайлсхийх хэв маяг ………… 110
ээнэгшилийн үр нөлөөт
шинж ………… 196

Юю

юмсад баримжаалсан онол ………… 159
юмсыг нэрлэх
чадваргүй болох эмгэг ………… 229
юмсын загвар ………… 8
юмсын хариуны онол ………… 286
юмыг давхар харах хоёр нүдний
эмгэг ………… 241
Юнгийн бие хүний онол ………… 212

Яя

яв цав нийцсэн найдвартай
байдал ………… 284
ялгааг хэмжих ………… 152
ялгааны утга ………… 23
ялгаатай байдлын хэмжээс ………… 23
ялгаатай мэдрэмтгий шинж ………… 23
ялгаатай сэтгэл хөдлөлийн онол ………… 197
ялгаатай сэтгэхүй ………… 64
ялгаатай хариу үйлдлийн цаг ………… 12
ялгавар ………… 76
ялгаварлал ………… 76, 189
ялгаварлан гадуурхалт ………… 198
ялгаварлан гадуурхалтын индекс ………… 124
ялгаварласан өнгөний
холимог ………… 122
ялгаварлах дүн шинжилгээ ………… 76
ялгавартай сургалт ………… 12
ялгавартай сэтгэл судлал ………… 23
ялгавартай тохироц чанар ………… 198
ялгавартай хариу үйлдлийн
хугацаа ………… 69
ялгавартай цочроогч ………… 38
ялгагдсан шинж тэмдэг ………… 230
ялгах дүн шинжилгээ ………… 182
ялгах зааг ………… 23
ялгах заагийг илрүүлэх арга ………… 23
ялтан бие хүний тест ………… 369
ялтан этгээдийн оюун
санааны үнэлгээ ………… 370
ялтны дасан зохицох механизм ………… 369
ялтны засан эмчилгээ ………… 370
ялтны өргөдөл гаргах ухаан ………… 369

ялтны сэтгэл засал ···················· 370
ялтны сэтгэл зүйн дүн
шинжилгээ ························ 370
ялтны сэтгэл зүйн хавтаст хэрэг ··· 369
ялтны сэтгэл зүйн хямрал ············ 370
ялтны сэтгэцийн оношлогоо ······· 370
ялтны үүргийн гажуудал ············ 369
янз бүрийн баг ························ 263
яриа ···································· 109
яриа дамжуулах чадвараа алдах ···· 34
ярианы засал ·························· 307
ярианы хэл ···························· 145
ярилцлага хийх нийгмийн сэтгэл
зүй ······································ 109
ярилцлагын арга ················ 73, 249
ярих үйл ажиллагаа ················ 313
ярих чадвараа алдах ················ 229
ярих чадваргүй болох ················ 87

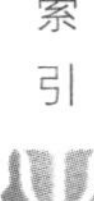

附录　外国人名译名对照

A

Anastasi, A.
阿纳斯塔西

Albee, G.W.
阿尔比

Adorno, T.W.
阿多诺

Adler, A.
阿德勒

Ekman, P.
埃克曼

Asch, S.E.
阿希

Atkinson, J.W.
阿特金森

Aserinsky, E.
阿瑟瑞斯基

Apter, A.
阿普特尔

Анохин, П.К.
阿诺兴

Arnold, M.R.
阿诺德

Allen, A.
艾伦

Ellis, H.H.
艾利斯

Эльконин, Д.Б.
艾利康宁

Elkind, D.
艾尔金德

Ebbinghaus, H.
艾宾浩斯

Elliotson, J.
埃利奥特森

Erikson, E.H.
埃里克森

Ананьев, Г.М.
安纳耶夫

Angell, J.R.
安吉尔

Underwood, B.J.
安德武德

Anderson, J.R.
安德森

Андреева, Г.М.
安德列耶娃

Edwards, A.L.
爱德华

Eysenck, H.J.
艾森克

Osgood, C.E.
奥斯古德

Augustine, A.
奥古斯丁

Olds, J.
奥尔兹

Allport, G.W.
奥尔波特

Otis, A.S.
奥蒂斯

Ainsworth, M.D.S.
安斯沃思

Anastasi, A.
安娜斯塔西

Baltes, P.B.
巴尔特斯

Baddeley, A.D.
巴德利

Barber, T.X.
巴伯

Бабинский, Д.В.В.
巴宾斯基

Бабанский, Ю.К.
巴班斯基

B

Ausubel, D.P.
奥苏伯尔

Bartlett, F.C.
巴特利特（巴特莱特）

Basov, M.Y.
巴索夫

Buss, A.H.
巴斯

Bakan, D.
巴肯

Buck, L.B.
巴克

Bach, G.R.
巴赫

Повлов, И.П.
巴甫洛夫

Вожович, Л.И.
包若维奇

Бодалев, А.А.
包达列夫

Banks, C.
班克斯

Bandura, A.
班杜拉

Berman, L.
柏曼

Plato
柏拉图

Bell, C.
柏尔（贝尔）

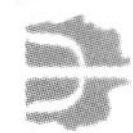

Berkeley, G.
贝克莱

Bales, R.F.
贝尔斯

Bower, G.H.
鲍威尔

Boylby, J.
鲍尔比

Ball, J.C.
鲍尔

Baldwin, J.M.
鲍德温

Bouchrd, T.
鲍查德

Beers, C.W.
比尔斯

Benton, A.L.
本顿

Bayes, T.
贝叶斯

Benussi, V.
贝努西

Bennett, E.L.
贝内特

Bem, S.L.
贝姆

Bayley, N.
贝利

Bliss
波里斯

Белинский, В.Г.
别林斯基

Бехтерев, В.М.
别赫捷列夫

Bühler, C.
彪勒

Pythagoras
毕达哥拉斯

Петровский, А.В.
彼得罗夫斯基

Binet, A.
比纳（比内）

Berlyne, D.E.
伯莱因

Бернштейн, Н.А.
伯恩斯坦

Bernheim, H.
伯恩海姆

Berne, E.
伯恩

Bouillaud, J.B.
波伊劳德

Posner, M.L.
波斯纳

Boring, E.G.
波林

Brazelton,T.B.
布雷泽尔顿

Brett, G.S.
布雷特

Braid, J.
布雷德

Blonskii, P.P.
布朗斯基

Brown, L.
布朗

Bryan, W.L.
布莱恩

Burt, C.L.
伯特

Brenman-Gibson, M.
布伦曼-吉布森

Bruno, G.
布鲁诺

Bruner, J.S.
布鲁纳

Bruch, H.
布鲁克

Bloom, B.S.
布卢姆

Блонский , П.П.
布隆斯基

Bridgman, P.
布里奇曼

Block, J.
布洛克

Brozek, J.M.
布罗泽克

Buros, O.K.
布罗斯

Broca, P.P.
布罗卡

Broadmann, R.
布罗德曼

Broadbent, D.E.
布罗德本特

Brentano , F.
布伦塔诺

Triandis, H.
川迪斯

Зинченко, П.И.
陈千科

Чернышевский, Н.Г.
车尔尼雪夫斯基

C

Brücke, E.W.V.
布吕克

Bleuler, E.
布洛伊勒

Breuer, J.
布洛伊尔

Das, N.
戴斯

Diamond, M.C.
戴蒙德

Day, R.H.
戴

Давыдов, В.В.
达维多夫

Darley, J.M.
达利

Darwin, C.R.
达尔文

D

Dawson, J.G.
道森

Dalton, J.H.
道尔顿

Dansereau, D.F.
丹瑟洛

Dennis, W.
丹尼斯

Davis, A.
戴维斯

David Hubel, H.
戴维-胡伯

David, L.
戴维

Dunlap, K.
邓拉普

Dunbar, H.F.
邓巴

Deci, E.L.
德西（德赛）

Dweck, C.S.
德韦克

Dreikurs, R.
德瑞克斯

Democritus
德谟克利特

Demetriou, A.
德梅特里奥

Dodson, J.D.
多德森

Добрынин, Н.А.
多布雷宁

Dewey, J.
杜威

Dobson, J.C.
杜布森

Descartes, R.
笛卡儿

Diderot, D.
狄德罗

Denmark, F.L.
登马克

Fichte, J.G.

费希特

Fechner, G.T.

费希纳

Fisher, K.

费希尔

Festinger, L.

费斯廷格

Fantz, R.L.

范茨

F

Deutsch, M.

多伊奇（多奇）

Friesen, W.V.

弗里森

Friedmann, M.

弗里德曼

Fraisse, P.

弗雷斯

Franz, S.I.

弗朗兹

Frankl, V.E.

弗兰克尔

Flavell, J.H.

弗拉维尔

Wundt, W.

冯特

Froebel, F.W.A.

福禄贝尔

Vernon, P.E.

弗农

Freud, S.

弗洛伊德

Fromm, E.

弗洛姆

Flourens, P.

弗洛伦斯（弗卢龙）

Frisch, K.

弗里希

格拉斯

Goleman, D.

戈尔曼

Goddard, H.H.

戈达德

Goldstein, K.

戈德斯坦(戈尔德斯坦)

Galton, F.

高尔顿

Golden, C.J.

高登（高顿）

Galen, C.

盖伦

G

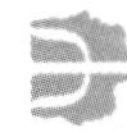

格默利（杰梅利）
Greenwald, H.

格林沃德
Green, E.

格林
Gerrig, R.J.

格里格
Gregory, R.L.

格雷戈里
Glaser, D.

格拉泽
Grassmann, H.

格拉斯曼
Glass, G.V.

古特曼
Gould, R.

古尔德
Goodenough, F.L.

古德伊洛弗(古迪纳夫）
Good, W.G.

古德
Guttman, L.E.

格特曼
Guthrie, E.R.

格斯里
Gesell, A.L.

格塞尔
Gemelli, A.

哈萨威
Haney, C.

哈尼
Harold, G.S.

哈洛德
Harlow, H.F.

哈洛
Hackman, J.

哈克曼
Huffman, P.

哈夫曼

H

Guttmann, G.

汉弗莱斯
Heidegger, M.

海德格尔
Heidbreder, E.

海德布雷德
Heider, F.

海德
Havighurst, R.J.

哈维格斯特
Hartley, D.

哈特莱
Hatfield, E.

哈特菲尔德
Hathaway, S.R.

赫尔曼
Герцен, А.И
赫尔岑
Herbart, J.F.
赫尔巴特
Hull, C.L.
赫尔
Herrnstein, R.J.
赫恩斯坦
Hebb, D.O.
赫布
Hollingwereh, H.Z.
何林渥斯
Humphreys, L.C.

胡塞尔
Hunt, J.M.
亨特
Hering, E.
黑林
Heigel, G.W.F.
黑格尔
Hutt, M.L.
赫特
Hergenhahn, B.R.
赫根汉
Helmholtz, H.V.
赫尔姆霍茨
Herrman, T.

霍尔特
Holmes, T.H.
霍尔姆斯
Hall, G.S.
霍尔
Wertheimer, M.
惠特海默（韦特海默）
White, L.
怀特
Watson, J.B.
华生
Wallace, W.
华莱士
Husserl, E.G.

霍妮
Homans, A.N.
霍曼斯
Hollingworth, H.L.
霍林沃斯
Hollandr, J.L.
霍兰德
Horas, P.A.
霍拉斯
Hovland, C.I.
霍夫兰德
Höffding, H.
霍夫丁
Holt, E.B.

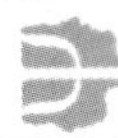

加里培林 Калинин, М.И.

加里宁 Gall, F.J.

加尔 Gardner, G.E.

加德纳 Guilford, J.P.

吉尔福特 Gibson, J.J.

吉布森

J

Horney, K.

杰克逊 Jeffe, D.

杰夫 Jastrow, J.

贾斯特罗 Janis, I.L.

贾尼斯 Judd, D.B.

贾德 Garcia, J.

加西亚 Gagné, R.M.

加涅 Гальперин, П.Я.

卡尔史密斯 Calhoun, J, B.

卡尔霍恩 Calkins, M.W.

卡尔金斯 Katz, A.

卡茨

K

Zimbardo, P.G.

津巴多 ТеплоВ, Б.М.

捷普洛夫 Jackson, D.D.

卡普杰列夫 Kahneman, D.

卡尼曼 Kamiya, J.

卡米亚 Carmichael, L.

卡迈克尔 Carroll, J.B.

卡罗尔 Kagan, J.

卡根（凯根） Kafka, F.

卡夫卡 Carlsmith, J.M.

康德
Cannon, W.B.
坎农
Campbell, D.T.
坎贝尔
Kairov, I.A.
凯洛夫
Kelley.H.H.
凯利
Carey, W.B.
凯里
Cattell, R.B.
卡特尔
Каптерев, Л.Ф.
科尔尼洛夫
Kohlberg, L.
科尔伯格
Cohen, S.
科恩
Köhler, W.
苛勒
Kaufmann, N.L.
考夫曼
Koffka, K.
考夫卡
Conrad, A.S.
康拉德
Kant, I.
克兰伯格
Klein, M.
克莱恩（克莱茵）
Krasner, L.
克拉斯纳
Clark, H.H.
克拉克
Klages, L.
克拉格斯
Kierkegaard, S.A.
克尔凯郭尔
Konorski, J.
科诺尔斯基
Корнилов, К.Н.
克洛普弗
Cronbach, L.J.
克龙巴赫
Kretschmer, E.
克雷奇默
Krech, D.
克雷奇
Kraepelin, E.
克雷佩林
Kramer, E.
克雷莫
Craik, F.I.M.
克雷克
Klineberg, O.

Quintilianus, M.F.

昆体良
Comenius, J.A.

夸美纽斯
Cumming, N.A.

库明
Cooley, C.H.

库利
Comte, A.

孔德
Kandel, E.R.

肯特尔
Klopfer, B.

L

拉扎勒斯
Latané, B.

拉塔内
Lashley, K.S.

拉什利（莱士利）
Leplat, J.

拉普拉特
Lamarck, J.B.

拉马克
Ladd-Franklin

拉德–富兰克林
Ladd, G.T.

拉德（莱德）
Levinson, D.J.

莱因
Levelt, W.J.M.

莱文森
Lévy-Bruhl, L.

莱维尔特
Leny, J.F.

莱维–布吕尔
Lykken, D.

莱尼
Leibniz, G.W.

莱肯
Lazarus, A.A.

莱布尼茨
Leahey, T.H.

李普斯
Lewin, K.

黎黑
Lerner, A.

勒温（莱温）
Lawrence, P.R.

勒内
Lange, C.

劳伦斯
Langfeld, H.S.

兰格
Laing, R.D.

兰菲尔德

列维托夫 Lev-Landa , N.

列夫-兰达 Леонтьев, А.Н.

列昂捷夫 Leeper, R.W.

利珀 Likert, R.

利克特 Libet, B.

利伯特 Riegel, K.

里格尔 Lipps, T.

鲁利亚 Robinson, H.A.

鲁宾逊 Рубинштейн, С.Л.

鲁宾斯坦 Rousseau, J.J.

卢梭 Luce, R.D.

卢斯 Люблинская, А.А.

柳布林斯卡娅 Lindgren, H.C.

林格伦 Левитов, Н.Д.

罗特 Rosenthal, R.

罗森塔尔 Rosenman, R.

罗森曼 Rosenhan, D.L.

罗森汉 Rosenzweig, M.R.

罗森茨维格 Rogers, C.R.

罗杰斯 Lundin, R.W.

伦丁 Лурия, А.Р.

Lopez, S.J.

洛佩斯 Lorenz, K.Z.

洛伦茨 Locke, E.A.

洛克 Logan, F.A.

洛根 Loeb, J.

洛布 Rorschach, H.

罗夏 Rotter, J.B.

马特拉佐
Maslow, A.H.

马斯洛
Mussen, P.H.

马森
Masserman, J.H.

马瑟曼
Magendie, F.

马戎第
Makarenko , A.S.

马卡连科
Msch, E.

马赫
M

麦独孤
Meyer, A.

迈耶
Messer, A.W.

迈塞尔
Meinong, A.

迈农
Maccoby, E.

迈克比
Myers, C.S.

迈尔斯
Marcia, J.

马西娅
Matarazzo, J.D.

梅
McNeill, D.

麦克尼尔
McClelland, D.C.

麦克里兰
McCrae, R.R.

麦克雷
Maccoby, E.E.

麦克比
Mckinley, J.C.

麦克金里（麦金利）
McKeachie, W.J.

麦基奇
McDougall, W.

米尔格拉姆
Mill, J.S.

米尔
Mead, G.H.

米德
Meehl, P.E.

弥尔
Montessori, M.

蒙台梭利
Mayer, J.

梅耶尔（麦尔
Meier, C.A.

梅耶
May, R.

墨菲
Moreno, J.L.
莫雷诺
Morgan, C.L.
摩根（摩尔根）
Müller, G.E.
缪勒
Münsterberg, H.
闵斯特伯格
Mischel, W.
米歇尔
Miller, G.A.
米勒
Milgram, S.

尼采
Netter, P.
内特
Neisser, U.
奈瑟

N

Mill, J.S.
穆勒（密尔）
Murray, D.J.
默里
Murray, H.A.
墨瑞
Murphy, G.

裴斯泰洛齐
Bain, A.
培因
Bacon, F.
培根
Penfield, W.G.
潘菲尔德

P

Newell, A.
纽厄尔
Nicholls, J.G.
尼克科尔斯(尼克勒斯）
Nietzsche, F.W.

普拉切克
Purkinje, J.E.
浦肯野
Perkins, D.N.
珀金斯
Piaget, J.P.
皮亚杰
Pinel, P.
皮内尔
Pearson, K.
皮尔逊
Perls, F.S.
皮尔斯
Pestalozzi, J.

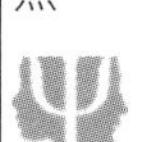

Plutchik, R.

普莱尔 Preyer, W.T.

普林斯 Prince, M.

Q

乔姆斯基 Chomsky, N.

琼斯 Jones, A.E.

屈尔佩 Külpe, O.

R

让内 Janet, P.M.F.

瑞赫 Rahe, R.H.

荣格 Jung, C.G.

S

萨珀 Super, D.E.

塞利格曼 Seligman, M.E.P.

桑代克 Thorndike, E.L.

桑福德 Sanford, E.C.

瑟斯顿 Thurstone, L.L.

沙赫特 Schachter, S.

沙可 Charcot, J.M.

沙利文 Sullivan, H.S.

沙伊 Schaie, W.

申农 Shannon, C.E.

施洛斯伯格 Schlosberg, H.

施米特 Schmidt, N.

施奈德罗森 SchneidenRoson, K.

施太伦（斯腾，斯特恩） Stern, L.W.

史蒂文森 Stephenson, W.

史密斯 Smith, E.E.

叔本华

Stevens, S.S.
斯蒂文斯

Spencer, H.
斯宾塞

Spinoza, B.
斯宾诺莎

Spurzheim, J.C.
斯柏兹姆（施普尔茨海姆）

Schultze, M.
舒里茨

Shulman, V.L.
舒尔曼

Schopenhauer, A.

Sperry, R.W.
斯佩里

Snyder, C.R.
斯奈德

Смиринов, A.A
斯米尔诺夫

Scripture, E.W.
斯科里普彻

Skard, A.G.
斯卡德

Skinner, B.F.
斯金纳

Stumpf, C.
斯顿夫

Stone, W.F.
斯通

Sternberg, R.J.
斯腾伯格

Spranger, Z.
斯普兰格

Sperling, G.
斯珀林（斯珀灵）

Spearman, C.E.
斯皮尔曼

Spielberger, C.D.
斯皮尔伯格

Spence, K.W.
斯彭斯

Thompson, H.
汤普森

Taylor, F.W.
泰勒

Tupes, E.C.
塔佩斯（图普斯）

T

Sawrey, J.M.
索里

Сухомлинский, B.A.
苏霍姆林斯基

Socrates
苏格拉底

特尔福德
Telford, C.W.
特沃斯基
Tversky, A.
铁钦纳
Titchener, E.B.
图尔文（托尔文）
Tulving, E.
推孟
Terman, L.M.
托尔曼
Tolman, E.C.
托马斯
Thomas, A.

W

瓦拉耐兹
Valanides, N.
瓦龙
Wallon, H.
瓦特
Watt, H.J.
威尔逊
Wilson, E.O.
威塞尔
Wiesel, T.
威特金
Witkin, H.A.
威特罗克
Wittrock, M.C.
威特默
Witmer, L.
韦伯
Weber, E.H.
韦克斯勒
Wechsler, D.
韦斯特
West, D.J.
韦特海默（惠特海默）
Wertheimer,M.
维果茨基
Выготский, Л.С.
维纳（韦纳）
Weiner, B.
沃德
Ward, L.F.
沃尔顿
Walton, P.
沃尔普
Wolpe, J.
沃森
Watson, D.
乌申斯基
Ушинский, К.Д.
武德沃斯
Woodworth, R.S.

谢夫林（希夫林）

Sheldon, W.H.
谢尔顿

Shepard, R.N.
谢巴德

Schiller, J.C.F.
席勒

Hilgard, E.R.
希尔加德

Hippocrates
希波克拉底

Simon, H.A.
西蒙

X

亚当斯

Y

Simpson, G.G.
辛普森

Sinnott, J.
辛诺特

Sinclair, H.
辛克莱

Singer, J.L.
辛格

Сеченов, И.М.
谢切诺夫

Shiffrin, R.M.
约翰逊

Inhelder, B.
英海尔德

Izard, C.E.
伊扎德

Yerkes, R.M.
叶克斯（耶吉斯）

Jaspers, K.
雅斯贝尔斯

Jacobson, E.
雅可布森（雅可布逊）

Aristotle
亚里士多德

Adams, H.

James, W.
詹姆斯（詹姆士）

Занков, Л.В.
赞科夫

Z

Johnson, C.B.